高校土木工程专业规划教材

建 筑 基 坑 支 护

（第二版）

熊智彪　　　　主编

陈振富　段仲沅　参编

中国建筑工业出版社

图书在版编目(CIP)数据

建筑基坑支护/熊智彪主编. —2版. —北京：中国建筑工
业出版社，2013.7（2025.7重印）
（高校土木工程专业规划教材）
ISBN 978-7-112-15499-9

Ⅰ.①建… Ⅱ.①熊… Ⅲ.①基坑-坑壁支撑-高等学校-教
材 Ⅳ.①TU46

中国版本图书馆 CIP 数据核字(2013)第 123963 号

为丰富高校岩土工程本科生教材的内容，作者结合自身实践和研究工作，同时吸收国内外理论与实践研究成果，紧密结合新修订的《建筑基坑支护技术规程》JGJ 120—2012，编写了本书。全书分为 9 章，具体内容包括：绪论、支护结构设计与勘察要求、土压力、支挡结构内力及基坑变形分析、支挡式结构、重力式水泥土墙、土钉墙、基坑地下水控制、基坑开挖与监测。

本书适合作为高校土木工程专业的教材，也可作为相关专业工程技术人员的参考用书。

如需教师课件，索取方式 jckj@cabp.com.cn，电话：01058337285。

* * *

责任编辑：王 梅 杨 允
责任设计：张 虹
责任校对：张 颖 刘梦然

高校土木工程专业规划教材
建 筑 基 坑 支 护
（第二版）
熊智彪 主编
陈振富 段仲沅 参编

*

中国建筑工业出版社出版、发行（北京西郊百万庄）
各地新华书店、建筑书店经销
北京红光制版公司制版
建工社（河北）印刷有限公司印刷

*

开本：787×1092 毫米 1/16 印张：17 字数：410 千字
2013 年 8 月第二版 2025 年 7 月第二十次印刷
定价：**38.00** 元（赠教师课件）
ISBN 978-7-112-15499-9
(32384)

第 二 版 前 言

随着城市建设的发展，基坑支护技术得到了更加广泛的应用，在设计理论、施工方法以及监测技术等方面均得到进一步的提升，相应的国家和行业规范、规程及标准也相继颁布和修订实施。在《建筑基坑支护技术规程》JGJ 120—2012 正式实施之际，编者对本书第一版内容进行了修订，修订本着实用有效的原则，内容紧密与该规程相结合，以便于阅读者能更好地用于实践；同时对原书中发现的错误和不妥之处一并进行了订正。

本书修订改为 9 章，将原第 1 章内容充实，改为第二版的前两章；原第 3 章内容归入各类支护结构章节内容；取消了原第 8 章逆作拱墙，逆作法的内容归入第 5 章。

本书由南华大学熊智彪主编。第 1～4 章、第 5 章 5.1～5.7 节以及 5.9～5.10 节、第 6～7 章、第 9 章由熊智彪执笔，第 5 章 5.8 节由陈振富执笔，第 8 章由段仲沅执笔。全书由熊智彪统稿。

感谢广大读者对本书第一版的厚爱，恳切希望对第二版中的错误和不妥之处提出批评指正意见。

2013 年 1 月

3

第 一 版 前 言

建筑基坑支护设计与施工技术是一门从实践中发展起来的技术，也是一门实践性非常强的学科。它涉及土力学中典型的强度、稳定及变形问题，还涉及土与支护结构共同作用问题、基坑中的时空效应问题以及结构计算问题等。几十年来，随着国内外大量高层建筑的建造，基坑深度不断加深，规模和复杂程度不断加大，基坑支护已成为高、大建筑中的一个非常大的课题，其设计与施工技术已成为广大设计、施工人员十分关注的技术热点。实践的需要促进了研究工作的飞速发展，获得了大量的理论研究成果和丰富的实践经验。

编者多年来一直从事《基础工程》、《高层建筑基础》、《基坑工程》的教学工作，在结合自身实践和研究工作，吸收国内外理论与实践研究成果的基础上，编写了本书。书中加强了基坑基础理论的阐述，论述了各类基坑支护方式的设计方法，提出了施工措施，同时还将近年来国内外研究成果作了介绍。

本书由南华大学熊智彪、陈振富、段仲沅编写。第一章至第七章、第十章由熊智彪执笔，第八章由陈振富执笔，第九章由段仲沅执笔。全书由熊智彪统稿。

笔者衷心地感谢南华大学及兄弟院校有关教师以及工程人员对本书的关心和帮助，感谢他们为本书的编写提供了大量宝贵的意见和实例，特别感谢硕士研究生王启云、谷淡平为本书进行的大量绘图以及文字编排工作。恳切希望广大读者对本书中的缺点和错误批评指正。

2007 年 12 月

目　　录

第1章 绪 论

1.1 基 本 概 念

为了进行高层建筑地下室、地铁车站和地下停车场、商场、仓库、变电站以及市政排水与污水处理系统等地下工程的施工，需要从地表面向下开挖土体，挖出相应的地下空间。这个为进行建（构）筑物地下部分的施工由地面向下开挖出的空间就是基坑（excavations），基坑临空面称为基坑侧壁（side of excavations）。基坑土体的开挖造成周围土体的应力应变状态和地下水体状态发生改变，必然对周边建（构）筑物、地下管线、道路等造成一定的影响。与基坑开挖相互影响的周边建（构）筑物、地下管线、道路、岩土体及地下水体，统称为基坑周边环境（surroundings around excavations）。《建筑地基基础设计规范》GB 50007—2011（以后章节简称 GB 50007）条文说明中列出了基坑周边典型的环境条件，见图 1.1。

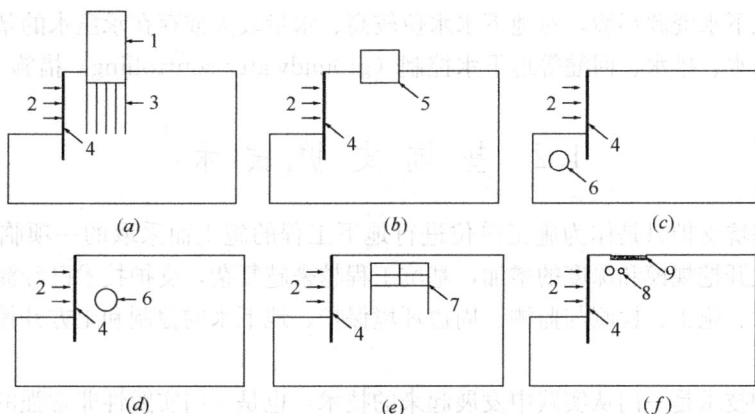

图 1.1 基坑周边典型的环境条件

（a）基坑周边存在桩基础建筑物；（b）基坑周边存在浅基础建筑物；（c）坑底以下存在隧道；
（d）基坑旁边存在隧道；（e）基坑周边存在地铁车站；（f）基坑紧邻地下管线

1—建筑物；2—基坑；3—桩基；4—围护墙；5—浅基础建筑物；
6—隧道；7—地铁车站；8—地下管线；9—市政道路

为保护地下主体结构施工和基坑周边环境的安全，对基坑采用的临时性支挡、加固、保护与地下水控制的措施，就是基坑支护（retaining and protecting for excavation）。

改革开放以前，基坑开挖规模较小，开挖深度较浅，通常均可采用放坡开挖，或用少量钢板桩进行临时性支护。随着城市建设的发展，地下空间的开发和利用成为一种必然趋势，单个基坑的开挖面积越来越大，开挖深度也越来越深，而且，这些深、大基坑通常都位于周边建筑物密集分布区域，施工场地紧张，周边环境复杂，在基坑平面外没有足够的

1

放坡空间，采用以往临时性简单施工措施已经难于保护地下主体结构施工和基坑周边环境的安全，为此，不得不采用支护结构来保证施工的顺利进行。

支护结构（retaining and protection structure）指的是支挡或加固基坑侧壁的承受荷载的结构。是在建筑物地下工程建造时为确保土方开挖，控制周边环境影响在允许范围内的一种施工措施。通常有两种情况，一种情况是在大多数基坑工程中，基坑支护结构是属于地下工程施工过程中作为一种临时性结构设置的，地下工程施工完成后，即失去作用。另一种情况是基坑支护结构在地下工程施工期间起支护作用，在建筑物建成后的正常使用期间，作为建筑物的永久性构件继续使用。

至今，工程实践中已发展多种支护结构，如：支挡式结构（retaining structure）、双排桩（double-row-piles wall）、土钉墙（soil nailing wall）和复合土钉墙（composite soil nailing wall）、重力式水泥土墙（gravity cement-soil wall）以及上述方式的各类组合支护结构。其中，支挡式结构又有直接采用顶端自由的挡土构件［如支护桩、地下连续墙（diaphragm wall）］作为悬臂式支挡结构，以及采用挡土构件和锚杆、内支撑组合形成的锚拉式和支撑式支挡结构。另外，支护结构与主体结构相结合的逆作法由于具有挡土安全性高、变形小、工期短、经济效益显著等优点而得到大量应用，而具有挡土和截水功能的钻孔咬合桩（也称为 AB 桩）支护方式也在许多地方得到应用。

为了避免产生流土（砂）、管涌、突涌等渗流破坏，保证基坑开挖和地下结构的正常施工，保护地下水资源环境，对地下水水位较高、水量较大或存在承压水的基坑，有必要采取截水、降水、排水、回灌等地下水控制（groundwater controlling）措施。

1.2 基坑支护技术

早期的基坑支护只是作为施工单位进行地下工程的施工而采取的一项临时性辅助措施，随着基坑开挖规模和深度的增加，基坑工程越来越复杂，支护技术已经涵盖基坑工程的勘察、设计、施工、检测与监测、周边环境保护、地下水的控制和土方开挖等一系列技术内容。

基坑支护技术是一门从实践中发展起来的技术，也是一门实践性非常强的学科。理论上，土力学中的强度、稳定、变形以及地下水渗流理论仍然对基坑的稳定性、支护结构的内力和变形计算具有重要的指导意义，但却不能完全满足基坑工程的要求。因为基坑支护技术还涉及土与结构共同作用问题、基坑时空效应问题以及结构计算问题，且施工的每一个阶段，随着施工工艺、开挖位置和次序、支撑和开挖时间等的变化，结构体系和外部荷载都在变化，都对支护结构的内力产生直接的影响，每一个施工工况的数据都可能影响支护结构的稳定和安全。虽然岩土工程领域的学者和科研人员在土的工程性质、土压力计算、支挡结构内力计算、基坑变形特性分析、基坑稳定性分析、地下水渗流分析、有限元计算领域等各个方面进行了大量的研究，但由于基坑工程中具有岩土体和地下水体结构、岩土参数、应力与孔隙水压力、外加荷载及其分布、土体本构模型、计算理论与方法等诸多不确定性因素，理论研究仍不能准确得出比较符合实际情况的结果，基坑工程的理论研究仍滞后于实践。正因如此，基坑监测的重要性就不言而喻了，基于监测数据的基坑工程风险管理和安全评估也正成为新的研究热点。

目前，采用理论导向、经验判断、实测定量三者相结合的方法进行基坑支护方案选择和设计决策，越来越受到工程实践的认可和重视。

1.3 基坑支护设计计算

基坑支护设计计算包括水压力和土压力计算、基坑稳定性计算、支挡结构内力计算及基坑变形估算、地下水的控制计算等内容。

水、土压力和基坑稳定性分析采用土力学中的经典理论结合工程经验进行计算。

支挡结构的内力分析，是基坑工程设计中的重要内容，初期计算理论是基于挡土墙设计理论的静力平衡法和等值梁法、塑性铰法等古典方法。由于基坑支护结构与一般挡土墙受力机理不同，按上述方法计算结果与内力实测结果相比在大部分情况下偏大，且无法计算支护结构的变形，于是就有了之后的山肩帮男法、弹性法、弹塑性法的解析方法。古典方法和解析方法在理论上均存在各自的局限性，并且难以满足复杂基坑工程的设计要求，现在已经很少应用。目前工程中常用的是平面竖向弹性地基梁法和平面连续介质有限元法等平面分析方法；对有明显空间效应和平面形状不规则的基坑，采用平面方法就无法反映所有支撑结构的受力和变形状况。于是，利用三维分析的空间弹性地基板法和三维连续介质有限元法在一些深、大基坑中得到了实际应用并取得成功。

基坑变形主要包括围护墙体的变形、坑底隆起变形及坑外地表沉降。支挡结构内力计算的解析方法和数值分析方法均可在理论上求解围护墙体的变形，然而实测结果和理论计算结果往往存在差异，因此，目前条件下基坑变形主要采用理论计算与实测经验相结合的方法进行估算。

目前，各类商业软件如同济大学启明星基坑软件、北京理正软件设计研究院的深基坑支护结构计算软件以及 PKPM 基础施工软件均可以完成基坑支护设计计算。一些研究者利用大型有限元计算软件（如：ABAQUS、ANSYS 等）对基坑的三维形状进行研究，在个别特深基坑中也得到了很好的应用。

1.4 基坑工程失稳形态

一般情况下，基坑支护工程是临时性工程，因此安全与经济的平衡是尤其重要的，不能为了安全而忽略经济，更不能为了经济而忽略安全。基坑工程一般位于城市中，地质条件和周边环境条件复杂，有各种建（构）筑物、道路、管线等，一旦失事就会造成生命和财产的重大损失。目前，我国基坑工程成功率低的问题异常突出，各大城市均有已建成基坑出现工程事故的例子，地质条件较好的地区（如北京）、地质条件差的地区（如上海、海口、惠州等）、浅基坑和深基坑都有，其结果造成巨大的经济损失，影响人民的正常生活。

基坑开挖时，随着土体应力的解除和地下水体发生渗流，将可能引起土体与支护结构的失稳。土体与支护结构的失稳主要表现为两种形态，其一是因基坑土体强度不足、地下水渗流作用造成的失稳，包括基坑整体失稳、基坑底土隆起失稳、突涌、管涌以及流土（砂）失稳等等；其二是因支护结构（包括支护桩、墙、锚杆、支撑等）的承载力、刚度或稳定性不足引起的失稳，如支锚结构松弛失效或被拔出、桩墙底部向基坑内产生较大位移、桩墙弯曲或断裂等，见图 1.2。当支护结构与土体发生上述失稳现象时，必将引起支护结构侧移和地表沉降，引起临近建（构）筑物、道路、地下设施与管线的变形，严重的将产生灾难性的后果。

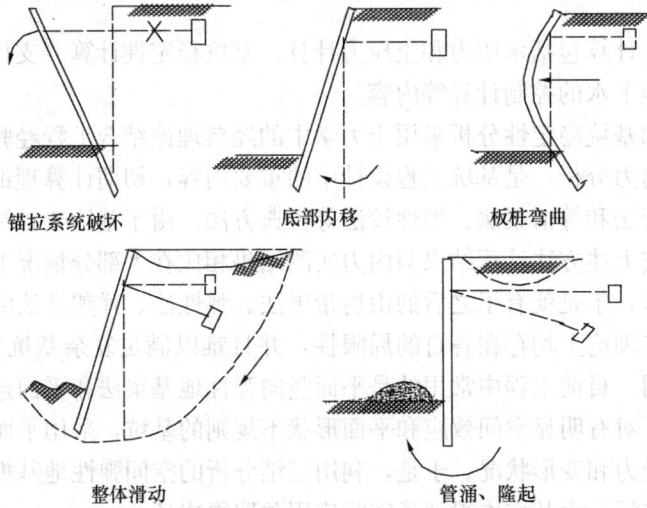

图 1.2　支护结构失稳示意图

1.5　基坑工程的特点

首先，基坑支护通常是作为临时性结构，与永久性结构相比安全储备较小，风险相对较大；其次，基坑工程与周边环境是一种相互影响和相互制约的关系，周边环境越复杂，对支护的要求就越高，同样，基坑规模越大，挖深越深，对周边环境的影响就越大；而且，基坑工程的每一个工况对支护结构具有不同的要求，支护设计应根据施工工况的要求进行；再有，支护设计计算理论因受到很多不确定因素的影响，至今还很不完善，理论计算结果和实测结果在大多数情况下是不吻合的。

当前，实际工程中存在一种过分依靠商业软件的现象，个别设计人员甚至就是"Garbage in，garbage out"，不注意参数的取用和设置是否合理，不考虑软件计算结果是否合理，盲目套用，这是一种非常不负责任的设计态度。在基坑支护工程的设计和施工过程中，要充分认识到基坑工程的上述特点，重视前期调查和勘察、设计、施工的实际情况，在正确概念的框架内和理论的指导下，充分利用已有工程成功的经验和动态监测取得的实测数据。为此，基坑支护工程的设计和施工应做到以下几点：

（1）在勘察与调查的基础上，结合工程与水文地质条件、周边环境要求以及当地经验制订出经济合理的支护方案，提出支护结构的水平位移和周边环境变形控制标准；

（2）根据工程勘察报告以及周边环境条件、施工要求，结合经验综合选取岩土计算参数和坑边荷载取值；

（3）在分析支护结构受力和变形时，应充分考虑施工的每一阶段支护结构体系和外荷载的变化，同时要考虑施工工艺的变化，挖土次序和位置的变化，支撑和留土时间的变化等；

（4）在进行地下水控制设计时，对地下水类型、埋深、排泄和补给条件以及地层的渗透能力应有充分的认识，在必要时采取各类控制措施；

（5）基坑应设计监测项目、期限和频率并提出各项目的报警值，在基坑实施过程中，设计方应密切和施工方联系，全面把握施工进展状况，根据监测成果实施动态优化设计，并及时处理施工中遇到的意外情况；

（6）监测单位应根据设计要求制订完备的监测方案，监测人员对监测数据应及时分析，及时提交分析成果。一旦出现异常，应及时向设计、施工等方面反映，以便分析异常原因，及时提出解决方法；

（7）基坑工程施工前，应对周边环境状况进行复核和调查取证。施工必须严格按照设计文件要求实施，需要变更施工工艺和施工顺序的，应经设计人员重新计算分析许可后方可进行变更。

思 考 与 练 习

1.1 建筑基坑是指什么？为什么说基坑支护是岩土工程的一个综合性难题？

1.2 基坑支护的目的是什么？支护结构有哪些类型？

1.3 基坑支护设计计算包括哪些内容和方法？

1.4 基坑支护结构失稳主要包括哪些内容？

1.5 基坑工程有哪些主要特点？

第2章 支护结构设计与勘察要求

2.1 概 述

早期，基坑的开挖深度和范围均不大，周边环境保护问题并不突出，基坑工程的设计主要围绕支护结构的强度，并保证基坑的稳定性，即基坑的设计由强度控制。近年来，基坑周边环境条件日益复杂，常常有因基坑施工而引起建筑物或地下管线损坏，但支护结构却并未破坏的现象，为此，基坑支护结构除应满足强度要求外，还应满足基坑周边环境的变形控制要求；有研究认为，在软土地区变形控制往往还占据主导地位，即设计已由传统的强度控制转变为变形控制。

基坑支护结构的功能是为地下结构的施工创造条件，保证岩土开挖、地下结构施工的安全，并保证基坑周边环境得到应有的保护而不受损害。为确保这些功能的实现，基坑支护的设计，应当在准确的工程勘察与环境调查的基础上，根据建筑物地下室的形状和大小、场地的地质条件及具体的环境条件，结合已有的成功经验，因地制宜的选择合理有效的支护方案及地下水控制方案，按强度和变形共同控制的原则，对支护结构进行精心设计计算；同时布置支护结构和周边环境的监测点，提出各项监测要求的报警值，随基坑开挖，及时掌握支护结构桩、墙及其支撑系统的工作性能和状态，了解影响区域内的建筑物、地下管线的变形及基坑降水和开挖过程中对其影响的程度，在施工过程中对基坑安全性进行评价，必要时对周边环境采取相关措施进行保护。

基坑工程的设计应具备以下资料：

（1）岩土工程勘察报告；

（2）建筑总平面图、用地红线图；

（3）建筑物地下结构设计资料，以及桩基础或地基处理设计资料；

（4）基坑环境调查报告，包括基坑周边建（构）筑物、地下管线、地下设施及地下交通工程等的相关资料。

本章主要了解极限状态及设计原则要求以及支护结构承载力、稳定和变形设计计算的原则性要求和基本规定。各类具体支护结构（如支挡式结构、土钉墙、重力式水泥土墙等）的设计以及地下水控制设计和基坑监测设计内容详见后续章节。

2.2 极限状态设计原则

按《工程结构可靠度设计统一标准》GB 50153—2008、《建筑结构可靠度设计统一标准》GB 50068—2001 的规定，建筑结构的设计应采用以分项系数表达的以概率理论为基础的极限状态设计方法。

2.2.1 极限状态设计方法

1. 工程结构的可靠性

在进行工程结构设计时，应力求在安全性、适用性与经济性之间达到合理的平衡，使其在规定的设计使用年限内满足下列功能要求：

（1）正常施工和正常使用时，能承受可能出现的各种作用；

（2）在设计规定的偶然事件发生时及发生后，仍能保持必需的整体稳定性；

（3）在正常使用时具有良好的工作性能；

（4）在正常维护下具有足够的耐久性能。

这四个功能要求的第（1）、（2）两项是工程结构的安全性，第（3）项是适用性，第（4）项是耐久性。工程结构的安全性、适用性、耐久性总称为工程结构的可靠性。

工程结构在规定的时间内，在规定的条件下，完成预定功能的概率，称为工程结构的可靠度。若在规定的时间内和在规定的条件下，结构不能完成预定功能，则称相应的概率为工程结构的失效概率。失效概率是评价结构可靠度的重要指标，是结构可靠度的核心。当失效概率小到人们可以接受的程度，就认为结构设计是可靠的，这就是概率极限状态设计的基本思路。

2. 极限状态

整个结构或结构的一部分超过某一特定状态就不能满足设计规定的某一功能要求（安全性、适用性、耐久性），此特定状态为该功能的极限状态。极限状态有两种：

（1）承载能力极限状态：对应于结构或结构构件达到最大承载力或不适于继续承载的变形的状态；

（2）正常使用极限状态：对应于结构或结构构件达到正常使用或耐久性能的某项规定限值的状态。

3. 极限状态设计方法

将结构或岩土置于极限状态进行分析的设计方法，就是极限状态设计方法，与之对应的方法，是容许应力法。极限状态设计方法有两种：

（1）单一安全系数法：使结构或地基的抗力标准值与作用标准值的效应之比不低于某一规定安全系数的设计方法；

（2）以分项系数表达的以概率理论为基础的极限状态设计方法，极限状态方程用概率法处理。

分项系数是指对设计中的每个随机变量，根据概率可靠度设计方法确定的一个设计系数。其实质是将总安全系数利用分离函数加以分离，并与可靠指标 β 联系起来，使其表达为分项系数的形式。因此，分项系数是按规定公式和统计参数计算得到的，与传统的经验值不同，具有概率的含义。

2.2.2 岩土工程极限状态设计要求和现状

由于岩土工程具有固有的复杂性以及存在土层剖面与边界的不确定性、现场与实验室岩土指标的不确定性、现场应力与孔隙水压力的不确定性、外加荷载及其分布的不确定性、计算理论和方法的不确定性、应力变形的机理的不确定性等因素，导致岩土工程的可靠度研究积累不足，分析方法相对不够成熟，普遍推行概率极限状态设计还存在困难。在目前情况下，岩土工程的设计实际上存在以下三种方法：

1. 容许应力法

如 GB 50007 中的地基承载力和单桩承载力均使用特征值描述，浅基础底面尺寸的设计以及承台下桩数都是以特征值计算确定的；在确定岩石锚杆、挡墙锚杆的抗拔承载力时，岩石与砂浆之间的粘结强度也采用特征值，因此计算确定的抗拔承载力也是特征值，上述特征值其本质就是容许值。

2. 单一安全系数法

以定值（安全系数或经验系数）法处理的极限状态设计方法，如《建筑桩基技术规范》JGJ 94—2008（以后简称 JGJ 94）中，单桩承载力的经验确定方法，是以桩侧极限摩阻力和桩端极限端阻力来计算桩的极限承载力标准值，再以该极限值除以安全系数 2 得到单桩承载力特征值；《建筑基坑支护技术规程》JGJ 120—2012（以后章节简称 JGJ 120）中，锚固体和土层之间的粘结强度采用极限强度标准值，但在与锚杆轴向拉力的比较中仍是按不同的支护结构安全等级采用不同的安全系数进行分析；在支护结构的各类稳定性分析中，GB 50007 和 JGJ 120 均是采用安全系数进行描述，只是两本规范中对安全系数的大小有不同的规定。

3. 以分项系数表达的以概率理论为基础的极限状态设计方法

岩土工程的所有结构构件的设计，已经基本和建筑上部结构的设计相协调。如：浅基础的内力计算与结构设计、桩和承台的内力计算与结构设计、挡土墙以及基坑支护桩、墙结构的内力计算与结构设计、锚杆材料强度和锚杆杆材与砂浆的粘结强度采用锚杆拉力设计值进行计算等。

2.2.3 支护结构极限状态设计

1. 支护结构的极限状态

依据国家标准《工程结构可靠性设计统一标准》GB 50153—2008 的规定并结合基坑工程自身的特殊性，支护结构的承载能力极限状态和正常使用极限状态的具体表现形式如下：

（1）承载能力极限状态

1）支护结构构件或连接因超过材料强度而破坏，或因过度变形而不适于继续承受荷载，或出现压屈、局部失稳；

2）支护结构及土体整体滑动；

3）坑底土体隆起而丧失稳定；

4）对支挡式结构，坑底土体丧失嵌固能力而使支护结构推移或倾覆；

5）对锚拉式支挡结构或土钉墙，土体丧失对锚杆或土钉的锚固能力；

6）重力式水泥土墙整体倾覆或滑移；

7）重力式水泥土墙、支挡式结构因其持力土层丧失承载能力而破坏；

8）地下水渗流引起的土体渗透破坏。

（2）正常使用极限状态

1）造成基坑周边建（构）筑物、地下管线、道路等损坏或影响其正常使用的支护结构位移；

2）因地下水位下移、地下水渗流或施工因素而造成基坑周边建（构）筑物、地下管线、道路等损坏或影响其正常使用的土体变形；

3）影响主体地下结构正常施工的支护结构位移；

4）影响主体地下结构正常施工的地下水渗流。

2. 支护结构极限状态设计方法

（1）承载能力极限状态

由材料强度控制的结构构件的破坏类型采用极限状态设计法，作用效应采用作用基本组合的设计值，抗力采用结构构件的承载力设计值并考虑结构构件的重要性系数。涉及岩土稳定性的承载能力极限状态，采用单一安全系数法。分述如下：

1）支护结构构件或连接因超过材料强度或过度变形的承载能力极限状态设计，应符合下式要求：

$$\gamma_0 S_d \leqslant R_d \qquad (2-1)$$

式中　　R_d——结构构件的抗力设计值；

　　　　γ_0——支护结构重要性系数；对应支护结构的安全等级一级、二级、三级，γ_0 分别不应小于 1.1、1.0、0.9；

　　　　S_d——作用基本组合的效应（轴力、弯矩等）设计值；对于临时性支护结构，作用基本组合的效应设计值应按下式确定：

$$S_d = \gamma_F S_k \qquad (2-2)$$

　　　　γ_F——作用基本组合的综合分项系数，$\gamma_F \geqslant 1.25$；

　　　　S_d——作用标准组合的效应。

2）整体滑动、坑底隆起失稳、挡土构件嵌固段推移、锚杆与土钉拔动、支护结构倾覆和滑移、土体渗透破坏等稳定性计算与验算，均应符合下式要求：

$$\frac{R_k}{S_k} \geqslant K \qquad (2-3)$$

式中　　R_k——抗滑力、抗滑力矩、抗倾覆力矩、锚杆和土钉的极限抗拔承载力等土的抗力标准值；

　　　　S_k——滑动力、滑动力矩、倾覆力矩、锚杆和土钉的拉力等作用标准值的效应；

　　　　K——稳定性安全系数。各类稳定性安全系数的取值详见各章节。

上述承载能力极限状态设计中，支护结构的作用效应包括下列各项：

①土压力；

②静水压力、渗流压力；

③基坑开挖影响范围以内的建（构）筑物荷载、地面超载、施工荷载及邻近场地施工的影响；

④温度变化及冻胀对支护结构产生的内力和变形；

⑤临水支护结构尚应考虑波浪作用和水流退落时的渗流力；

⑥作为永久结构使用时建筑物的相关荷载作用；

⑦基坑周边主干道交通运输产生的荷载作用。

（2）正常使用极限状态

由支护结构水平位移、基坑周边建筑物和地面沉降等控制的正常使用极限状态设计，应符合下式要求：

$$S_d \leqslant C \qquad (2-4)$$

式中 S_d ——作用标准组合的效应（位移、沉降等）设计值；

C ——支护结构水平位移、基坑周边建筑物和地面沉降的限值。

2.3 设 计 基 本 规 定

2.3.1 设计使用期限

大多数情况下，基坑支护是为主体结构地下部分施工而采取的临时措施，地下结构施工完成后，基坑支护也随之完成其用途；而且，基坑工程的施工条件一般均比较复杂，且易受环境及气象因素的影响，施工周期也宜短不宜长。因此，支护设计的有效期一般不宜超过两年，但也不应小于一年。

对大多数建筑工程，一年的支护期能满足主体地下结构的施工周期要求，对有特殊施工周期要求的工程，应该根据实际情况延长支护期限并应对荷载等设计条件作相应考虑。

对于支护结构和主体结构"两墙合一"的设计，结构设计使用期限按主体结构设计期限要求。

2.3.2 设计安全等级

1. 基坑工程设计等级

GB 50007 将基坑工程视为地基基础的组成部分，将其分为甲、乙、丙三个设计等级，详见表 2.1。

地基基础设计等级　　　　　　　　　　　　　　　　　表 2.1

设计等级	建筑和地基类型
甲级	重要的工业与民用建筑物 30 层以上的高层建筑 体型复杂，层数相差超过 10 层的高低层连成一体建筑物 大面积的多层地下建筑物（如地下车库、商场、运动场等） 对地基变形有特殊要求的建筑物 复杂地质条件下的坡上建筑物（包括高边坡） 对原有工程影响较大的新建建筑物 场地和地基条件复杂的一般建筑物 位于复杂地质条件及软土地区的二层及二层以上地下室的基坑工程 开挖深度大于 15m 的基坑工程 周边环境条件复杂、环境保护要求高的基坑工程
乙级	除甲级、丙级以外的工业与民用建筑物 除甲级、丙级以外的基坑工程
丙级	场地和地基条件简单、荷载分布均匀的七层及七层以下民用建筑及一般工业建筑；次要的轻型建筑物 非软土地区且场地地质条件简单、基坑周边环境条件简单、环境保护要求不高且开挖深度小于 5.0m 的基坑工程

不同设计等级基坑工程设计，原则区别主要体现在变形控制及地下水控制设计要求上。对设计等级为甲级的基坑，变形计算除基坑支护结构的变形外，尚应进行基坑周边地面沉降以及周边被保护对象的变形计算。对场地水文地质条件复杂、设计等级甲级的基坑

应作地下水控制的专项设计，主要目的是要在充分掌握场地地下水规律基础上，减少因地下水处理不当对周边建（构）筑物以及地下管线的损坏。

2. 支护结构安全等级及重要性系数

规范 GB 50007 建议，在进行基坑工程设计时，应根据支护结构破坏可能产生后果的严重性，按表 2.2 确定支护结构的安全等级。基坑支护结构施工或使用期间可能遇到设计时无法预测的不利荷载条件，所以，基坑支护结构设计采用的结构重要性系数 γ_0 的取值不宜小于 1.0。

基坑支护结构的安全等级　　　　　　　　　　　　　　　　表 2.2

安全等级	破坏后果	适用范围
一级	很严重	有特殊安全要求的支护结构
二级	严　重	重要的支护结构
三级	不严重	一般的支护结构

规程 JGJ 120 中将支护结构的安全等级分为一、二、三级，见表 2.3，其结构重要性系数 γ_0 分别不应小于 1.1、1.0、0.9。该规程还规定，在进行各类稳定性分析时，稳定安全系数的取值也和支护结构的安全等级相关，支护结构安全等级越高，稳定安全系数的取值也越高，详见以后章节关于稳定性的计算内容。

基坑侧壁安全等级和重要性系数　　　　　　　　　　　　　表 2.3

安全等级	破　坏　后　果
一级	支护结构失效、土体过大变形对基坑周边环境或主体结构施工安全的影响很严重
二级	支护结构失效、土体过大变形对基坑周边环境或主体结构施工安全的影响严重
三级	支护结构失效、土体过大变形对基坑周边环境或主体结构施工安全的影响不严重

选用支护结构安全等级时应掌握的原则是：基坑周边存在受影响的重要既有住宅、公共建筑、道路或地下管线等，或因场地的地质条件复杂、缺少同类地质条件下相近基坑深度的经验时，支护结构破坏、基坑失稳或过大变形对人的生命、经济、社会或环境影响很大，安全等级应定为一级。当支护结构破坏、基坑过大变形不会危及人的生命、经济损失轻微、对社会或环境的影响不大时，安全等级可定为三级。对大多数基坑，安全等级应该定为二级。

对内支撑结构，当基坑一侧支撑失稳破坏会殃及基坑另一侧支护结构因受力改变而使支护结构形成连续倒塌时，相互影响的基坑各边支护结构应取相同的安全等级。

2.3.3 设计基本要求

1. 基坑工程设计应包括下列内容：

（1）支护结构体系的方案和技术经济比较；

（2）基坑支护体系的稳定性验算；

（3）支护结构的承载力、稳定和变形计算；

（4）地下水控制设计；

（5）对周边环境影响的控制设计；

（6）基坑土方开挖方案；

(7) 基坑工程的监测要求。

2. 基坑支护结构设计应符合下列规定：

(1) 所有支护结构设计均应满足承载力和变形计算以及土体稳定性验算的要求

1) 强度要求：支护结构，包括支撑体系或锚杆结构的承载力应满足构件材料强度和稳定设计的要求。

2) 变形要求：因基坑开挖造成的地层移动及地下水位变化引起的地面变形，不得超过基坑周围建筑物、地下设施的变形允许值，不得影响基坑工程基桩的安全或地下结构的施工。

3) 稳定性要求：指基坑周围土体的稳定性，即不发生土体的滑动破坏，不因渗流造成流砂、流土、管涌以及支护结构、支撑体系的失稳。

(2) 设计等级为甲级、乙级的基坑工程，应进行因土方开挖、降水引起的基坑内外土体的变形计算。

(3) 高地下水位地区设计等级为甲级的基坑工程，应进行地下水控制的专项设计。

3. 支护设计要求

(1) 设计应设定支护结构的水平位移控制值和基坑周边建筑物沉降控制值，提出明确的基坑周边荷载限值、地下水和地表水控制等基坑使用要求。这些设计条件和基坑使用要求应作为重要内容在设计文件中明确体现，支护结构设计总平面图、剖面图上应准确标出，设计说明中应写明施工注意事项，严防在支护结构施工和使用期间的实际状况超过这些设计条件。

(2) 支护结构与主体地下结构之间应留有足够的施工工作空间（通常两者之间的净距离不应小于 0.8m），设置的锚杆、腰梁、内支撑均不应妨碍主体地下结构的施工和防水施工。

(3) 支护结构简化为平面结构模型计算时，沿基坑周边的各个竖向平面的设计条件常常是不同的。除了各部位基坑深度、周边环境条件及附加荷载可能不同外，地质条件的变异性是支护结构不同于上部结构的一个很重要的特殊性。自然形成的成层土，各土层的分布及厚度往往在基坑尺度的范围内就存在较大的差异。因而，当基坑深度、周边环境及地质条件存在差异时，这些差异对支护结构的土压力荷载的影响不可忽略。因此，计算剖面的划分，应按基坑各部位的开挖深度、周边环境条件、地质条件等因素进行划分。对每一个计算剖面，应按最不利条件进行计算。对电梯井、集水坑等特殊部位，宜单独划分计算剖面。

(4) 支护结构的计算应按基坑开挖与支护结构的实际过程分工况计算，且设计计算的工况应与实际施工的工况相一致。设计文件中应指明支护结构各构件施工顺序及相应的基坑开挖深度，以防止在基坑开挖过程中，未按设计工况完成某项施工内容就开挖到下一步基坑深度，造成基坑超挖而引发的工程事故。

2.3.4 土抗剪强度指标

土的抗剪强度指标是基坑支护设计计算的重要参数，在土压力的计算以及基坑稳定性验算中都将用到黏聚力 c 和内摩擦角 φ。土的抗剪强度指标可通过室内三轴剪切、直接剪切以及砂土天然休止角等试验方法以及十字板剪切、标准贯入试验等原位测试方法得到。室内试验方法及其试验得到的参数详见表 2.4。

室内试验方法	三轴试验				直接剪切		砂土天然休止角
	不固结不排水（UU 试验）	固结不排水（CU 试验）		固结排水（CD 试验）	快剪	固结快剪	
		总应力法	有效应力法				
试验指标	c_{uu}、φ_{uu}	c_{cu}、φ_{cu}	c'、φ'	c_{cd}、φ	c、φ	c_{cq}、φ_{cq}	β

室内试验方法及其试验得到的参数　　　　表 2.4

试验方法不同，试样的受力条件以及排水、固结条件就不一样，得出的抗剪强度指标差异很大。因三轴试验受力明确，又可控制排水条件，在基坑工程中确定土的强度指标时应采用三轴剪切试验方法。通常认为，三轴剪切试验方法中的 CU 试验较符合基坑开挖过程土中孔隙水的排水和应力路径，因此，一般情况下，支护计算时土压力计算与稳定性的分析均采用 CU 试验结果。

CU 试验既可得到总应力条件下的试验指标（c_{cu}、φ_{cu}），也可通过测取孔隙水压力的方法得到有效应力条件下的试验指标（c'、φ'）。根据土力学中有效应力原理，土的抗剪强度与有效应力存在相关关系，也就是说只有效抗剪强度指标才能真实地反映土的抗剪强度。但在实际工程中，黏性土无法通过计算得到孔隙水压力随基坑开挖过程的变化情况，从而也就难以采用有效应力法计算支护结构的土压力、水压力和进行基坑稳定性分析。因此，在计算土压力与进行土的稳定分析时，对于黏性土，应采用总应力法进行稳定分析，水、土压力的计算采用合算，相应的抗剪强度指标采用总应力条件下的试验指标（c_{cu}、φ_{cu}），对于砂性土，应采用有效应力法进行稳定分析，采用水土分算计算土压力，抗剪强度指标采用有效应力条件下的试验指标（c'、φ'）。

目前的工程实践中，大量工程勘察仅提供了直剪试验的抗剪强度指标，因而采用直剪试验强度指标设计计算的基坑工程为数不少，在支护结构设计上也积累了丰富的工程经验。在缺少三轴试验强度指标的情况下，也可以采用直剪试验强度指标（c_{cq}、φ_{cq}）计算土压力和验算土的稳定性。

在土压力计算以及基坑稳定性验算中，土的抗剪强度指标的取用详见表 2.5。

土的抗剪强度指标的取用　　　　表 2.5

土　名		地下水位以上	地下水位以下
黏性土、黏质粉土	正常固结、超固结土	c_{cu}、φ_{cu} 或 c_{cq}、φ_{cq}	c_{cu}、φ_{cu} 或 c_{cq}、φ_{cq}
	欠固结土		c_{uu}、φ_{uu}
砂质粉土、砂土、碎石土		c_{cu}、φ_{cu}	c_{cu}、φ_{cu}

注：1. 对于砂质粉土，地下水位以下的抗剪强度指标也可采用 c_{cu}、φ_{cu} 或 c_{cq}、φ_{cq}；

2. 实际工作中，很难取得砂土、碎石土的原状试样，无法进行原状土的抗剪强度试验，可根据标准贯入实测击数 N 和水下休止角 β 来确定 φ'。一般情况下，根据标准贯入实测击数 N 确定 φ' 可按以下经验公式估算：

$$\varphi' = \sqrt{20\overline{N}} + 15$$

3. 在使用上表时，对于灵敏度较高的土，基坑临近有交通频繁的主干道或其他对土的扰动源时，计算采用土的强度指标宜适当进行折减。

为避免个别工程勘察项目抗剪强度试验数据粗糙并直接取用时所带来的设计不安全或不合理，选取土的抗剪强度指标时，尚需将剪切试验的抗剪强度指标与土的其他室内或原

13

位试验的物理力学参数进行对比分析，判断其试验指标的可靠性，防止误用。当抗剪强度指标与其他物理力学参数的相关性较差，或岩土勘察资料中缺少符合实际基坑开挖条件的试验方法的抗剪强度指标时，在有经验时应结合类似工程经验和相邻、相近场地的岩土勘察试验数据并通过可靠的综合分析判断后合理取值；缺少经验时，则应取偏于安全的抗剪强度试验方法得出的抗剪强度指标。

2.3.5 基坑变形限值

基坑设计时对变形的控制主要考虑因土方开挖和降水引起的对基坑周边环境的影响。基坑支护结构施工、降排水以及基坑岩、土体开挖对环境的影响主要分如下三类：①支护结构施工过程中产生的挤土效应或土体损失引起的相邻地面隆起或沉降；②长时间、大幅度降低地下水可能引起地面沉降，从而引起邻近建（构）筑物及地下管线的变形及开裂；③基坑开挖时产生的不平衡力、软黏土发生蠕变和坑外水土流失而导致周围土体及围护墙向开挖区发生侧向移动、地面沉降及坑底隆起，从而引起紧邻建（构）筑物及地下管线的侧移、沉降或倾斜。因此，基坑的变形有支护结构的变形，以及受影响的基坑内外土体变形和周边建（构）筑物、地下管线和道路等周边环境的变形。

为保证基坑支护的功能要求，因支护结构变形、岩土开挖及地下水条件变化引起的基坑内外土体变形应符合下列规定：①不得影响地下结构尺寸、形状和正常施工；②不得影响既有桩基的正常使用；③对周围已有建（构）筑物引起的地基变形不得超过地基变形允许值；④不得影响周边地下建（构）筑物、地下轨道交通设施及管线的正常使用。

为此，基坑工程设计时，应根据基坑周边环境的保护要求来确定基坑的变形控制指标。严格地讲，基坑工程的变形控制指标（如围护结构的侧移及地表沉降）应根据基坑周边环境对附加变形的承受能力及基坑开挖对周围环境的影响程度来确定。由于问题的复杂性，在很多情况下，确定基坑周围环境对附加变形的承受能力是一件非常困难的事情，而要较准确地预测基坑开挖对周边环境的影响程度也往往存在较大的难度，因此也就难以针对某个具体工程提出非常合理的变形控制指标。此时根据大量已成功实施的工程实践统计资料来确定基坑的变形控制指标不失为一种有效的方法。

1. 支护结构的水平位移

支护结构的水平位移是反映支护结构内力和稳定性是否达到极限状态的重要指标，通过支护结构位移从某种程度上能反映支护结构的稳定状况。由于基坑支护破坏形式和土的性质的多样性，难以建立稳定极限状态与位移的定量关系，因而目前主要是根据地区经验来确定。

目前，我国部分地方对支护结构水平位移变形控制指标规定如下，可作为变形控制设计时的参考。因不同地区有不同的土质条件，支护结构的位移对周围环境的影响程度也不同，具体工作时应在积累地区工程经验的基础上确定变形控制指标。

(1) 北京市地方标准《建筑基坑支护技术规程》DB 11/489—2007 中规定，"当无明确要求时，最大水平变形限值：一级基坑为 $0.002h$，二级基坑为 $0.004h$，三级基坑为 $0.006h$（h 为基坑深度）"。

(2) 深圳市标准《深圳地区建筑深基坑支护技术规范》SJG 05 中规定，当无特殊要求时的支护结构最大水平位移允许值见表 2.6。

支护结构顶部最大水平位移允许值（mm）　　　表2.6

安全等级	排桩、地下连续墙 加内支撑支护	排桩、地下连续墙加锚杆支护， 双排桩，复合土钉墙	坡率法，土钉墙或复合 土钉墙，水泥土挡墙， 悬臂式排桩，钢板桩等
一级	$0.002h$ 与30mm 的较小值	$0.003h$ 与40mm 的较小值	
二级	$0.004h$ 与50mm 的较小值	$0.006h$ 与60mm 的较小值	$0.01h$ 与80mm 的较小值
三级		$0.01h$ 与80mm 的较小值	$0.02h$ 与100mm 的较小值

注：表中 h 为基坑深度（mm）。

（3）湖北省地方标准《基坑工程技术规程》DB 42/159—2004 中规定，"基坑监测项目的监控报警值，如设计有要求时，以设计要求为依据，如设计无具体要求时，可按如下变形量控制：重要性等级为一级的基坑，边坡土体、支护结构水平位移（最大值）监控报警值为30mm；重要性等级为二级的基坑，边坡土体、支护结构水平位移（最大值）监控报警值为60mm"。

（4）上海市《基坑工程技术规范》DG/TJ 08—61 根据基坑周围环境的重要性程度及其与基坑的距离，提出了基坑变形设计控制指标如表2.7所示。

基坑变形设计控制指标　　　表2.7

环 境 保 护 对 象	保护对象与 基坑距离关系	支护结构 最大侧移	坑外地表 最大沉降
优秀历史建筑、有精密仪器与设备的厂房、其他采用天然地基或短桩基础的重要建筑物、轨道交通设施、隧道、防汛墙、原水管、自来水总管、煤气总管、共同沟等重要建（构）筑物或设施	$s \leqslant H$	$0.18\%H$	$0.15\%H$
	$H < s \leqslant 2H$	$0.3\%H$	$0.25\%H$
	$2H < s \leqslant 4H$	$0.7\%H$	$0.55\%H$
较重要的自来水管、煤气管、污水管等市政管线、采用天然地基或短桩基础的建筑物等	$s \leqslant H$	$0.3\%H$	$0.25\%H$
	$H < s \leqslant 2H$	$0.7\%H$	$0.55\%H$

注：1. H 为基坑开挖深度，s 为保护对象与基坑开挖边线的净距；
　　2. 位于轨道交通设施、优秀历史建筑、重要管线等环境保护对象周边的基坑工程，应遵照政府有关文件和规定执行。

2. 基坑周边环境的变形

基坑施工不可避免地会对周边建（构）筑物等产生附加沉降和水平位移，设计时应控制建（构）筑物等地基的总变形值不得超过地基的允许变形值，地基的允许变形值应符合现行国家标准《建筑地基基础设计规范》GB 50007 中对地基变形允许值的要求及相关规范对地下管线、地下构筑物、道路变形的要求。

建（构）筑物等周边环境地基的变形包括两部分：其一是从建设开始至基坑开挖前的原有变形，其二是因基坑引起的附加变形。由于建（构）筑物等周边环境从建设到基坑支护施工前这段时间绝大部分缺少地基变形的数据，因此，在设计中，具体控制指标的提出存在困难，工程人员应酌情把握。一般可结合其使用状态、规范要求以及工程经验综合提出。

关于建筑物的允许变形值，表2.8是根据国内外有关研究成果给出的建筑物在自重作用下的差异沉降与建筑物损坏程度的关系，可作为确定建筑物对基坑开挖引起的附加变形的承受能力的参考。

各类建筑物在自重作用下的差异沉降与建筑物损坏程度的关系　　　　表 2.8

建筑结构类型	δ/L（L 为建筑物长度，δ 为差异沉降）	建筑物的损坏程度
一般砖墙承重结构，包括有内框架的结构，建筑物长高比小于 10；有圈梁；天然地基（条形基础）	达 1/150	分隔墙及承重砖墙产生相当多的裂缝，可能发生结构破坏
一般钢筋混凝土框架结构	达 1/150	发生严重变形
	达 1/300	分隔墙或外墙产生裂缝等非结构性破坏
	达 1/500	开始出现裂缝
高层刚性建筑（箱形基础、桩基）	达 1/250	可观察到建筑物倾斜
有桥式吊车的单层排架结构的厂房；天然地基或桩基	达 1/300	桥式吊车运转困难，不调整轨面难运行，分割墙有裂缝
有斜撑的框架结构	达 1/600	处于安全极限状态
一般对沉降差反应敏感的机器基础	达 1/850	机器使用可能会发生困难，处于可运行的极限状态

2.4　基坑工程勘察与环境调查

2.4.1　基坑工程勘察

基坑支护设计和施工对岩土勘察的要求有别于主体建筑对岩土勘察的要求，勘察的重点部位应是基坑外对支护结构和周边环境有影响的范围，但目前，建筑基坑支护的岩土工程勘察通常在主体建筑岩土工程勘察过程中一并进行。主体建筑岩土工程勘察大多数是沿建筑物外轮廓线以内布置勘探工作，忽略对周边环境的调查了解；对持力层、下卧层研究较仔细，忽略了浅部土层的划分和取样试验；侧重于针对地基的承载性能提供土质参数，忽略了支护设计所需要的参数。至今，大多数基坑工程使用的勘察报告就是主体建筑勘察报告，与基坑支护设计与施工对岩土工程勘察的要求还有一定差距。

综合《岩土工程勘察规范》GB 50021—2001（2009 年版）（以下简称"规范 GB 50021"）、《高层建筑岩土工程勘察规程》JGJ 72—2004（以下简称"规程 JGJ 72—2004"）以及规范 GB 50007—2011、规程 JGJ 120—2012 的相关规定，基坑工程的勘察宜按下列要求进行：

1. **勘察阶段**

基坑工程的勘察与其他工程的勘察一样，可分阶段进行，一般分为初步勘察、详细勘察和施工勘察。初步勘察应初步查明场地环境情况和工程地质条件，预测基坑工程中可能产生的主要岩土工程问题；详细勘察阶段应在详细查明场地工程地质条件基础上，判断基坑的整体稳定性，预测可能破坏模式，为基坑工程的设计、施工提供基础资料，对基坑工程等级、支护方案提出建议。在施工阶段，必要时尚应进行补充勘察。

2. **勘察范围、深度及勘探点的布置**

（1）勘察范围：勘察的平面范围宜超出开挖边界外开挖深度的 2～3 倍，在深厚软土区，勘察范围尚应适当扩大。

（2）勘察深度：一般土质条件下，勘察深度宜为开挖深度的 2～3 倍，在此深度内遇到坚硬黏性土、碎石土和岩层，可根据岩土类别和支护设计要求减少深度；在深厚软土区，控制性勘探孔应穿透软土层；为满足降水或截水设计要求，控制性勘探孔应穿透主要含水层进入隔水层一定深度；在基坑深度内遇微风化基岩时，一般性勘探孔应钻入微风化岩层 1～3m，控制性勘探孔应超过基坑深度 1～3m。

（3）勘探点布置：应沿开挖边界布置勘探点，其中，控制性勘探点宜为勘探点总数的 1/3，且每一基坑侧边不宜少于 2 个控制性勘探点；在开挖边界外，勘探点布置可能会遇到困难，勘察手段以调查研究、收集已有资料为主，但对于复杂场地和斜坡场地，由于稳定性分析的需要或布置锚杆的需要，必须有实测地质剖面时，应适量的布置勘探点。

（4）勘探点间距：应视地层条件而定，可在 15～25m 内选择，地层变化较大时，应增加勘探点，查明分布规律。当遇到暗滨、暗塘或填土厚度变化很大或基岩面起伏很大时，宜加密勘探点。

3. 勘察要求

（1）工程地质勘察

在受基坑开挖影响和可能设置支护结构的范围内，应查明岩土分布、土的常规物理试验指标，分层提供支护设计所需的抗剪强度指标，土的抗剪强度试验方法应与基坑工程设计要求一致（详见 2.3.4 节内容），符合设计采用的标准，并应在勘察报告中说明。

岩体基坑工程勘察除查明基坑周围的岩层分布、风化程度、坚硬程度、完整程度和各岩层物理力学性质外，还应查明岩体主要结构面的力学性质以及结构面类型、产状、延展情况、闭合程度、填充情况、充水情况、组合关系及与临空面的关系等，特别要查明外倾结构面的抗剪强度以及地下水情况，并评估岩体滑动、岩块崩塌的可能性。

另外，应查明场区水文地质资料及与降水有关的参数，具体包括以下内容：1）地下水的类型、地下水位高程及变化幅度；2）各含水层的水力联系、补给、径流条件及土层的渗透系数；3）分析流砂、管涌产生的可能性；4）提出施工降水或隔水措施以及评估地下水位变化对场区环境造成的影响。

（2）水文地质勘察

当场地水文地质条件复杂，应进行现场抽水试验，并进行水文地质勘察。

基坑工程的水文地质勘察，应查明场地地下水类型、潜水、承压水的埋置分布特点，明确含水层及相对隔水层的成因及动态变化特征。通过室内及现场水文地质实验，提供各土层的水平向与垂直向的渗透系数。对于需进行地下水控制专项设计的基坑工程，为了评价含水层的富水性，确定含水层组单井涌水量，了解含水层组水位状况，测定承压水头，获取含水层组的水文地质参数，确定抽水试验影响范围，应对场地含水层及地下水分布情况进行现场抽水试验，计算含水层水文地质参数。

抽水试验的成果资料应包括：在成井过程中，井管长度、成井井管、滤水管排列情况、洗井情况等的详细记录；绘制各抽水井及观测井的 s-t 曲线、s-$\lg t$ 曲线，恢复水位 s-$\lg t$ 曲线以及各组抽水试验的 Q-s 关系曲线和 q-s 关系曲线。确定土层的渗透系数，影响半径，单位涌水量等参数。

4. 基坑工程评价要求

基坑工程勘察应针对以下内容进行分析，提供有关计算参数和建议：

(1) 边坡的局部稳定性、整体稳定性和坑底抗隆起稳定性；

(2) 坑底和侧壁的渗透稳定性；

(3) 挡土结构和边坡可能发生的变形；

(4) 降水效果和降水对环境的影响；

(5) 开挖和降水对邻近建筑物和地下设施的影响。

5. 勘察报告要求

岩土工程勘察报告中与基坑工程有关的部分应包括下列内容：

(1) 与基坑开挖有关的场地条件、土质条件和工程条件；

(2) 提出处理方式、计算参数和支护结构选型的建议；

(3) 提出地下水控制方法、计算参数和施工控制的建议；

(4) 提出施工方法和施工中可能遇到的问题，并提出防治措施；

(5) 对施工阶段的环境保护和监测工作的建议。

2.4.2 基坑周边环境调查

环境保护是基坑工程的重要任务之一，在建筑物密集、交通流量大的城区尤其突出。由于对周边建（构）筑物和地下管线情况不了解，盲目开挖造成损失的事例很多，有的后果非常严重。环境调查的目的是明确环境的保护要求，从而得到其变形的控制标准，并为基坑工程的环境影响分析提供依据，为设计和施工采用针对性的保护措施提供相关资料。

1. 环境调查范围

国外关于基坑围护墙后地表的沉降形状及上海地区的工程实测资料（图 4.11）表明，墙后地表沉降的主要影响区域为 2 倍基坑开挖深度，而在 2～4 倍开挖深度范围内为次影响区域，即地表沉降由较小值衰减到可以忽略不计。据此，一般情况下环境调查的范围为 2 倍开挖深度。但当有重要的建（构）筑物如历代优秀建筑、有精密仪器与设备的厂房、其他采用天然地基或短桩基础的重要建筑物、轨道交通设施、隧道、防汛墙、共同沟、原水管、自来水总管、煤气总管等重要建（构）筑物或设施位于 2～4 倍开挖深度范围内时，为了能全面掌握基坑可能对周围环境产生的影响，也应对这些环境情况作调查。

2. 环境调查方法与内容

一般可通过城建档案了解建筑物，通过地理信息系统或其他档案资料了解管线的类别、平面位置、埋深和规模，如确实搜集不到资料，必要时对建筑物应进行房屋结构质量检测与鉴定，对管线应采用开挖、物探、专用仪器或其他有效方法进行地下管线探测。

调查一般包括如下内容：

(1) 对于建筑物应查明其用途、平面位置、层数、结构形式、材料强度、基础形式与埋深、历史沿革及现状、荷载、沉降、倾斜、裂缝情况、有关竣工资料（如平面图、立面图和剖面图等）及保护要求等；对历代优秀建筑，一般建造年代较远，保护要求较高，原设计图纸等资料也可能不齐全，有时需要通过专门的房屋结构质量检测与鉴定，对结构的安全性作出综合评价，以进一步确定其抵抗变形的能力；

(2) 对于隧道、防汛墙、共同沟等构筑物应查明其平面位置、埋深、材料类型、断面尺寸、受力情况及保护要求等；

（3）对于管线应查明其平面位置、直径、材料类型、埋深、接头形式、压力、输送的物质（油、气、水等）、建造年代及保护要求等，当无相关资料时可按《城市地下管线探测技术规程》CJJ 61—2003进行必要的地下管线探测工作。

（4）对于场地周围和邻近地区地表水应查明汇流、排泄情况，地下水管渗漏情况以及对基坑开挖的影响程度。

（5）应查明基坑四周道路离基坑的距离及道路上车辆载重情况。

2.5 支护结构选型

至今，工程实践中已发展多种支护结构，如：支挡式结构、双排桩、土钉墙和复合土钉墙、重力式水泥土墙以及上述方式的各类组合支护结构。

1. 支挡式结构

支挡式结构是由挡土构件和锚杆或支撑组成的一类支护结构体系的统称，其结构类型包括：排桩-锚杆结构、排桩-支撑结构-地下连续墙-锚杆结构、地下连续墙-支撑结构、悬臂式排桩或地下连续墙、双排桩结构等。支挡式结构受力明确，计算方法和工程实践相对成熟，是目前应用最多也较为可靠的支护结构形式。

锚拉式支挡结构（排桩-锚杆结构、地下连续墙-锚杆结构）和支撑式支挡结构（排桩-支撑结构、地下连续墙-支撑结构）易于控制其水平变形，挡土构件内力分布均匀，当基坑较深或基坑周边环境对支护结构位移的要求严格时，常采用这种结构形式。仅从技术角度讲，支撑式支挡结构比锚拉式支挡结构适用范围要宽得多，但内支撑的设置给后期主体地下结构施工造成较大障碍，所以，当能用其他支护结构形式时，人们一般不愿意首选内支撑结构。锚拉式支挡结构可以给后期主体结构施工提供很大的便利，但有些条件下是不适合使用锚杆的，详见表2.9，各类支护结构的使用条件。另外，锚杆长期留在地下，给相邻地域的使用和地下空间开发造成障碍，不符合保护环境和可持续发展的要求。在有些情况下，锚杆将侵入红线之外的地下区域，违背城市地下空间规划法规要求。

悬臂式支挡结构顶部位移较大，内力分布不理想，但可省去锚杆和支撑，当基坑较浅且基坑周边环境对支护结构位移的限制不严格时，可采用悬臂式支挡结构。

双排桩支挡结构是一种刚架结构形式，其内力分布特性明显优于悬臂式结构，水平变形也比悬臂式结构小得多，适用于场地空间充足，开挖深度较深，变形控制要求较高，且无法设置内支撑体系的工程。

另外，支护结构与主体结构相结合的逆作法由于具有挡土安全性高、变形小、工期短、经济效益显著等优点而得到大量应用，而具有挡土和截水功能的咬合桩（也称为AB桩）支护方式也在全国各地得到应用。

2. 土钉墙及复合土钉墙

土钉墙是一种经济、简便、快速、不需大型施工设备的基坑支护形式。目前的土钉墙设计方法，主要按土钉墙整体滑动稳定性控制，同时对单根土钉抗拔力控制，土钉墙面层及连接按构造设计。土钉墙设计与支挡式结构相比，一些问题尚未解决或没有成熟、统一的认识。由于国内土钉墙的通常作法是土钉不施加预应力，也只有在基坑有一定变形后土钉才会达到工作状态下的受力水平，因此，理论上土钉墙位移和沉降较大。当基坑周边变形影响范围内有建筑物等时，是不适合采用土钉墙支护的。

土钉墙与水泥土桩、微型桩及预应力锚杆组合形成的复合土钉墙，主要有下列几种形式：（1）土钉墙＋预应力锚杆；（2）土钉墙＋水泥土桩；（3）土钉墙＋水泥土桩＋预应力锚杆；（4）土钉墙＋微型桩＋预应力锚杆；（5）土钉墙＋水泥土桩＋微型桩＋预应力锚杆。不同的组合形式作用不同，应根据实际工程需要选择。

3. 重力式水泥土墙

水泥土墙是一种非主流的支护结构形式，适用的土质条件较窄，实际工程应用也不广泛。水泥土墙一般用在深度不大的软土基坑。这种条件下，锚杆没有合适的锚固土层，不能提供足够的锚固力，内支撑又会增加主体地下结构施工的难度。这时，当经济、工期、技术可行性等的综合比较较优时，一般才会选择水泥土墙这种支护方式。水泥土墙一般采用搅拌桩，墙体材料是水泥土，其抗拉、抗剪强度较低。按梁式结构设计时性能很差，与混凝土材料无法相比。因此，只有按重力式结构设计时，才会具有一定优势。

水泥土墙用于淤泥质土、淤泥基坑时，基坑深度不宜大于 7m。由于按重力式设计，需要较大的墙宽。当基坑深度大于 7m 时，随基坑深度增加，墙的宽度、深度都太大，施工成本不经济和工期不合理，墙的深度不足会使墙位移、沉降，宽度不足，会使墙开裂甚至倾覆。

搅拌桩水泥土墙虽然也可用于黏性土、粉土、砂土等土类的基坑，但一般不如选择其他支护形式更优。特殊情况下，搅拌桩水泥土墙对这些土类还是可以用的。由于目前国内搅拌桩成桩设备的动力有限，土的密实度、强度较低时才能钻进和搅拌。不同成桩设备的最大钻进搅拌深度不同，新生产、引进的搅拌设备的能力也在不断提高。

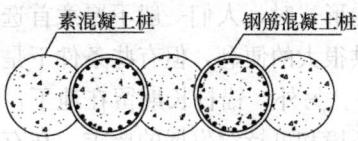

图 2.1　咬合桩平面咬合示意图

4. 钻孔咬合桩

钻孔咬合桩墙是一种相邻 A、B 两类桩相互重叠咬合形成密封性很好的既防水又挡土的桩墙，咬合桩也称为 AB 桩。咬合桩在国内一般使用套管钻机施工，先施工 A 类桩，再施工 B 类桩，一般 A 类桩要使用缓凝达 60 小时的超缓凝混凝土浇筑，以便 B 类桩可以顺利成孔施工。咬合桩示意见图 2.1。

目前，钻孔咬合桩在我国各地都开始得到应用，在国内地下工程围护结构中属于新技术、新工法、新工艺，采用钻孔咬合桩作为地下工程深基坑的围护结构在新加坡、中国香港、中国台湾等地均有成功的工程实例、成熟的施工经验与工法。

与已有的成熟的深基坑围护形式相比，咬合桩有在钻孔过程中不需使用泥浆，成桩精度高、桩体质量好，进度快、造价低，施工过程中噪声小、对周边环境影响小等优点。但咬合桩也有本身的弱点，比如在开挖深度很大的情况下成桩的竖直精度难以控制、接头处的完全防水难以达到、超缓凝混凝土技术不成熟、单一作为基坑围护的临时结构造价过高等；同时在施工技术上，国内没有相应的技术标准，对于咬合桩施工机械的选取、桩体施工顺序、桩体垂直度控制措施以及桩与桩之间咬和质量控制、混凝土超缓凝技术等问题的综合研究还不够深入。

因此，在支护结构选型时，应在了解上述各类支护结构性能的同时，综合考虑基坑深度、土的性状及地下水条件、基坑周边环境对基坑变形的承受能力及支护结构一旦失效可能产生的后果、主体地下结构及基础形式、基坑平面尺寸及形状、支护结构施工的可行性、施工场地条件及施工季节、经济指标、环保性能和施工工期等诸多因素，按表2.9选择支护形式，或采用各类支护形式的组合形式。

各类支护结构的使用条件   表 2.9

结构类型		适 用 条 件		
		安全等级	基坑深度、环境条件、土类和地下水条件	
支挡式结构	锚拉式结构	一级 二级 三级	适用于较深的基坑	1. 排桩适用于可采用降水或截水帷幕的基坑 2. 地下连续墙宜同时用作主体地下结构外墙，可同时用于截水 3. 锚杆不宜用在软土层和高水位的碎石土、砂土层中 4. 当邻近基坑有建筑物地下室、地下筑物等，锚杆的有效锚固长度不足时，不应采用锚杆 5. 当锚杆施工会造成基坑周边建（构）筑物的损害或违反城市地下空间规划等规定时，不应采用锚杆
	支撑式结构		适用于较深的基坑	
	悬臂式结构		适用于较浅的基坑	
	双排桩		当锚拉式、支撑式和悬臂式不适用时，可考虑使用双排桩	
	支护结构与主体结构相结合的逆作法		适用于基坑周边环境很复杂的深基坑	
土钉墙	单一土钉墙	二级 三级	适用于地下水位以上或经降水的非软土基坑，且基坑深度不宜大于12m	当基坑潜在滑动面内有建筑物、重要地下管线时，不宜采用土钉墙
	预应力锚杆复合土钉墙		适用于地下水位以上或经降水的非软土基坑，且基坑深度不宜大于15m	
	水泥土桩复合土钉墙		用于非软土基坑时，基坑深度不宜大于12m；用于淤泥质土基坑时，基坑深度不宜大于6m；不宜用在高水位的碎石土、砂土层中	
	微型桩复合土钉墙		适用于地下水位以上或经降水的基坑，用于非软土基坑时，基坑深度不宜大于12m；用于淤泥质土基坑时，基坑深度不宜大于6m	
重力式水泥土墙		二级 三级	适用于淤泥质土、淤泥基坑，且基坑深度不宜大于7m	
放坡		三级	1. 施工场地应满足放坡条件 2. 可与上述支护结构形式结合	

注：1. 当基坑不同部位的周边环境条件、土层性状、基坑深度等不同时，可在不同部位分别采用不同的支护形式；
2. 支护结构可采用上、下部以不同结构类型组合的形式。

软土场地还可采用深层搅拌、注浆，对坑底软土进行局部或整体加固，或采用降水措施提高基坑内侧被动抗力。

思 考 与 练 习

2.1 建筑基坑支护结构应满足哪些功能要求？支护结构设计包括哪些内容？支护结构设计在强度、

变形、稳定性方面的要求主要是指什么?

2.2 土体抗剪强度指标的试验方法有哪些?在进行支护计算时,土体抗剪强度指标的取用应满足什么要求?

2.3 基坑支护结构安全等级分几级?它们是如何划分的?

2.4 基坑环境调查内容有哪些?

2.5 基坑支护结构的形式一般有哪些?分别适用于什么条件?

第3章 土 压 力

3.1 基 本 理 论

3.1.1 概论

作用在支护结构上的荷载，主要有土压力和水压力，而土压力是主要的荷载，它指的是支护结构后填土自重或外荷载对支护结构产生的侧向压力。土压力的计算是个比较复杂的问题，它随着支护结构可能位移的方向、大小及填土所处的状态分为主动土压力、被动土压力和静止土压力。

如果支护结构在土压力作用下，不发生变形和任何位移，墙后填土处于弹性平衡状态，则作用在结构上的土压力称为静止土压力，以 E_0 表示，如图 3.1（a）所示。如作用在地下室外墙上的土压力即按静止土压力计算。

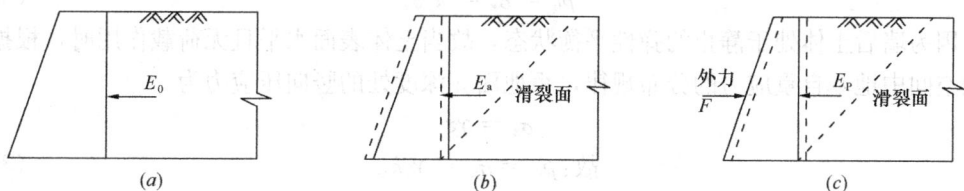

图 3.1 三类土压力示意图
（a）静止土压力；（b）主动土压力；（c）被动土压力

若支护结构在土压力作用下向墙前发生位移，则随着位移的增大，墙后土压力逐渐减少，当土体达到极限平衡状态时，作用在结构上的土压力称为主动土压力，以 E_a 表示，如图 3.1（b）所示，此时的土体极限平衡状态称为主动极限平衡状态。如基坑外侧土体作用在支护结构上的土压力即按主动土压力计算。

若支护结构在外力作用下向墙后发生位移，则随着位移的增大，墙后土压力逐渐增大，当土体达到极限平衡状态时，作用在结构上的土压力称为被动土压力，以 E_p 表示，如图 3.1（c）所示，此时的土体极限平衡状态称为被动极限平衡状态。如基坑内侧土体作用在基坑底面以下嵌固深度内支护结构上的土压力即按被动土压力计算。

一些资料表明，达到主动、被动极限平衡状态时所需的位移量如表 3.1 所示。

表 3.1

土的类别	应力状态	位移型式	所需位移量
砂 土	主动极限平衡	平 移	$0.001h$（h 为墙体高度）
	主动极限平衡	绕墙趾转动	$0.001h$
	被动极限平衡	平 移	$0.05h$
	被动极限平衡	绕墙趾转动	$>0.1h$
黏 土	主动极限平衡	平 移	$0.004h$
	被动极限平衡	绕墙趾转动	$0.004h$

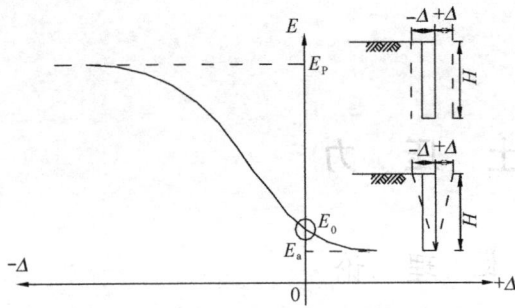

图 3.2　土压力与墙身位移的关系

从以上分析可知，支护结构的位移和土压力的关系如图 3.2 所示。在相同条件下，三种土压力的大小关系为：$E_p > E_0 > E_a$。

一般支护结构可按平面问题进行设计计算，故在以后的内容中均沿支护结构长度方向取每延长米进行计算。

3.1.2　静止土压力

当挡墙静止不动时，墙后土体水平方向的变形为零，即水平方向的应变 $\varepsilon_x = \varepsilon_y = 0$。由广义虎克定律可以推出水平向应力 σ_x（或 σ_y）与竖向应力 σ_z 之间的关系：

$$\sigma_x = \sigma_y = \frac{v}{1-v}\sigma_z \tag{3-1}$$

$$令: k_0 = \frac{v}{1-v} \tag{3-2}$$

故作用于竖直墙背上的静止土压力为：

$$p_0 = \sigma_x = k_0\sigma_x \tag{3-3}$$

因为墙后土体处于静止的弹性平衡状态，故当土体表面水平且无荷载作用时，根据半无限空间中地基自重应力的分布规律，距地面 z 深度处的竖向压应力为

$$\sigma_z = \gamma z$$

$$故: p_0 = \sigma_x = \gamma z k_0 \tag{3-4}$$

当墙后土体的表面上作用有均布荷载 q 时，则

$$\sigma_z = \gamma z + q$$

故有

$$p_0 = (\gamma z + q)k_0 \tag{3-5}$$

式中　k_0——静止土压力系数；

v——泊松比；

γ——土的重度。

因为 p_0 是 z 的线性函数，故 p_0 沿墙的高度呈线性分布，如图 3.3 所示。静止土压力系数（k_0）值随土体密实度、固结程度的增加而增加，当土层处于超压密

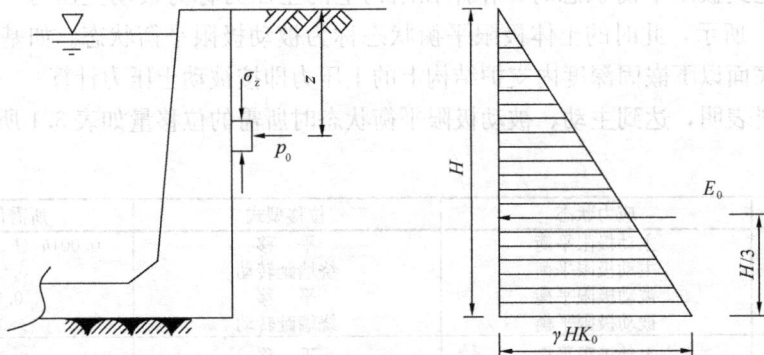

图 3.3　静止土压力的分布

状态时，k_0 值的增大尤为显著。静止土压力系数 k_0 可直接在室内由三轴试验或在现场由旁压试验等得到，在缺乏试验资料时，对于正常固结土，可按以下经验公式估算。

$$k_0 = 1 - \sin\varphi'$$ (3-6)

式中 φ'——有效内摩擦角。

对正常固结土也可按表 3.2 估算。

静止土压力系数 k_0

表 3.2

土　类	坚硬土	硬-可塑黏性土、粉质黏土、砂土	可-软塑黏性土	软塑黏性土	流塑黏性土
k_0	0.2~0.4	0.4~0.5	0.5~0.6	0.6~0.75	0.75~0.8

对于高度为 H 的具有竖直墙背的挡墙，沿墙的长度取 1m 作为计算单位，当土体表面无荷载作用时，作用于墙背的静止土压力的合力 E_0 为

$$E_0 = \frac{1}{2}\gamma H^2 k_0$$ (3-7)

当土体表面有均布荷载 q 作用时，作用于墙背的静止土压力的合力 E_0 为

$$E_0 = \left(q + \frac{1}{2}\gamma H\right)Hk_0$$ (3-8)

E_0 的作用方向水平，作用于墙背上相应土压力图形的形心高度处。

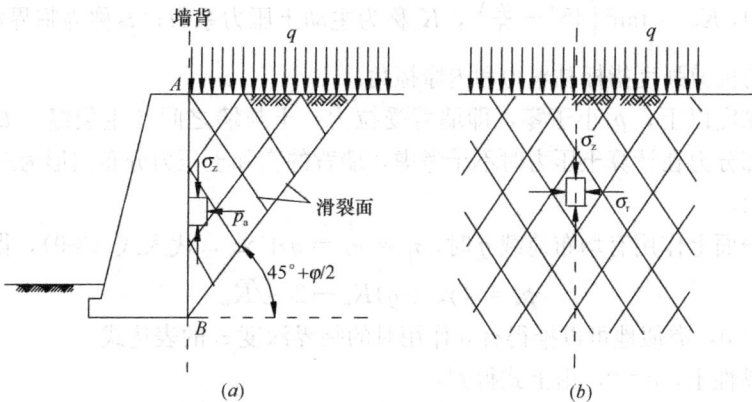

图 3.4　朗肯土压力理论的基本假设

3.1.3　朗肯土压力理论

朗肯土压力理论由英国学者朗肯（W. Rankine）于 1857 年提出，是著名的经典土压力理论之一。朗肯根据简单条件下半无限空间的应力状态和土体中一点的极限平衡条件导出了主动和被动极限状态下的土压力计算方法，具有力学概念清楚，公式形式简单的优点，在土压力的计算理论中占有重要位置。

1. 基本假设和计算原理

（1）假设

朗肯理论的基本假设可以归纳如下：

1）墙体是刚性的；

2）墙后土体表面水平，处于主动或被动极限状态；

3）墙背为竖直、光滑的平面。

（2）计算原理

满足上述假设条件时，将墙背假想为半无限空间中的一个平面，墙体的存在不影响附近土体的应力状态，土体中的竖直截面和水平截面上的剪应力为零，故墙后土体中任意一点的水平和竖直截面均为主应力面。在主动和被动极限状态下可根据土体中一点的极限平衡条件求出挡墙墙背的主动和被动土压力。

2. 土压力计算

（1）主动土压力

在主动极限平衡状态下，竖向应力 σ_z 是大主应力 σ_1，而作用于墙背的水平向土压力 $p_a = \sigma_x$ 是小主应力 σ_3，它们之间应满足如下极限平衡关系：

$$p_a = \sigma_3 = \sigma_1 \tan^2\left(45° - \frac{\varphi}{2}\right) - 2c \tan\left(45° - \frac{\varphi}{2}\right) = \sigma_1 K_a - 2c\sqrt{K_a} \qquad (3\text{-}9)$$

当土体表面上无荷载作用时，$\sigma_1 = \sigma_z = \gamma z$，得到

$$p_a = \gamma z K_a - 2c\sqrt{K_a} \qquad (3\text{-}10)$$

如令 $p_a = 0$，可得：

$$z = z_0 = \frac{2c}{\gamma \sqrt{K_a}} \qquad (3\text{-}11)$$

上述式中，$K_a = \tan^2\left(45° - \frac{\varphi}{2}\right)$，$K_a$ 称为主动土压力系数；z_0 称为临界深度；c 和 φ 分别表示土的抗剪强度指标黏聚力和内摩擦角。

在临界深度以上，p_a 小于零，即墙背受拉力，土与墙之间产生裂缝，如图 3.5 (a) 所示，故此部分力在计算土压力时不予考虑，墙背的实际土压力分布图形为三角形，如图 3.5 (b) 所示。

当土体表面上作用有均布荷载 q 时，$\sigma_1 = \sigma_z = q + \gamma z$，代入式（3-9），得到

$$p_a = (\gamma z + q)K_a - 2c\sqrt{K_a} \qquad (3\text{-}12)$$

如令 $p_a = 0$，类似地可以推得有 q 作用时的临界深度 z_0 的表达式。

对于无黏性土，$c = 0$，由上式得到：

$$p_a = (\gamma z + q)K_a \qquad (3\text{-}13)$$

由上述公式知，p_a 沿墙的高度呈线性分布。当土体表面无荷载作用时，砂土的土压力分布如图 3.5 (c) 所示。

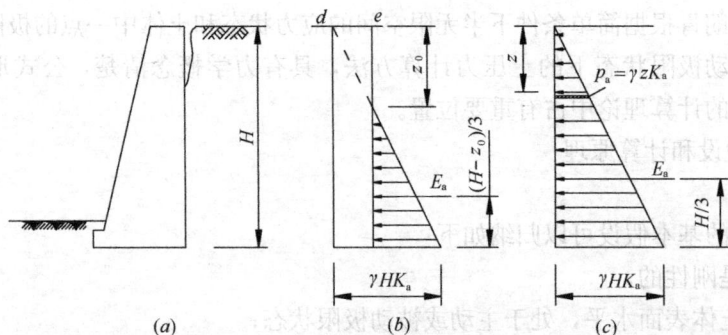

图 3.5 主动土压力沿墙高的分布

当土体表面上无荷载作用时，作用于单位长度上由黏性土体产生的主动土压力的合力 E_a 为：

$$E_a = \frac{1}{2}\gamma H^2 K_a - 2cH\sqrt{K_a} + \frac{2c^2}{\gamma} \tag{3-14}$$

令 $c=0$，由上式得无黏性土的土压力的合力为：

$$E_a = \frac{1}{2}\gamma H^2 K_a \tag{3-15}$$

E_a 的作用线通过土压力分布图的形心，作用方向水平，滑裂面与水平面的夹角为土体极限状态下的破裂角，其大小为 $45°+\varphi/2$，如图 3.4 (a) 所示。

（2）被动土压力

当墙后土体达到被动极限状态时，作用于 z 深度处水平截面上的竖向应力 σ_z 是小主应力 σ_3，而作用于墙背的水平向土压力 $p_p = \sigma_x$ 是大主应力 σ_1，它们之间应满足以下关系：

$$p_p = \sigma_1 = \sigma_3 \tan^2\left(45° + \frac{\varphi}{2}\right) + 2c\tan\left(45° + \frac{\varphi}{2}\right) = \sigma_3 K_p + 2c\sqrt{K_p} \tag{3-16}$$

当土体表面上无荷载作用时，$\sigma_3 = \sigma_z = \gamma z$，得到

$$p_p = \gamma z K_p + 2c\sqrt{K_p} \tag{3-17}$$

当土体表面上作用有均布荷载 q 时，$\sigma_3 = \sigma_z = \gamma z$，得

$$p_p = (\gamma z + q)K_p + 2c\sqrt{K_p} \tag{3-18}$$

对于无黏性土，$c=0$，故有：

$$p_p = (\gamma z + q)K_p \tag{3-19}$$

上述公式中，$K_p = \tan^2\left(45° + \frac{\varphi}{2}\right)$，$K_p$ 称为被动土压力系数。

由上列公式知，当无荷载作用时，砂土的被动土压力沿墙高呈三角形分布，如图 3.6 (b) 所示，而黏性土的被动土压力呈上小下大的梯形分布，如图 3.6 (c) 所示。

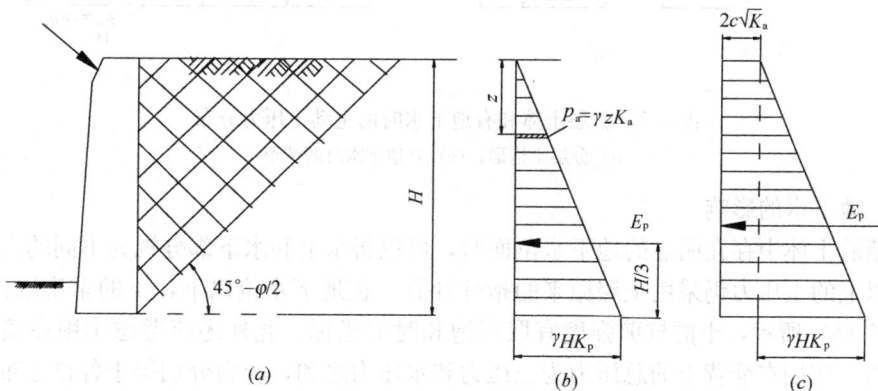

图 3.6 被动土压力沿墙高的分布
(a) 滑裂面；(b) 无黏性土；(c) 黏性土

当土体表面上无荷载作用时，作用于单位墙长上的被动土压力的合力 E_p 为

$$E_p = \frac{1}{2}\gamma H^2 K_p + 2cH\sqrt{K_p} \tag{3-20}$$

对于无黏性土，$c=0$，故有：

$$E_p = \frac{1}{2}\gamma H^2 K_p \tag{3-21}$$

E_p 的作用线通过压力分布图的形心，作用方向水平。滑裂面与水平面的夹角为（$45°$ $-\varphi/2$），如图 3.6（a）所示。

朗肯理论计算公式简单，使用方便。但由于其假定条件较严，使得该理论的应用范围受到限制。此外，由于朗肯理论忽略了墙背与土体之间的摩擦作用，计算所得的主动土压力值偏大。

3. 土体分层和有地下水时的主动土压力计算

对于挡墙后为分层土体和土体中有地下水的情况，当挡墙的边界条件比较简单时，仍可根据朗肯理论按如下方法分别计算其土压力。

（1）分层土

土体由具有不同性质的土层组成时，第一层土按其自身的土性指标计算土压力；计算第二层土的土压力时，将第一层土视为作用在第二层土上的均布荷载，然后按第二层土性指标计算土压力。

由于两层土的性质不同，土压力系数 K_a 也不同，因此在土层分界面上下，计算出的土压力数值不同，土压力的分布在分界面处产生突变，如图 3.7（a）所示。

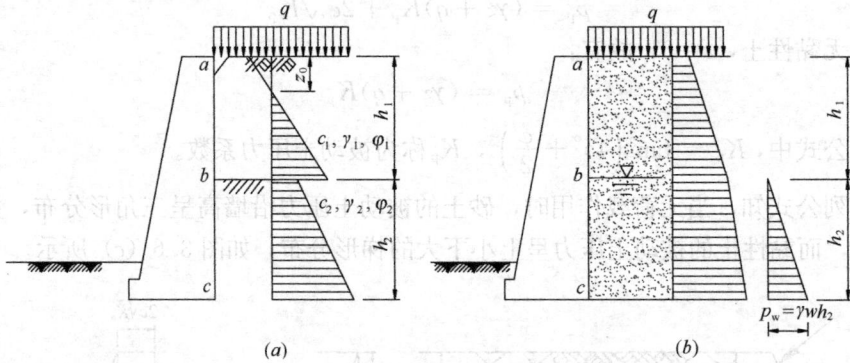

图 3.7 分层土体和有地下水时的主动土压力分布
(a) 分层土情形；(b) 有地下水时的情形

（2）地下水的影响

当墙后土体中存在明显的地下水位面时，可以将水上和水下部分视为不同的土层。地下水位以上的土压力仍采用土层原来的指标计算。在地下水位以下，土的重度取浮重度，如图 3.7（b）所示，土的抗剪强度宜取用饱和时的指标。此外还应考虑作用在墙背上的静水压力。作用在墙背上的总压力为土压力和水压力之和，合力分别等于各自分布图形的面积，作用线通过各自分布图形的形心，方向水平。

上述算法称为水土分算法，严格说来适合于墙后土体为粗粒土的情形。对于透水性差的黏土，计算时宜采用水土合算法，即计算时对于水下部分的土体采用饱和重度，而不再考虑水的静水压力，但需要注意的是应取用相应的 c、φ 值。对于透水性较强的细粒土，宜根据工程的具体情况选择适宜的算法。

【例 3-1】 挡土墙高 5m，墙背竖直光滑，土体表面水平，土面作用有大面积均匀堆

载 q，土与墙背间的摩擦可忽略不计，土体的分层情况及相关土性指标如图 3.8 所示。试求主动土压力沿挡墙墙高的分布。

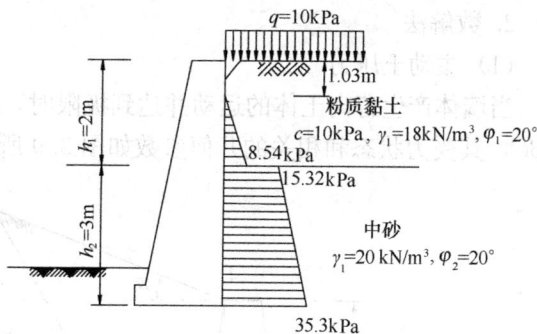

图 3.8 例图 3-1

【解】

第一层土，$\varphi_1 = 20°$，故有：

$$K_{a1} = \tan^2\left(45° - \frac{\varphi_1}{2}\right)$$
$$= \tan^2\left(45° - \frac{20°}{2}\right)$$
$$= 0.490$$

第二层土，$\varphi_2 = 30°$，故有：

$$K_{a2} = \tan^2\left(45° - \frac{\varphi_2}{2}\right) = \tan^2\left(45° - \frac{30°}{2}\right) = 0.333$$

所以，地面处：

$$p_a = qK_{a1} - 2c\sqrt{K_{a1}} = 10 \times 0.49 - 2 \times 10 \times 0.7 = -9.1\text{kPa}$$

于是临界深度为：

$$z_0 = \frac{1}{\gamma_1}\left(\frac{2c}{\sqrt{K_{a1}}} - q\right) = \frac{1}{18}\left(\frac{2 \times 10}{0.7} - 10\right) = 1.03\text{m}$$

分层面上：

$$p_a = (q + \gamma_1 h_1)K_{a1} - 2c\sqrt{K_{a1}} = (10 + 18 \times 2) \times 0.49 - 14 = 8.54\text{kPa}$$

分层面下，$c=0$：

$$p_a = (q + \gamma_1 h_1)K_{a2} = (10 + 18 \times 2) \times 0.333 = 15.32\text{kPa}$$

注意分层面处的竖向压力只与层面以上土的重力和外荷载有关。

挡土墙底面处的主动土压力为：

$$p_a = (q + \gamma_1 h_1 + \gamma_2 h_2)K_{a2} = (10 + 18 \times 2 + 20 \times 3) \times 0.333 = 35.30\text{kPa}$$

考虑到土压力沿墙背线性分布，其分布图见图 3.8。

3.1.4 库仑土压力理论

1. 基本假设和原理

（1）基本假设

1）挡土墙为刚性，墙后填土为无黏性土；

2）在主动和被动极限状态下，墙后产生的滑动土楔沿墙背和通过墙踵的平滑面滑动；

3）滑动土楔体为刚体。

库仑土压力理论对填土面和墙背的方向未作假设，其适用的范围比朗肯理论要广泛一些。

（2）基本原理

库仑土压力理论是根据滑动土楔处于主动和被动极限平衡状态时的静力平衡和滑面上的剪应力已达极限的条件来求解墙背的土压力。

2. 数解法

(1) 主动土压力

当墙体产生背离土体的运动并达到极限时，墙体后出现两个滑动面，考察滑动土楔体 ABC，其受力状态和相关的几何参数如图 3.9 所示。

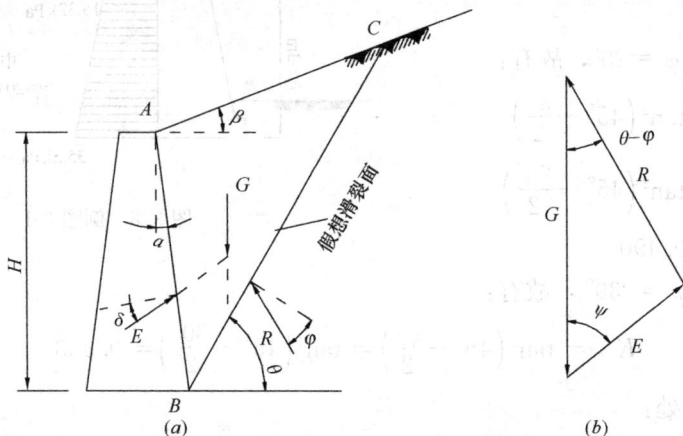

图 3.9 库仑理论的主动土压力计算图式
(a) 计算图式；(b) 力三角形

作用于滑体上的力共有三个，它们分别为：

1）滑体重力 G，该力的方向竖直向下，大小决定于滑面 BC 的位置；

2）滑面 BC 上的总反力 R，为滑面上的总剪力和总压力的合力。因为是无黏性土，黏聚力为零，故该力的方向与滑面法线的夹角为内摩擦角 φ，其大小决定于滑面 BC 的位置，处于滑面法线的下侧；

3）墙背的总土压力 E，为墙背上的总剪力和总压力的合力。因为是无黏性土，黏聚力为零，故该力的方向与墙背法线的夹角为 δ（δ 为土体与墙背之间的摩擦角），大小应满足力的平衡关系，处于墙背法线的下侧。

因是一个三力平衡问题，其力矢量应构成一个闭合的三角形，如图 3.9 (b) 所示。

当滑面的位置确定时，滑动土体的重力随之确定，根据力三角形的边角关系可以算出土压力的大小，于是确定滑面的位置成为解题的关键。

由力三角形，根据正弦定理可写出如下关系：

$$\frac{E}{G} = \frac{\sin(\theta - \varphi)}{\sin[180° - (\theta - \varphi) - \psi]}$$

由此得

$$E = G \frac{\sin(\theta - \varphi)}{\sin[180° - (\theta - \varphi) - \psi]} \tag{3-22}$$

式中，$\psi = 90° - \alpha - \delta$，其余符号见图 3.9。

当挡墙和土体的情况都已确定时，φ 和 ψ 为常数，θ 为基本变量。当 θ 发生变化时，G 和 E 随之发生相应的变化。下面是 θ 变化的两种极端情形。

①当 $\theta = \varphi$ 时，R 和 G 的作用线重合，所以有 $E = 0$；

②当 $\theta = 90° + \alpha$ 时，滑面 BC 与墙背 AB 重合，由 $G = 0$，得到 $E = 0$。

当假想的滑面在两种极端情形之间变动时，墙背所受的总土压力也就在 0 与某个极大值之间变动，从土压力的物理本质上看，该极大值确实存在而且是唯一的，这也就是我们所要求的主动土压力，相应的 BC 面即为所求的理论滑裂面。

所以主动土压力是主动极限状态下当滑裂面发生变动时可能产生的土压力中的极大值。

按照上述分析，可以采用求极值的方法来求解主动土压力的合力。当墙背和土体表面均为平面时，滑体重力 G 容易算出，令 $\mathrm{d}E/\mathrm{d}\theta=0$，并考虑到 G 也是 θ 的函数，可得到满足条件的 θ 值，再将其代入公式（3-22）得到所求的主动土压力 E_a，即：

$$E_\mathrm{a} = \frac{1}{2}\gamma H^2 K_\mathrm{a} \tag{3-23}$$

$$K_\mathrm{a} = \frac{\cos^2(\varphi-\alpha)}{\cos^2\alpha \cdot \cos(\alpha+\delta)\left[1+\sqrt{\dfrac{\sin(\varphi+\delta)\cdot\sin(\varphi-\beta)}{\cos(\alpha+\delta)\cdot\cos(\alpha-\beta)}}\right]^2} \tag{3-24}$$

式中各符号的含义见图 3.9。

K_a 与角度 α、β、δ、φ 有关，当挡墙和土体的条件已经确定时，K_a 为常数。另外，当其他条件不变时，K_a 随 φ 和 δ 的增加而减小，也就是主动土压力减小，所以工程中应注意采取措施增大 φ 值和 δ 值。

当 $\alpha=\beta=\delta=0$ 时，计算条件与朗肯理论一致，K_a 与朗肯理论的结果相同。

将 H 改写为 z，微分后可求得主动土压力 p_a：

$$p_\mathrm{a} = \frac{\mathrm{d}E_\mathrm{a}}{\mathrm{d}z} = \frac{\mathrm{d}}{\mathrm{d}z}\left(\frac{1}{2}\gamma z^2 K_\mathrm{a}\right) = \gamma z K_\mathrm{a} \tag{3-25}$$

p_a 沿墙的高度呈线性分布，合力 E_a 作用在 1/3 墙高处，方向与墙背法线的夹角为 δ。

（2）被动土压力

在被动极限状态下，滑体的运动方向与主动情形时相反，相应的 R 和 E_p 均偏向于滑面法线的另一侧，如图 3.10 所示。

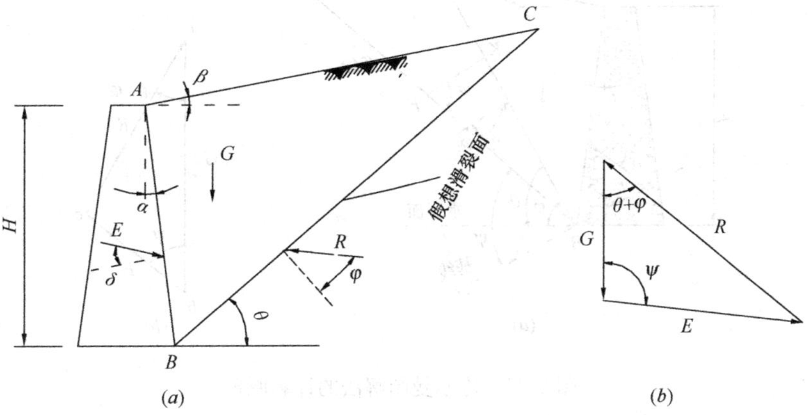

图 3.10　库仑理论的被动土压力计算图式
（a）计算图式；（b）力三角形

被动土压力是被动极限状态下当滑裂面发生变动时可能产生的土压力中的极小值。

和主动情形合并起来，上述原理称为库仑土压力理论的极大和极小原理（也称为最大和最小原理）。值得注意的是应该将该原理与三种不同性质土压力之间的大小对比相区别。

与主动情形下的推导相似，可得出被动土压力 E_p 和系数 K_p 的计算公式，即公式（3-26）和公式（3-27）。

$$E_p = \frac{1}{2}\gamma H^2 K_p \tag{3-26}$$

$$K_p = \frac{\cos^2(\varphi+\alpha)}{\cos^2\alpha \cdot \cos(\alpha-\delta)\left[1-\sqrt{\dfrac{\sin(\varphi+\delta)\cdot\sin(\varphi+\beta)}{\cos(\alpha-\delta)\cdot\cos(\alpha-\beta)}}\right]^2} \tag{3-27}$$

p_p 的分析与主动情形类似，其沿墙的高度呈线性分布，故合力 E_p 作用在 1/3 墙高处，方向与墙背法线的夹角为 δ，只不过位于法线的另一侧。p_p 的计算公式如下：

$$p_p = \frac{\mathrm{d}E_p}{\mathrm{d}z} = \frac{\mathrm{d}}{\mathrm{d}z}\left(\frac{1}{2}\gamma z^2 K_p\right) = \gamma z K_p \tag{3-28}$$

当墙背竖直、光滑，土体表面水平时，库仑的被动土压力公式与朗肯的被动土压力公式相同。

3. 库尔曼图解法

库尔曼图解法以库伦的极大极小原理为基础。当边界条件比较复杂时，图解法往往比数解法简便。

（1）基本思路

挡墙及土体条件如图 3.11 所示。现考虑主动情形。若在墙后土体中作出一个与水平面的夹角为 θ 的假想滑裂面 BC，则可求出土体 ABC 的重力 G 的大小并确定其位置，土压力 E 及反力 R 的方向是已知的，由此可绘制闭合的力矢三角形，进而求出 E 的大小。若在土体中作出多个不同的假想滑裂面，则可按上述方法得到多个不同的 E 值，所有可能的 E 值中的最大者即为主动土压力 E_a，相应的滑裂面即为最危险滑面。

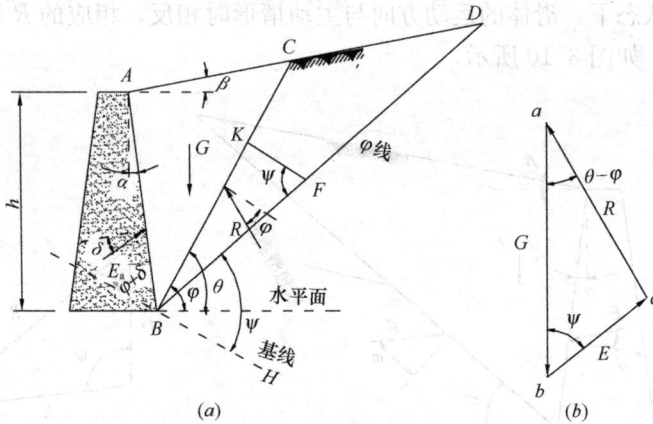

图 3.11 库尔曼图解法的计算原理

类似地可得到被动土压力并确定相应的最危险滑面。

（2）方法

在图 3.11（a）所示的断面图中，假想滑裂面 BC 与水平面成 θ 角；通过墙踵 B 点作直线 BD 与水平面成 φ 角，BD 线称为 φ 线；过 B 点作 BH 线与墙背 AB 成 $\varphi+\delta$ 角，此线称为基线。基线 BH 与 φ 线 BD 的夹角为 $\psi = 90°-\varphi-\delta$。现作一直线 FK 与基线 BH 线平行，则 FK 分别与 BC 和 BD 两线相交于 K 点和 F 点，于是 FK 与 BK、BF 一起构成

三角形 BFK，且有：

$$\angle KFB = \psi, \quad \angle KBF = \theta - \varphi$$

当假想滑裂面为 BC 时，作用在滑体 ABC 上的力矢三角形为 $\triangle abc$，如图 3.11（b）所示，在该三角形中有：

$$\angle abc = \psi, \quad \angle bac = \theta - \varphi$$

由此知 $\triangle BFK$ 和 $\triangle abc$ 相似，于是有：

$$\frac{E}{G} = \frac{KF}{BF}$$

因此，若 BF 为按某一比例尺表示的滑体重力 G，则 KF 为按同样比例尺表示的相应土压力值 E。为了求得理论上的滑裂面和土压力，可在墙背 AB 和 φ 线 BD 之间作出若干个不同的假想滑裂面 BC_1、BC_2…，如图 3.12 所示。分别按上述方法确定相应的 E_i，找出可能的最大 E 值即得到主动土压力 E_a。

（3）求解步骤

1）按比例绘出挡墙与土体的剖面图；

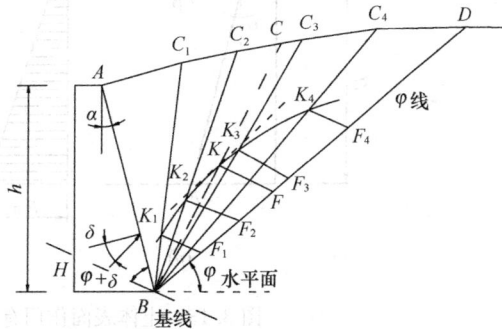

图 3.12　用库尔曼图解法求主动土压力

2）过墙踵 B 点作 φ 线 BD 与水平面成 φ 角；

3）过墙踵 B 作基线 BH，使 BH 与墙背 AB 的夹角为 $\varphi + \delta$；

4）在 AB 与 BD 之间绘制若干试算滑裂面 BC_1、BC_2…，在图上量取试算滑体的各边长（考虑作图比例），计算其面积并乘以土体重度即得出各滑体 ABC_1、ABC_2…的重力 G_1、G_2…，将其按某一适当的比例作线段 BF_1、BF_2…于 φ 线上，各终点分别为 F_1、F_2…。过 F_1、F_2…点分别作平行于基线 BH 的线段 K_1F_1、K_2F_2…与相应的试算滑裂面 BC_1、BC_2…交于 K_1、K_2…各点；

5）将 K_1、K_2、…各点连成曲线，称为土压力轨迹线，它表示取不同的试算滑裂面时墙背 AB 受到的土压力的变化情况；

6）平行于 φ 线作土压力轨迹线的切线，其切点为 K，过 K 点作 KF 线平行于基线 BH，与 φ 线 BD 相交于 F 点，注意到 KF 是所有 K_iF_i 中的最大者，所以 KF 线段的长度（考虑比例尺的大小）就代表了 E_a 的理论值，连接 BK 并延长后交土体表面于 C 点，则 BC 为所求的理论滑裂面。

只需注意到被动状态时的力三角形与主动情形时的区别，类似地也可用作图法求得被动土压力的合力。

库尔曼图解法的核心是作出一系列试算滑面，对每一滑面作出一个与力多边形相似的几何图形，然后利用相似关系和库仑的极大极小原理求出需要的土压力。

土压力的合力作用点位置可近似按以下方法确定：找到理论滑裂面后，确定相应滑动土体的重心，过该重心作一直线与滑裂面平行并与墙背交于一点，该点即视为土压力的合力作用点位置。合力的作用方向与墙背法线成 δ 角，如以挡墙为考察对象，则 E_a 位于法线的上方，而 E_p 位于法线的下方。

4. 几种常见情况的主动土压力计算

(1) 土体表面作用有均布荷载

当土体表面和墙背面均为倾斜平面，土体表面上作用有连续均布荷载 q (以单位水平投影面积计) 时，如图 3.13 (a) 所示，可将均布荷载换算成当量的土重，即用假想的土重代替均布荷载，然后可按无荷载作用的情况计算墙后土压力。具体计算方法如下：

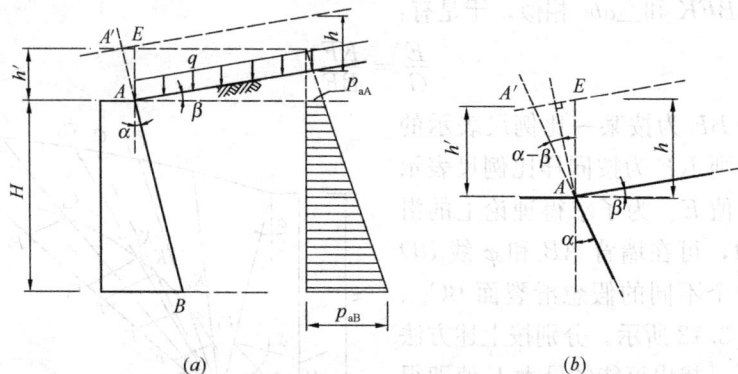

图 3.13 土体表面作用有均布荷载时的主动土压力

设换算所得的土体厚度为 h，则 $h = q/r$。假想的土体表面与墙背 AB 的延长线交于 A' 点，可以 $A'B$ 为假想墙背计算主动土压力，但由于土体表面和墙背面均为倾斜面，假想的墙高应为 $H+h'$。为清楚起见，将 A 点附近的图形放大，如图 3.13 (b) 所示，根据图中的几何关系有：

$$AE = h$$
$$AA'\cos(\alpha - \beta) = AE\cos\beta$$
$$h' = AA'\cos\alpha$$

于是得到：

$$h' = h \frac{\cos\alpha \cdot \cos\beta}{\cos(\alpha - \beta)} \tag{3-29}$$

然后以 $A'B$ 为墙背，按土体表面无荷载时的情况计算土压力。但须注意实际土压力只在墙身高度范围内分布，因此不应考虑墙顶以上 h' 范围内的土压力。相应的计算公式如下：

墙顶：$p_a = \gamma h' K_a$

墙底：$p_a = \gamma(H + h')K_a$

实际墙背 AB 上的土压力合力为墙高 H 范围内压力图形的面积，即

$$E_a = \gamma H \left(\frac{1}{2}H + h'\right)K_a \tag{3-30}$$

其作用位置在墙背上相当于梯形面积形心的高度处，作用线与墙背法线成 δ 角。

(2) 距离支护结构一定距离有均布荷载

如图 3.14 所示，此时压应力传到支护结构上有一空白距离 h_1，在 h_1 之下产生均布的附加应力如下：

$$h_1 = l_1 \cdot \tan\left(45° + \frac{\varphi}{2}\right) e_2 = q \cdot \tan^2\left(45° - \frac{\varphi}{2}\right) \tag{3-31}$$

（3）距离支护结构一定距离有集中荷载 P

如图 3.15 所示，距离支护结构一定距离有集中荷载 P 的情况如塔吊、混凝土泵车等，由 P 引起的附加荷载分布在支护结构的一定范围 h_1 上。

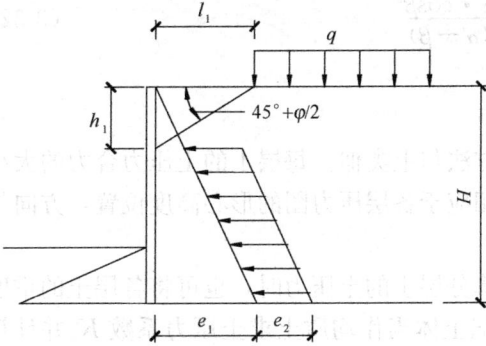

图 3.14

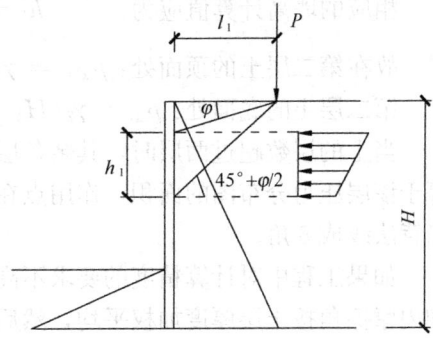

图 3.15

（4）分层土

墙后土体分层，且具有不同的物理力学性质时，常用近似方法分层计算土压力。以图 3.16 为例，计算中近似地将各分层面假想为与土体表面平行。相应的计算方法是：对于第一层土可按前述均匀土层的计算方法进行计算；计算下层土的土压力时，可将上层土的重力连同外荷载一起当作作用于下层土（分界面与表层土体表面平行）上的均布荷载，然后按上条所述的方法进行计算，但其有效范围应限制在下层土内。现以图 3.16 为例说明具体方法：

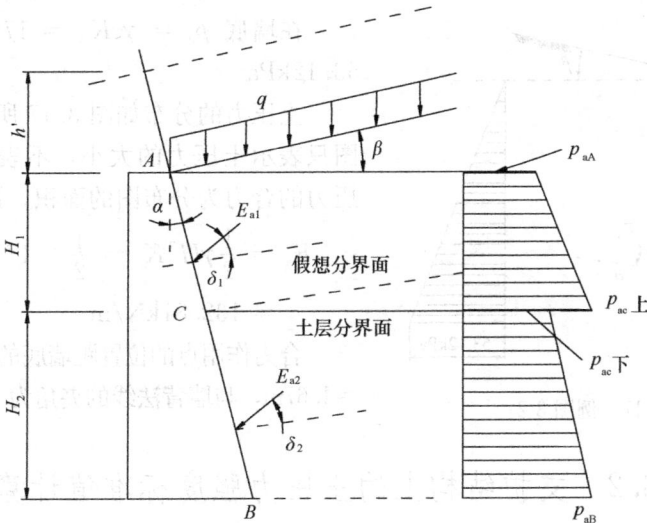

图 3.16　分层填土的主动土压力

第一层土的顶面处：$p_{aA} = \gamma_1 h' K_{a1}$

第一层土的底面处：$p_{aC\perp} = \gamma_1 (H_1 + h') K_{a1}$

上列式中的 h' 可按公式（3-32）进行计算。

在计算第二层土的土压力时，将第一层土的重力连同外荷载按第二层土的重度换算为当量土层高度 h_1，即 $h_1 = \dfrac{\gamma_1(H_1+h')}{\gamma_2}$

相应的墙高计算值应为：

$$h'_2 = h_1\frac{\cos\alpha \cdot \cos\beta}{\cos(\alpha-\beta)} \tag{3-32}$$

故在第二层土的顶面处：$p_{aC下} = \gamma_2 h'_2 K_{a2}$

第二层土的底面处：$p_{aB} = \gamma_2(H_2+h'_2)K_{a2}$

当土的层数超过两层时，其余各层的计算方法与上类似。每层土的土压力合力的大小等于该层压力分布图的面积，作用点在墙背上相应于各层压力图的形心高度位置，方向与墙背法线成 δ 角。

如果工程中对计算精度的要求不高，在计算分层的土压力时，也可将各层土的重度和内摩擦角按土层厚度加权平均，然后近似地把土体当作均质土求土压力系数 K_a 并计算土压力。这样所得的土压力及其作用点和分层计算时是否接近要看具体情况而定。

【例 3-2】 某挡墙高 5m，填土为砂土，已知条件为：$\gamma=17\text{kN/m}^3$，$\varphi=30°$，$\delta=10°$，$\alpha=10°$，$\beta=25°$。试按库仑理论求主动土压力的大小，分布及合力作用点位置。

【解】 根据已知条件，求主动土压力系数，再求土压力的强度

$$K_a = \frac{\cos^2(\varphi-\alpha)}{\cos^2\alpha \cdot \cos(\alpha+\delta)\left[1+\sqrt{\dfrac{\sin(\varphi+\delta)\cdot\sin(\varphi-\beta)}{\cos(\alpha+\delta)\cdot\cos(\alpha-\beta)}}\right]^2}$$

$$= \frac{\cos^2(30°-10°)}{\cos^2 10° \cdot \cos(10°+10°)\left[1+\sqrt{\dfrac{\sin(30°+10°)\cdot\sin(30°-25°)}{\cos(10°+10°)\cdot\cos(10°-25°)}}\right]^2} = 0.625$$

在墙底 $p_a = \gamma z K_a = 17\times5\times0.625 = 53.12\text{kPa}$

土压力的分布如图 3.17 所示，注意该分布图只表示土压力的大小，不表示作用方向。土压力的合力为分布图的面积，计算得出：

$$E_a = \frac{1}{2}\gamma H^2 K_a = \frac{1}{2}\times17\times5^2\times0.625$$
$$= 132.81\text{kN/m}$$

合力作用点的位置距墙底的距离为 $H/3=5/3=1.67\text{m}$，与墙背法线的夹角为 $10°$，见图 3.17。

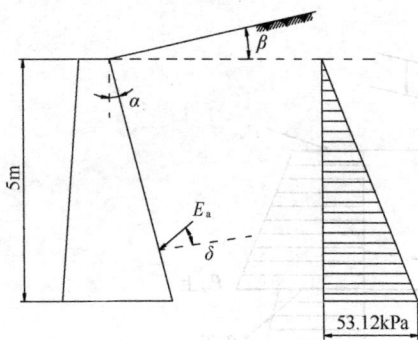

图 3.17 例图 3-2

3.2 支护结构上的土压力强度标准值计算

3.2.1 概述

挡土结构物上的土压力计算是个比较复杂的问题，不同的计算理论和假定下就有不同的土压力计算方法，其中有代表性的经典理论就是前述的朗肯土压力和库仑土压力理论。由于每种土压力计算方法都有其各自的适用条件与局限性，也就没有一种统一的且普遍适用的土压力计算方法。

1. 朗肯土压力方法的假定概念明确，与库仑土压力理论相比具有能直接得出土压力的分布，适合结构计算的特点，受到工程设计人员的普遍接受。因此，一般情况下可采用朗肯土压力。由于朗肯理论未考虑支护结构与土体之间的摩擦效应，因此计算的主动土压力较实际值偏大，按此进行的设计是偏于安全的。

由于实际基坑工程中一些基坑的边界条件不符合朗肯土压力假定，如基坑邻近有建筑物的地下室时，支护结构与地下室之间是有限宽度的土体；再如，对排桩顶面低于自然地面的支护结构，是将桩顶以上土的自重视为均布荷载作用在桩顶平面上，然后再按朗肯公式计算土压力。但是当桩顶位置较低时，将桩顶以上土层的自重换算成荷载后计算的土压力会明显小于这部分土重实际产生的土压力。对于这类基坑边界条件，按朗肯土压力计算会有较大误差。所以，当朗肯土压力方法不能适用时，应考虑采用其他计算方法解决土压力的计算精度问题。

库仑土压力理论（滑动楔体法）的假定适用范围较广，对上面提到的两种情况，库仑方法能够计算出土压力的合力，其缺点是成层土的土压力分布问题还未解决。在不符合按朗肯土压力计算条件下，可采用库仑方法计算土压力。但库仑方法在考虑墙背摩擦角时计算的被动土压力偏大，不应用于被动土压力的计算。

2. 当对支护结构水平位移有严格限制时，应采用静止土压力计算。

3. 当按变形控制原则设计支护结构时，作用在支护结构的计算土压力可按支护结构与土体的相互作用原理确定，也可按地区经验确定。

作用在支护结构上的土压力及其分布规律取决于支护体的刚度及侧向位移条件。刚性支护结构的土压力分布可由经典的库仑和朗肯土压力理论计算得到，实测结果表明，只要支护结构的顶部的位移不小于其底部的位移，土压力沿垂直方向分布可按三角形计算。但是，如果支护结构底部位移大于顶部位移，土压力将沿高度呈曲线分布，此时，土压力的合力较上述典型条件要大 10%～15%，在设计中应予注意。相对柔性的支护结构的位移及土压力分布情况比较复杂，设计时应根据具体情况分析，选择适当的土压力值，有条件时土压力值应采用现场实测、反演分析等方法总结地区经验，使设计更加符合实际情况。

3.2.2 土压力强度标准值的计算

根据土的有效应力原理，对于地下水位以下的土压力，理论上对各种土均应采用水土分算方法计算土压力，但实际工程应用时，黏性土的孔隙水压力计算问题难以解决，因此对黏性土以及黏质粉土采用总应力法，土压力、水压力采用合算方法；对碎石土、砂土、砂质粉土则采用水压力、土压力分算方法。

1. 一般情况下的土压力强度标准值的计算

作用在支护结构外侧的主动土压力强度标准值 p_{ak}、内侧的被动土压力强度标准值 p_{pk} 按下列规定计算，如图 3.18 所示。

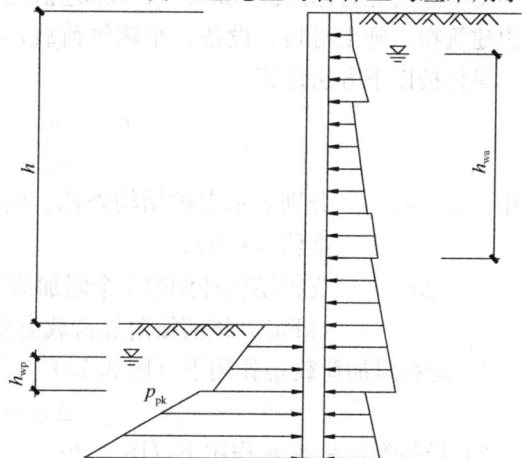

图 3.18 土压力计算

(1) 对于地下水位以上或水土合算的土层：

$$p_{ak} = \sigma_{ak} K_{a,i} - 2c_i \sqrt{K_{a,i}} \tag{3-33}$$

$$K_{a,i} = \tan^2\left(45° - \frac{\varphi_i}{2}\right) \tag{3-34}$$

$$p_{pk} = \sigma_{pk} K_{p,i} + 2c_i \sqrt{K_{p,i}} \tag{3-35}$$

$$K_{p,i} = \tan^2\left(45° + \frac{\varphi_i}{2}\right) \tag{3-36}$$

(2) 对于水土分算的土层：

$$p_{ak} = (\sigma_{ak} - u_a) K_{a,i} - 2c_i \sqrt{K_{a,i}} + u_a \tag{3-37}$$

$$p_{pk} = (\sigma_{pk} - u_p) K_{p,i} + 2c_i \sqrt{K_{p,i}} + u_p \tag{3-38}$$

$$u_a = \gamma_w h_{wa} \tag{3-39}$$

$$u_p = \gamma_w h_{wp} \tag{3-40}$$

上述公式中：

p_{ak}、p_{pk}——分别为支护结构外侧计算点的主动土压力强度标准值（kPa）、内侧计算点的被动土压力强度标准值（kPa）；当 $p_{ak} < 0$ 时取 $P_{ak} = 0$；

σ_{ak}、σ_{pk}——分别为支护结构外侧、内侧计算点的土中竖向应力标准值（kPa）；

$K_{a,i}$、$K_{p,i}$——分别为第 i 层的主动土压力系数、被动土压力系数；

c_i、φ_i——第 i 层土的黏聚力标准值（kPa）、内摩擦角标准值（°），按第 2 章表 2.5 取用，其值应取标准值；

u_a、u_p——分别为支护结构外侧、内侧计算点的水压力（kPa）；

γ_w——地下水的重度（kN/m³），取 $\gamma_w = 10$kN/m³；

h_{wa}——基坑外侧地下水位至主动土压力强度计算点的垂直距离（m），对于承压水，地下水位取测压管水位；当有多个含水层时，应以计算点所在含水层的地下水位为准；

h_{wp}——基坑内侧地下水位至被动土压力强度计算点的垂直距离（m），对于承压水，地下水位取测压管水位。

土中竖向应力标准值（σ_{ak}、σ_{pk}）除包括土体自重外，还包括其他各类附加荷载，如周边建筑物、施工材料、设备、车辆等荷载，土的冻胀、温度变化也会使土压力发生改变。具体按以下方法计算：

$$\sigma_{ak} = \sigma_{ac} + \sum \Delta\sigma_{k,j} \tag{3-41}$$

$$\sigma_{pk} = \sigma_{pc} \tag{3-42}$$

式中 σ_{ac}、σ_{pc}——分别表示支护结构外侧、内侧计算点，由土的自重产生的竖向应力标准值（kPa）；

$\Delta\sigma_{k,j}$——支护结构外侧第 j 个附加荷载作用下计算点的土中附加竖向应力标准值（kPa）；该值按附加荷载类型不同，分别按下述方法计算：

1) 均布附加荷载 q_0 作用下（图 3.19）

$$\Delta\sigma_k = q_0 \tag{3-43}$$

2) 局部附加荷载 p_0 作用下（图 3.20）

①对于条形基础下的附加荷载，如图 3.20（a）所示：

当 $d+a/\tan\theta \leqslant z_a \leqslant d+(3a+b)/\tan\theta$ 时

$$\Delta\sigma_k = \frac{p_0 b}{b+2a} \qquad (3\text{-}44)$$

式中　p_0——基础底面附加压力标准值
　　　　　　（kPa）；

　　　　d——基础埋置深度（m）；

　　　　b——基础宽度（m）；

　　　　a——支护结构外边缘至基础的水
　　　　　　平距离（m）；

　　　　θ——附加荷载的扩散角，宜取 θ
　　　　　　$=45°$；

　　　　z_a——支护结构顶面至土中附加竖
　　　　　　向应力计算点的竖向距离。

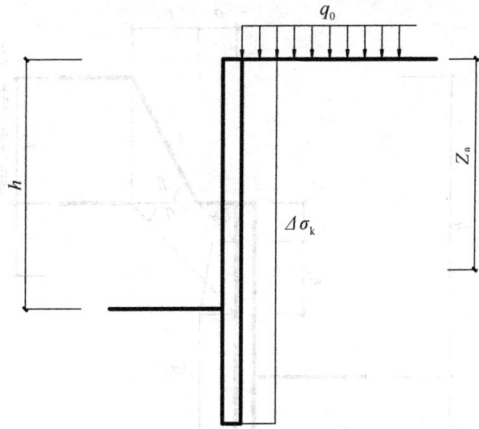

图 3.19　均布竖向附加荷载作用下的
土中附加竖向应力计算简图

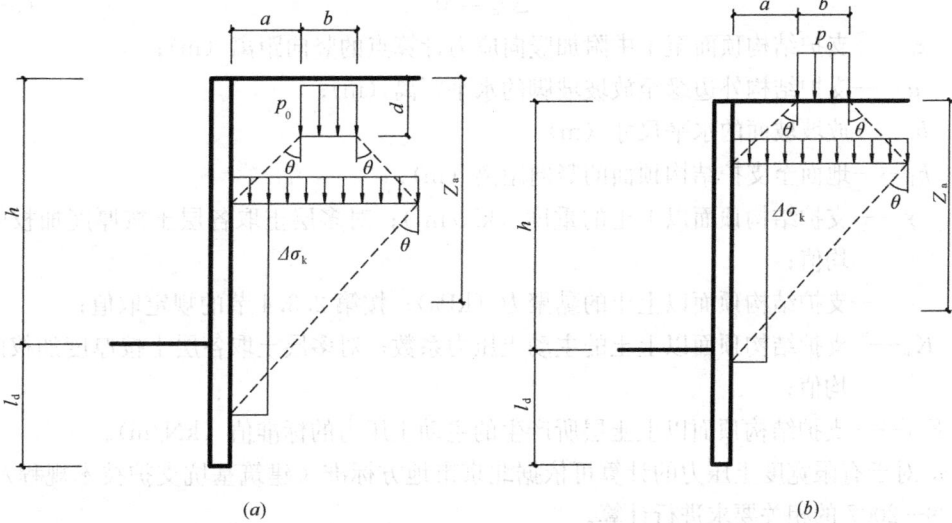

当 $z_a < d+a/\tan\theta$ 或 $z_a > d+(3a+b)/\tan\theta$ 时，取 $\Delta\sigma_k = 0$。

（a）

（b）

图 3.20　局部附加荷载作用下的土中附加竖向应力计算

（a）条形或矩形基础；（b）作用在地面的条形或矩形附加荷载

②对于矩形基础下的附加荷载（图 3.20a）

当 $d+a/\tan\theta \leqslant z_a \leqslant d+(3a+b)/\tan\theta$ 时

$$\Delta\sigma_k = \frac{p_0 bl}{(b+2a)(l+2a)} \qquad (3\text{-}45)$$

式中　b——与基坑边垂直方向上的基础尺寸（m）；

　　　　l——与基坑边平行方向上的基础尺寸（m）。

当 $z_a < d+a/\tan\theta$ 或 $z_a > d+(3a+b)/\tan\theta$ 时，取 $\Delta\sigma_k = 0$。

③当上述附加荷载 p_0 作用在坑顶地面时，$\Delta\sigma_k$ 取上述计算公式中的 $d=0$ 进行计算，如图 3.20（b）所示。

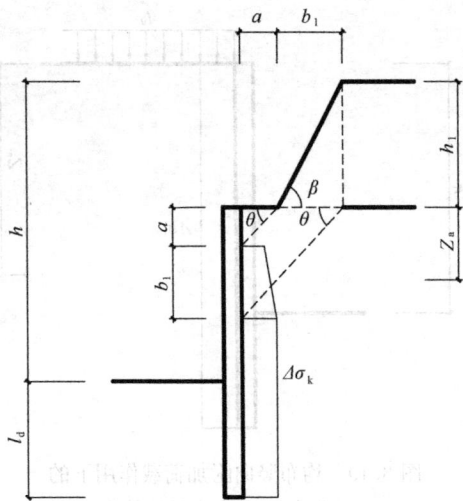

图 3.21 挡土构件顶部以上放坡
时土中附加竖向应力计算

2. 当支护结构顶部低于地面，其上方采用放坡或土钉墙时，支护结构顶面以上土层对支护结构的作用宜按库仑土压力理论计算，也可将其视作附加荷载并按下列公式计算土中附加竖向应力标准值，如图 3.21 所示。

(1) 当 $a/\tan\theta \leqslant z_{\mathrm{a}} \leqslant (a+b_1)/\tan\theta$ 时

$$\Delta\sigma_{\mathrm{k}} = \frac{\gamma h_1}{b_1}(z_{\mathrm{a}} - a) + \frac{E_{\mathrm{ak1}}(a + b_1 - z_{\mathrm{a}})}{K_{\mathrm{a}} b_1^2}$$

(3-46)

$$E_{\mathrm{ak1}} = \frac{1}{2}\gamma h_1^2 K_{\mathrm{a}} - 2c h_1 \sqrt{K_{\mathrm{a}}} + \frac{2c^2}{\gamma}$$

(3-47)

(2) 当 $z_{\mathrm{a}} > (a+b_1)/\tan\theta$ 时

$$\Delta\sigma_{\mathrm{k}} = \gamma h_1 \qquad (3-48)$$

(3) 当 $z_{\mathrm{a}} < a$ 时

$$\Delta\sigma_{\mathrm{k}} = 0 \qquad (3-49)$$

式中 z_{a}——支护结构顶面至土中附加竖向应力计算点的竖向距离（m）；

a——支护结构外边缘至放坡坡脚的水平距离（m）；

b_1——放坡坡面的水平尺寸（m）；

h_1——地面至支护结构顶面的竖向距离（m）；

γ——支护结构顶面以上土的重度（kN/m³）；对多层土取各层土按厚度加权的平均值；

c——支护结构顶面以上土的黏聚力（kPa）；按第 2.3.4 节的规定取值；

K_{a}——支护结构顶面以上土的主动土压力系数；对多层土取各层土按厚度加权的平均值；

E_{ak1}——支护结构顶面以上土层所产生的主动土压力的标准值（kN/m）。

3. 对于有限宽度土压力的计算可依据北京市地方标准《建筑基坑支护技术规程》DB 11/489—2007 的相关要求进行计算。

3.2.3 土压力计算应注意要点

1. 在以支护结构作为分析对象时，作用在支护结构上的水平荷载，除土体直接作用在支护结构上形成土压力之外，周边建筑物、施工材料、设备、车辆等荷载虽未直接作用在支护结构上，但其作用通过土体传递到支护结构上，也对支护结构上土压力的大小产生影响；土的冻胀、温度变化也会使土压力发生改变。为此，在进行支护结构上的土压力计算时，应考虑下列因素的影响：

(1) 基坑内外土的自重（包括地下水）；

(2) 基坑周边既有和在建的建（构）筑物荷载；

(3) 基坑周边施工材料和设备荷载；

(4) 基坑周边道路车辆荷载；

(5) 冻胀、温度变化等产生的作用。

2. 地下水位以下土压力与水压力计算，对黏性土以及黏质粉土采用总应力法，水压力、土压力采用合算方法。对碎石土、砂土、砂质粉土则采用水压力、土压力分算方法。

3. 计算指标的采用：按荷载的标准组合计算土压力时，土的重度取平均值，土的抗剪强度指标应按表2.5取用，其值应取标准值。

4. 天然形成的成层土，各土层的分布和厚度是不均匀的。为尽量使土压力的计算准确，应按土层分布和厚度的变化情况将土层沿基坑划分为不同的剖面分别计算土压力。但场地任意位置的土层标高及厚度是由岩土勘察相邻钻探孔的各土层层面实测标高及通过分析土层分布趋势，在相邻勘察孔之间连线而成。即使土层计算剖面划分的再细，各土层的计算厚度还是会与实际地层存在一定差异。为了做到使计算的土压力不小于实际的土压力，对成层土，土压力计算时的各土层计算厚度应按以下要求取值：

（1）当土层厚度较均匀、层面坡度较平缓时，宜取邻近勘察孔的各土层厚度，或同一计算剖面内各土层厚度的平均值；

（2）当同一计算剖面内各勘察孔的土层厚度分布不均时，应取最不利勘察孔的各土层厚度；

（3）对复杂地层且距勘探孔较远时，应通过综合分析土层变化趋势后确定土层的计算厚度；

（4）当相邻土层的土性接近，且对土压力的影响可以忽略不计或有利时，可归并为同一计算土层。

【例3-3】 某建筑基坑开挖深度为4.5m，拟用悬臂式深层搅拌水泥土桩（水泥土墙）作为支护结构，其平面形式为壁状式。该工程地质条件见表3.3。设计时坡上活荷载q为20kPa。搅拌水泥土桩桩长为7.5m。试计算作用在墙体上的主动土压力强度标准值和被动土压力强度标准值。

工程地质条件 表3.3

土层	土质	厚度（m）	γ（kN/m³）	$\bar{c}$（kPa）	φ（°）
I	淤泥质黏土	3.0	17.3	9.6	9.1
II	粉质黏土	9.0	18.9	13.2	15.1

【解】

（1）参数计算

$$K_{a1} = \tan^2\left(45° - \frac{\varphi_1}{2}\right) = \tan^2\left(45° - \frac{9.1°}{2}\right) = 0.727$$

$$K_{a2} = \tan^2\left(45° - \frac{\varphi_2}{2}\right) = \tan^2\left(45° - \frac{15.1°}{2}\right) = 0.587$$

$$K_{p2} = \tan^2\left(45° + \frac{\varphi_2}{2}\right) = \tan^2\left(45° + \frac{15.1°}{2}\right) = 1.705$$

（2）主动土压力强度标准值的计算

①临界深度计算：$z_0 = \frac{1}{\gamma_1}\left(\frac{2c_1}{\sqrt{K_{a1}}} - q\right) = 0.15$m

②主动土压力强度标准值的计算：

第一层土底面处水平荷载标准值

$$e_{a1\text{下}} = \sigma_{a1\text{下}}K_{a1} - 2c_1\sqrt{K_{a1}} = (\gamma_1 z_1 + q)K_{a1} - 2c_1\sqrt{K_{a1}}$$
$$= (17.3 \times 3.0 + 20) \times 0.727 - 2 \times 9.6 \times \sqrt{0.727}$$
$$= 35.9\text{kPa}$$

第二层土顶面处水平荷载标准值

$$e_{a2\text{上}} = \sigma_{a1\text{上}}K_{a2} - 2c_2\sqrt{K_{a2}} = (\gamma_1 z_1 + q)K_{a2} - 2c_2\sqrt{K_{a2}}$$
$$= (17.3 \times 3.0 + 20) \times 0.587 - 2 \times 13.2 \times \sqrt{0.587}$$
$$= 22.0\text{kPa}$$

支护结构底面处水平荷载标准值

$$e_a = \sigma_a K_{a2} - 2c_2\sqrt{K_{a2}} = (\gamma_1 z_1 + \gamma_2 z_2 + q)K_{a2} - 2c_2\sqrt{K_{a2}}$$
$$= (17.3 \times 3.0 + 18.9 \times 4.5 + 20) \times 0.587 - 2 \times 13.2 \times \sqrt{0.587}$$
$$= 71.9\text{kPa}$$

（3）被动土压力强度标准值的计算

基坑底面处水平抗力标准值

$$e_{p1} = 2c_2\sqrt{K_{a2}} = 2 \times 13.2 \times \sqrt{1.705} = 34.5\text{kPa}$$

支护结构底面处水平抗力标准值

$$e_{p1} = \gamma_2 h_d K_{p2} + 2c_2\sqrt{K_{p2}} = 18.9 \times 3 \times 1.705 + 2 \times 13.2 \times \sqrt{1.705} = 131.1\text{kPa}$$

计算结果如图 3.22 所示。

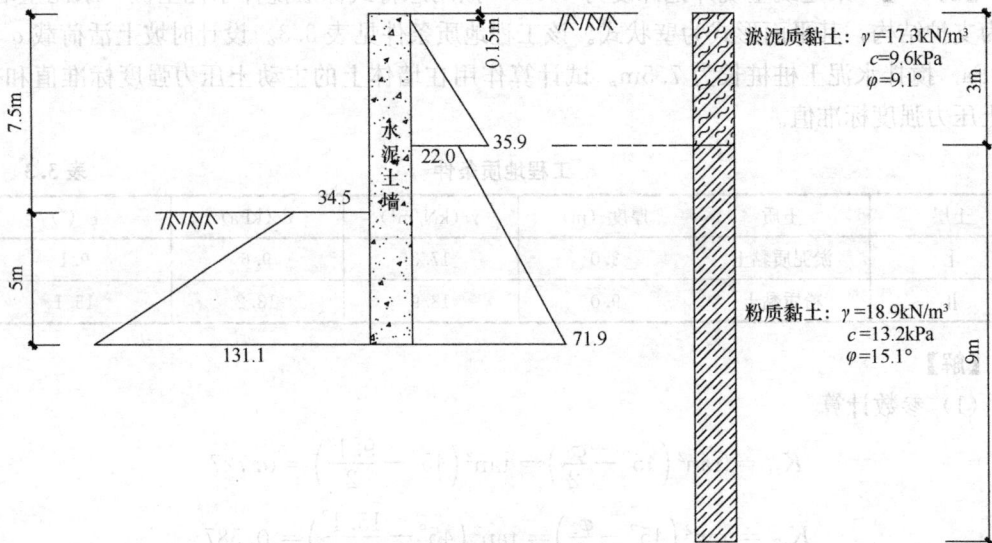

图 3.22 土压力计算分布图

思 考 与 练 习

3.1 土压力有哪几种？影响土压力大小的因素是什么？其中最主要的影响因素是什么？

3.2 朗肯土压力理论有何假设条件？适用于什么范围？主动土压力系数 K_a 与被动土压力系数 K_p 如何计算？

3.3 库仑土压力理论有何假设条件？适用于什么范围？主动土压力系数 K_a 与被动土压力系数 K_p 如

何计算?

3.4 在什么条件下朗肯土压力理论和库仑土压力理论所得的计算公式完全相同? 为什么说按朗肯土压力理论计算的主动土压力值偏大而被动土压力值又偏小?

3.5 已知某混凝土挡土墙, 墙高 $H=6.0$m, 墙背竖直, 墙后填土表面水平并有分布荷载 $q=10$kN/m, 填土分为等厚的两层: 第一层重度 $\gamma_1=19.0$kN/m³, 黏聚力 $c_1=10$kPa, 内摩擦角 $\varphi_1=16°$; 第二层 $\gamma_2=17.0$kN/m³, $c_2=0$kPa, $\varphi_2=30°$。计算作用在此挡土墙上的主动土压力, 并绘出土压力分布图。

3.6 某挡土墙高 4m, 墙背倾斜角 $\alpha=25°$, 填土面的倾角 $\beta=12°$, 填土的重度 $\gamma=19.8$kN/m³, $c=0$kPa, $\varphi=30°$, 填土与墙背的摩擦角 $\delta=15°$, 见图 3.23。试用库仑土压力理论计算主动土压力沿墙高的分布以及主动土压力合力的大小, 作用点位置和作用方向。

3.7 挡土墙高 8m, 墙背竖直光滑, 墙后填土表面水平, 墙顶作用有条形局部荷载 q, 有关计算条件如图 3.24 所示。试计算墙背作用的土压力强度 P_a, 绘制分布图, 并求出合力 E_a 值及作用位置, 标于图中。

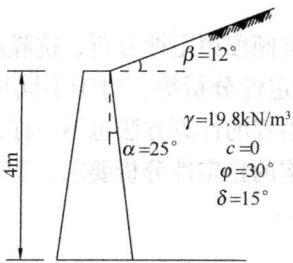

图 3.23 习题 3.6

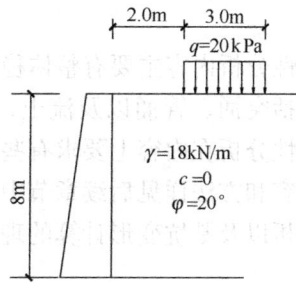

图 3.24 习题 3.7

3.8 某基坑开挖深度 6.0m, 采用悬臂桩支护, 桩长 12m。地质资料如下: 第一层为填土, 厚度 2.0m, $\gamma_1=18.0$kN/m³, $c_1=21$kPa, $\varphi_1=12°$; 第二层为粉质黏土, 厚度 5.6m, $\gamma_2=19.6$kN/m³, $c_2=28$kPa, $\varphi_2=16.1°$; 第三层为粉细砂, 未探穿, $\gamma_3=19.8$kN/m³, $c_3=0$, $\varphi_3=32°$; 地面施工荷载 $q=10$kPa。试计算主动土压力强度标准值和被动土压力强度标准值。

第4章 支挡结构内力及基坑变形分析

基坑工程的设计计算一般包括三个方面的内容，即基坑稳定性验算、支挡结构内力分析及基坑变形计算。基坑稳定性验算是指分析基坑周围土体及土体与支护结构一起保持稳定的能力；支挡结构内力分析是指计算支护结构的内力与变形，让其满足结构设计的强度与刚度要求；基坑变形计算内容较多，除了支挡结构本身的变形外，还包括坑内外土体的隆起、沉降和水平变形，以及周边环境（包括周边建筑物、地下管线沟等）的变形等等。

基坑稳定性分析内容主要有整体稳定性分析、抗倾覆稳定性分析、抗隆起稳定性分析以及抗渗（包括突涌、管涌以及流土、流砂等）稳定性分析等。对于不同形式的支护结构，基坑稳定性分析在内容上要求有些差别，相同内容的计算方法也不一样。因此，基坑稳定性分析内容和方法详见后续章节中各类支护结构的稳定性分析要求。本章主要了解支挡结构内力分析以及基坑变形计算的理论和方法。

4.1 支挡结构内力分析

支挡结构内力分析是基坑工程设计中的重要内容。随着基坑工程的发展以及计算技术的进步，其分析方法从早期的古典方法到解析方法，发展到如今的数值分析方法。

早期的古典方法主要包括基于挡土墙设计理论的静力平衡方法以及等值梁法和塑性铰法（亦称 Terzaghi 法）。静力平衡方法是以静力平衡条件进行挡土墙的抗倾覆、抗滑移计算，进而求解结构内力；等值梁法亦称假想铰法，这种方法是先假定支挡结构上的反弯点即假想铰的位置，反弯点的弯矩为零，从而把支挡结构分为上下两段，上段为简支梁，下段为一次超静定梁，这样就可按弹性结构连续梁求解支挡结构的弯矩、剪力以及支撑轴力；塑性铰法是假定支点和开挖面处形成塑性铰，以此求解结构内力。

解析方法是将支挡结构分为有限个区间，建立弹性微分方程，根据边界条件和连续条件来求解支挡结构的内力和支撑轴力。主要有山肩帮男法、弹性法和弹塑性法。

古典方法和解析方法由于在理论上存在各自的局限性，没有考虑支挡结构与周围环境的相互影响、墙体变形对侧压力的影响、支锚结构设置过程中墙体结构内力和位移的变化、内侧坑底土加固或坑内外降水对支护结构内力和位移的影响，以及无法考虑到复合式结构的共同受力状态，无法从理论上反映支护结构的真实工作性状，在使用上受到了较大的限制，至今应用已经很少。本教材对这些方法不再赘述。

目前的工程实践中，支挡结构内力分析方法主要采用的是平面杆系结构弹性支点法（简称弹性支点法，亦称平面竖向弹性地基梁法）和考虑土与结构共同作用的平面连续介质有限元方法。平面杆系弹性支点法是现行规程 JGJ 120—2012 推荐方法，一般采用杆系有限元求解。对于具有明显空间效应的基坑，这两种方法不能反映基坑的三维性状，分析结果可能偏于保守；而对于基坑平面形状不规则的，平面方法无法反映所有支撑结构的受力和变形性状，特别是对于阳角部位，其分析结果可能偏于不安全。为此，对于有明显空间效应的基坑和平面形状不规则的基坑，有必要采用三维分析方法进行分析。目前，三维空间分析方法主要有两种，一种是弹性支点法的延伸，不考虑土与结构共同作用的空间弹性地基板法，另一种是基于共同作用的三维连续介质有限元方法。大型三维空间有限元计算软件（如：ABAQUS、ANSYS、PLAXIS、FLAC3D 等）的开发，为三维分析提供了条件，但由于这些软件在应用上受到较多的实际情况的限制，因此仍待进一步研究摸索。

本节主要介绍平面杆系结构弹性支点法，对空间弹性地基板法以及平面与三维连续介质有限元法进行简介。

4.1.1 弹性支点法

弹性支点法是在弹性地基梁分析方法基础上形成的一种方法，弹性地基梁的分析是考虑地基与基础共同作用条件，假定地基模型后对基础梁的内力与变形进行的分析计算。

由于地基模型变化的多样性，弹性地基梁的分析方法也非常多。地基模型指的是地基反力与变形之间的关系，至今，学术界提出了不少模型，然而，由于问题的复杂性，不论哪一种模型都还难以完全反映地基的工作性状，因而都具有一定的局限性。目前，运用最多的是线性弹性模型，包括文克尔地基模型、弹性半空间地基模型和有限压缩层地基模型。

1. 地基模型

（1）文克尔地基模型

早在 1867 年，捷克工程师 E. 文克尔（Winkler）就提出了以下的假设：地基上任一点所受的压力强度 p 与该点的地基沉降量 s 成正比，即

$$p = ks \tag{4-1}$$

式中比例系数 k 称为基床反力系数（或简称基床系数），其单位为 kN/m³。对某一种地基，基床系数为一定值。

根据这一假设，地基表面某点的沉降与其他点的压力无关，故可把地基土体划分成许多竖直的土柱，如图 4.1 所示，每条土柱可用一根独立的弹簧来代替。如果在这种弹簧体系上施加荷载，则每根弹簧所受的压力与该弹簧的变形成正比。这种模型的基底反力图形与基础底面的竖向位移形状是相似的。如果基础刚度非常大，受负荷后基础底面仍保持为平面，则基底反力图按直线规律变化。

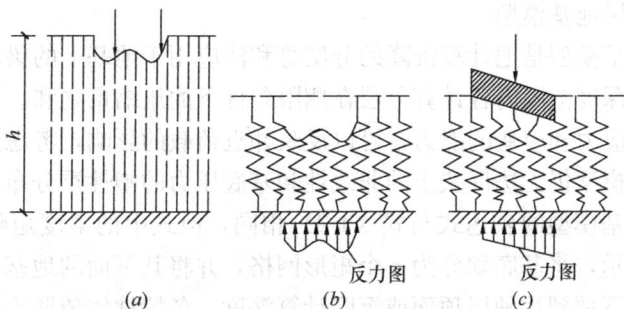

图 4.1 文克尔地基模型

（a）侧面无摩擦阻力的土柱体系；（b）弹簧模型；（c）文克尔地基上的刚性基础

按照文克尔地基模型，实质上就是把地基看作是无数小土柱组成，并假设各土柱之间无摩擦力，即将地基视为无数不相联系的弹簧组成的体系，也即假定地基中只有正应力而没有剪应力，因此，地基的沉降只发生在基底范围以内。

事实上，土柱之间存在着剪应力，正是剪应力的存在，才使基底压力在地基中产生应力扩散，并使基底以外的地表发生沉降。

尽管如此，文克尔地基模型由于参数少、便于应用，所以仍是目前最常用的地基模型之一。一般认为，凡土层力学性质与水相近的地基，采用文克尔模型就比较合适。在下述情况下，可以考虑采用文克尔地基模型：

1）地基主要受力层为软土；由于软土的抗剪强度低，因此能够承受的剪应力值很小；

2）厚度不超过基础底面宽度一半的薄压缩层地基。这时地基中产生附加应力集中现象，剪应力很小；

3）基底下塑性区相应较大时；

4）支承在桩上的连续基础，可以用弹簧体系来代替群桩。

（2）弹性半空间地基模型

弹性半空间地基模型将地基视为均质的线性变形半空间，并用弹性力学公式求解地基中的附加应力和位移。此时，地基上任意点的沉降与整个基底反力以及邻近荷载的分布有关。

当弹性半空间表面上受一个竖向集中力时，半空间内任意点的应力与位移的弹性力学解答是由法国 J. 布辛奈斯克（Boussinesq，1885）作出的，当弹性半空间表面上作用着任意分布荷载时，可将荷载面（或基础底面）划分为若干个形状规则的面积单元，每个单元上的分布荷载近似的以作用在单元面积形心上的集中力来代替，利用叠加原理就可以求解弹性半空间表面上作用着任意分布荷载时，半空间内任意点的应力与位移。利用其数值解，地基沉降 s 与基底压力 p 的关系可用矩阵表示为：

$$\{s\} = [\delta]\{p\} \tag{4-2}$$

式中　　$[\delta]$——称为地基柔度矩阵。

弹性半空间地基模型具有能够扩散应力与变形的优点，可以反映邻近荷载的影响，但它的扩散能力往往超过地基的实际情况，所以计算所得的沉降量和地表的沉降范围，常较实测结果为大，同时该模型未能考虑到地基的成层性、非均质性以及土体应力应变关系的非线性等重要因素。

（3）有限压缩层地基模型

有限压缩层地基模型是把计算沉降的分层总和法应用于地基上的梁与板的分析，地基沉降等于沉降计算深度范围内各计算分层在侧限条件下的压缩量之和。这种模型能够较好地反映地基土扩散应力和应变的能力，可以反映邻近荷载的影响，考虑到土层沿深度和水平方向的变化，该模型仍无法反映土的非线性和基底压力的塑性重分布。

有限压缩层地基模型的表达式与式（4-2）相同，但式中的柔度矩阵需按分层总和法计算，如图 4.2 所示，将基底划分为 n 个矩形网格，并将其下面的地基分割成截面与网格相同的棱柱体，其下端到达硬层顶面或沉降计算深度。各棱柱体依照天然土层界面和计算精度要求分为若干计算层。于是，沉降系数 δ_{ij} 的计算公式可以写成：

$$\delta_{ij} = \sum_{i=1}^{n_c} \frac{\sigma_{tij} h_{ti}}{E_{sti}} \qquad (4\text{-}3)$$

式中　h_{ti}、E_{sti}——第 i 个棱柱体中第 t 分层的厚度和压缩模量；

　　　　n_c——第 i 个棱柱体的分层数；

　　　　σ_{tij}——第 i 个棱柱体中第 t 分层由 p_j $=1/f_i$ 引起的竖向附加应力的平均值，可用该层中点处的附加应力值来代替。

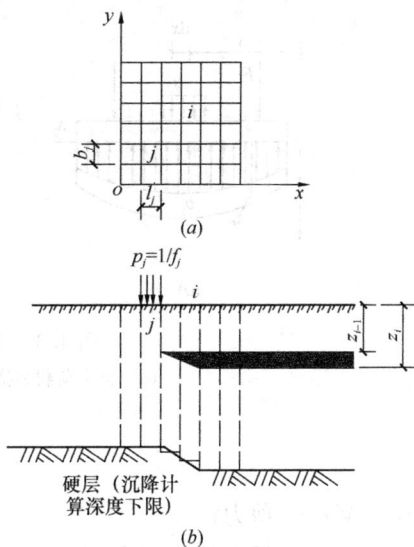

图 4.2　有限压缩层地基模型
(*a*) 基底网络；(*b*) 地基计算分层

2. 地基与基础共同作用分析的条件与方法

在地基上梁和板的分析中，地基模型的选用是关键。必须根据所分析问题的实际情况选择合适的地基模型。

不论选用了何种模型，在分析中都必须满足两个基本条件：

（1）静力平衡条件

基础在外荷载和基底反力的作用下必须满足静力平衡条件，即

$$\begin{cases} \Sigma F = 0 \\ \Sigma M = 0 \end{cases} \qquad (4\text{-}4)$$

式中　ΣF——作用在基础上的竖向外荷载和基底反力之和；

　　　ΣM——外荷载和基底反力对基础任一点的力矩之和。

（2）变形协调条件（接触条件）

计算前认为与地基接触的基础底面，计算后仍然保持接触，不得出现脱开的现象，即基础底面任一点的挠度 w_i 应等于该点的地基沉降 s_i

$$w_i = s_i \qquad (4\text{-}5)$$

根据这两个基本条件和地基计算模型，可以列出解答问题所需的微分方程式，然后结合必要的边界条件求解。然而，只有在简单的情况下才能获得微分方程的解析解，在一般情况下，只能求得近似的数值解。目前常用有限单元法和有限差分法来进行地基上梁板的分析。前者是把梁或板分割成有限多个基本单元，并要求这些离散的单元在节点上满足静力平衡条件和变形协调条件；后者则是以函数的有限增量（即有限差分）形式来近似地表示梁或板的微分方程中的导数。

3. 文克尔地基上梁的分析

如图 4.3 所示，在文克尔地基上有一梁，在外荷载作用下发生挠曲，如图 4.3（*a*）所示，梁底面的反力为 p，宽度为 b，从梁上取出长为 $\mathrm{d}x$ 的梁微单元（图 4.3*b*），其上作用着分布荷载 q 和基底反力 p，以及截面上的弯矩 M 与剪力 V，其正方向如图 4.3（*c*）所示。

由梁微单元的静力平衡条件有

$$\frac{\mathrm{d}M}{\mathrm{d}x} = V$$

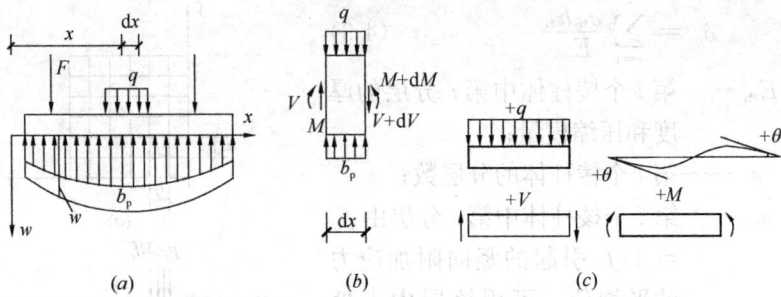

图 4.3 文克尔地基上梁的受力分析

(a) 梁上荷载和挠曲；(b) 梁的微单元；(c) 符号规定

$$\frac{\mathrm{d}V}{\mathrm{d}x} = bp - q \tag{4-6}$$

式中　V——剪力；

　　　q——梁上的分布荷载；

　　　p——地基反力；

　　　b——梁的宽度。

在材料力学中，由梁的纯弯曲得到的挠曲微分方程式为：

$$EI\frac{\mathrm{d}^2 w}{\mathrm{d}x^2} = -M \tag{4-7}$$

式中　w——梁的挠度；

　　　M——弯矩；

　　　E——梁材料的弹性模量；

　　　I——梁的截面惯性矩。

将式（4-7）连续对 x 取两次导数，可得：

$$EI\frac{\mathrm{d}^4 w}{\mathrm{d}x^4} = -\frac{\mathrm{d}^2 M}{\mathrm{d}x^2} = -\frac{\mathrm{d}V}{\mathrm{d}x} = -bp + q \tag{4-8}$$

对于没有分布荷载作用（$q=0$）的梁段，上式成为：

$$EI\frac{\mathrm{d}^4 w}{\mathrm{d}x^4} = -bp \tag{4-9}$$

式（4-9）是基础梁的挠曲微分方程。当采用文克尔地基模型时，按式（4-1），$p = ks$ 根据变形协调条件，地基沉降等于梁的挠度：$s = w$

代入式（4-9）得：

$$EI\frac{\mathrm{d}^4 w}{\mathrm{d}x^4} = -bkw$$

将上式变化为：

$$\frac{\mathrm{d}^4 w}{\mathrm{d}x^4} + \frac{kb}{EI}w = 0 \tag{4-10}$$

式（4-10）即为文克尔地基上梁的挠曲微分方程，为了求解的方便，令

$$\lambda = \sqrt[4]{\frac{kb}{4EI}} \tag{4-11}$$

λ 称为梁的柔度特征值，量纲为 [1/长度]，其倒数 1/λ 称为特征长度。λ 值与地基的基床系数和梁的抗弯刚度有关，λ 值愈小，则基础的相对刚度愈大。将式（4-11）代入式（4-10）得到：

$$\frac{\mathrm{d}^4 w}{\mathrm{d} x^4} + 4\lambda^4 w = 0 \tag{4-12}$$

上式是四阶常系数线性常微分方程，其通解为：

$$w = e^{\lambda x}(C_1 \cos \lambda_x + C_2 \sin \lambda_x) + e^{-\lambda x}(C_3 \cos \lambda_x + C_4 \sin \lambda_x) \tag{4-13}$$

式中 e 为自然对数的底，λ_x 为无量纲数，当 $x = L$（L 为基础长度），λL 称为柔度指数，反映相对刚度对内力分布的影响。

按 λL 值将梁划分为：

$\lambda L \leqslant \pi/4$	短梁（或刚性梁）
$\pi/4 < \lambda L < \pi$	有限长梁（或有限刚度梁）
$\lambda L \geqslant \pi$	无限长梁（或柔性梁）

式中 C_1、C_2、C_3、C_4 为积分常数，可按荷载类型（集中力或集中力偶）由已知条件（某些截面的某项位移或内力为已知）来确定，由此可以得到理想情况下的文克尔地基上无限长梁的解析解，利用无限长梁的解析解和叠加原理可求得文克尔地基上半无限长梁及有限长梁的解析解。

4. 水平荷载作用下弹性桩的分析

水平荷载作用下弹性长桩的分析计算国内目前常用的是水平抗力系数法，将弹性单桩视为弹性地基中的一道竖直梁，该弹性地基由水平向弹簧组成，通过建立梁的挠曲微分方程来计算桩身的弯矩、剪力和桩的水平承载力。

类似弹性地基梁，作用在弹性长桩上的水平抗力可表示为：

$$p_s = k_x x \tag{4-14}$$

在前述的文克尔地基模型数学表达式式（4-1）中，k 称为基床反力系数（简称基床系数），P 称为地基反力，水平荷载作用下弹性单桩文克尔地基模型数学表达式与式（4-1）相同，只不过式中的 k_x 称为水平抗力系数，式中的 p_s 称为水平抗力，x 为水平变形。

地基抗力系数 k_x 的分布与大小，将直接影响桩的挠曲微分方程的求解。图 4.4 表示的是在水平荷载作用下，这类计算理论所假定的四种较为常用的 k_x 分布图式。

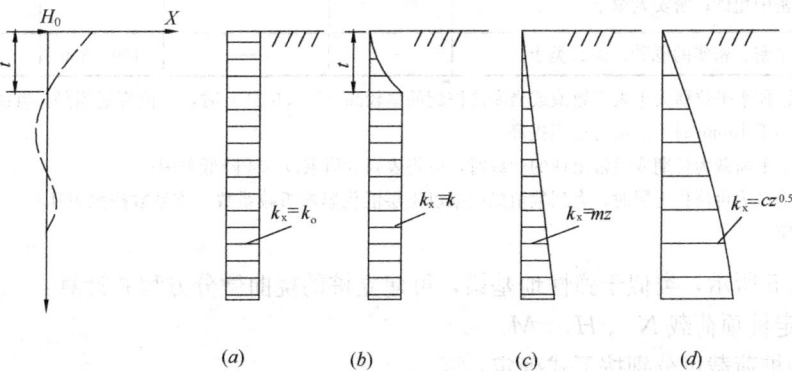

图 4.4　地基水平反力系数的分布图式
（a）常数法；（b）"k" 法；（c）"m" 法；（d）"C 值" 法

图 4.4 中 (a)、(b)、(c)、(d) 分别表示确定 k_s 分布的四种方法：

(1) (a) 图表示常数法：假定地基水平抗力系数沿深度为均匀分布，即 $k_x = kh$。这是我国学者张有龄在 20 世纪 30 年代提出的方法；

(2) (b) 图表示 k 法：假定在桩身第一挠曲零点（深度 t 处）以上按抛物线变化，以下为常数；

(3) (c) 图表示 m 法：假定 k_x 随深度成正比地增加，即 $k_x = mz$，m 称为水平抗力系数的比例系数。我国铁道部门首先采用这一方法，近年来也在建筑工程和公路桥涵的桩基设计中逐渐推广。

(4) (d) 图表示 C 值法：假定 k_x 随深度按 $cz^{0.5}$ 的规律分布，即 $k_x = cz^{0.5}$（c 为比例常数，随土类不同而异）。这是我国交通部门在试验研究的基础上提出的方法。

实测资料表明，m 法（当桩的水平位移较大时）和 C 值法（当桩的水平位移较小时）比较接近实际。

在进行水平受荷桩设计计算时，水平抗力系数的比例系数 m 按单桩水平静载试验确定，如无试验资料，可按表 4.1 所列取值。

水平抗力系数的比例系数 m　　　　　　　　　　表 4.1

序号	地基土类别	预制桩、钢桩		灌注桩	
		m (MN/m⁴)	相应单桩在地面处水平位移 (mm)	m (MN/m⁴)	相应单桩在地面处水平位移 (mm)
1	淤泥；淤泥质土；饱和湿陷性黄土	2~4.5	10	2.5~6	6~12
2	流塑（$I_L > 1$）、软塑（$0.75 < I_L < 1$）状黏性土；$e > 0.9$ 粉土；松散粉细砂；松散稍密填土	4.5~6.0	10	6~14	4~8
3	可塑（$0.25 < I_L \leq 0.75$）状黏性土、湿陷性黄土；$e = 0.75 \sim 0.9$ 粉土；中密填土、稍密细砂	6.0~10	10	14~35	3~6
4	硬塑（$0 < I_L \leq 0.25$）、坚硬（$I_L \leq 0$）状黏性土、湿陷性黄土；$e < 0.75$ 粉土；中密中粗砂；密实老填土	10~22	10	35~100	2~5
5	中密、密实的砾砂、碎石类土	—	—	100~300	1.5~3

注：1. 当桩顶水平位移大于表列数值或当灌注桩配筋率较高（$>0.65\%$）时，m 值应适当降；当预制桩的水平位移小于 10mm 时，m 值可适当提高；

2. 当水平荷载为长期或经常出现的荷载时，应将表列数值乘以 0.4 降低采用；

3. 当地基为可液化土层时，表列数值尚应乘以土层液化影响折减系数。该系数按照 JGJ 94—2008 表 5.3.12 确定。

如图 4.5 所示，类似于弹性地基梁，可建立桩的挠曲微分方程并计算：

1) 确定桩顶荷载 N_0、H_0、M_0

单桩的桩荷载可分别按下式确定：

$$N_0 = \frac{F+G}{n} \quad H_0 = \frac{H}{n} \quad M_0 = \frac{M}{n} \tag{4-15}$$

式中 n 为同一承台中的桩数。

2) 桩的挠曲微分方程

单桩在 N_0、H_0 和地基水平抗力作用下产生挠曲，取图 4.5 所示的坐标系统，类似公式（4-9）有：

$$EI\frac{\mathrm{d}^4x}{\mathrm{d}z^4} = -p_x b_0 = -k_x x b_0$$

或

$$\frac{\mathrm{d}^4x}{\mathrm{d}z^4} + \frac{k_x b_0}{EI}x = 0 \qquad (4\text{-}16)$$

$k_x = mz$，代入上式得到：

$$\frac{\mathrm{d}^4x}{\mathrm{d}z^4} + \frac{mb_0}{EI}zx = 0 \qquad (4\text{-}17)$$

令

$$\alpha = \sqrt[5]{\frac{mb_0}{EI}} \qquad (4\text{-}18)$$

α 称为桩的水平变形系数，其单位是 $1/\mathrm{m}$。将式（4-18）代入式（4-17），则有：

$$\frac{\mathrm{d}^4x}{\mathrm{d}z^4} + \alpha^5 zx = 0 \qquad (4\text{-}19)$$

注意到梁的挠度 x 与转角 φ、弯矩 M 和剪力 V 的微分关系，利用幂级数积分后可得到微分方程式（4-19）的解答，从而求出桩身截面的内力 M、V 和位移 x、φ 以及土的水平抗力 σ_x。计算这些项目时，可查用有关手册上已编制的系数表。

在以上公式中，b_0 称为桩的截面计算宽度，由于单桩在水平荷载作用下所引起的桩周土的抗力不仅荷载作用平面内，而且桩的截面形状对抗力也有影响。计算时简化为平面受力，因此，桩的截面计算宽度 b_0（单位：m）按以下方法确定：

1）方形截面桩：当实际宽度 $b>1\mathrm{m}$ 时，$b_0=b+1$；$b\leqslant1\mathrm{m}$ 时，$b_0=1.5b+0.5$。

2）圆形截面桩：当桩径 $d>1\mathrm{m}$ 时，$b_0=0.9(d+1)$；$d\leqslant1\mathrm{m}$ 时，$b_0=0.9(1.5d+0.5)$。

计算桩身抗弯矩刚度 EI 时，桩身的弹性模量 E，对于混凝土桩，可采用混凝土的弹性模量 E_c 的 0.85 倍（$E=0.85E_c$）。截面惯性矩 I 的计算，对于直径为 d 圆形桩，$I=\pi d^4/64$，对于宽度为 b 的方形桩，$I=b^4/12$。

图 4.5 表示一单桩以上述方法计算的挠度、弯矩、剪力及水平抗力的分布示意图。

规程 JGJ 94—2008 附录 C，利用 m 法，考虑承台（包括地下墙体）、基桩协同工作和土的弹性抗力作用，对受水平荷载桩基的内力和水平变形进行了详细的列表计算。

5. 弹性支点法

（1）支挡结构挠曲微分方程的建立

弹性支点法就是利用水平荷载作用下弹性桩的分析理论，把支挡结构作为弹性梁单元，用土弹簧模拟坑内被动土压力的竖向平面弹性地基梁法。基坑支护结构与前述的水平荷载作用下弹性桩的区别在于，前者在基坑开挖面以上作用有水平荷载而后者没有，其水平荷载土压力强度标准值 p_{ak} 按 3.2 节计算。

弹性支点法的结构分析模型如图 4.6 所示，假定支点力为不同水平刚度系数的弹簧，同时视基坑开挖面以下地基为弹性地基。参照水平荷载作用下弹性桩，考虑开挖的不同工况，可以建立开挖面以上及开挖面以下挠曲微分方程。

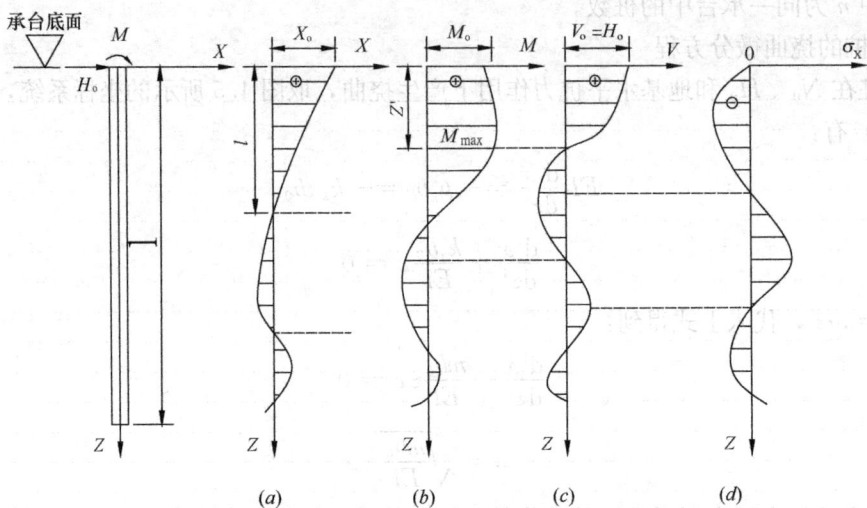

图 4.5　单桩的挠度、弯矩、剪力及水平抗力的分布示意图

(a) x 图；(b) M 图；(c) V 图；(d) 水平抗力分布图

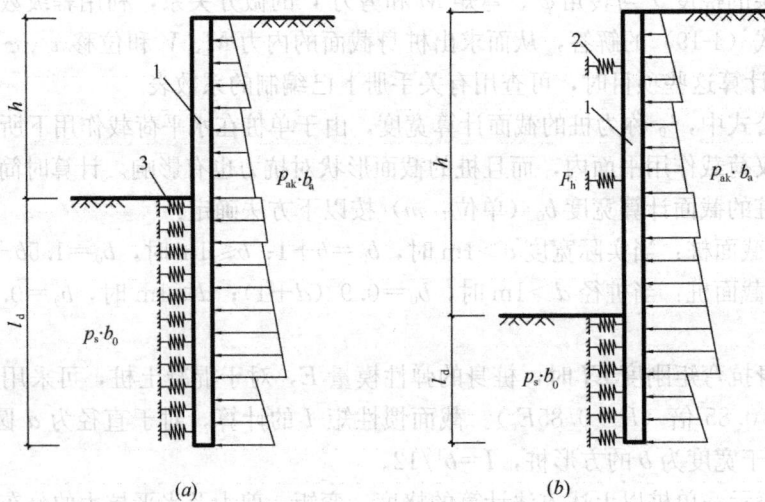

图 4.6　弹性支点法计算

(a) 悬臂式支挡结构；(b) 锚拉式支挡结构或支撑式支挡结构

1—挡土构件；2—由锚杆或支撑简化而成的弹性支座；3—计算土反力的弹性支座

对于悬臂式支挡结构，如图 4.6 (a) 所示，其挠曲微分方程如下：

$$EI \frac{\mathrm{d}^4 \nu}{\mathrm{d}z} - p_{ak} \cdot b_a = 0 (0 \leqslant z \leqslant h) \tag{4-20}$$

$$EI \frac{\mathrm{d}^4 \nu}{\mathrm{d}z} + p_s b_0 - p_{ak} \cdot b_a = 0 (z \geqslant h) \tag{4-21}$$

对于锚拉式支挡结构或支撑式支挡结构，如图 4.6 (b) 所示，锚杆和内支撑对挡土构件的约束按弹性支座考虑，其挠曲微分方程中应加入支点力 F_h：

$$EI \frac{\mathrm{d}^4 \nu}{\mathrm{d}z} + F_h - p_{ak} \cdot b_a = 0 (0 \leqslant z \leqslant h) \tag{4-22}$$

$$EI \frac{\mathrm{d}^4 \nu}{\mathrm{d}z^4} + F_{\mathrm{h}} + p_{\mathrm{s}} b_0 - p_{\mathrm{ak}} \cdot b_{\mathrm{a}} = 0 (z \geqslant h) \qquad (4\text{-}23)$$

式中　EI——支护结构计算宽度的抗弯刚度；

　　　ν——计算点水平变形（m）；

　　　z——计算点距地面的深度（m）；

　　　b_0——土反力计算宽度（m），见图 4.7；

　　　b_{a}——水平荷载计算宽度（m），见图 4.7；

　　　p_{s}——作用在挡土构件上的分布土反力（kPa）；

　　　F_{h}——锚杆或内支撑对支挡结构计算宽度内的弹性支点水平反力（kN）。

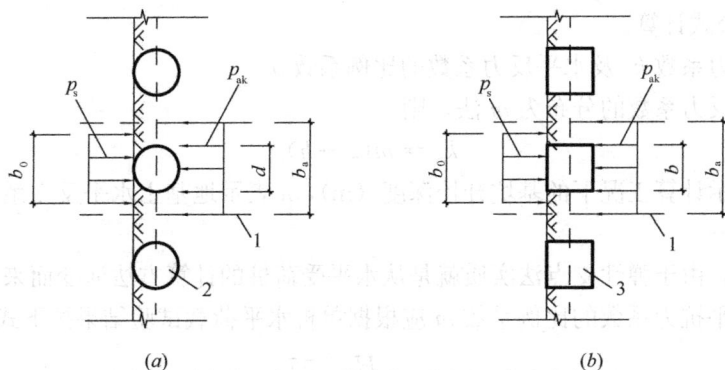

图 4.7　排桩计算宽度

（a）圆形截面排桩计算宽度；（b）矩形或工字型截面排桩计算宽度

1—排桩对称中心线；2—圆形桩；3—矩形桩或工字型桩

以下对一些参数的取值进行详细说明。

1）土反力计算宽度 b_0 和水平荷载计算宽度 b_{a}

对单根支护桩或单幅地下连续墙进行分析时，可按表 4.2 取值计算。

土反力计算宽度 b_0 和水平荷载计算宽度 b_{a} 的取值　　　　　　表 4.2

支挡构件	土反力计算宽度 b_0			水平荷载计算宽度 b_{a}
排桩	圆形桩	$d \leqslant 1\mathrm{m}$	$b_0 = 0.9(1.5d + 0.5)$	取排桩间距
		$d > 1\mathrm{m}$	$b_0 = 0.9(d + 1)$	
	矩形桩或工字型桩	$b \leqslant 1\mathrm{m}$	$b_0 = 1.5b + 0.5$	
		$b > 1\mathrm{m}$	$b_0 = b + 1$	
地下连续墙	取包括接头的单幅墙宽度			取包括接头的单幅墙宽度

注：当 b_0 大于排桩间距时应取 b_0 等于排桩间距。

　　　d—桩的直径（m）；b—矩形桩或工字型桩的宽度（m）。

2）作用在挡土构件上的分布土反力 p_{s}

与弹性长桩比较，作用在支挡结构上的分布土反力 p_{s} 包括两部分，其一是初始土压力强度，其二是因变形产生的土反力，这部分土反力等于水平反力系数 k_{s} 与变形的乘积。即：

$$p_{\mathrm{s}} = k_{\mathrm{s}} \nu + p_{\mathrm{s}0} \qquad (4\text{-}24)$$

挡土构件嵌固段上的基坑内侧分布土反力 p_s 的合力标准值 P_{sk} 应符合以下要求：

$$P_{sk} \leqslant E_{pk} \quad\quad\quad (4\text{-}25)$$

如计算不符合该要求，则应增加挡土构件的嵌固长度或取 $P_{sk} = E_{pk}$ 时的 p_s。

式中　k_s——水平反力系数（kN/m^3）；该值与上述的水平抗力系数 k_x 是一个含义；

　　　ν——挡土构件在分布土反力计算点的水平位移值（m）；

　　　p_{s0}——初始土反力强度（kPa）；

　　　P_{sk}——作用在挡土构件嵌固段上的基坑内侧土反力合力（kN），根据 p_s 分布形状计算得到；

　　　E_{pk}——作用在挡土构件嵌固段上的被动土压力合力标准值（kN），按第 3 章的有关公式计算。

①水平反力系数 k_s 及水平反力系数的比例系数 m

假定水平反力系数的分布为 m 法，则：

$$k_s = m(z - h) \quad\quad\quad (4\text{-}26)$$

式中 h 表示计算工况下的基坑开挖深度（m），m 表示地基土水平反力系数的比例系数（kN/m^4）。

严格来讲，由于弹性支点法实质就是从水平受荷桩的计算方法演变而来的，因此，开挖面以下的水平抗力系数的比例系数 m 应根据单桩水平荷载试验结果按下式计算：

$$m = \frac{\left[\dfrac{H_{cr}}{x_{cr}} \nu_x\right]^{\frac{5}{3}}}{b_0 (EI)^{\frac{2}{3}}} \quad\quad\quad (4\text{-}27)$$

式中　m——地基水平抗力系数的比例系数（MN/m^4），该数值为基坑开挖面以下 $2(d+1)$ m 深度内各土层的综合值；

　　　H_{cr}——单桩水平临界荷载（MN），根据规范 JGJ 94—2008 附录 E 方法确定；

　　　x_{cr}——单桩水平临界荷载对应的位移（m）；

　　　ν_x——桩顶位移系数，按表 4.3 确定（先假定 m，试算 α）。

桩顶位移系数 ν_x 表　　　　　　　　　　　　　　　　表 4.3

换算深度 h_d	4.0	3.5	3.0	2.8	2.6	2.4
ν_x	2.441	2.502	2.727	2.905	3.163	3.526

注：表中 $\alpha = \sqrt[5]{\dfrac{mb_0}{EI}}$

在缺少试验和经验时，可按下列经验公式计算：

$$m = \frac{1}{\nu_b}(0.2\varphi^2 - \varphi + c) \quad\quad\quad (4\text{-}28)$$

式中　c、φ——土的黏聚力（kPa）、内摩擦角（°），按本书第 2.3.4 节确定，对多层土，按不同土层分别取值；

　　　ν_b——支挡结构在坑底处的水平位移量（mm），当此处的水平位移不大于 10mm 时，可取 $\nu_b = 10$mm。

②初始土反力强度 p_{s0}

对于地下水位以上或水土合算的土层：

$$p_{s0} = \sigma_{pk}K_{a,i} \tag{4-29}$$

对于水土分算的土层：

$$p_{s0} = (\sigma_{pk} - u_p)K_{a,i} + u_p \tag{4-30}$$

3）锚杆或内支撑对挡土结构计算宽度内的作用力 F_h

假定支点力为不同水平刚度系数的弹簧，按下式计算 F_h：

$$F_h = k_R(v_R - v_{R0}) + P_h \tag{4-31}$$

式中 k_R——计算宽度内弹性支点刚度系数（kN/m）；

v_R——挡土构件在支点处的水平位移值（m）；

v_{R0}——设置支点时，支点的初始水平位移（m）；

P_h——挡土构件计算宽度内的法向预加力（kN）。

（2）计算宽度内弹性支点刚度系数 k_R 的确定

1）对于锚拉式支挡结构，k_R 宜通过锚杆抗拔基本试验按下式计算确定：

$$k_R = \frac{(Q_2 - Q_1)b_a}{(s_2 - s_1)s} \tag{4-32}$$

式中 Q_1、Q_2——锚杆循环加荷或逐级加荷试验中（Q-s）曲线上对应锚杆锁定值与轴向拉力标准值的荷载值（kN）；

s_1、s_2——（Q-s）曲线上对应于荷载为 Q_1、Q_2 的锚头位移值（m）；

b_a——结构计算宽度（m）；

s——锚杆水平间距（m）。

在缺少试验时，弹性支点刚度系数也可按下列公式计算：

$$k_R = \frac{3E_sE_cA_pAb_a}{[3E_cAl_f + E_sA_p(l - l_f)]s} \tag{4-33}$$

$$E_c = \frac{E_sA_p + E_m(A - A_p)}{A} \tag{4-34}$$

式中 E_s——锚杆杆体的弹性模量（kPa）；

E_c——锚杆的复合弹性模量（kPa）；

A_p——锚杆杆体的截面面积（m²）；

A——注浆固结体的截面面积（m²）；

l_f——锚杆的自由段长度（m）；

l——锚杆长度（m）；

E_m——注浆固结体的弹性模量（kPa）。

当锚杆腰梁或冠梁的挠度不可忽略不计时，尚应考虑其挠度对弹性支点刚度系数的影响。

2）对于支撑式支挡结构，k_R 宜通过对内支撑结构整体进行线弹性结构分析得出的支点力与水平位移的关系确定。对水平对撑，当支撑腰梁或冠梁的挠度可忽略不计时，计算宽度内弹性支点刚度系数（k_R）可按下式计算：

$$k_R = \frac{\alpha_R E A b_a}{\lambda l_0 s} \tag{4-35}$$

式中 λ——支撑不动点调整系数：支撑两对边基坑的土性、深度、周边荷载等条件相近，且分层对称开挖时，取 $\lambda = 0.5$；支撑两对边基坑的土性、深度、周边荷载等条件或开挖时间有差异时，对土压力较大或先开挖的一侧，取 $\lambda=$ 0.5～1.0，且差异大时取大值，反之取小值；对土压力较小或后开挖的一侧，取 $(1-\lambda)$；当基坑一侧取 $\lambda=1$ 时，基坑另一侧应按固定支座考虑；对竖向斜撑构件，取 $\lambda=1$；

α_R——支撑松弛系数，对混凝土支撑和预加轴向压力的钢支撑，取 $\alpha_R=1.0$，对不预加支撑轴向压力的钢支撑，取 $\alpha_R=0.8$～1.0；

E——支撑材料的弹性模量（kPa）；

A——支撑的截面面积（m²）；

l_0——受压支撑构件的长度（m）；

s——支撑水平间距（m）。

（3）挡土构件计算宽度内的法向预加力 P_h 的确定

采用锚杆或竖向斜撑时，取 $P_h=P \cdot \cos\alpha \cdot b_a/s$；采用水平对撑时，取 $P_h=P \cdot b_a/s$；对不预加轴向压力的支撑，取 $P_h=0$；采用锚杆时，宜取预加轴向拉力 $P=0.75 N_k$～0.9 N_k，采用支撑时，宜取预加轴向压力 $P=0.5 N_k$～0.8 N_k，此处，P 为锚杆的预加轴向拉力值或支撑的预加轴向压力值，α 为锚杆倾角或支撑仰角，b_a 为结构计算宽度，s 为锚杆或支撑的水平间距，N_k（kN）为锚杆轴向拉力标准值或支撑轴向压力标准值。

（4）支挡结构挠曲微分方程求解

式（4-20）～式（4-23）无法得出解析解，通常采用杆系有限元法求解。杆系有限元法是将支挡结构的各组成部分（如桩或墙、锚杆或内支撑）根据结构受力特点理想化的视为杆系单元（梁单元），将结构沿竖向每隔 1～2m 划分计算单元，并且将节点尽可能布置在结构的截面和荷载突变部位、k_s 变化处、地下水位变化处、开挖面以及支撑或锚杆作用点处；以节点的位移作为未知量，单元所受荷载（节点力）$[F]^e$ 和节点位移的关系可用下式表达：

$$[F]^e = [K]^e \{\delta\}^e \tag{4-36}$$

式中 $[K]^e$——单元的刚度矩阵；

$[F]^e$——单元节点力；

$\{\delta\}^e$——单元节点位移。

通过矩阵变换可以得到结构的总刚度矩阵，考虑到节点处应满足变形协调条件以及静力平衡条件，并且作用在单元节点上的外荷载（主动土压力）可按照第 3 章的内容计算，这样就可以求得结构的位移，从而求得结构内力。而土反力按土反力系数 k_s 乘以结构位移求得。

弹性支点法以其计算参数少、模型简单、能模拟分步开挖、能反映被动区土压力与位移的关系等优点而被广泛应用于基坑开挖围护结构受力计算分析中。随着计算机技术的进步，在一些商业计算软件中，平面竖向弹性地基梁有限元计算方法已经得到大量应用并取得了较好的效果。但在应用上述软件时，应特别注重参数的选用和计算结果的合理性。

4.1.2 空间弹性地基板法

由于弹性支点法受其本身为平面分析方法的局限，在应用于具有明显空间效应的深基坑工程中时不得不进行较大简化，且不能反映实际支护结构的空间特征，从而导致分析结果与实际情况存在差距。实测表明，对于有明显空间效应的基坑的阴角部位，设计计算结果一般比实测值大，造成资源浪费；而阳角部位计算结果比实测值要小，可能成为安全隐患。因此，对于有明显空间效应的基坑支护结构，应采用空间分析方法进行计算。

空间弹性地基板法，也称为空间 m 法，是在弹性支点法基础上发展起来的一种对于支护结构的空间分析方法。该方法继承了弹性支点法的计算原理，将地基土体考虑为坑内土弹簧和坑外的水土压力，并建立支护结构和土弹簧的三维有限元模型来分析支挡结构的整体内力与变形。

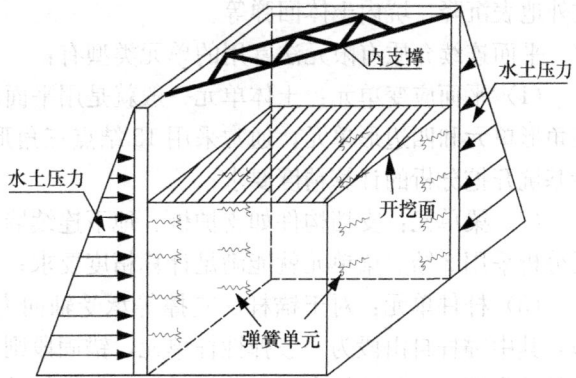

图 4.8　空间弹性地基板法计算模型示意图

该法计算模型见图 4.8，有限元模拟如下：将挡土桩或地下连续墙分别采用梁单元和板单元进行模拟，对水平支撑、锚杆、立柱等均采用梁单元模拟，坑外土压力的计算方法与弹性支点法计算相同，只是弹性支点法中土压力为作用在支挡构件上的线荷载，而空间弹性地基板法中土压力为作用在支挡构件上的面荷载，坑内土反力仍采用土弹簧模拟。

空间弹性地基板法可采用大型通用有限元程序如 ANSYS、ABAQUS、PLAXIS 等求解。

4.1.3　连续介质有限元法

平面弹性支点法和空间弹性地基板法均为荷载结构模型方法，均未考虑地基土的本构关系，只用于支护结构本身的内力和变形计算。连续介质有限元法是将包括地基土在内的整个基坑作为一个空间结构体系，不仅可以计算支护结构变形、内力，还可以直接得到土体的相关位移和内力，并利用土体变形计算结果评价基坑土体开挖对周围环境的影响。该方法充分考虑了土与支挡结构的共同作用，其计算模型和计算结果在理论上更接近基坑支护结构的实际工作状态，正成为有明显空间效应基坑及平面不规则复杂基坑支护结构设计的主流方法。

连续介质有限元法包括平面连续介质有限元法和三维连续介质有限元法。

平面连续介质有限元法适用于分析诸如地铁车站等狭长形基坑以及平面尺寸较大但开挖深度不深的方形基坑的中间断面部分。它是将支护结构和开挖影响范围内的土层划分为不同的单元，而这些单元按变形协调条件相互联系，组成有限元体系。

该方法的分析步骤一般是先确定计算剖面以及计算域（开挖大致影响范围），并将计算域内的土体和支挡结构、锚杆或内支撑分别划分单元，然后以单元结点位移作为未知数，选择合适的本构关系并利用虚功原理，建立每个单元的刚度矩阵并将其组装成总刚度矩阵，考虑到接触点处变形协调和静力平衡，即可建立如下结构刚度方程：

$$\{P\} = [K] \{v\} \tag{4-37}$$

式中　$\{P\}$——开挖引起的结点外力向量；

　　　$[K]$——由所有单元刚度矩阵形成的总刚度矩阵；

　　　$\{v\}$——单元结点位移。

考虑边界条件，采用高斯消去法即可求解单元结点位移，利用节点位移求解单元内任意点位移以及与单元内任意点的应变与应力，进而求解模型内支挡结构的位移和内力以及坑外地表沉降、坑内土体回弹等。

平面连续介质有限元法常用的单元类型有：

(1) 平面应变单元：土体单元一般就是用平面应变单元来模拟，按平面形状的不同有三角形单元和四边形单元，通常采用15结点三角形单元和8结点四边形单元，能满足一般基坑开挖分析的计算精度要求；

(2) 梁单元：支挡构件如支护桩、地下连续墙可用弹性梁单元来模拟；一般基坑有限元分析采用2结点梁单元就能满足计算精度要求；

(3) 杆件单元：对于锚杆、支撑等承受轴向力的构件，可采用弹性杆件单元进行模拟，其中锚杆自由段为一般弹性杆单元，锚固段则需要设置与土体的接触面来模拟锚固段的粘结作用；一般基坑有限元分析采用2结点杆件单元就能满足计算精度要求；

(4) 接触面单元：支挡结构与土体的接触面采用接触面单元模拟，即在结构单元与土体之间增加接触面单元；接触面单元能较好的模拟支挡结构与土体之间的相对位移，因而使得有限元分析结果更加合理；但由于常用的接触面单元（如有一定厚度的 Desai 单元和零厚度的 Goodman 单元）参数难以从常规土工试验中得到，因此在有些模拟过程中，也有不设置接触面单元的，只是将靠近支挡结构的土体单元划分得很小，使得这些土体单元很容易达到塑性状态，也可能达到合理的计算结果。

三维连续介质有限元法采用的有限元理论、土体本构关系的选择以及分析过程步骤均与平面连续介质有限元法相同，与其不同的是，三维方法单元采用三维实体单元，如土体单元不再是平面单元，而是三维的六面体单元或四面体单元，支挡结构采用实体板单元，立柱和支撑、锚杆采用三维梁单元来模拟。

连续介质有限元法需要对结构模型和土体的本构关系进行模拟。不论是平面方法还是三维方法，结构模型通常选择弹性模型；而对于土体，常用的本构模型有 Mohr-Coulomb（摩尔库伦简称 MC）模型、修正的剑桥模型（MCC）和 Plaxis Hardening Soil Model（简称 Plaxis HS）模型。其中 MC 模型参数简单，较为适用于反分析，对于岩石、加固体、硬土、砂土等一般可采用 MC 模型模拟；MCC 模型和 Plaxis HS 模型同属于硬化模型，均可以较好地模拟基坑周边的土体位移场，一般土体均可以采用 MCC 模型和 Plaxis HS 模型来模拟。

连续介质有限元法因其模型的计算域以及边界条件难于合理确定，同时由于土体的复杂性，土的本构关系尚不能准确模拟土的实际应力应变关系，且本构关系中的计算参数难于通过普通的土工试验得到，而且存在高度非线性的土体与结构接触面问题，使得有限元分析有一定的难度，特别是在三维有限元方法中，由于实体单元结点数量比平面单元大大增加，使得有限元的建模非常复杂，而规模较大单元量的三维弹塑性分析本身就难于收敛，这使得分析更难顺利进行。

至今，在一些复杂深大基坑中采用了三维分析计算结果，并取得了成功。但实际测试结果和计算结果还是存在差距，其主要原因有：(1) 变形涉及的土体很大，而有限元计算中由于条件的限制而人为地缩小计算范围；(2) 支护结构的施工工艺、施工顺序的不同使作用在支护结构上的土压力难以准确确定，土的蠕变使土压力值不断变化；(3) 土的参数由于受施工工况，应力路径等众多因素的影响尚不能准确测定；（4）由于土体的复杂性，土的本构关系尚不能正确模拟土的实际应力应变关系，且本构关系中的计算参数难于通过普通的土工试验得到；（5）施工单位的施工工艺、熟练程度，施工对土体的扰动程度不同；（6）周边环境的荷载难以精确计算。

目前，利用大型有限元计算软件（如：ABAQUS、ANSYS、PLAXIS 等）对基坑工程进行三维有限元的分析研究仍在开展。同时，利用基于快速拉格朗日法的显式有限差分岩土工程分析软件 FLAC（Fast Lagrangian Analysis of Continua），对基坑进行数值分析的研究也在同步展开。

4.2 基 坑 变 形 分 析

基坑变形有支挡结构水平位移、坑内土体的隆起、坑外地面沉降和水平变形，以及周边环境（包括周边建筑物、地下管线沟等）的变形等等。

目前，基坑变形计算主要有经验估算和数值分析两种方法，经验估算是在理论假设的基础上，通过对实际观测数据和数值分析结果进行拟合得到半经验性结果，或者直接由大量实测结果进行统计提出经验估算指标；数值分析主要是指上节介绍的杆系有限元法和连续介质有限元法。本节简单介绍经验估算方法。

4.2.1 支挡结构水平位移

支挡结构的水平变形形态主要有三种，分别是悬臂式位移、抛物线型位移以及这两形态的组合位移，见图 4.9；当墙趾进入硬土层或风化岩层时，支挡结构底部基本没有位移，墙趾处于软土中且嵌固深度较小时，墙趾将出现较大变形。

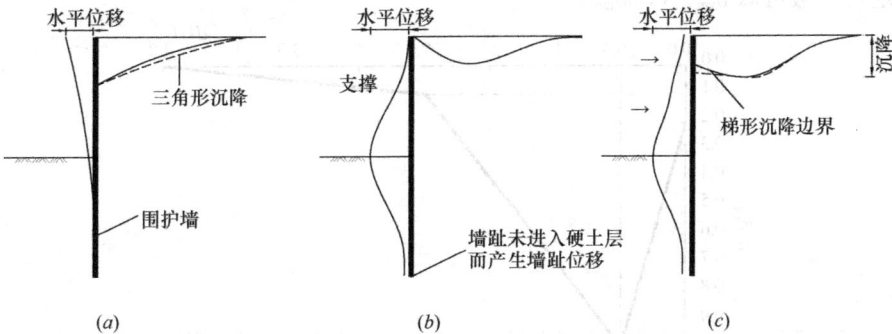

图 4.9 支挡结构变形型态

(a) 悬臂式位移；(b) 抛物线型位移；(c) 组合位移

悬臂式结构的最大水平位移发生在结构顶部，有支撑（锚杆或内支撑）支挡结构的最大水平位移位置一般都位于开挖面附近，随着开挖深度的增大有所上移，同时与支撑设置道数、位置、嵌固段土体的软硬程度以及嵌固深度等因素有关。

支挡结构最大水平位移估算的经验方法有两种，其一是通过大量实测统计，建立支挡结构水平位移和坑外地面沉降实测值与基坑开挖深度的关系，以此粗略的估算拟开挖基坑的水平位移和坑外地面沉降。其二，工程实践表明，支挡结构最大水平位移 δ_{hm} 与坑底抗隆起稳定系数存在一定的关系，同时，坑外地面最大沉降 δ_{vm} 与 δ_{hm} 也有一定的关系，通过实测和有限元分析建立此类关系并考虑相关影响因素，只要计算出抗隆起稳定系数，就可以按经验估算坑外地面最大沉降与支挡结构最大水平位移。

4.2.2 坑外地表沉降

由于坑内土体的开挖破坏了原来的平衡状态，支挡结构向坑内位移，必然导致坑外土体中的应力释放并取得新的平衡，引起坑外土体产生水平和竖向位移，土体竖向位移的总和就是地表沉降。典型的地表沉降曲线有指数曲线、抛物线以及三角形曲线，见图 4.10。

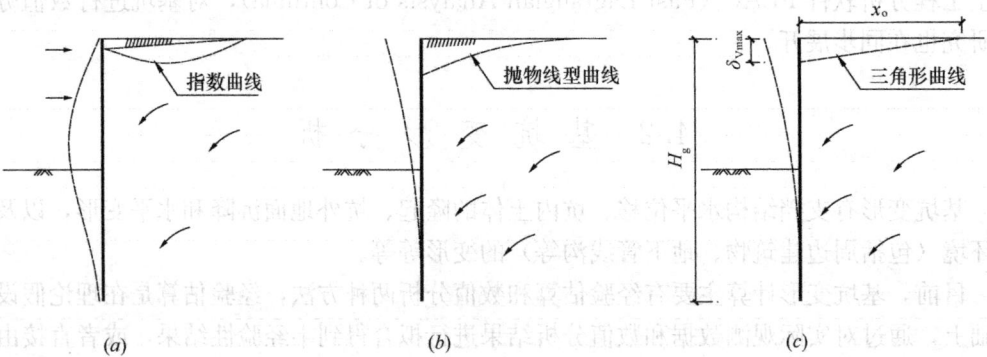

图 4.10　地表沉降曲线类型
(a) 指数曲线；(b) 抛物线；(c) 三角形

地表沉降的估算方法有两种，其一是由于坑外地面最大沉降 δ_{vm} 与支挡结构最大水平位移 δ_{hm} 有一定的关系，上海市《基坑工程技术规范》DG/TJ 08—61 提出了如图 4.11 所示的地表沉降曲线分布，其中最大地表沉降 δ_{vm} 可根据其与围护结构最大侧移 δ_{hm} 的经验关系来确定，一般可取 $\delta_{vm}=0.8\delta_{hm}$。

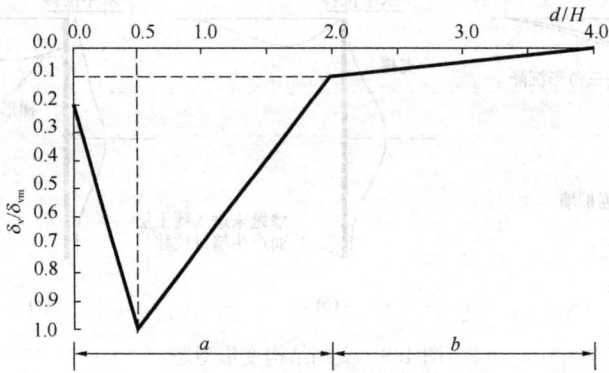

图 4.11　围护墙后地表沉降预估曲线
δ_V/δ_{Vm}—坑外某点的沉降/最大沉降；d/H—坑外地表某点围护墙外侧的距离/基坑开挖深度
a—主影响区域；b—次影响区域

其二是将支挡结构变形和坑外土体的沉降联系起来，如图 4.10 所示，假定支挡结构的侧移面积与坑外地表沉降面积存在一定的关系，以比率预估地表沉降，具体计算方法如下：

(1) 采用杆系有限元法计算支挡结构的变形曲线，并计算出变形曲线和初始轴线之间的面积，这就是支挡结构的侧移面积 S_1；

（2）确定地表沉降范围，该范围通常考虑土体极限平衡条件，按下式确定：

$$x_0 = H_g \tan \left(45° - \frac{\varphi}{2}\right) \tag{4-38}$$

式中 x_0 和 H_g 的意义见图 4.10（c）。

（3）选择相应的地表变形曲线，如指数曲线、抛物线以及三角形曲线；

（4）计算坑外地表沉降面积 S_2，此处以三角形沉降曲线为例计算：

$$S_2 = \frac{\delta_{vm} x_0}{2} \tag{4-39}$$

（5）假设 S_1 和 S_2 存在以下关系：

$$S_2 = cS_1 \tag{4-40}$$

由此可得到：

$$\delta_{vm} = \frac{2cS_1}{x_0} \tag{4-41}$$

式中 c 根据具体开挖深度、支护结构形式、地质条件、是否采用降水以及施工条件的好坏按经验取值，一般取 $c=1.0\sim2.5$。

以上是按三角形沉降曲线为例进行的计算，可称为三角形法，相应就有指数法和抛物线法。

以上述方法得到的地表沉降经验值 δ_{vm} 并没有考虑周围建（构）筑物存在的影响，但可以用来间接评估基坑开挖引起周围环境（如周边建筑以及地下管线沟）的附加变形。

4.2.3 坑底隆起变形

由于土体的开挖，原开挖深度上的土体自重应力被卸除，导致坑底可能产生回弹隆起；另外，支挡结构的变形对坑内土体有挤推作用，也可能造成坑底隆起。

基坑底部隆起主要发生在软土地区，从十余个实际工程的监测数据看，当支挡结构埋深范围内的土为可塑至硬塑甚至坚硬状态时，基本没有隆起现象。

软土地区基坑隆起量的估算方法可根据土体的回弹模量，模拟卸荷过程，参照地基沉降计算公式进行估算。

第5章 支挡式结构

5.1 概　述

支挡式结构（retaining structure）是由挡土构件（排桩或地下连续墙）和锚杆或支撑组成的一类支护结构体系的统称，其结构形式有：

（1）锚拉式支挡结构，即以挡土构件和锚杆为主的支挡式结构，包括挡土结构和锚拉结构（锚杆、冠梁和腰梁）两部分；

（2）支撑式支挡结构，即以挡土构件和支撑为主的支挡式结构，包括挡土结构和支撑结构（支撑、冠梁、腰梁和立柱）两部分；

（3）悬臂式、双排桩、咬合桩等。

各类支挡式结构的剖面示意见图 5.1。支挡式结构受力明确，计算方法和工程实践相对成熟，是目前应用最多也较为可靠的支护结构形式。

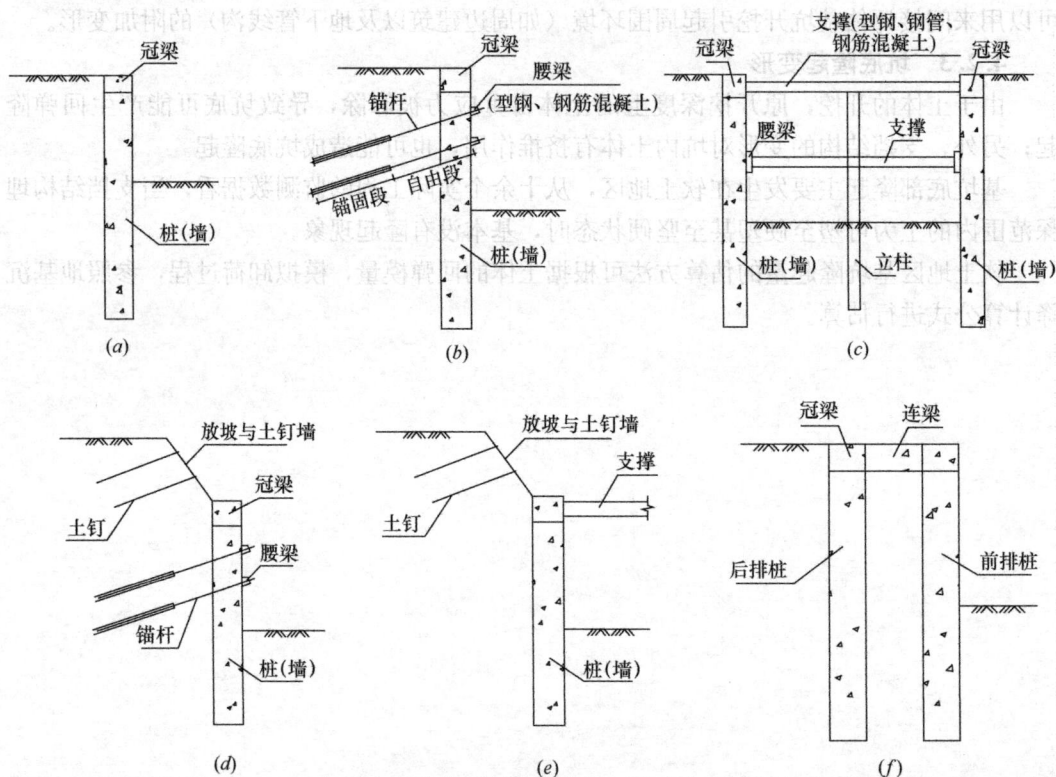

图 5.1　支挡式结构类型剖面示意图

(a) 悬臂式；(b) 锚拉式支挡结构；(c) 支撑式支挡结构；

(d) 组合式支挡结构 1；(e) 组合式支挡结构 2；(f) 双排桩

支挡结构中的主要构件有桩、地下连续墙、锚杆（索）和内支撑以及冠梁、腰梁和立柱等。支挡结构的设计主要围绕这些构件进行。各构件的主要设计参数如下：

（1）桩：主要有桩径、桩长、桩距以及桩身混凝土强度等级和钢筋配置；

（2）地下连续墙：主要有墙体厚度以及墙身混凝土强度等级和钢筋配置；

（3）锚杆：主要有水平和竖向间距、倾角、孔径、锚固长度和自由段长度、杆材和注浆材料、预加荷载及锁定值等；

（4）内支撑：主要有支撑结构平面布置（如对撑、角撑或桁架等）、水平和竖向间距、预加荷载等；支撑有钢管支撑、型钢支撑和混凝土支撑三种，钢管支撑设计参数是钢管直径和壁厚，型钢支撑主要设计参数是型钢型号，混凝土支撑主要设计参数是支撑的截面尺寸、混凝土强度等级及钢筋配置等；

（5）冠梁：主要有截面尺寸、混凝土强度等级以及钢筋配置；

（6）腰梁：有钢筋混凝土腰梁和型钢腰梁，对钢筋混凝土腰梁，设计参数与冠梁相同，对型钢腰梁主要是型钢型号；

（7）立柱：立柱有钢格构、钢管、型钢或钢管混凝土等形式，不同形式的设计参数也不同；另外，立柱下应设置基础，因此还包括基础参数。

支挡式结构的设计内容和步骤有：

（1）查阅建筑与结构设计图及勘察报告，确定基坑平面尺寸和开挖深度；在对周边环境进行调查的基础上，结合当地经验选择支挡结构类型；

（2）结合建筑总图和地质条件对挡土构件（桩、墙）进行平面和竖向布置，确定支挡结构与地下室外墙之间的净空间尺寸及桩（墙）顶标高；

（3）选择支挡结构构件及各构件设计参数；

（4）初步确定支挡结构的嵌固深度，选择计算剖面和土层参数，建立计算模型，采用平面杆系弹性支点法或连续介质有限元分析方法计算结构的内力和变形，然后进行截面承载力验算，进行支护结构的构件和节点设计；

（5）基坑变形估算，必要时提出对环境保护的工程技术措施；

（6）进行整体稳定、抗倾覆稳定、抗隆起稳定以及抗渗稳定性验算，确定嵌固深度满足强度与稳定性要求；

（7）必要时进行地下水控制设计；

（8）基坑土体开挖与监测设计；

（9）编制施工说明，绘制施工图。

5.2　结构计算方法与要求

5.2.1　各类支挡式结构的内力计算基本方法

1. 锚拉式支挡结构

将整个结构分解为挡土结构、锚拉结构（锚杆及腰梁、冠梁）分别进行分析；挡土结构是采用平面杆系结构弹性支点法进行分析，然后以挡土结构分析时得出的支点力作为荷载，根据腰梁、冠梁的实际约束情况，按简支梁或连续梁计算腰梁和冠梁内力；同时将支点力按锚杆倾角转换为锚杆轴力，进行锚杆的设计计算；

2. 支撑式支挡结构

将整个结构分解为挡土结构、内支撑结构分别进行分析；挡土结构也是采用弹性支点法进行分析；对于分解出的内支撑结构，则将挡土结构分析时得出的支点力作为荷载反向加至内支撑上，在考虑挡土结构和内支撑结构之间变形协调的基础上，按平面结构进行分析计算；

3. 悬臂式支挡结构和双排桩支挡结构

均采用平面杆系结构弹性支点法进行结构分析；双排桩支挡结构按平面刚架简化，具体计算模型见后续章节。

挡土结构计算方法——平面杆系结构弹性支点法的分析对象是挡土结构，不包括土体，它把土体对支护结构的作用视作荷载或约束，将支护结构看作杆系结构，一般都按线弹性考虑，是目前最常用和成熟的支护结构分析方法，适用于大部分支挡式结构。对于有明显空间效应的基坑以及平面形状复杂的基坑，在有可靠经验时，也可采用空间 m 法对支挡式结构进行整体分析或考虑支挡结构与土的共同作用采用连续介质有限元分析方法对结构与土进行整体分析。上述内容详见第4章。

5.2.2 挡土结构计算要求

挡土结构的计算应按实际工况进行。因基坑支护结构的锚杆与支撑是随基坑开挖过程逐步设置的，设计时就要拟定锚杆和支撑与基坑开挖的关系，设计好开挖与锚杆或支撑设置的步骤，对每一开挖过程支护结构的受力与变形状态进行分析，这称为按工况进行设计。锚拉式和支撑式支挡结构的设计工况应包括基坑开挖至坑底的状态和锚杆或支撑设置后的开挖状态。当需要在主体地下结构施工过程以结构构件替换并拆除局部锚杆或支撑时，设计工况中尚应包括拆除锚杆或支撑时的状态。悬臂式和双排桩支挡结构，可仅以基坑开挖至坑底的状态作为设计工况。支挡式结构的构件应按各设计工况内力和支点力的最大值进行承载力计算。替换锚杆或支撑的主体地下结构构件应满足各工况下的承载力、变形及稳定性要求。

按上述方法计算的内力（弯矩、剪力和轴力）是在作用标准组合下的计算值。按支护结构承载能力极限状态设计要求，设计时应采用作用基本组合下的设计值进行构件截面承载力计算。作用基本组合下的设计值按下式计算：

弯矩设计值 M

$$M = \gamma_0 \gamma_F M_k \tag{5-1}$$

剪力设计值 V

$$V = \gamma_0 \gamma_F V_k \tag{5-2}$$

轴向拉力或轴向压力设计值 N

$$N = \gamma_0 \gamma_F N_k \tag{5-3}$$

式中　M_k——按作用标准组合计算的弯矩值（kN·m）；

V_k——按作用标准组合计算的剪力值（kN）；

N_k——按作用标准组合计算的轴向拉力或轴向压力值（kN）；

γ_0——支护结构重要性系数；对应支护结构的安全等级一级、二级、三级，γ_0分别不应小于1.1、1.0、0.9；

γ_F——作用基本组合的综合分项系数，$\gamma_F \geqslant 1.25$。

5.3 稳定性验算及嵌固深度设计

因支挡结构嵌固深度不足、基坑土体的强度不足或因地下水渗流作用，均可能造成基坑失稳。失稳形态包括：支护结构倾覆失稳（嵌固失稳）；支护结构与基坑内外侧土体整体滑动失稳；基坑底土因承载力不足而隆起；地层因地下水渗流作用引起流土（砂）、管涌以及承压水突涌等，从而导致基坑工程破坏。为此，基坑稳定性验算显得相当重要，是设计计算不可或缺的重要内容。

基坑稳定性验算时，土的抗剪强度指标按本书第 2.3.4 节要求选用。基坑稳定性验算按支护结构极限状态设计方法中的承载能力极限状态要求进行，采用单一安全系数法，并应符合下式要求：

$$\frac{R_k}{S_k} \geqslant K \tag{5-4}$$

式中　R_k ——抗滑力、抗滑力矩、抗倾覆力矩、锚杆和土钉的极限抗拔承载力等土的抗力标准值；

　　　S_k ——滑动力、滑动力矩、倾覆力矩、锚杆和土钉的拉力等作用标准值的效应；

　　　K ——各类稳定性安全系数，取值详见各章节。

支挡结构形式不同，具体稳定性验算内容也不一样。总体来说，主要进行抗倾覆稳定（嵌固稳定）、整体滑动稳定、抗隆起稳定以及抗渗稳定等稳定性验算。

5.3.1 嵌固稳定性验算

悬臂式支挡结构、单层锚杆和单层支撑的支挡式结构以及双排桩，均应进行嵌固稳定性验算。其目的是验算这些支挡结构的嵌固深度是否满足嵌固稳定性要求。本节了解悬臂式支挡结构、单层锚杆和单层支撑的支挡式结构的嵌固稳定性验算方法，双排桩的嵌固稳定性分析详见后续章节。

1. 悬臂式支挡结构嵌固稳定性验算

悬臂式支挡结构嵌固稳定性验算是以挡土构件底部为转动点，计算基坑外侧土压力对转动点的转动力矩和坑内开挖深度以下土反力对转动点的抵抗力矩是否满足整体极限平衡，控制的是挡土构件的倾覆稳定性。具体按下式进行计算（图 5.2）：

$$\frac{E_{pk}a_{p1}}{E_{ak}a_{a1}} \geqslant K_e \tag{5-5}$$

式中　K_e ——嵌固稳定安全系数；安全等级为一级、二级、三级的悬臂式支挡结构，K_e 分别不应小于 1.25、1.2、1.15；

　E_{ak}、E_{pk} ——基坑外侧主动土压力、基坑内侧被动土压力合力的标准值（kN）；

　a_{a1}、a_{p1} ——基坑外侧主动土压力、基坑内侧被动土压力合力作用点至挡土构件底端的距离（m）。

2. 单层锚杆和单层支撑的支挡式结构嵌固稳定性验算

单层锚杆和单层支撑支挡结构嵌固稳定性验算是以支点为转动点，计算基坑外侧土压力对支点的转动力矩和坑内开挖深度以下土反力对支点的抵抗力矩是否满足整体极限平衡，控制的是挡土构件嵌固段的踢脚稳定性。具体按下式进行计算（图 5.3）：

$$\frac{E_{pk}a_{p2}}{E_{ak}a_{a2}} \geqslant K_e \tag{5-6}$$

式中　K_e——嵌固稳定安全系数；安全等级为一级、二级、三级的锚拉式支挡结构和支撑式支挡结构，K_e 分别不应小于1.25、1.2、1.15；

a_{a2}、a_{p2}——基坑外侧主动土压力、基坑内侧被动土压力合力作用点至支点的距离（m）。

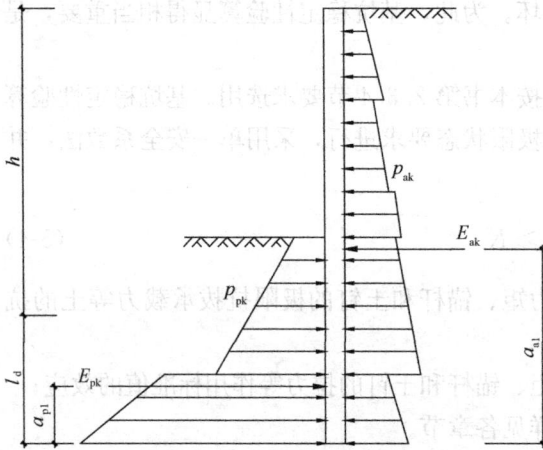

图 5.2　悬臂式结构嵌固稳定性验算　　图 5.3　单支点锚拉式支挡结构和
支撑式支挡结构的嵌固稳定性验算

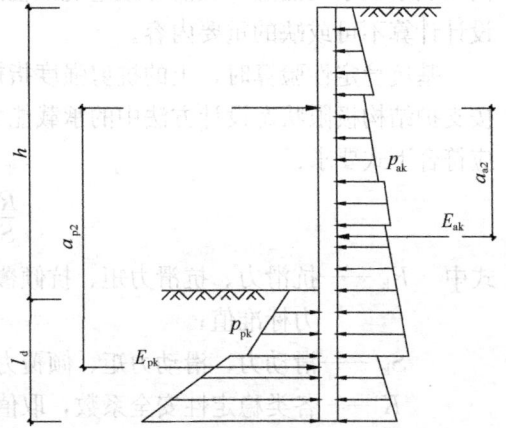

5.3.2　整体滑动稳定性验算

锚拉式、悬臂式支挡结构和双排桩均应进行整体稳定性验算。

整体稳定性验算方法是按平面问题考虑，以瑞典圆弧滑动条分法为基础。在进行力矩极限平衡状态分析时，仍以圆弧滑动土体为分析对象，并假定滑动面上土的剪力达到极限强度的同时，滑动面外锚杆拉力也达到极限拉力，因此，在极限平衡关系上，增加锚杆拉力对圆弧滑动体圆心的抗滑力矩。整体圆弧滑动稳定安全系数按下列公式进行计算（图5.4）：

$$\min\{K_{s,1}, K_{s,2}, \cdots, K_{s,i}, \cdots\} \geqslant K_s \tag{5-7}$$

$$K_{s,i} = \frac{\sum\{c_jl_j + [(q_jb_j + \Delta G_j)\cos\theta_j - u_jl_j]\tan\varphi_j\} + \sum R'_{k,k}[\cos(\theta_j + \alpha_k) + \psi_v]/s_{x,k}}{\sum(q_jb_j + \Delta G_j)\sin\theta_j}$$

$$\tag{5-8}$$

式中　K_s——圆弧滑动稳定安全系数；安全等级为一级、二级、三级的支挡结构，K_s 分别不应小于1.35、1.3、1.25；

$K_{s,i}$——第 i 个圆弧滑动体的抗滑力矩与滑动力矩的比值；抗滑力矩与滑动力矩之比的最小值宜通过搜索不同圆心及半径的所有潜在滑动圆弧确定；

c_j、φ_j——分别为第 j 土条滑弧面处土的黏聚力（kPa）、内摩擦角（°）；

b_j——第 j 土条的宽度（m）；

θ_j——第 j 土条滑弧面中点处的法线与垂直面的夹角（°）；

l_j——第 j 土条的滑弧段长度（m），取 $l_j = b_j/\cos\theta_j$；

q_j——第 j 土条上的附加分布荷载标准值（kPa）；

ΔG_j——第 j 土条的自重（kN），按天然重度计算；

u_j——第 j 土条在滑弧面上的孔隙水压力（kPa）；采用落底式截水帷幕时，对地下水位以下的砂土、碎石土、砂质粉土，在基坑外侧，可取 $u_j = \gamma_w h_{wa,j}$，在基坑内侧，可取 $u_j = \gamma_w h_{wp,j}$；滑弧面在地下水位以上或对地下水位以下的黏性土，取 $u_j = 0$；

γ_w——地下水重度（kN/m³）；

$h_{wa,j}$——基坑外侧第 j 土条滑弧面中点的压力水头（m）；

$h_{wp,j}$——基坑内侧第 j 土条滑弧面中点的压力水头（m）；

$R'_{k,k}$——第 k 层锚杆在滑动面以外的锚固段的极限抗拔承载力标准值与锚杆杆体受拉承载力标准值（$f_{ptk}A_p$）的较小值（kN）；进行锚固段的极限抗拔承载力计算时锚固段应取滑动面以外的长度；对悬臂式、双排桩支挡结构，不考虑 $\Sigma R_{k,k}[\cos(\theta_j + \alpha_k) + \psi_v]/s_{x,k}$ 项。

α_k——第 k 层锚杆的倾角（°）；

$s_{x,k}$——第 k 层锚杆的水平间距（m）；

ψ_v——计算系数；可按 $\psi_v = 0.5\sin(\theta_k + \alpha_k)\tan\varphi$ 取值，此处，φ 为第 k 层锚杆与滑弧交点处土的内摩擦角（°）。

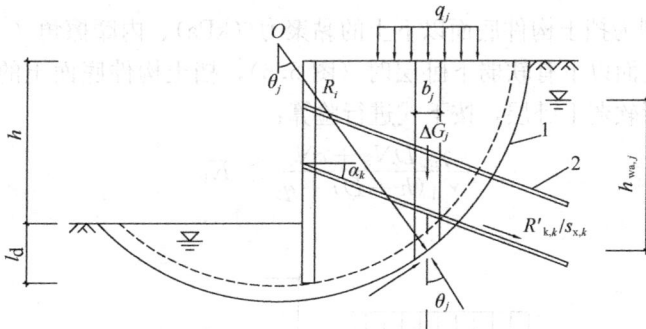

图 5.4　圆弧滑动条分法整体稳定性验算
1－任意圆弧滑动面；2－锚杆

　　整体稳定性验算最危险滑弧的搜索范围限于通过挡土构件底端的滑弧，穿过挡土构件的滑弧不需验算。这是因为支护结构的平衡性和结构强度已通过结构分析解决，在截面抗剪强度满足剪应力作用下的抗剪要求后，挡土构件不会被剪断，因此，滑动面不会穿过挡土构件。当挡土构件底端以下存在软弱下卧土层时，整体稳定性验算滑动面中应包括由圆弧与软弱土层层面组成的复合滑动面。

5.3.3　抗隆起稳定性验算

　　对于锚拉式和支撑式支挡结构，当基坑开挖深度较大，支挡结构嵌固深度较小而土的强度较低时，可能产生土体从挡土构件底端以下向基坑内隆起挤出的现象，这是一种土体丧失竖向平衡状态的破坏模式。由于锚杆和支撑只能对支护结构提供水平方向的平衡力，对隆起破坏不起作用，对特定基坑深度和土性，只能通过增加挡土构件嵌固深度来提高抗隆起稳定性。因而对锚拉式和支撑式支挡结构应进行抗隆起稳定性验算，以确定其嵌固深度能满足抗隆起稳定要求。悬臂式支挡结构可不进行抗隆起稳定性验算。

锚拉式和支撑式支挡结构的抗隆起稳定性验算主要有两种方法：

1. Prandtl（普朗德尔）极限平衡理论法

采用地基极限承载力的 Prandtl（普朗德尔）极限平衡理论公式，计算模型如图 5.5 所示，按下式进行验算：

$$\frac{\gamma_{m2} l_d N_q + c N_c}{\gamma_{m1}(h + l_d) + q_0} \geqslant K_b \tag{5-9}$$

$$N_q = \tan^2\left(45° + \frac{\varphi}{2}\right) e^{\pi \tan \varphi} \tag{5-10}$$

$$N_c = (N_q - 1)/\tan \varphi \tag{5-11}$$

式中　K_b——抗隆起安全系数；安全等级为一级、二级、三级的支护结构，K_b 分别不应小于 1.8、1.6、1.4；

γ_{m1}、γ_{m2}——分别为基坑外、基坑内挡土构件底面以上土的天然重度（kN/m^3）；对多层土，取各层土按厚度加权的平均重度；

l_d——挡土构件的嵌固深度（m）；

h——基坑深度（m）；

q_0——地面均布荷载（kPa）；

N_c、N_q——承载力系数；

c、φ——分别为挡土构件底面以下土的黏聚力（kPa）、内摩擦角（°）。

当挡土构件底面以下有软弱下卧层时（图 5.6），挡土构件底面土的抗隆起稳定性验算的部位尚应包括软弱下卧层，按下式进行验算：

$$\frac{\gamma_{m2} D N_q + c N_c}{\gamma_{m1}(h + D) + q_0} \geqslant K_b \tag{5-12}$$

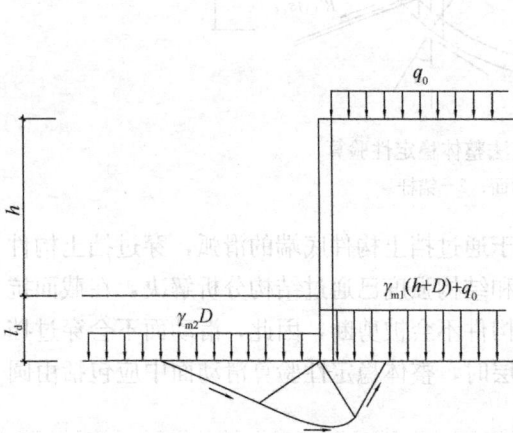

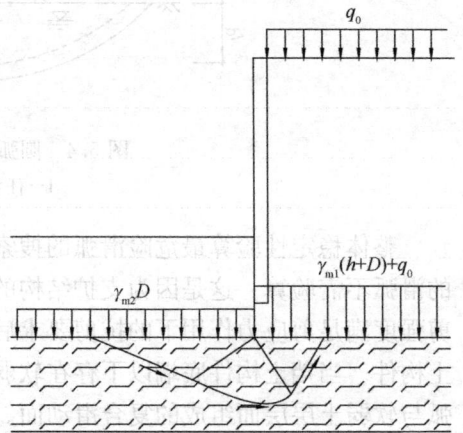

图 5.5　挡土构件底端平面下　　　　　　图 5.6　软弱下卧层的
　　　土的抗隆起稳定性验算　　　　　　　　抗隆起稳定性验算

上式中的 γ_{m1}、γ_{m2} 应取软弱下卧层顶面以上土的重度，D 为基坑底面至软弱下卧层顶面的土层厚度，其余符号的意义同公式（5-9）。

Prandtl（普朗德尔）极限平衡理论法是目前常用的方法。但 Prandtl 理论公式的有些假定与实际情况存在差异，具体应用有一定局限性。如：对无黏性土，当嵌固深度为零时，计算的抗隆起安全系数 $K_b=0$，而实际上在一定基坑深度内是不会出现隆起的。因此，当挡土构件嵌固深度很小时，不能采用该公式验算坑底隆起稳定性。

2. 以最下层支点为转动轴心的圆弧滑动模式法

这是针对坑底为软土时的抗隆起稳定分析方法，在我国软土地区习惯采用该方法，特别是上海地区常常以这种方法作为挡土构件嵌固深度的控制条件。该法是以最下层支点为转动轴心，假定破坏面为通过桩、墙底的圆弧形，见图 5.7，以此分析力矩平衡条件，按下式进行验算：

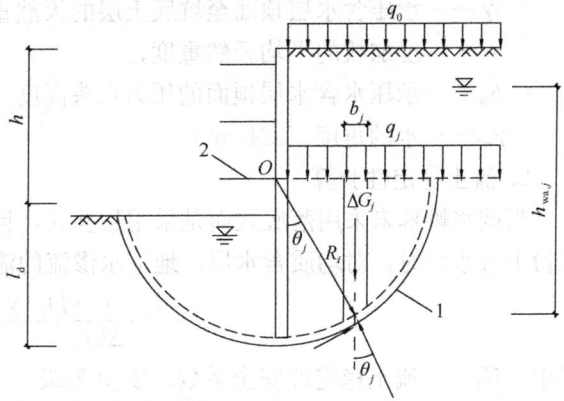

图 5.7 以最下层支点为轴心的圆弧滑动稳定性验算

$$\frac{\sum \left[c_j l_j + (q_j b_j + \Delta G_j)\cos\theta_j \tan\varphi_j\right]}{\sum (q_j b_j + \Delta G_j)\sin\theta_j} \geqslant K_r \tag{5-13}$$

式中　K_r——以最下层支点为轴心的圆弧滑动稳定安全系数；安全等级为一级、二级、三级的支挡式结构，K_r 分别不应小于 2.2、1.9、1.7；

c_j、φ_j——分别为第 j 土条在滑弧面处土的黏聚力（kPa）、内摩擦角（°）；

l_j——第 j 土条的滑弧段长度（m），取 $l_j = b_j/\cos\theta_j$；

q_j——第 j 土条顶面上的竖向压力标准值（kPa）；

b_j——第 j 土条的宽度（m）；

θ_j——第 j 土条滑弧面中点处的法线与垂直面的夹角（°）；

ΔG_j——第 j 土条的自重（kN），按天然重度计算。

5.3.4 地下水渗透稳定性验算

因地下水渗流，基坑有可能产生突涌、流土以及管涌等渗流破坏。在进行支护设计时就应进行相应的突涌稳定性和流土稳定性验算，对于存在产生管涌现象条件的，还应进行土的管涌可能性判别。

基坑支护不论采用支挡式结构、土钉墙还是重力式水泥土墙，地下水渗透稳定性的验算均按以下方法和规定进行。

1. 突涌稳定性验算

当坑底以下有水头高于坑底的承压水含水层，且未用截水帷幕隔断其基坑内外的水力联系时，承压水作用下的坑底突涌稳定性按下式验算（图 5.8）：

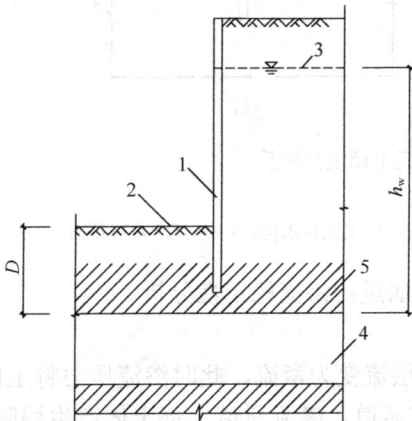

图 5.8 坑底土体的突涌稳定性验算
1—截水帷幕；2—基底；3—承压水测管水位；4—承压水含水层；5—隔水层

$$\frac{D\gamma}{h_w \gamma_w} \geqslant K_h \tag{5-14}$$

式中　K_h——突涌稳定性安全系数；K_h 不应小于 1.1；

　　　D——承压含水层顶面至坑底的土层厚度（m）；

　　　γ——承压含水层顶面至坑底土层的天然重度（kN/m^3）；对多层土，取按土层厚度加权的平均天然重度；

　　　h_w——承压水含水层顶面的压力水头高度（m）；

　　　γ_w——水的重度（kN/m^3）。

2. 流土稳定性验算

当截水帷幕未采用落底式而是采用悬挂式，且悬挂式截水帷幕底端位于碎石土、砂土或粉土含水层时，对均质含水层，地下水渗流的流土稳定性应按下式验算（图 5.9）：

$$\frac{(2l_d + 0.8D_1)\gamma'}{\Delta h\gamma_w} \geqslant K_f \tag{5-15}$$

式中　K_f——流土稳定性安全系数；安全等级为一、二、三级的支护结构，K_f 分别不应小于 1.6、1.5、1.4；

　　　l_d——截水帷幕在坑底以下的插入深度（m）；

　　　D_1——潜水面或承压水含水层顶面至基坑底面的土层厚度（m）；

　　　γ'——土的浮重度（kN/m^3）；

　　　Δh——基坑内外的水头差（m）；

　　　γ_w——水的重度（kN/m^3）。

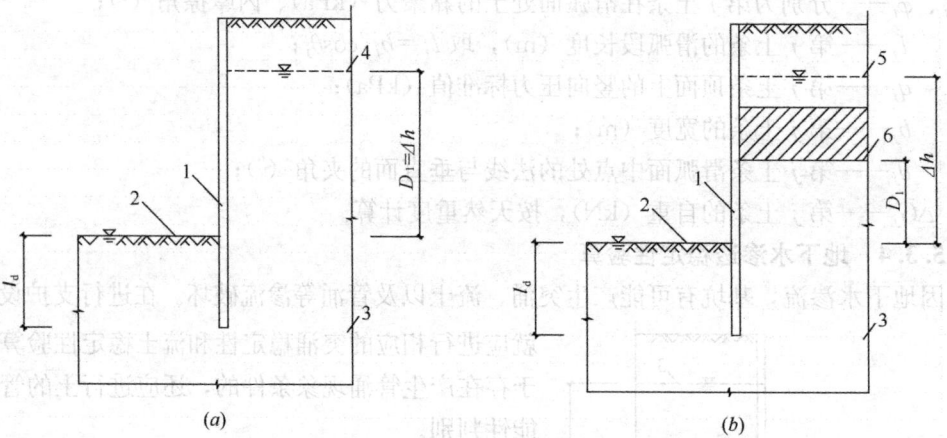

图 5.9　采用悬挂式帷幕截水时的流土稳定性验算

(a) 潜水；(b) 承压水

1—截水帷幕；2—基坑底面；3—含水层；4—潜水水位；5—承压水测管水位；6—承压含水层顶面

对渗透系数不同的非均质含水层，宜采用数值方法进行渗流稳定性分析。

3. 管涌可能性判别

当地下水流动的水力坡度 i 很大时，地下水流由层流变为紊流，此时渗流压力将土体骨架中的细颗粒土带走，导致土体内形成贯通的渗流通道，渗流通道上部土体产生塌陷，这种现象称为管涌。管涌像流土一样发生在土体开挖面处，也可能发生在土体内部。

从上述概念可知，产生管涌的条件首先是水力坡度 i 很大，其次是土体内存在细颗粒土并且存在渗流通道。一般认为，当坑底以下为级配不连续的砂土、碎石土含水层时，应进行土的管涌可能性判别。

5.3.5 支挡结构嵌固深度设计

支挡结构嵌固深度的合理设计，对结构设计的合理性、结构变形能否满足工程要求有非常大的影响，而基坑工程的稳定性主要是靠支挡结构的嵌固深度来保证，因此，嵌固深度的设计是支挡结构设计的重要内容。

在进行结构设计时，可先按经验嵌固深度进行结构设计和变形计算，在经验值满足支挡结构强度与变形计算要求的前提下，再进行各类稳定性验算。挡土构件的嵌固深度除应满足稳定性验算要求外，对悬臂式结构，尚不宜小于 $0.8h$；对单支点支挡式结构，尚不宜小于 $0.3h$；对多支点支挡式结构，尚不宜小于 $0.2h$；此处 h 为基坑开挖深度。

5.4 排桩设计与施工

5.4.1 排桩设计

排桩（soldier pile wall）是指沿基坑侧壁排列设置的支护桩及冠梁所组成的支挡式结构部件或悬臂式支挡结构。

排桩结构设计的步骤一般是先选择桩型，进行桩的平面设计与竖向设计，然后按平面杆系结构弹性支点法进行桩身内力和支点力以及结构变形的计算，在得到桩身弯矩和剪力的计算值 M_k、V_k 后，将计算值按式（5-1）、式（5-2）的要求换算成设计值 M、V，考虑混凝土强度等级，以设计值 M、V 按正截面受弯、斜截面受剪承载力验算要求计算所需受力钢筋并进行配置，之后考虑构造要求进行分布钢筋和加强钢筋的布置并进行冠梁设计。

1. 桩的选型与成桩工艺

排桩的桩型与成桩工艺应根据桩所穿过土层的性质、地下水条件及基坑周边环境要求等选择混凝土灌注桩、型钢桩、钢管桩、钢板桩、型钢水泥土搅拌桩等桩型。

实际基坑工程中，排桩的桩型采用混凝土灌注桩的占绝大多数，泥浆护壁成孔的钻孔灌注桩、冲孔灌注桩以及旋挖灌注桩，干作业灌注桩（包括钻孔灌注桩和人工挖孔桩）以及长螺旋钻孔桩、沉管灌注桩等桩型，均可作为支护用桩。有些情况下，适合采用型钢桩、钢管桩、钢板桩或预制桩等，有时也可以采用 SMW 工法施工的内置型钢水泥土搅拌桩。

当支护桩的施工影响范围内存在对地基变形敏感、结构性能差的建筑物或地下管线时，不应采用挤土效应严重、易塌孔、易缩径或有较大振动的桩型和施工工艺。

采用挖孔桩且其成孔需要降水或孔内抽水时，降水引起的地层变形应满足周边建筑物和地下管线的要求，否则应采取截水措施。

2. 平面设计与竖向设计

（1）排桩平面设计：其内容包括桩径、桩中心距、桩的平面布置以及桩与地下结构之间的净空间尺寸设计。

采用混凝土灌注桩时，桩径的选取主要还是按弯矩大小与变形要求确定，以达到受力与经济合理的要求，同时还要满足施工条件的要求。通常对悬臂式排桩，支护桩的桩径宜大于或等于 600mm；对锚拉式排桩或支撑式排桩，支护桩的桩径宜大于或等于 400mm。

在土压力和结构内力的计算中，排桩间距对计算结果产生较大影响，因此，排桩间距的选取主要也是应按弯矩大小与变形要求确定，以达到受力与经济合理的要求。一般排桩的中心距不宜大于桩直径的 2.0 倍，特殊情况下，排桩间距的确定还要考虑桩间土的稳定性要求，根据工程经验，对大桩径或黏性土，排桩的净间距在 900mm 以内，对小桩径或砂土，排桩的净间距在 600mm 以内较常见。

平面上，排桩应根据建筑总图中地下室平面和规划红线进行布置，平面布置图应基本与地下室平面图相似，在某些特殊部位，如施工开挖土体运输通道处、地下室进出车道处等，应按施工组织设计要求进行布置。在进行平面布置时，排桩与地下结构之间应有足够的施工作业空间，净空间尺寸一般不小于 800mm；对于有建筑基础尺寸超出地下室外边线的情况，可视基础尺寸和施工要求适当增大。

（2）排桩竖向设计：其内容包括桩顶设计标高、嵌固深度以及桩间土的保护设计。

在有主体建筑地下管线的部位，排桩冠梁宜低于地下管线。排桩冠梁低于地下管线是从后期主体结构施工上考虑的。因为，当排桩及冠梁高于后期主体结构各种地下管线的标高时，会给后续的施工造成障碍，需将其凿除。所以，排桩桩顶的设计标高，在不影响支护桩顶以上部分基坑的稳定与基坑外环境对变形的要求时，宜避开主体建筑地下管线通过的位置。一般情况，主体建筑各种管线引出接口的埋深不大，是容易做到的，但如果将桩顶降至管线以下，影响了支护结构的稳定或变形要求，则应首先按基坑稳定或变形要求确定桩顶设计标高。

嵌固深度按第 5.3.5 节进行设计。

排桩的桩间土应采取防护措施。桩间土防护措施宜采用内置钢筋网或钢丝网的喷射混凝土面层。喷射混凝土面层的厚度不宜小于 50mm，混凝土强度等级不宜低于 C20，混凝土面层内配置的钢筋网的纵横向间距不宜大于 200mm。钢筋网或钢丝网宜采用横向拉筋与两侧桩体连接，拉筋直径不宜小于 12mm，拉筋锚固在桩内的长度不宜小于 100mm。钢筋网宜采用桩间土内打入直径不小于 12mm 的钢筋钉固定，钢筋钉打入桩间土中的长度不宜小于排桩净间距的 1.5 倍且不应小于 500mm。

当桩间土体内出现渗水现象时，在渗水的部位应设置泄水管，泄水管应根据土的性状及地下水特点确定，可采用长度不小于 300mm，内径不小于 40mm 的塑料或竹制管，其外壁包裹土工布，同时按含水土层的粒径大小设置反滤层，防止土颗粒流失。

3. 截面承载力计算

支护桩的截面配筋一般由受弯或受剪承载力控制。实际工程中，排桩大都采用的是圆形截面钢筋混凝土灌注桩，因此主要讲述圆形截面钢筋混凝土灌注桩的正截面受弯和斜截面受剪承载力的计算。对于矩形截面混凝土灌注支护桩的正截面受弯承载力和斜截面受剪承载力计算以及型钢、钢管、钢板支护桩的受弯、受剪承载力的计算，应按现行国家标准《混凝土结构设计规范》GB 50010 和《钢结构设计规范》GB 50017 的有关规定进行计算，但其弯矩设计值和剪力设计值应按本章式（5-1）、式（5-2）确定。

灌注桩纵向受力钢筋在截面上的配筋方式通常有两种形式，其一是沿周边均匀配置纵向钢筋，见图 5.9；其二是沿受拉区和受压区周边局部均匀配置纵向钢筋，见图 5.10。

（1）沿周边均匀配置纵向钢筋的圆形截面支护桩，截面内纵向钢筋数量不少于 6 根时，其正截面受弯承载力应满足以下要求（图 5.10）：

$$M \leqslant \frac{2}{3} f_c A r \frac{\sin^3 \pi\alpha}{\pi} + f_y A_s r_s \frac{\sin\pi\alpha + \sin\pi\alpha_t}{\pi} \tag{5-16}$$

$$\alpha f_c A \left(1 - \frac{\sin 2\pi\alpha}{2\pi\alpha}\right) + (\alpha - \alpha_t) f_y A_s = 0 \tag{5-17}$$

$$\alpha_t = 1.25 - 2\alpha \tag{5-18}$$

式中　M——桩的弯矩设计值（kN·m）；

　　　f_c——混凝土轴心抗压强度设计值（kN/m²）；当混凝土强度等级超过 C50 时，f_c
　　　　　应用 $\alpha_1 f_c$ 代替，当混凝土强度等级为 C50 时，取 $\alpha_1 = 1.0$，当混凝土强度等
　　　　　级为 C80 时，取 $\alpha_1 = 0.94$，其间按线性内插法确定；

　　　A——支护桩截面面积（m²）；

　　　r——支护桩的半径（m）；

　　　α——对应于受压区混凝土截面面积的圆心角（rad）与 2π 的比值；

　　　f_y——纵向钢筋的抗拉强度设计值（kN/m²）；

　　　A_s——全部纵向钢筋的截面面积（m²）；

　　　r_s——纵向钢筋重心所在圆周的半径（m）；

　　　α_t——纵向受拉钢筋截面面积与全部纵向钢筋截面面积的比值，当 $\alpha > 0.625$ 时，
　　　　　取 $\alpha_t = 0$。

（2）沿受拉区和受压区周边局部均匀配置纵向钢筋的圆形截面支护桩，截面受拉区内
纵向钢筋数量不少于 3 根时，其正截面受弯承载力应满足以下要求（图 5.11）：

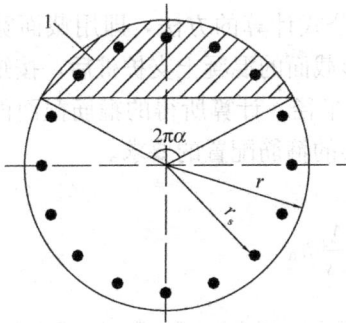

图 5.10　沿周边均匀配置纵向
钢筋的圆形截面
1—混凝土受压区

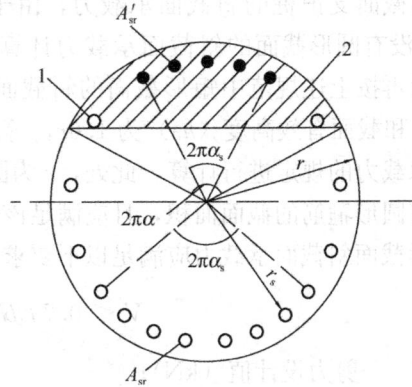

图 5.11　沿受拉区和受压区周边局部
均匀配置纵向钢筋的圆形截面
1—构造钢筋；2—混凝土受压区

$$M \leqslant \frac{2}{3} f_c A r \frac{\sin^3 \pi\alpha}{\pi} + f_y A_{sr} r_s \frac{\sin \pi\alpha_s}{\pi\alpha_s} + f_y A'_{sr} r_s \frac{\sin \pi\alpha'_s}{\pi\alpha'_s} \tag{5-19}$$

$$\alpha f_c A \left(1 - \frac{\sin 2\pi\alpha}{2\pi\alpha}\right) + f_y (A'_{sr} - A_{sr}) = 0 \tag{5-20}$$

$$\cos \pi\alpha \geqslant 1 - \left(1 + \frac{r_s}{r} \cos \pi\alpha_s\right)\xi_b \tag{5-21}$$

$$\alpha \geqslant \frac{1}{3.5} \tag{5-22}$$

式中 α——对应于受压区混凝土截面面积的圆心角（rad）与 2π 的比值；

  α_s——对应于受拉钢筋的圆心角（rad）与 2π 的比值；α_s 值宜取 $1/6 \sim 1/3$，通常可取 0.25；

  α'_s——对应于受压钢筋的圆心角（rad）与 2π 的比值，宜取 $\alpha'_s \leqslant 0.5\alpha$；

A_{sr}、A'_{sr}——分别为沿周边均匀配置在圆心角 $2\pi\alpha_s$、$2\pi\alpha'_s$ 内的纵向受拉、受压钢筋的截面面积（m^2）；

  ξ_b——矩形截面的相对界限受压区高度，应按现行国家标准《混凝土结构设计规范》GB 50010 的规定取值。

当 $\alpha < 1/3.5$ 时，其正截面受弯承载力可按下式计算：

$$M \leqslant f_y A_{sr} \left(0.78r + r_s \frac{\sin \pi\alpha_s}{\pi\alpha_s} \right) \tag{5-23}$$

沿圆形截面受拉区和受压区周边实际配置的均匀纵向钢筋的圆心角应分别取为 $2\frac{n-1}{n}\pi\alpha_s$ 和 $2\frac{m-1}{m}\pi\alpha'_s$，$n$、$m$ 为受拉区、受压区配置均匀纵向钢筋的根数。配置在圆形截面受拉区的纵向钢筋，其按全截面面积计算的最小配筋率不宜小于 0.2% 和 $0.45f_t/f_y$ 中的较大者，此处，f_t 为混凝土抗拉强度设计值。在不配置纵向受力钢筋的圆周范围内应设置周边纵向构造钢筋，纵向构造钢筋直径不应小于纵向受力钢筋直径的 1/2，且不应小于 10mm；纵向构造钢筋的环向间距不应大于圆截面的半径和 250mm 的较小值。

（3）圆形截面支护桩的斜截面承载力应满足以下要求：

圆形截面支护桩的斜截面承载力，由于现行国家标准《混凝土结构设计规范》GB 50010 中没有圆形截面的斜截面承载力计算公式，所以采用了将圆形截面等代成矩形截面，然后再按上述规范中矩形截面的斜截面承载力公式计算的方法，即用截面宽度（b）为 $1.76r$ 和截面有效高度（h_0）为 $1.6r$，等效成矩形截面的混凝土支护桩后，按矩形截面斜截面承载力的规定进行计算，此处，r 为圆形截面半径。计算所得的箍筋截面面积应作为支护桩圆形箍筋的截面面积，且应满足该规范对梁的箍筋配置的要求。

矩形截面斜截面承载力应满足以下要求：

$$V \leqslant 0.7f_t b h_0 + f_{yv} \frac{A_{sv}}{s} h_0 \tag{5-24}$$

式中 V——剪力设计值（kN）；

  f_t——混凝土轴心抗拉强度设计值（N/mm^2）；

  f_{yv}——箍筋抗拉强度设计值（N/mm^2）；

  A_{sv}——单根箍筋面积（mm^2）；

  s——箍筋沿桩身间距（mm）。

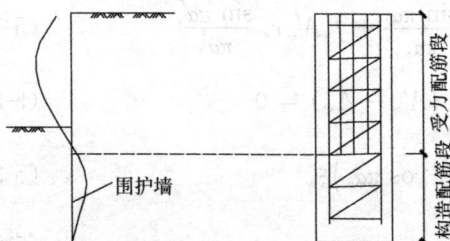

图 5.12 沿桩身分段配筋示意图

沿桩身长度钢筋的配置也有两种方式，其一是按上述承载力计算结果通长配置受力钢筋，其二是沿桩身分段配置钢筋。采用分段配筋时，一定要根据内力包络图的形状进行，一般分为受力配筋段和构造配筋段，见图 5.12。

合理的配筋方式有利于充分发挥钢筋的

作用，并使设计结果更加经济合理。但在施工条件和技术水平无法满足时，还是采用全截面均匀配置通长受力钢筋较为稳妥。

4. 构造要求

采用混凝土灌注桩时，为保证排桩作为混凝土构件的基本受力性能，桩身混凝土强度等级、钢筋配置和混凝土保护层厚度应符合下列规定：

(1) 桩身混凝土强度等级不宜低于 C25；

(2) 支护桩的纵向受力钢筋宜选用 HRB400、HRB500 级钢筋，单桩的纵向受力钢筋不宜少于 8 根，净间距不应小于 60mm；支护桩顶部设置钢筋混凝土构造冠梁时，纵向钢筋锚入冠梁的长度宜取冠梁厚度；冠梁按结构受力构件设置时，桩身纵向受力钢筋伸入冠梁的锚固长度应符合现行规范 GB 50010 对钢筋锚固的有关规定；当不能满足锚固长度的要求时，其钢筋末端可采取机械锚固措施；

(3) 箍筋可采用螺旋式箍筋，箍筋直径不应小于纵向受力钢筋最大直径的 1/4，且不应小于 6mm；箍筋间距宜取 100～200mm，且不应大于 400mm 及桩的直径；

(4) 沿桩身配置的加强筋应满足钢筋笼起吊安装要求，宜选用 HPB300、HRB400 钢筋，其间距宜取 1000～2000mm；

(5) 纵向受力钢筋的保护层厚度不应小于 35mm；采用水下灌注混凝土工艺时，不应小于 50mm；

(6) 当采用沿截面周边非均匀配置纵向钢筋时，受压区的纵向钢筋根数不应少于 5 根；对采用泥浆护壁水下灌注混凝土成桩工艺而钢筋笼顶端低于泥浆面，钢筋笼顶与桩的孔口高差较大等难以控制钢筋笼方向的情况以及其他施工方法不能保证钢筋的方向时，不应采用沿截面周边非均匀配置纵向钢筋的形式；

(7) 当根据桩身内力包络图沿桩身分段配置纵向受力主筋时（图 5.12），纵向受力钢筋的搭接应符合现行规范 GB 50010 的相关规定。

5. 冠梁设计

支护桩顶部应设置混凝土冠梁，它是排桩结构的组成部分，其宽度不宜小于桩径，高度不宜小于桩径的 0.6 倍。

当冠梁上不设置锚杆或支撑时，冠梁可以仅按构造要求设计，按构造配筋。此时，冠梁的作用是将排桩连成整体，调整各个桩受力的不均匀性，不需对冠梁进行受力计算。

当冠梁用作支撑或锚杆的传力构件或按空间结构设计时，冠梁起到传力作用，除需满足构造要求外，应将冠梁视为简支梁或连续梁，按梁的内力进行截面设计。

5.4.2 排桩施工与检测

基坑支护中支护桩的常用桩型与建筑桩基相同，其施工应符合现行行业标准《建筑桩基技术规范》JGJ 94 的有关要求，其质量检验标准应符合《建筑地基基础施工质量验收规范》GB 50202 的要求。但在以下几个方面仍应引起重视：

1. 当排桩桩位邻近的既有建筑物、地下管线、地下构筑物对地基变形敏感时，应根据其位置、类型、材料特性、使用状况等相应采取下列控制地基变形的防护措施：

(1) 宜采取间隔成桩的施工顺序；对混凝土灌注桩，应在混凝土终凝后，再进行相邻桩的成孔施工；

（2）对松散或稍密的砂土、稍密的粉土、软土等易坍塌或流动的软弱土层，对钻孔灌注桩宜采取改善泥浆性能等措施，对人工挖孔桩宜采取减小每节挖孔和护壁的长度、加固孔壁等措施；

（3）支护桩成孔过程出现流砂、涌泥、塌孔、缩径等异常情况时，应暂停成孔并及时采取有针对性的措施进行处理，防止继续塌孔；

（4）当成孔过程中遇到不明障碍物时，应查明其性质，且在不会危害既有建筑物、地下管线、地下构筑物的情况下方可继续施工。

2. 对混凝土灌注桩，为保证内力较大截面的纵向受拉钢筋的强度要求，其纵向受力钢筋的接头不宜设置在内力较大处。钢筋连接可采用绑扎搭接、机械连接或焊接。不论采用何种连接方式，接头均应相互错开，位于同一连接区段内的纵向受力钢筋连接接头面积百分率均不宜大于50%，绑扎搭接的搭接长度不应小于1.4倍的锚固长度，机械连接区段长度为35倍钢筋直径。焊接接头区段长度为35倍钢筋直径且不小于500mm。

3. 混凝土灌注桩采用沿纵向分段配置不同钢筋数量时，钢筋笼制作和安放时应采取控制非通长钢筋竖向定位的措施。采用沿桩截面周边非均匀配置纵向受力钢筋时，应按设计的钢筋配置方向进行安放，其偏转角度不得大于10°。

4. 混凝土灌注桩设有预埋件时，应根据预埋件的用途和受力特点的要求，控制其安装位置及方向，预埋件位置的允许偏差为20mm。

5. 冠梁通过传递剪力调整桩与桩之间力的分配，当锚杆或支撑设置在冠梁上时，通过冠梁将排桩上的土压力传递到锚杆与支撑上。由于冠梁与桩的连接处是混凝土两次浇筑的结合面，如该结合面薄弱或钢筋锚固不够时，可能产生剪切破坏而不能传递剪力。因此，应保证冠梁与桩结合面的施工质量。冠梁施工时，应将桩顶部浮浆、低强度混凝土及破碎部分清除。冠梁混凝土浇筑采用土模时，土面应修理整平。

支护用混凝土灌注桩的质量检测应符合下列规定：

（1）应采用低应变动测法检测桩身完整性，检测桩数不宜少于总桩数的20%，且不得少于5根；

（2）当根据低应变动测法判定的桩身完整性为Ⅲ类或Ⅳ类时，应采用钻芯法进行验证，并应扩大低应变动测法检测的数量。其中桩身完整性分类按现行行业规范《建筑基桩检测技术规范》JGJ 106 中的规定进行。

5.5 地下连续墙设计与施工

地下连续墙（diaphragm wall）是指分槽段用专用机械成槽、浇筑钢筋混凝土所形成的连续地下墙体。亦可称为现浇地下连续墙。具体施工过程是先构筑导墙，然后在导墙内用抓斗式、冲击式或回转式等成槽工艺，在特制泥浆护壁的情况下，开挖一条一定长度的沟槽至设计深度，形成一个单元槽段，清槽后在槽内放入预先在地面上制作好的钢筋笼，然后用导管法浇灌水下混凝土，混凝土自下而上充满槽内并将护壁泥浆从槽内置换出来，形成一个单元墙段，然后按照成槽顺序依次逐段进行，各单元墙段之间用各种接头相互连接，形成一条完整的地下连续墙体。见图5.13。

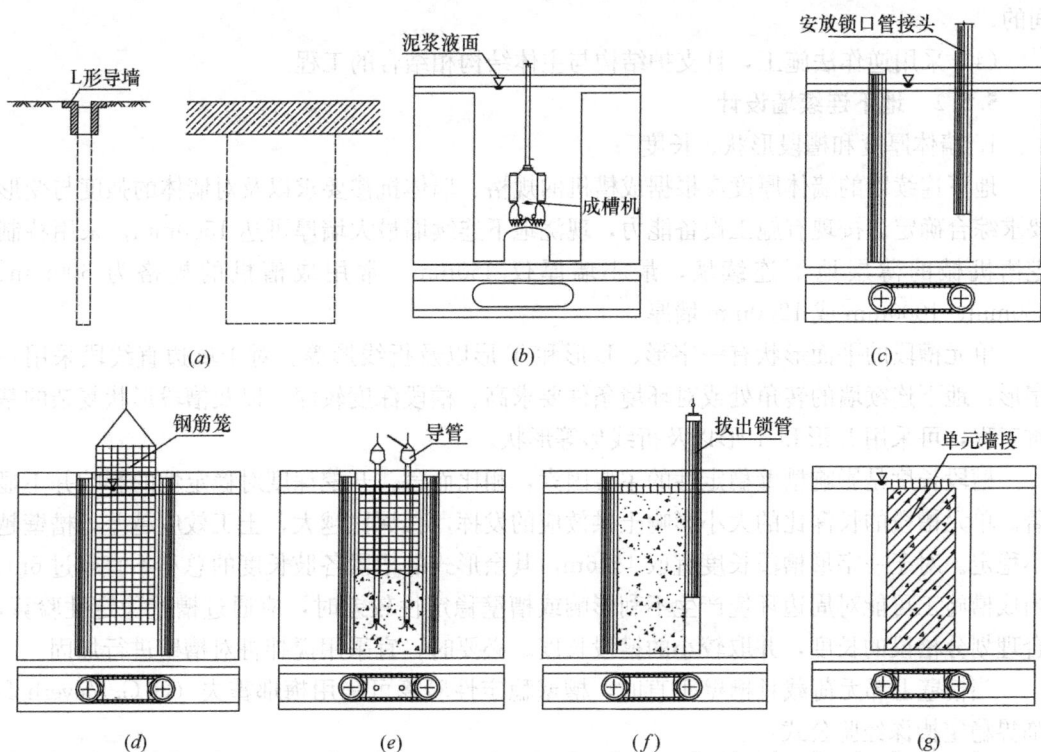

图 5.13　地下连续墙单元槽段施工示意图

(a)准备开挖的地下连续墙沟槽;(b)用成槽机进行沟槽开挖;(c)安放锁口管;(d)吊放钢筋笼;

(e)浇筑混凝土;(f)拔除锁口管;(g)已完工的槽段

5.5.1　地下连续墙的特点及适用性

1. 特点

地下连续墙在基坑支护实践中具有以下明显的优点:

(1)结构刚度大,整体性好,结构变形较小,开挖过程中具有较高的安全性;

(2)墙体具有良好的抗渗性能,坑内降水对坑外的影响较小;

(3)墙体具有良好的耐久性,配合逆作法施工,墙体也可作为地下室外墙,将支护墙体和结构外墙"二墙合一",可大大缩短地下室施工工期并降低工程造价;

(4)施工时基本上无噪声、低振动,对周边环境的影响较小。

但地下连续墙也存在泥浆污染和废浆处理、在穿越粉细砂层时成槽过程中容易产生槽壁坍塌、墙体接头部位渗漏等问题。

2. 适用性

由于受到施工机械的限制以及造价较高,地下连续墙只有用在一定深度的基坑工程或者其他特殊条件下才会显示其经济性以及特有优势。一般适用于以下情况:

(1)软土地区基坑开挖深度较大,特别是在超深基坑如开挖深度达 30～50m 的深基坑,在采用其他支挡构件无法满足要求时,常采用地下连续墙进行支护;

(2)周边环境中要求严格,对基坑的变形和防水要求较高时;

(3)地下室与规划红线距离很小,采用其他支挡结构不能留出足够的施工作业空

间的;

(4) 采用逆作法施工，且支护结构与主体结构相结合的工程。

5.5.2 地下连续墙设计

1. 墙体厚度和槽段形状、长度

地下连续墙的墙体厚度应根据成槽机的规格、墙体抗渗要求以及对墙体的强度与变形要求综合确定。按现有施工设备能力，现浇地下连续墙最大墙厚可达 1500mm，采用特制挖槽机械的薄层地下连续墙，最小墙厚仅 450mm。常用成槽机的规格为 600mm、800mm、1000mm 或 1200mm 墙厚。

单元槽段的平面形状有一字形、L 形和 T 形以及折线形等。对于坑边直线段采用一字形，地下连续墙的转角处或对环境条件要求高、槽段深度较深，以及槽段形状复杂的基坑工程，可采用 L 形和 T 形以及折线形等形状。

槽段长度是影响槽壁稳定性的主要因素，相比而言，开挖深度对稳定性的影响并不显著。单元槽段的长深比的大小影响土拱效应的发挥，长深比越大，土工效应越差，槽壁越不稳定。对于一字形槽段长度宜取 4~6m，其余形式的槽段各肢长度的总和不宜超过 6m。当成槽施工可能对周边环境产生不利影响或槽壁稳定性较差时，应通过槽壁稳定性验算，合理划分槽段的长度，并取较小的槽段长度。必要时，宜采用搅拌桩对槽壁进行加固。

当槽壁上部无荷载且槽壁垂直时，槽壁稳定性验算可采用梅耶霍夫（G. G. Meyerhof）临界稳定槽深经验公式：

$$H_{cr} = \frac{Nc_u}{(\gamma' - \gamma'_1)K_0} \tag{5-25}$$

式中　H_{cr}——沟槽临界深度（m）；

　　　N——条形基础承载力系数，对于矩形沟槽：$N = 4(1 + B/L)$；B 是沟槽宽度（m），L 是槽段长度（m）；

　　　c_u——土的不排水抗剪强度（kPa）；

　　　K_0——静止土压力系数；

　　$\gamma'、\gamma'_1$——分别为土和泥浆的有效重度（kN/m³）。

沟槽的倒塌安全系数，对于黏性土，采用以下公式计算：

$$K = \frac{Nc_u}{P_{0m} - P_{1m}} \tag{5-26}$$

对于无黏性土（黏聚力 $c=0$），采用以下公式计算：

$$K = \frac{2(\gamma' - \gamma'_1)^{1/2}\tan\varphi}{(\gamma' - \gamma'_1)} \tag{5-27}$$

式中　P_{0m}、P_{1m}——分别为沟槽开挖面的土压力（包括水压力）和泥浆压力（kPa）；

　　　　φ——砂土的内摩擦角（°）。

2. 嵌固深度

地下连续墙作为支挡结构，其嵌固深度应满足结构的强度和变形要求以及基坑稳定性验算要求，除此以外，地下连续墙应具有隔水作用，因此其深度还应满足地下水控制设计要求，详见第 8 章。

3. 内力与变形计算

内力与变形的计算目前主要采用平面杆系弹性支点法进行计算，在具有较丰富经验的前提下，也可采用空间"m"法以及连续介质有限元法计算。具体详见第 4 章。

4. 墙身截面承载力验算

应根据各工况的内力计算结果对墙体进行截面承载力验算，以此进行配筋设计。地下连续墙一般应进行正截面受弯承载力和斜截面受剪承载力计算，当需要承受竖向荷载时，还应进行竖向受压承载力验算。以上计算应按现行国家标准《混凝土结构设计规范》GB 50010 的有关规定进行计算。

5. 构造设计

（1）地下连续墙的混凝土设计强度等级宜取 C30～C40。地下连续墙用于截水时，墙体混凝土抗渗等级不宜小于 P6，槽段接头应满足截水要求。当地下连续墙同时作为主体地下结构构件时，墙体混凝土抗渗等级应满足现行国家标准《地下工程防水技术规范》GB 50108 及其他相关规范的要求。

（2）地下连续墙纵向受力钢筋的保护层厚度，在基坑内侧不宜小于 50mm，在基坑外侧不宜小于 70mm。

（3）地下连续墙的钢筋笼由纵向受力钢筋、水平钢筋、封口钢筋及构造加强钢筋构成。纵向受力钢筋应沿墙身每侧均匀配置，可按内力大小沿墙体纵向分段配置，且通长配置的纵向钢筋不应小于 50%；纵向受力钢筋宜采用 HRB400 级或 HRB500 级钢筋，直径不宜小于 16mm，净间距不宜小于 75mm。水平钢筋及构造钢筋宜选用 HPB300 或 HRB400 级钢筋，直径不宜小于 12mm，水平钢筋间距宜取 200～400mm。冠梁按构造设置时，纵向钢筋锚入冠梁的长度宜取冠梁厚度。冠梁按结构受力构件设置时，桩身纵向受力钢筋伸入冠梁的锚固长度应符合现行国家标准《混凝土结构设计规范》GB 50010 对钢筋锚固的有关规定。当不能满足锚固长度的要求时，其钢筋末端可采取机械锚固措施。

钢筋笼端部与槽段接头之间、钢筋笼端部与相邻墙段混凝土接头面之间的间隙不应大于 150mm，纵向受力钢筋下端 500mm 长度范围内宜按 1∶10 的斜度向内收口。

地下连续墙的配筋剖面示意见图 5.14。

6. 单元墙段接头及选用原则

为保证墙体的连续性和完整性，同时为了满足抗渗要求，各单元槽段应采用连接接头将各单元槽段连接。根据受力特性，接头可分为刚性接头和柔性接头，刚性接头是指接头能够承受弯矩、剪力和水平拉力的施工接头，不能承受的就是柔性接头。槽段接头是地下连续墙的重要部件，工程中常用的施工接头如图 5.15、图 5.16 所示。

槽段接头应按下列原则选用：

（1）地下连续墙宜采用圆形锁口管接头、波纹管接头、楔形接头、工字形钢接头或混凝土预制接头等柔性接头；

（2）当地下连续墙作为主体地下结构外墙，且需要形成整体墙体时，宜采用刚性接头；刚性接头可采用一字形或十字形穿孔钢板接头、钢筋承插式接头等；在采取地下连续墙顶设置通长的冠梁、墙壁内侧槽段接缝位置设置结构壁柱、基础底板与地下连续墙刚性连接等措施时，也可采用柔性接头。

7. 冠梁构造

地下连续墙是采用分幅施工而成，墙顶应设置通长的冠梁将地下连续墙连成结构整

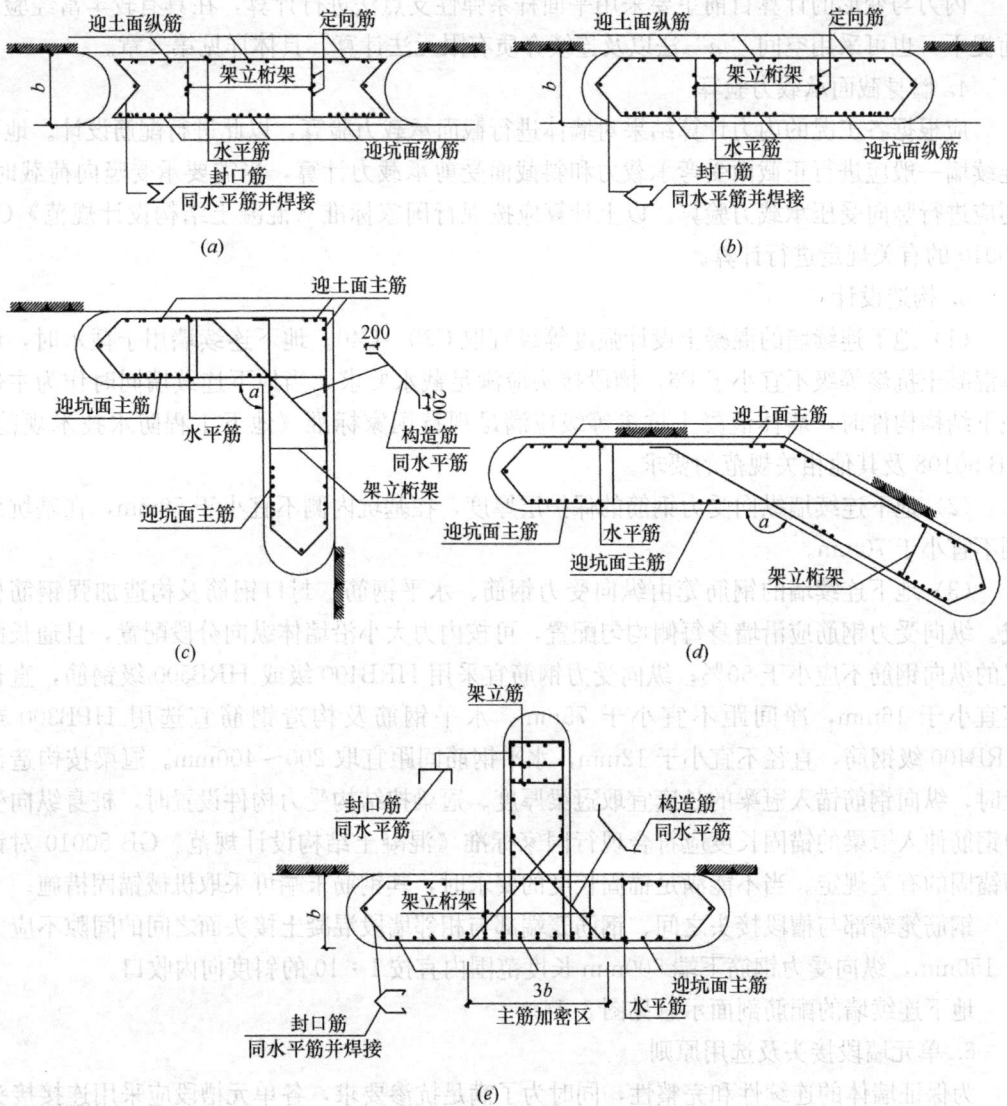

图 5.14　地下连续墙各类槽段配筋剖面示意图

(a) 一字形凹槽段配筋剖面；(b) 一字形凸槽段配筋剖面；(c) L形槽段配筋剖面；

(d) 折线形槽段配筋剖面；(e) T形槽段配筋剖面

体。冠梁宽度不宜小于墙厚，高度不宜小于墙厚的 0.6 倍，且宜与地下连续墙迎土面平齐，以避免凿除坑外导墙，利用外导墙对墙顶以上土体挡土护坡。

冠梁钢筋应符合现行国家标准《混凝土结构设计规范》GB 50010 对梁的构造配筋要求。冠梁用作支撑或锚杆的传力构件或按空间结构设计时，尚应按受力构件进行截面设计。

冠梁布置及配筋示意见图 5.17。

5.5.3　地下连续墙施工与检测

地下连续墙的施工有导墙构筑、泥浆制备与处理、成槽施工、钢筋笼制作与吊装、连接接头安装、混凝土浇筑以及拔出连接接头（锁口管）等主要工序。

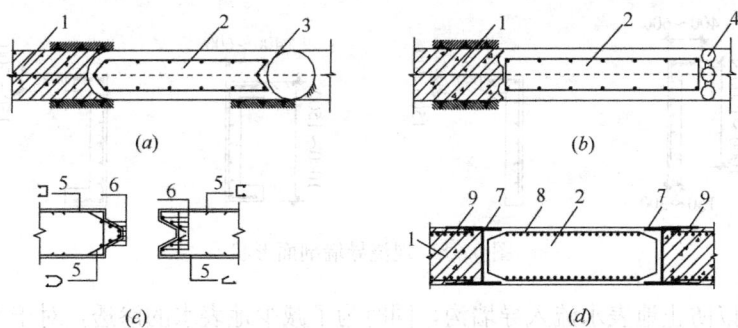

图 5.15　地下连续墙柔性接头

(*a*) 圆形锁口管接头；(*b*) 波形管接头；(*c*) 楔形接头；(*d*) 工字形型钢接头

1—先行槽段；2—后续槽段；3—圆形锁扣管；4—波形管；5—水平钢筋；

6—端头纵筋；7—工字钢接头；8—地下连续墙钢筋；9—止浆板

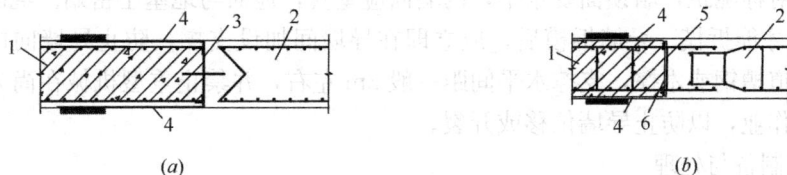

图 5.16　地下连续墙刚性接头

(*a*) 十字形穿孔钢板刚性接头；(*b*) 钢筋承插式接头

1—先行槽段；2—后续槽段；3—十字钢板；4—止浆片；5—加强筋；6—隔板

1. 导墙施工

地下连续墙成槽施工前，应沿墙两侧设置导墙。导墙的作用有：（1）测量基准、成槽导向；（2）存储泥浆、稳定液面，维护槽壁稳定；（3）稳定上部土体，防止槽口坍方；（4）作为施工荷载支撑平台，承受如成槽设备、钢筋笼搁置、导管架、顶升架以及接头管等设备荷载。

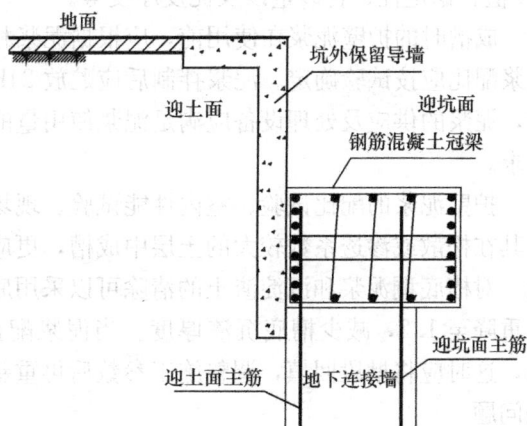

图 5.17　冠梁示意图

导墙是控制地下连续墙轴线位置及成槽质量的关键环节。导墙的形式有预制和现浇钢筋混凝土两种，现浇导墙较常用，质量易保证。现浇导墙形状有 "L"、倒 "L"、"［" 等形状（见图 5.18），可根据地质条件选用。当土质较好时，可选用倒 "L" 形；采用 "L" 形导墙时，导墙背后应注意回填夯实。导墙上部宜与道路连成整体。当浅层土质较差时，导墙底面不宜设置在新近填土上，可预先加固导墙两侧土体，并将导墙底部加深至原状土上，且埋深不宜小于 1.5m。

两侧导墙净距通常大于设计槽宽 40～50mm，以便于成槽施工。导墙顶部可高出地面

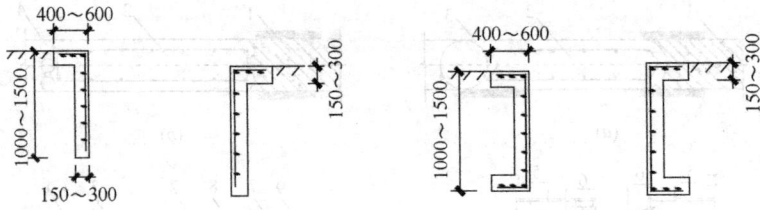

图 5.18　现浇导墙剖面形状

100～200mm 以防止地表水流入导墙沟，同时为了减少地表水的渗透，对于 L 形导墙，墙侧应用密实的黏性土回填，不应使用垃圾及其他透水材料。

导墙的强度和稳定性应满足成槽设备和顶拔接头管施工的要求。混凝土的设计强度等级不宜低于 C20，墙体厚度一般为 150～300mm，高应大于 1.5m 并进入老土 0.2m。双向配筋 $\phi 8$～16@150～200。

导墙应对称浇筑，墙顶面要水平，内墙面应垂直，地面与地基土密贴。混凝土强度达到 70％以上才能拆模。导墙拆模后，应立即在导墙间加设支撑，防止导墙向内挤压。可采用上下两道槽钢或木撑，支撑水平间距一般 2m 左右，并禁止重型机械在尚未达到强度的导墙附近作业，以防止导墙位移或开裂。

2. 泥浆制备与处理

地下连续墙施工的基本特点是利用泥浆护壁进行成槽，泥浆护壁在地下墙施工时是确保槽壁不坍的重要措施，除护壁作用外，还有携渣、冷却钻具和润滑作用。

目前，工程中大量使用的是膨润土泥浆，其性能控制指标有密度、黏度、失水量、pH 值、稳定性、含砂量以及泥皮厚度等。

成槽时的护壁泥浆在使用前，应根据泥浆材料及地质条件试配及进行室内性能试验，泥浆配比应按试验确定。泥浆拌制后应贮放 24h，待泥浆材料充分水化后方可使用。成槽时，泥浆的供应及处理设备应满足泥浆使用量的要求，泥浆的性能应符合相关技术指标的要求。

护壁泥浆的配比试验、室内性能试验、现场成槽试验对保证槽壁稳定性是很必要的，尤其在松散或渗透系数较大的土层中成槽，更应注意适当增大泥浆黏度，调整好泥浆配合比。对槽底稠泥浆和沉淀渣土的清除可以采用底部抽吸同时上部补浆的方法，使底部泥浆比重降至 1.2，减少槽底沉渣厚度。当泥浆配比不合适时，可能会出现槽壁较严重的坍塌，这时应将槽段回填，调整施工参数后再重新成槽。有时，调整泥浆配比能解决槽壁坍塌问题。

3. 成槽施工

成槽施工是用专用的挖槽机来完成的，是地下连续墙施工最重要的一环，是保证施工功效和工程质量的关键。在成槽施工中，最重要的是保证槽壁在成槽过程中的稳定以及减少成槽施工对周边环境的影响。

（1）保证槽壁在成槽过程中的稳定

影响槽壁稳定性的因素有：单元槽段的长度及长度与深度的比值（长深比）；护壁泥浆的配制及使用过程中的控制；成槽机械的选型；槽壁上作用有超载；成槽时间的长短；单元槽段开挖及单元槽段内挖槽分段顺序；

为保持槽壁稳定，保证施工质量，应采取以下措施：

1）成槽施工前应进行成槽试验，检验泥浆的配比及成槽机的选型的适宜性，并通过试验确定施工工艺及施工参数。

目前国内外常用的挖槽机械按其工作原理分为抓斗式、冲击式和回转式三大类，我国当前应用最多的是吊索式蚌式抓斗、导杆式蚌式抓斗及回转式多头钻等。应根据不同的深度情况、地质条件选择合适的成槽设备。一般在软土中成槽可采用常规的抓斗式成槽设备，当在硬土层或岩层中成槽施工时，可选用钻抓、抓铣结合的成槽工艺。成槽机宜配备有垂直度显示仪表和自动纠偏装置，成槽过程中利用成槽机上的垂直度仪表及自动纠偏装置来保证成槽垂直度。

2）护壁泥浆除配制应符合要求外，在施工中应严格控制泥浆液面，成槽过程护壁泥浆液面应高于导墙底面500mm，液面下落时应及时补浆以防槽壁坍塌；同时应定期对泥浆指标进行检查测试，随时调整并做好质量检测记录；在遇到较厚粉砂、细砂地层且埋深超过10.0m时，可适当提高黏度指标，但不宜大于45s；对于地下水位较高的，可适当提高泥浆相对密度，但不宜超过1.25的上限，并采用掺加重晶石的技术方案；另外，应尽量减少泥浆损耗，防止泥浆污染。

3）单元槽段采用间隔一个或多个槽段的跳幅施工顺序。每个单元槽段内分段挖槽，但分段不宜超过3个。每幅槽段的长度，决定挖槽的幅数和次序。常用作法是：对三抓成槽的槽段，采用先抓两边后抓中间的顺序；相邻两幅地下连续墙槽段深度不一致时，先施工深的槽段，后施工浅的槽段。

4）尽量减少成槽时间，同时槽壁附近应尽量不堆放荷载。

（2）减少成槽施工对周边环境的影响

当地下连续墙邻近的既有建筑物、地下管线、地下构筑物对地基变形敏感时，应根据相邻建筑物的结构和基础形式、相邻地下管线的类型、位置、走向和埋藏深度及场地的工程地质和水文地质特性等因素，按其允许变形要求采取以下有效措施控制槽壁变形：

1）采取间隔成槽的施工顺序，并在浇筑的混凝土终凝后，再进行相邻槽段的成槽施工；

2）对松散或稍密的砂土和碎土石、稍密的粉土、软土等易坍塌的软弱土层，地下连续墙成槽时，可采取改善泥浆性质、槽壁预加固、控制单幅槽段宽度和挖槽速度等措施增强槽壁稳定性。

4. 钢筋笼制作与吊装

（1）钢筋笼制作

钢筋笼根据墙体配筋图和单元槽段的划分来制作。制作时，纵向受力钢筋的接头不宜设置在受力较大处。同一连接区段内，纵向受力钢筋的连接方式和连接接头面积百分率应符合国家现行有关标准对板类构件的规定。

单元槽段的钢筋笼宜整体装配和沉放。当槽段很深或受到起重设备的限制，可分段制作，在吊放时再逐段连接，分段钢筋的长度应将接头的位置选在受力较小处。上下段钢筋笼的连接在保证质量的情况下应尽量采用焊接或机械连接等快速连接的方式，并应符合现行国家标准《混凝土结构设计规范》GB 50010 对钢筋连接的有关规定。

制作钢筋笼应设置定位层垫块，垫块在垂直方向上的间距宜取3~5m，水平方向上每层宜设置 2～3 块。

（2）钢筋笼吊装

钢筋笼吊装前应根据钢筋笼的重量选择主、副吊设备，进行吊点布置，在吊点处设置纵横向起吊桁架，桁架主筋宜采用 HRB400 级钢筋，钢筋直径不宜小于 20mm，且应满足吊装和沉放过程中钢筋笼的整体性及钢筋笼骨架不产生塑性变形的要求。

钢筋笼应采用横吊梁或吊架起吊（图 5.19）。起吊时钢筋笼下端不能在地面拖行。如起吊过程中连接点出现位移、松动或开焊的钢筋笼不得入槽，应重新制作或修整完好。如钢筋笼不能顺利入槽，应重新吊出，在查明原因并处理后再吊装，不得强行插放。

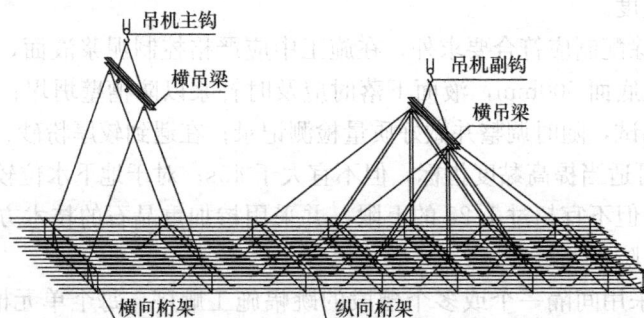

图 5.19　钢筋笼起吊示意图

5. 连接接头安装与拔出

在单元槽段成槽施工后，用起吊设备在该槽段的两端吊放接头管，然后再吊装钢筋笼。槽段接头应满足混凝土浇筑压力对其强度和刚度的要求。安放槽段接头时，应紧贴槽段垂直缓慢沉放至槽底，遇到阻碍时应先清除，然后再入槽。在浇筑混凝土时，两端的接头管相当于模板，将墙体混凝土与槽段两端的土体隔开。待新浇筑混凝土开始初凝时拔出接头管，这样在未开挖槽段与已浇筑墙体之间就留下一个圆形孔，已浇筑的墙段两端就是内凹半圆形端头。在浇筑相邻槽段混凝土时，应在吊放地下连续墙钢筋笼前，先将半圆形端头表面进行处理，将附着的水泥浆和泥浆混合而成的胶凝物采用专用电动刷或刮刀铲除。这样，相邻槽段内新浇筑成形的外凸半圆形端头与之前的内凹半圆形端头相互嵌接，形成整体。

地下连续墙水下浇筑混凝土时，因成槽时槽壁坍塌或槽段接头安放不到位等原因都会导致混凝土绕流，混凝土一旦形成绕流会对相邻幅槽段的成槽和墙体质量产生不良影响，因此在混凝土浇灌过程中应采取防止混凝土产生绕流的措施。

6. 混凝土浇筑

现浇地下连续墙应采用导管法浇筑混凝土。导管拼接时，其接缝应密闭，并进行气密性试验。混凝土浇筑时，导管内应预先设置隔水栓。

槽段长度不大于 6m 时，槽段混凝土宜采用二根导管同时浇筑；槽段长度大于 6m 时，槽段混凝土宜采用三根导管同时浇筑。每根导管分担的浇筑面积应基本均等。钢筋笼就位后应及时浇筑混凝土。混凝土浇筑过程中，导管埋入混凝土面的深度宜在 2.0～4.0m，浇筑液面的上升速度不宜小于 3m/h。混凝土浇筑面宜高于地下连续墙设计顶面 500mm。

地下连续墙的质量检测应符合下列规定：

（1）应进行槽壁垂直度检测，检测数量不得小于同条件下总槽段数的20%，且不应少于10幅；当地下连续墙作为主体地下结构构件时，应对每个槽段进行槽壁垂直度检测；

（2）应进行槽底沉渣厚度检测；当地下连续墙作为主体地下结构构件时，应对每个槽段进行槽底沉渣厚度检测；

（3）应采用声波透射法对墙体混凝土质量进行检测，检测墙段数量不宜少于同条件下总墙段数的20%，且不得少于3幅墙段，每个检测墙段的预埋超声波管数不应少于4个，且宜布置在墙身截面的四边中点处；

（4）当根据声波透射法判定的墙身质量不合格时，应采用钻芯法进行验证；

（5）地下连续墙作为主体地下结构构件时，其质量检测尚应符合相关规范的要求。

5.6 锚杆设计与施工

5.6.1 概述

锚杆（anchor）是指由杆体（钢绞线、普通钢筋、热处理钢筋或钢管）、注浆形成的固结体、锚具、套管、连接器所组成的一端与支护结构构件连接，另一端锚固在稳定岩土体内的受拉杆件。杆体采用钢绞线时，亦可称为锚索。其作用原理是利用锚固段与土体的摩阻力，对支挡结构产生作用，改变其受力模式，减少支挡结构的内力和变形并使之保持稳定。锚拉式结构锚杆示意见图5.20。

锚杆有多种类型，从锚杆杆体材料上讲，钢绞线锚杆杆体为预应力钢绞线，具有强度高、性能好、运输安装方便等优点，由于其抗拉强度设计值是普通热轧钢筋的4倍左右，是性价比最好的杆体材料，同时，预应力钢绞线锚杆在张拉锁定的可操作性、施加预应力的稳定性方面均优于普通钢筋。因此，预应力钢绞线锚杆应用最多、也最有发展前景。

随着锚杆技术的发展，钢绞线锚杆又可细分为多种类型，最常用的是拉力型预应力锚杆，还有拉力分散型锚杆、压力型预应力锚杆、

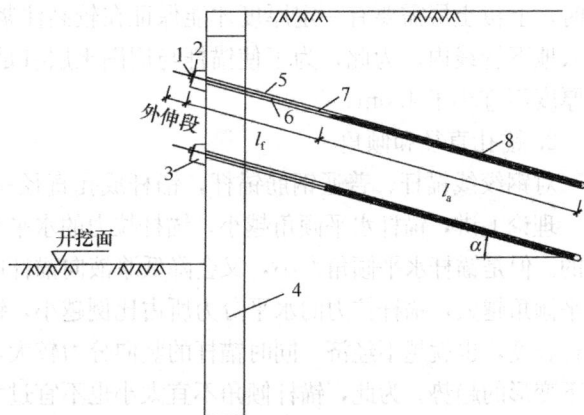

图5.20 锚拉式结构锚杆示意图

1—锚具；2—承压板；3—腰梁；4—支挡结构；5—钻孔；
6—非锚固段；7—锚杆杆体（钢筋或钢绞线）；8—锚固段；
l_f—非锚固段长度；l_a—锚固段长度；α—锚杆倾角

压力分散型锚杆，压力型锚杆还可实现钢绞线回收技术，适应愈来愈引起人们关注的环境保护的要求。

在应用锚杆时，对于易塌孔的松散或稍密的砂土、碎石土、粉土层，高液性指数的饱和黏性土层，高水压力的各类土层中，钢绞线锚杆、普通钢筋锚杆宜采用套管护壁成孔工艺；锚杆注浆宜采用二次压力注浆工艺，锚杆锚固段不宜设置在淤泥、淤泥质土、泥炭、泥炭质土及松散填土层内。在复杂地质条件下，应通过现场试验确定锚杆的适用性。

5.6.2 锚杆设计

锚杆设计应在对工程地质条件和周边环境充分调查的基础上进行，以确保其适用并且不会对周边建筑物基础以及地下管线沟造成损坏。锚杆的设计是在进行锚杆水平布置和竖向布置以及选定锚孔直径和倾角的基础上，采用平面杆系结构弹性支点法计算出来的弹性支点水平反力 F_h，对锚杆长度、杆体、腰梁、张拉锁定、注浆以及承压板和锚具等内容进行设计。

1. 锚杆布置

当基坑开挖深度较浅，基坑土体工程性质较好，周边环境保护要求不高时，一般在竖向设置一排锚杆就能满足强度、变形和稳定性要求，相反的情况，可能需要在竖向设置两排甚至多排锚杆。当锚杆间距太小时，会引起锚杆周围的高应力区叠加，从而影响锚杆抗拔力和增加锚杆位移，即产生"群锚效应"。

为避免群锚效应，锚杆的水平间距不宜小于 1.5m；多层锚杆竖向间距不宜小于2.0m；当锚杆的间距小于 1.5m 时，应根据群锚效应对锚杆抗拔承载力进行折减或相邻锚杆应取不同的倾角。根据有关参考资料，当土层锚杆间距为 1.0m 时，考虑群锚效应的锚杆抗拔力折减系数可取 0.8，大于 1.5m 时折减系数取 1.0，间距在 1.0~1.5m 之间时，折减系数可在 0.8~1.0 之间内插确定。

锚杆是通过锚固段与土体之间的接触应力产生作用，如果锚固段上覆土层厚度太薄，则两者之间的接触应力也小，锚杆与土的粘结强度会较低。并且，当锚杆采用二次高压注浆时，上覆土层需要有一定厚度才能保证在较高注浆压力作用下，浆液不会从地表溢出或流入地下管线内。为此，为了使锚杆与周围土层有足够的接触应力，锚杆锚固段的上覆土层厚度不宜小于 4.0m。

2. 锚孔直径和倾角

对钢绞线锚杆、普通钢筋锚杆，锚杆成孔直径一般要求取 100~150mm。

理论上讲，锚杆水平倾角越小，锚杆拉力的水平分力所占比例越大，从受力上分析是有利的。但是锚杆水平倾角太小，又会降低浆液向锚杆周围土层内渗透，影响注浆效果。锚杆水平倾角越大，锚杆拉力的水平分力所占比例越小，锚杆拉力的有效部分减小或需要更长的锚杆长度，也就越不经济。同时锚杆的竖向分力较大，对锚头连接要求更高并增大挡土构件向下变形的趋势。为此，锚杆倾角不宜太小也不宜过大，一般取 15°~25°，且不应大于 45°，不应小于 10°，同时应按尽量使锚杆锚固段进入黏结强度较高土层的原则确定锚杆倾角。

当锚杆穿过的地层上方存在天然地基的建筑物或地下构筑物时，锚杆成孔造成的地基变形可能使其发生沉降甚至损坏，因此，设置锚杆须避开易塌孔、变形的地层或采用套管护壁成孔工艺。

3. 锚杆长度

锚杆杆体长度包括锚杆自由段、锚固段及外露长度。

（1）自由段长度

锚杆自由段长度是锚杆杆体不受注浆固结体约束可自由伸长的部分，也就是杆体用套管与注浆固结体隔离的部分。在设计时钢绞线、钢筋杆体在自由段应设置隔离套管，或采用止浆塞，阻止注浆浆液与自由端杆体固结。

锚杆的自由段长度越长，预应力损失就会越小，锚杆拉力对锚头位移也就越不敏感，锚杆拉力越稳定。自由段长度过小，锚杆张拉锁定后的弹性伸长较小，锚具变形、预应力筋回缩等因素引起的预应力损失较大，同时，受支护结构位移的影响也越敏感，锚杆拉力会随支护结构位移有较大幅度增加，严重时锚杆会因杆体应力超过其强度发生脆性破坏。因此，锚杆的自由段应达到一定长度。一般认为，锚杆自由段不应小于5.0m，且穿过潜在滑动面进入稳定土层的长度不应小于1.5m。

潜在滑动面的确定采用极限平衡理论，锚杆的自由段长度可按下式计算（图5.21）：

$$l_f \geqslant \frac{(a_1 + a_2 - d\tan\alpha)\sin\left(45° - \dfrac{\varphi_m}{2}\right)}{\sin\left(45° + \dfrac{\varphi_m}{2} + \alpha\right)} + \frac{d}{\cos\alpha} + 1.5 \tag{5-28}$$

式中　l_f——锚杆自由段长度（m）；

　　　α——锚杆的倾角（°）；

　　　a_1——锚杆的锚头中点至基坑底面的距离（m）；

　　　a_2——基坑底面至挡土构件嵌固段上基坑外侧主动土压力强度与基坑内侧被动土压力强度等值点O的距离（m）；对多层土地层，当存在多个等值点时应按其中最深处的等值点计算；

　　　d——挡土构件的水平尺寸（m）；

　　　φ_m——O点以上各土层按厚度加权的等效内摩擦角（°）。

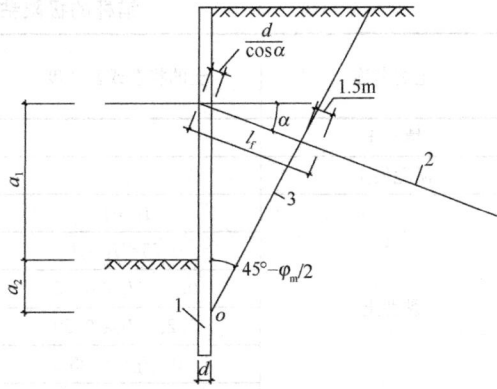

图5.21　理论直线滑动面
1—挡土构件；2—锚杆；3—理论直线滑动面

（2）锚固段长度

锚杆锚固段长度主要按极限抗拔承载力要求确定，对于土层中的锚杆，除满足极限抗拔承载力要求要求外，其锚固段长度不宜小于6m。

锚杆的极限抗拔承载力应符合下式要求：

$$\frac{R_k}{N_k} \geqslant K_t \tag{5-29}$$

式中　K_t——锚杆抗拔安全系数；安全等级为一级、二级、三级的支护结构，K_t分别不应小于1.8、1.6、1.4；

　　　N_k——锚杆轴向拉力标准值（kN）；

　　　R_k——锚杆极限抗拔承载力标准值（kN）。

锚杆轴向拉力标准值N_k按下式计算：

$$N_k = \frac{F_h s}{b_a \cos\alpha} \tag{5-30}$$

式中　F_h——挡土构件计算宽度内的弹性支点水平反力（kN），按第4章式（4-30）确定；

　　　s——锚杆水平间距（m）；

　　　b_a——结构计算宽度（m），按第4章表4.2确定；

　　　α——锚杆倾角（°）。

锚杆极限抗拔承载力标准值 R_k 按下列规定确定：

1) 锚杆极限抗拔承载力应通过抗拔试验中的基本试验确定。

2) 锚杆极限抗拔承载力标准值也可按下式估算，但应用抗拔试验进行验证：

$$R_k = \pi d \Sigma q_{sk,i} l_i \qquad (5\text{-}31)$$

式中　d——锚杆的锚固体直径（m）；

　　　l_i——锚杆的锚固段在第 i 土层中的长度（m）；锚固段长度（l_a）为锚杆在理论直线滑动面以外的长度；

　　　$q_{sk,i}$——锚固体与第 i 土层之间的极限粘结强度标准值（kPa），应根据工程经验并结合表 5.1 取值。

锚杆的极限粘结强度标准值　　　　　表 5.1

土的名称	土的状态或密实度	q_{sik}（kPa）	
		一次常压注浆	二次压力注浆
填　土		16~30	30~45
淤泥质土		16~20	20~30
黏性土	$I_L > 1$	18~30	25~45
	$0.75 < I_L \leqslant 1$	30~40	45~60
	$0.50 < I_L \leqslant 0.75$	40~53	60~70
	$0.25 < I_L \leqslant 0.50$	53~65	70~85
	$0 < I_L \leqslant 0.25$	65~73	85~100
	$I_L \leqslant 0$	73~90	100~130
粉　土	$e > 0.90$	22~44	40~60
	$0.75 \leqslant e \leqslant 0.90$	44~64	60~90
	$e < 0.75$	64~100	80~130
粉细砂	稍密	22~42	40~70
	中密	42~63	75~110
	密实	63~85	90~130
中　砂	稍密	54~74	70~100
	中密	74~90	100~130
	密实	90~120	130~170
粗　砂	稍密	80~130	100~140
	中密	130~170	170~220
	密实	170~220	220~250
砾　砂	中密、密实	190~260	240~290
风化岩	全风化	80~100	120~150
	强风化	150~200	200~260

注：1. 采用泥浆护壁成孔工艺时，应按表取低值后再根据具体情况适当折减；

　　2. 采用套管护壁成孔工艺时，可取表中的高值；

　　3. 采用扩孔工艺时，可在表中数值基础上适当提高；

　　4. 采用二次压力分段劈裂注浆工艺时，可在表中二次压力注浆数值基础上适当提高；

　　5. 当砂土中的细粒含量超过总质量的 30% 时，按表取值后应乘以 0.75 的系数；

　　6. 对有机质含量为 5%~10% 的有机质土，应按表取值后适当折减；

　　7. 当锚杆锚固段长度大于 16m 时，应对表中数值适当折减。

3）当锚杆锚固段主要位于黏土层、淤泥质土层、填土层时，应考虑土的蠕变对锚杆预应力损失的影响，并应根据蠕变试验确定锚杆的极限抗拔承载力。

上述锚杆抗拔试验中的基本试验、验收试验以及蠕变试验方法和要求参见现行规程JGJ 120 附录 A。

（3）外露长度

锚杆杆体的外露长度应满足腰梁、台座尺寸及张拉锁定作业的要求。

4. 锚杆杆体

基坑工程锚拉式支挡结构中主要采用拉力型钢绞线锚杆，当设计的锚杆承载力较低时，也可采用普通钢筋锚杆，当环境保护不允许在支护结构使用功能完成后锚杆杆体滞留于基坑周边地层内时，应采用可拆芯钢绞线锚杆。对于锚杆杆体用钢绞线的，应符合现行国家标准《预应力混凝土用钢绞线》GB/T 5224 的有关规定；钢筋锚杆的杆体宜选用预应力螺纹钢筋以及 HRB400、HRB500 级螺纹钢筋；

锚杆杆体的截面面积可按下式确定：

$$N \leqslant f_{py}A_p \qquad (5\text{-}32)$$

式中　N——锚杆轴向拉力设计值（kN），按本章公式（5-3）计算；

　　　f_{py}——预应力钢筋抗拉强度设计值（kPa）；当锚杆杆体采用普通钢筋时，取普通钢筋强度设计值（f_y）；

　　　A_p——钢筋的截面面积（m²）。

为了保证杆体处于锚孔中央，保证锚固效果，应沿锚杆杆体全长设置定位支架，并使相邻定位支架中点处锚杆杆体的注浆固结体保护层厚度不小于 10mm。定位支架的间距宜根据锚杆杆体的组装刚度确定，对自由段宜取 1.5～2.0m，对锚固段宜取 1.0～1.5m。对于采用多肢钢绞线的，定位支架同时又应当是分离器，应能使各根钢绞线相互分离。

5. 腰梁设计

腰梁是锚杆与支挡结构之间的传力构件，可采用钢筋混凝土梁或型钢组合梁。采用钢筋混凝土梁时，有时可直接采用冠梁作为腰梁。腰梁示意图见图 5.22。

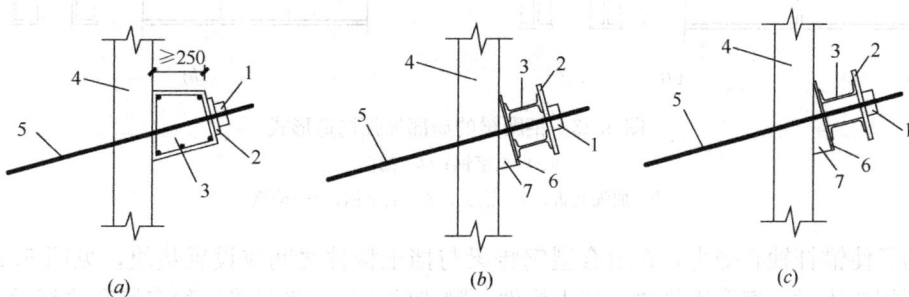

图 5.22　腰梁示意图

（a）钢筋混凝土腰梁；（b）双工字钢组合腰梁；（c）双槽钢组合腰梁

1—锚具；2—承压板；3—腰梁；4—支挡构件；5—锚杆杆体；6—缀板；7—垫块

锚杆腰梁应按受弯构件设计，并根据实际约束条件按连续梁或简支梁计算。计算腰梁的内力时，腰梁的荷载应取结构分析时得出的支点力设计值。

（1）钢筋混凝土腰梁

钢筋混凝土腰梁的混凝土强度等级不宜低于 C25，剖面形状应采用斜面与锚杆轴线垂直的梯形截面。考虑到混凝土浇筑、振捣的施工尺寸要求，梯形截面的上边水平尺寸不宜小于 250mm，见图 5.22 (a)。

钢筋混凝土腰梁一般是整体现浇，梁的长度较长，应按连续梁设计，其正截面受弯和斜截面受剪承载力计算，应符合现行国家标准《混凝土结构设计规范》BG 50010 的规定。

(2) 型钢组合腰梁

型钢组合腰梁可选用双槽钢或双工字钢，槽钢之间或工字钢之间应用缀板焊接为整体构件，能增加腰梁的整体稳定性，保证双型钢共同受力。型钢之间的连接应采用贴角焊焊接。双槽钢或双工字钢之间的净间距应满足锚杆杆体平直穿过的要求。

组合型钢腰梁需在现场安装拼接，每节一般按简支梁设计，焊接形成的腰梁较长时，可按连续梁设计。其正截面受弯和斜截面受剪承载力计算，应符合现行国家标准《钢结构设计规范》GB 50017 的规定。

根据工程经验，槽钢的规格常在 [18～ [36 之间选用，工字钢的规格常在 I16～I32 之间选用。具体工程锚杆腰梁取多大的规格与锚杆的设计拉力和锚杆间距有关，锚杆的设计拉力或锚杆间距越大，内力越大，腰梁型钢的规格也就会越大，具体选用应根据计算的腰梁内力按照截面承载力要求确定。

对于组合型钢腰梁，锚杆拉力通过锚具、垫板以集中力的形式作用在型钢上。当垫板刚度不够大时，在较大的局部压力作用下，型钢腹板会出现局部失稳，型钢翼缘会出现局部弯曲，从而导致腰梁失效，进而引起整个支护结构的破坏。因此，设计需考虑腰梁的局部受压稳定性。加强型钢腰梁的受扭承载力及局部受压稳定性有多种措施和方法，如：可在型钢翼缘端口、锚杆锚具位置处配置加劲肋（图 5.23），肋板厚度不小于 8mm。

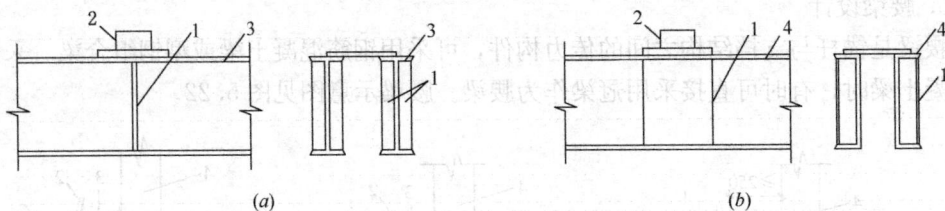

图 5.23　钢腰梁的局部加强构造形式

(a) 工字钢；(b) 槽钢

1—加强肋板；2—锚头；3—工字钢；4—槽钢

为了使锚杆轴心受力，在组合型钢腰梁与挡土构件之间应设置垫块，见图 5.22。采用楔形钢垫块时，楔形钢垫块与挡土构件、腰梁的连接应满足受压稳定性和锚杆垂直分力作用下的受剪承载力要求。采用楔形混凝土垫块时，混凝土垫块应满足抗压强度和锚杆垂直分力作用下的受剪承载力要求，且其强度等级不宜低于 C25。

6. 张拉锁定、注浆以及锚具

为了控制结构的变形，通常对锚杆施加预应力，锚杆锁定值 P_h 宜取锚杆轴向拉力标准值 N_k 的 0.75～0.9 倍。

锚杆注浆采用水泥浆或水泥砂浆，注浆固结体强度不宜低于 20MPa。

钢绞线用锚具应符合现行国家标准《预应力筋用锚具、夹具和连接器》GB/T 14370 的规定。

5.6.3 锚杆施工与检测

锚杆施工主要有成孔施工、杆体制作与安装、注浆、腰梁施工以及张拉锁定等工序。

1. 成孔施工

锚杆成孔工艺主要有套管护壁成孔、螺旋钻杆干成孔、浆液护壁成孔等。套管护壁成孔工艺下的锚杆孔壁松弛小、对土体扰动小、对周边环境的影响最小。工程实践中，螺旋钻杆成孔、浆液护壁成孔工艺锚杆承载力低、成孔施工导致周边建筑物地基沉降的情况时有发生。

锚杆成孔是锚杆施工的一个关键环节，主要应注意以下问题：

（1）塌孔。造成锚杆杆体不能插入，使注浆液掺入杂物而影响固结体完整性和强度、影响握裹力和粘结强度，使钻孔周围土体塌落、建筑物基础下沉等。

（2）遇障碍物。使锚杆达不到设计长度，如果碰到电力、通讯、煤气管线等地下管线会使其损坏并酿成严重后果。

（3）孔壁形成泥皮。在高塑性指数的饱和黏性土层及采用螺旋钻杆成孔时易出现这种情况，使粘结强度和锚杆抗拔力大幅度降低。

（4）涌水涌砂。当采用帷幕截水时，在地下水位以下特别是承压水土层成孔会出现孔内向外涌水冒砂，造成无法成孔、钻孔周围土体坍塌、地面或建筑物基础下沉、注浆液被水稀释或被水冲走不能形成固结体、锚头部位长期漏水等。

锚杆的成孔应符合下列规定：

（1）应根据土层性状和地下水条件选择套管护壁、干成孔或泥浆护壁成孔工艺，成孔工艺应满足孔壁稳定性要求；

（2）对松散和稍密的砂土、粉土、卵石、填土，有机质土，高液性指数的黏性土宜采用套管护壁成孔工艺；

（3）在地下水位以下时，不宜采用干成孔工艺；

（4）在高塑性指数的饱和黏性土层成孔时，不宜采用泥浆护壁成孔工艺；

（5）当成孔过程中遇不明障碍物时，在查明其性质前不得钻进。

2. 锚杆杆体制作与安装

钢绞线锚杆杆体绑扎时，钢绞线应平行、间距均匀；杆体插入孔内时，应避免钢绞线在孔内弯曲或扭转；当锚杆杆体采用 HRB400、HRB500 级钢筋时，其连接宜采用机械连接、双面搭接焊、双面帮条焊；采用双面焊时，焊缝长度不应小于杆体钢筋直径 5 倍。杆体制作和安放时应除锈、除油污、避免杆体弯曲。

成孔后应及时插入杆体及注浆。采用套管护壁工艺成孔时，应在拔出套管前将杆体插入孔内；采用非套管护壁成孔时，杆体应匀速推送至孔内。

3. 注浆

目前常用的锚杆注浆工艺有一次常压注浆和二次压力注浆。一次常压注浆是浆液在自重压力作用下充填锚杆孔，在浆液渗入土体引起液面下降后再进行二次补浆，属于一次常压注浆。二次压力注浆需满足二个指标，一是第二次注浆时的注浆压力，一般不应小于 1.5MPa，二是第二次注浆时的注浆量。满足这二个指标的关键是控制浆液不从孔口流失。

一般的做法是：在一次注浆锚固体达到一定强度后进行第二次注浆，或者在锚杆锚固段起点处设置止浆装置。可重复注浆工艺（袖阀管注浆工艺）是一种较先进的注浆方法，可增加二次压力注浆量和沿锚固段的注浆均匀性，并可对锚杆实施多次注浆，但这种方法目前在工程中的应用还不普遍。

钢绞线锚杆和普通钢筋锚杆的注浆应符合下列规定：

（1）注浆液采用水泥浆时，水灰比宜取 0.50～0.55；采用水泥砂浆时，水灰比宜取 0.40～0.45，灰砂比宜取 0.5～1.0，拌和用砂宜选用中粗砂；

（2）水泥浆或水泥砂浆内可掺入能提高注浆固结体早期强度或微膨胀的外掺剂，其掺入量宜按室内试验确定；

（3）注浆管端部至孔底的距离不宜大于 200mm；注浆及拔管过程中，注浆管口应始终埋入注浆液面内，应在水泥浆液从孔口溢出后停止注浆；注浆后，当浆液液面下降时，应进行孔口补浆；

（4）采用二次压力注浆工艺时，注浆管应在锚杆末端 $l_a/4$～$l_a/3$ 范围内设置注浆孔，孔间距宜取 500～800mm，每个注浆截面的注浆孔宜取 2 个；二次压力注浆宜采用水灰比 0.50～0.55 的水泥浆；二次注浆管应牢固绑扎在杆体上，注浆管的出浆口应采取逆止措施；二次压力注浆时，终止注浆的压力不应小于 1.5MPa；

（5）采用分段二次劈裂注浆工艺时，注浆宜在固结体强度达到 5MPa 后进行，注浆管的出浆孔宜沿锚固段全长设置，注浆顺序应由内向外分段依次进行；

（6）基坑采用截水帷幕时，地下水位以下的锚杆注浆应采取孔口封堵措施；

（7）寒冷地区在冬期施工时，应对注浆液采取保温措施，浆液温度应保持在 5℃ 以上。

4. 腰梁施工

腰梁施工属于结构施工内容。对于组合型钢锚杆腰梁、钢台座的施工，按现行国家标准《钢结构工程施工质量验收规范》GB 50205 的有关要求进行；混凝土锚杆腰梁、混凝土台座的施工按现行国家标准《混凝土结构工程施工质量验收规范》GB 50204 的有关要求施工。

5. 张拉锁定

锚杆的张拉锁定应在当锚杆固结体的强度达到设计强度的 75% 且不小于 15MPa 后，方可进行锚杆的张拉锁定。

对拉力型钢绞线锚杆，宜采用钢绞线束整体张拉锁定的方法，而不宜采用分束张拉锁定。

锚杆锁定前，应按表 5.2 的抗拔承载力检测值进行锚杆预张拉（超张拉）；其目的第一是为了在锚杆锁定时对每根锚杆进行过程检验，当锚杆抗拔力不足时可事先发现，减少锚杆的质量隐患；第二，通过张拉可检验在设计荷载下锚杆各连接结点的可靠性；第三，可减小锁定后锚杆的预应力损失。

锚杆的抗拔承载力检测值　　　　　　　　　　　　　　　表 5.2

支护结构的安全等级	抗拔承载力检测值与轴向拉力标准值 N_k 的比值
一级	≥1.4
二级	≥1.3
三级	≥1.2

锚杆张拉应平缓加载，加载速率不宜大于 $0.1N_k/\text{min}$；在张拉值下的锚杆位移和压力表压力应保持稳定，当锚头位移不稳定时，应判定此根锚杆不合格；

工程实测表明，锚杆张拉锁定后一般预应力损失较大，造成预应力损失的主要因素有土体蠕变、锚头及连接的变形、相邻锚杆影响等。为此，锁定时的锚杆拉力应考虑锁定过程的预应力损失量；预应力损失量宜通过对锁定前、后锚杆拉力的测试确定；缺少测试数据时，锁定时的锚杆拉力可取锁定值的 1.1～1.15 倍。

对于相邻锚杆张拉锁定引起的预应力损失，以及当锚杆出现锚头松弛、脱落、锚具失效等情况时，应及时进行修复并对其进行再次锁定。

锚杆张拉锁定后，钢绞线多余部分宜切除。采用热切割时，钢绞线过热会使锚具夹片表面硬度降低，造成钢绞线滑动，降低锚杆预应力。当锚杆需要再次张拉锁定时，锚具外的杆体预留长度应满足张拉要求。确保锚杆不用再张拉时，冷切割的锚具外的杆体保留长度一般不小于 50mm，热切割时，一般不小于 80mm。

6. 锚杆施工偏差要求以及检测要求

锚杆的施工偏差应符合下列要求：

（1）钻孔深度宜大于设计深度 0.5m；

（2）钻孔孔位的允许偏差应为 50mm；

（3）钻孔倾角的允许偏差应为 3°；

（4）杆体长度应大于设计长度；

（5）自由段的套管长度允许偏差应为 ±50mm。

锚杆的检测应符合下列规定：

（1）检测数量不应少于锚杆总数的 5%，且同一土层中的锚杆检测数量不应少于 3 根；

（2）检测试验应在锚杆的固结体强度达到设计强度的 75% 或强度达到 15MPa 后进行；

（3）检测锚杆应采用随机抽样的方法选取；

（4）检测试验的张拉值应按表 5.2 取值；

（5）检测试验应按锚杆康巴试验中的验收试验方法进行；

（6）当检测的锚杆不合格时，应扩大检测数量。

【例 5-1】 某基坑开挖深度 7.5m，周边环境要求较高。考虑采用锚拉式支护结构，通过对锚杆施加预应力来控制变形。支挡构件为排桩，支护结构剖面以及地质资料如图 5.24 所示，粉质黏土与锚固体极限粘结强度标准值 $q_{sk}=75\text{kPa}$，场地内不考虑地下水，坡顶作用有 $q=20\text{kPa}$ 的超载。

排桩采用人工挖孔桩，桩长 12.5m，桩径 1.0m，桩中心距 2.0m，桩身混凝土强度等级采用 C30，纵向受力筋采用 HRB400，箍筋采用 HPB300 钢筋；锚杆位于桩中间，水平间距 2.0m，设在地面下 2.5m 处，倾角 15°，钻孔直径 150mm，采用二次压力灌浆，锚杆杆体采用 1×7 钢绞线，拟加预加力 80kN，腰梁采用工字钢或槽钢组合腰梁，也可能改用钢筋混凝土腰梁。

经采用平面杆系结构弹性支点法计算，支挡结构内力计算值分别为：基坑内侧最大弯矩 $M_k=307.1\text{kN·m}$，基坑外侧最大弯矩 $M_k=83.85\text{kN·m}$，最大剪力 $V_k=146.7\text{kN}$，

弹性支点水平反力 $F_h = 240\text{kN}$。支护结构安全等级为二级，荷载分项系数 γ_F 取 1.25。

  (1) 计算作用在支挡构件上的主动土压力强度标准值和被动土压力强度标准值，画出两者沿桩身的分布图，并计算各自的合力标准值及作用点位置；

  (2) 对支挡结构进行嵌固稳定性、整体稳定性、抗隆起稳定性验算，确定嵌固深度是否满足稳定性验算要求；

  (3) 分别采用全截面均匀配筋以及局部均匀配筋方式进行桩身配筋计算；

  (4) 按构造要求进行冠梁设计；

  (5) 确定锚杆的长度和杆体直径；

  (6) 确定锚杆腰梁工字钢和槽钢型号；如改成钢筋混凝土腰梁，进行钢筋混凝土腰梁设计计算。

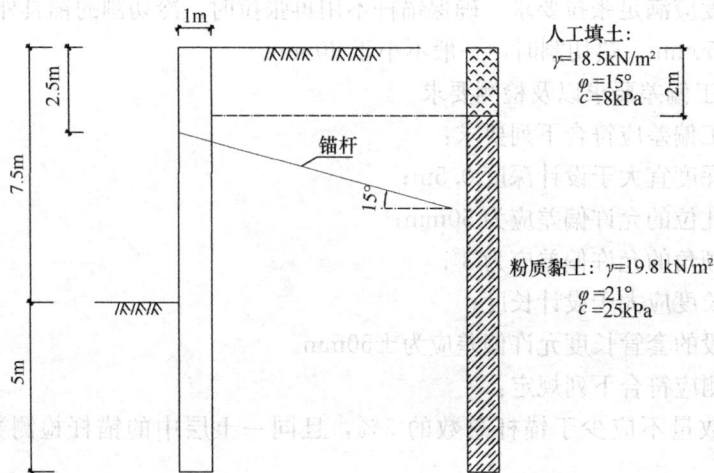

图 5.24

【解】

  (1) 计算主动及被动土压力强度标准值、合力及合力作用点

  1) 主动与被动土压力系数

$$K_{a,1} = \tan^2\left(45° - \frac{\varphi_1}{2}\right) = \tan^2\left(45° - \frac{15°}{2}\right) = 0.589$$

$$K_{a,2} = \tan^2\left(45° - \frac{\varphi_2}{2}\right) = \tan^2\left(45° - \frac{21°}{2}\right) = 0.472$$

$$K_{p,1} = \tan^2\left(45° + \frac{\varphi_1}{2}\right) = \tan^2\left(45° + \frac{15°}{2}\right) = 1.698$$

$$K_{p,2} = \tan^2\left(45° + \frac{\varphi_2}{2}\right) = \tan^2\left(45° + \frac{21°}{2}\right) = 2.117$$

  2) 第一层土中的临界深度 h_0

$$h_0 = \frac{2c_1\sqrt{K_{a,1}} - q \cdot K_{a,1}}{\gamma_1 \cdot K_{a,1}} = \frac{2 \times 8.0 \times 0.767 - 20 \times 0.589}{18.5 \times 0.589} = 0.045\text{m}$$

  3) 各分层接触面处主动及被动土压力强度标准值

$$p_{ak1} = (\gamma_1 h_1 + q)K_{a,1} - 2c_1\sqrt{K_{a,1}} = (18.5 \times 2 + 20) \times 0.589 - 2 \times 8 \times 0.767$$

$$= 21.30\text{kPa}$$

$$p_{ak2\pm} = (\gamma_1 h_1 + q)K_{a,2} - 2c_2\sqrt{K_{a,2}} = (18.5\times2+20)\times0.472-2\times25\times0.687$$
$$= -7.446\text{kPa}$$

$$p_{ak\text{坑底}} = (\gamma_1 h_1 + q + \gamma_2 h_2)K_{a,2} - 2c_2\sqrt{K_{a,2}}$$
$$= (18.5\times2+20+19.8\times5.5)\times0.472-2\times8\times0.767$$
$$= 43.95\text{kPa}$$

$$p_{ak\text{坑底}} = (\gamma_1 h_1 + q + \gamma_2 h_2 + \gamma_2 h_d)K_{a,2} - 2c_2\sqrt{K_{a,2}}$$
$$= (18.5\times2+20+19.8\times5.5+19.8\times5)\times0.472-2\times8\times0.767$$
$$= 90.68\text{kPa}$$

$$p_{pk\text{坑底}} = 2c_2\sqrt{K_{a,2}} = 2\times25\times1.455 = 72.75\text{kPa}$$

$$p_{pk\text{桩底}} = \gamma_2 h_d K_{a,2} + 2c_2\sqrt{K_{a,2}} = 19.8\times5\times2.117-2\times25\times1.455 = 282.333\text{kPa}$$

4）第二层土中的临界深度

设其距离第一层层底的距离为 h_a，令：$(q+\gamma_1 h_1+\gamma_2 h_a)K_{a,2}-2c_2\sqrt{K_{a,2}}=0$，得到：

$$h_a = \frac{34.35-57\times0.472}{19.8\times0.472} = 0.8\text{m}$$

5）主动、被动土压力强度沿桩身的分布图（图 5.25）

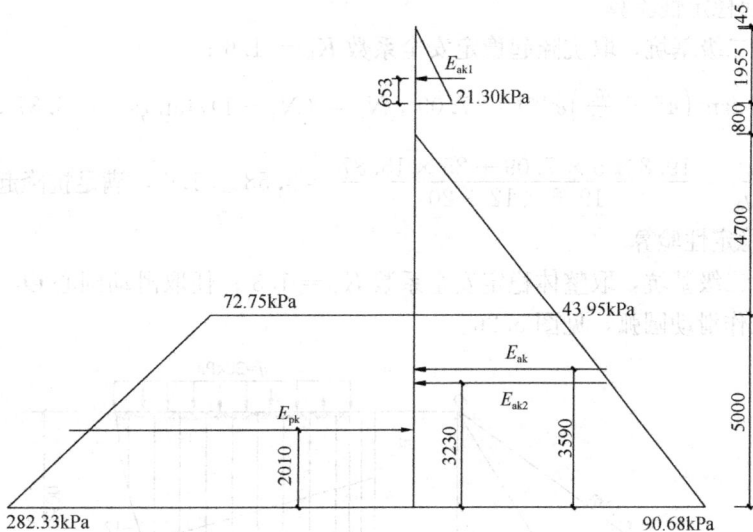

图 5.25　土压力强度示意图

6）合力大小及合力作用点

①主动土压力合力及其合力作用点

$$E_{ak1} = \frac{1}{2}\times1.955\times21.30 = 20.82\text{kN}$$

$$E_{ak2} = \frac{1}{2}\times9.7\times90.68 = 439.80\text{kN}$$

合力：$E_{ak} = 20.82+439.80 = 460.62\text{kN}$

假设合力作用点距桩底的距离为 h_{a1}，则：

$$h_{a1} = \frac{20.82 \times 11.15 + 439.80 \times 3.23}{460.62} = 3.59\text{m}$$

②被动土压力及其合力作用点

$$E_{pk1} = 72.75 \times 5 = 363.75\text{kN}$$

$$E_{pk2} = \frac{1}{2} \times (282.333 - 72.75) \times 5 = 523.96\text{kN}$$

合力：$E_{pk} = 363.75 + 523.96 = 887.71\text{kN}$

假设合力作用点距桩底的距离为 h_{p1} ，则：

$$h_{p1} = \frac{363.75 \times 2.5 + 523.96 \times 1.67}{887.71} = 2.01\text{m}$$

其作用点位置见图 5.25。

（2）稳定性进行验算

1）嵌固稳定性验算

该基坑为二级基坑，取嵌固稳定安全系数 $K_e = 1.2$ ；按照公式：$\dfrac{E_{pk}a_{p2}}{E_{ak}a_{a2}} \geqslant K_e$ 验算，

有：$\dfrac{881.71 \times 7.99}{460.62 \times 6.41} = 2.4 \geqslant 1.2$ ，满足嵌固稳定性要求。

2）抗隆起稳定性验算

该基坑为二级基坑，取抗隆起稳定安全系数 $K_b = 1.6$ ；

$$N_q = \tan^2\left(45° + \frac{\varphi_2}{2}\right)e^{\pi\tan\varphi} = 7.09 , \quad N_c = (N_q - 1)/\tan\varphi_2 = 15.87 , \quad \text{则}$$

$\dfrac{\gamma_{m2}l_dN_q + cN_c}{\gamma_{m1}(h + l_d) + q_0} = \dfrac{19.8 \times 5 \times 7.09 + 25 \times 15.87}{19.6 \times 12 + 20} = 4.58 \geqslant 1.6$ ，满足抗隆起稳定性要求。

3）整体稳定性验算

该基坑为二级基坑，取整体稳定安全系数 $K_s = 1.3$ ；任取滑动圆心 O ，以 O 点与桩底连线为半径作滑动圆弧，见图 5.26。

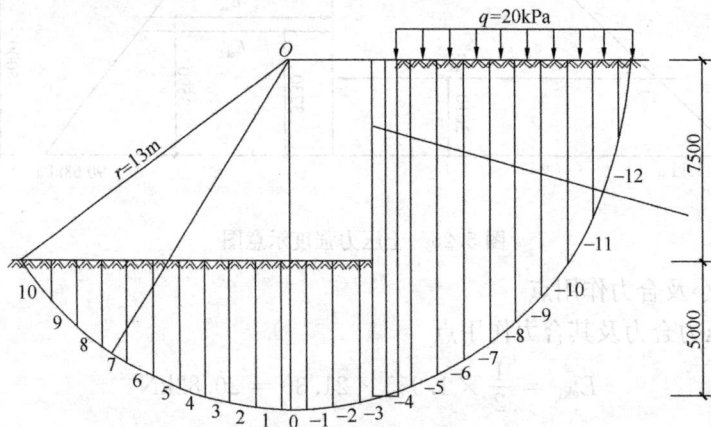

图 5.26　整体稳定性分析示意图

对于该滑弧的稳定安全系数按公式（5-8）计算，具体计算见表 5.3。

表 5.3

分条号	θ_j	h_j	$h_j l_j \gamma_m$	$c_j l_j$	$(q_j b_j + \Delta G_j) \cos \theta_j \tan \varphi_j$	$R'_{k,k} [\cos (\theta_k + \alpha_k) + \psi_v]/s_{x,k}$	$(q_j b_j + \Delta G_j) \sin \theta_j$
10	49.44	1.00	19.80	38.58	43.52	73.72	15.04
9	43.07	2.00	39.60	34.28	45.38	84.35	27.04
8	37.30	2.80	55.44	31.48	48.40	93.08	33.60
7	31.95	3.50	69.30	29.48	52.05	100.34	36.67
6	26.89	4.10	81.22	28.05	55.86	106.40	36.73
5	22.05	4.70	93.06	26.98	60.08	111.42	34.94
4	17.38	4.90	97.38	26.20	61.87	115.51	29.09
3	12.81	5.20	102.96	25.73	64.26	118.77	22.83
2	8.29	5.40	106.92	25.28	65.89	121.25	15.42
1	3.90	5.50	108.90	25.08	66.78	122.94	7.41
0	0.00	5.50	109.14	25.00	66.89	123.84	0.00
−1	4.91	5.50	108.90	25.10	66.75	122.62	9.32
−2	9.35	5.30	104.94	25.35	65.10	120.74	17.05
−3	13.85	5.10	100.98	25.75	63.39	118.09	24.17
−4	18.43	4.80	95.04	26.35	60.96	114.66	30.05
−5	23.14	12.00	237.60	24.15	110.37	109.61	101.23
−6	28.03	11.50	225.10	24.95	103.52	104.24	115.18
−7	33.14	10.90	213.20	26.17	96.86	97.81	127.49
−8	38.58	10.20	199.31	27.76	89.55	90.07	136.76
−9	44.46	9.30	181.54	29.96	81.49	80.77	141.16
−10	51.01	8.20	159.74	33.26	73.39	69.34	139.70
−11	58.67	6.80	132.06	38.78	66.38	54.70	129.89
−12	68.59	4.80	92.45	51.27	65.00	33.89	104.69

则：

$$\frac{\Sigma \{c_j l_j + [(q_j b_j + \Delta G_j) \cos \theta_j - u_j l_j] \tan \varphi_j\} + \Sigma R'_{k,k} [\cos (\theta_j + \alpha_k) + \psi_v]/s_{x,k}}{\Sigma (q_j b_j + \Delta G_j) \sin \theta_j}$$

$$= \frac{1573.75 + 2288.16}{1335.46} = 2.89 \geqslant K_s = 1.3 ,$$

因此，对于该指定圆心的滑弧，其整体稳定性验算满足要求。

上述滑弧的圆心系人为指定，不一定是最危险滑弧，还应进行试算，找到最危险滑弧。经采用商业软件计算，该支护整体稳定性验算满足要求。

（3）桩身配筋计算

基坑等级为二级，取 $\gamma_0 = 1.0$；

因 $\gamma_F = 1.25$，$M_k = 307.1 \text{kN} \cdot \text{m}$，$V_k = 146.7 \text{kN}$，则弯矩和剪力的设计值分别为：

$$M = \gamma_0 \gamma_F M_k = 1.0 \times 1.25 \times 307.1 = 383.88 \text{kN} \cdot \text{m}$$

$$M = \gamma_0 \gamma_F M_k = 1.0 \times 1.25 \times 83.85 = 104.81 \text{kN} \cdot \text{m}$$

$$V = \gamma_0 \gamma_F V_k = 1.0 \times 1.25 \times 146.7 = 183.38 \text{kN}$$

纵向受力钢筋选择 HRB400，$f_y = 360\text{MPa}$，箍筋选择 HPB300，$f_{yv} = 270\text{MPa}$，桩身混凝土保护层厚度取 35mm。

1）全截面均匀配筋

根据式（5-16）～式（5-18），令 $k = \dfrac{r_s}{r}$，$\rho = \dfrac{A_s}{A}$，代入式（5-16）、式（5-17）可以得到：

$$\frac{M}{Ar} = \frac{2}{3} f_c \frac{\sin^3 \pi\alpha}{\pi} + \frac{\alpha f_c \left(1 - \dfrac{\sin 2\pi\alpha}{2\pi\alpha}\right)}{(1.25 - 3\alpha)} \times \frac{\sin \pi\alpha + \sin \pi(1.25 - 2\alpha)}{\pi}$$

利用迭代法计算可得 $\alpha = 0.21$，$\alpha_t = 0.83$，根据上述公式计算配筋率 $\rho = 0.36\%$，故：

$A_s = 0.0036 \times \pi \times 500^2 = 2827.4\text{mm}^2$，选配 8 根 $\phi22$ 钢筋，实配面积为 3040.8mm^2。

斜截面抗剪承载力计算，用截面宽度 b 为 $1.76r$ 和截面有效高度 h_0 为 $1.6r$，等效成矩形截面的混凝土支护桩后，按矩形截面斜截面承载力的规定进行计算，根据公式（5-24）计算得出 $A_{sv} < 0$，只需要按最小配筋率配置：

$\rho_{sv} = 0.24 \times \dfrac{f_t}{f_{yv}} = 0.24 \times \dfrac{1.43}{270} = 0.13\%$，选配 $\phi10@150$。

实际配筋率为：$\rho_{sv} = \dfrac{A_{sv}}{bs} = \dfrac{2 \times 78.5}{150 \times 1.67 \times 500} = 0.13\%$，满足最小配筋率要求。

另：沿桩身设置加强筋，选择 HRB335，取 $\phi14@2000$。

桩身配筋剖面见图 5.27。

2）局部均匀配筋

①按基坑内侧最大弯矩配筋

忽略受压区的钢筋作用，取 $A'_{sr} = 0$，取 $\alpha_s = 0.25$，将本章式（5-19）～式（5-20）联立，消去 A_{sr}，则有：

图 5.27 均匀配筋示意图

$$\frac{M}{f_c r^3} \leqslant \frac{2}{3} \sin\pi\alpha + \alpha \left(1 - \frac{\sin 2\pi\alpha}{2\pi\alpha}\right) \times \frac{r_s}{r} \times \frac{\sin \pi\alpha_s}{\alpha_s}$$

将相关数据代入上式，得到关于混凝土受压区圆心角 α 的方程：

$$\frac{383880000}{14.3 \times 500^3} \leqslant \frac{2}{3} \sin\pi\alpha + \alpha \left(1 - \frac{\sin 2\pi\alpha}{2\pi\alpha}\right) \times \frac{465}{500} \times \frac{1}{0.25}$$

用牛顿迭代法计算，得：$\alpha = 0.0965$。

按公式（5-21）验算混凝土受压区半圆心角的余弦。

由题意可以计算得出 $\xi_b = 0.518$，将相关数据代入公式（5-21），公式左边为 0.954，右边等于 0.1413，满足要求。

由于 $\alpha < 1/3.5$，其正截面受弯承载力按式（5-23）计算得：

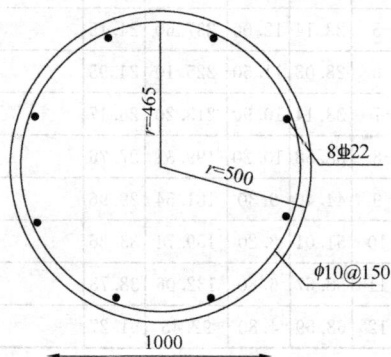

$A_{sr}=1318.64\text{mm}^2$，在基坑内侧选配 5 根 $\phi20$ 钢筋，实配面积为 1570.00mm^2。以此实配钢筋面积按全截面面积计算的配筋率为：$\dfrac{1570}{\pi\times500^2}=0.2\%$，不小于 0.2% 和 $\dfrac{0.45f_t}{f_y}$ $=0.18\%$，符合规程 JGJ 120—2012 附录 B 第 B.0.4 条的配筋率要求；同时，按第 B.0.4 条的要求，钢筋应配置在基坑内侧 72°内，见图 5.28。

②按基坑外侧最大弯矩配筋

同理按下式计算混凝土受压区圆心角 α：

$$\frac{104810000}{14.3\times500^3}\leqslant\frac{2}{3}\sin\pi\alpha+\alpha\left(1-\frac{\sin2\pi\alpha}{2\pi\alpha}\right)\times\frac{465}{500}\times\frac{1}{0.25}$$

用牛顿迭代法计算，得：$\alpha=0.0275$

按公式（5-21）验算混凝土受压区半圆心角的余弦：

由题意可以计算得出 $\xi_b=0.518$，将相关数据代入公式（5-21），公式左边为 0.996，右边等于 0.1413，满足要求。

由于 α 同样 $<1/3.5$，其正截面受弯承载力仍按式（5-23）计算得：

$A_{sr}=358.88\text{mm}^2$，在基坑外侧选配 4 根 $\phi12$ 钢筋，实配面积为 452.00mm^2。以此实配钢筋面积按全截面面积计算的配筋率为：$\dfrac{452}{\pi\times500^2}=0.06\%$，小于 0.2% 和 $\dfrac{0.45f_t}{f_y}=$ 0.18%，不符合规程 JGJ 120—2012 附录 B 第 B.0.4 条的配筋率要求，因此应按 0.2% 配筋率配置，为此，同样选配 5 根 $\phi20$ 钢筋，实配面积为 1570.00mm^2，即可满足要求。同时，按第 B.0.4 条的要求，钢筋应配置在基坑外侧 72°内，见图 5.28。

箍筋的计算与均匀配筋计算相同，选配 $\phi10@150$。

其余部分按构造配筋，选配 6 根 $\phi12$ 钢筋，见图 5.28。

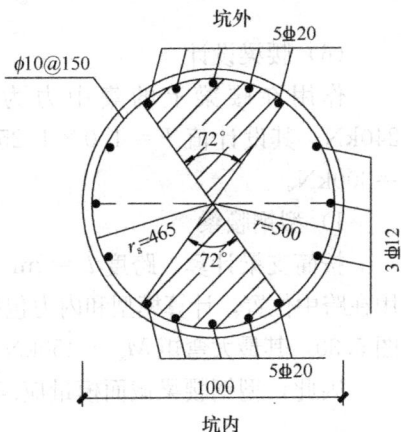

图 5.28　局部均匀配筋示意图　　　　图 5.29　冠梁配筋示意图

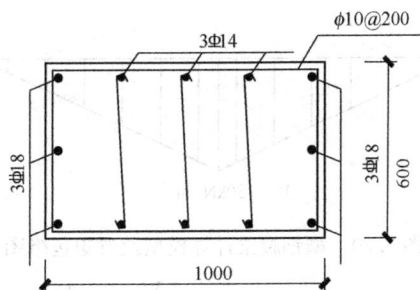

（4）冠梁设计

冠梁按构造设计；宽度取与桩径相等，为 1000mm，高度取 600mm，选择 HRB400 级钢筋，具体配筋方式见图 5.29：

（5）锚索长度和杆体直径计算

锚索选用 1×7（7 股）钢绞线，单束锚索直径选用 15.2mm，其抗拉强度设计值 f_{py}

$=1320MPa$，锚固体直径 $d=150mm$，$q_{sk}=75kPa$；

$$N_k = \frac{F_h s}{b_a \cos \alpha} = \frac{240 \times 2}{2 \times \cos 15°} = 234.97kN$$

该基坑为二级基坑，取 $K_t = 1.6$；

按 $\frac{R_k}{N_k} \geqslant K_t$ 有：$R_k = N_k K_t = 1.6 \times 234.97 = 375.94kN$

设锚固段长度为 l_n，根据 $R_k = \pi d \Sigma q_{sk,i} l_n$，可得

$$l_n = \frac{R_k}{\pi \Sigma q_{sk,i} d} = \frac{375940}{\pi \times 75000 \times 0.15} = 10.6m$$

由于该基坑中基坑开挖面以下没有主动土压力强度与被动土压力强度相等的点，所以取基坑开挖面为零点值计算锚杆自由段长度，即 $a_2 = 0$，

$$l_f \geqslant \frac{(a_1 + a_2 - d\tan\alpha)\sin\left(45° - \frac{\varphi_m}{2}\right)}{\sin\left(45° + \frac{\varphi_m}{2} + \alpha\right)} + \frac{d}{\cos\alpha} + 1.5$$

$$= \frac{(5 - 0.5 \times \tan 15°)\sin\left(45° - \frac{19.4°}{2}\right)}{\sin\left(45° + \frac{19.4°}{2} + 15°\right)} + \frac{1.0}{\cos 15°} + 1.5 = 5.5m$$

$l = l_n + l_f = 10.6 + 5.5 = 16.1m$，故锚杆的长度为16.1m；

锚杆杆体直径计算：$A_p = \frac{N}{f_{py}} = \frac{\gamma_0 \gamma_F N_k}{f_{py}} = \frac{1.0 \times 1.25 \times 234970}{1320} = 222.5mm^2$，

所需锚索束数 $n = \frac{222.5}{\pi \times \left(\frac{15.2}{2}\right)^2} = 1.23$，选择2根直径为15.2mm的钢绞线。

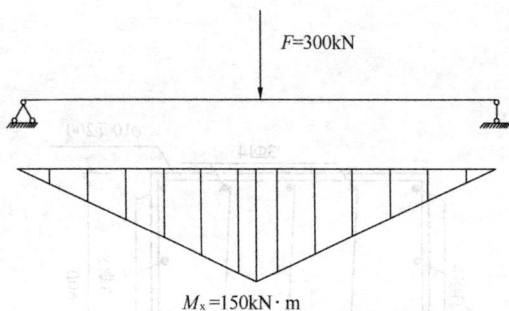

$F=300kN$

$M_x = 150kN \cdot m$

图 5.30 型钢腰梁计算模型及弯矩包络图

(6) 腰梁设计

作用在腰梁上的集中力为 $F_h = 240kN$，其设计值 $F = 1.0 \times 1.25 \times 240 = 300kN$。

1) 型钢腰梁

按简支梁计算，跨度 $l_0 = 2m$，F 作用在跨中位置，计算模型和内力包络图见图 5.30，其最大弯矩 $M_x = 150kN \cdot m$。

因此，型钢腰梁截面模量应满足：

$$W_{nx} \geqslant \frac{M_x}{\gamma_x f} = \frac{150 \times 10^6}{1.05 \times 215} = 664.45 \times 10^3 mm^3$$

考虑到采用双排型钢组合腰梁，故每排型钢的截面模量 W_{nx} 应满足下式要求：

$$W_{nx} \geqslant \frac{664.45 \times 10^3}{2} = 332.25 \times 10^3 mm^3$$

①当腰梁采用双排工字钢，应选择 25a 工字钢，其截面模量 $W_x = 402cm^3$，对其进行抗弯强度验算

$$\frac{M_x}{\gamma_x W_{nx}} = \frac{150 \times 10^6}{1.05 \times 804 \times 10^3} = 177.7kN/mm^2 < f = 215N/mm^2$，满足要求。

②当腰梁采用双排槽钢，应选择［28a，其截面模量$W_x = 340\text{cm}^3$，对其进行抗弯强度验算

$$\frac{M_x}{\gamma_x W_{nx}} = \frac{150 \times 10^6}{1.05 \times 680 \times 10^3} = 210.1\text{kN/mm}^2 < f = 215\text{N/mm}^2，满足要求。$$

2）混凝土腰梁

按三跨连续梁计算，每跨跨度$l_0 = 2\text{m}$，F作用在每跨的跨中位置，计算模型和内力包络图见图5.31，其最大正弯矩$M = 105\text{kN·m}$，最大负弯矩$M = 40\text{kN·m}$；最大剪力$V = 195\text{kN}$。

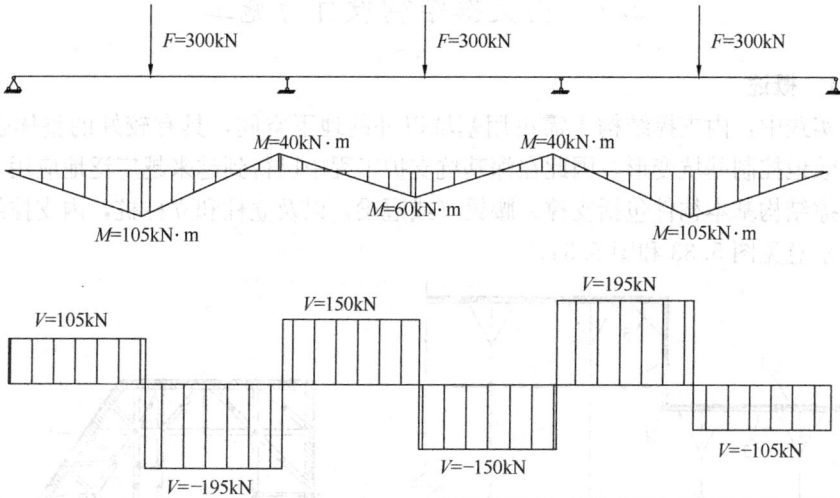

图5.31 混凝土腰梁计算模型、弯矩及剪力包络图

混凝土腰梁剖面设计见图5.32，高度为400mm，宽度为300mm，混凝土强度等级为C30，钢筋级别为HRB400，保护层厚度取20mm；

对于最大正弯矩，根据《混凝土结构设计规范》GB 50010—2010 第 6.2.10 条的公式（6.2.10-2）计算得$x = 71.1\text{mm}$；按 GB 50010—2010 第 6.2.10 条中的公式（6.2.10-2）计算得：$A_s = 847.28\text{mm}^2$；选配 2 根 $\phi18$ 加 1 根 $\phi16$ HRB400 钢筋，实配面积为 911.00mm²。同理，对于支座处最大负弯矩，按 GB 50010—2010 第 6.2.10 条中的公式（6.2.10-1）计算得：$x = 25.4\text{mm}$，不符合 $x \geqslant 2a'$ 的要求，取 x

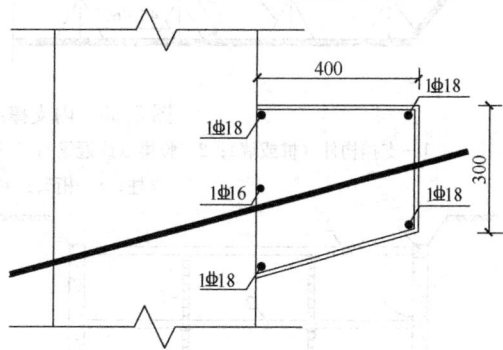

图5.32 混凝土腰梁配筋示意图

$= 2a'$。按 GB 50010—2010 第 6.2.10 条中的公式（6.2.10-2）计算得：$A_s = 476.67\text{mm}^2$；选配 2 根 $\phi18$ HRB400 钢筋，实配面积为 509.00mm²。

由于支座间距较小，上述钢筋均沿腰梁通长布置。

箍筋计算：按《混凝土结构设计规范》GB 50010—2010 第 6.3.4 条确定 $\alpha_{cv} = 0.482$，因：$V = 195\text{kN} \geqslant \alpha_{cv} f_t bh_0 = 0.482 \times 1.43 \times 300 \times 380 = 78.58\text{kN}$，

故应按计算配置箍筋，由 $V_{cs} = \alpha_{cv}f_tbh_0 + f_{yv}\dfrac{A_{sv}}{s}h_0$ 可得：

$$\frac{A_{sv}}{s} = \frac{V_{cs} - \alpha_{cv}f_tbh_0}{f_{yv}h_0} = \frac{195000 - 78580}{270 \times 380} = 1.135 \text{，选配 } \phi10@120 \text{ HPB300 钢筋，则：}$$

$$\frac{A_{sv}}{s} = \frac{2 \times 78.5}{120} = 1.3 \text{，符合要求。}$$

腰梁配筋见图 5.32。

5.7 内支撑结构设计与施工

5.7.1 概述

工程实践中，内支撑结构不需占用基坑以外的地下空间，具有较好的整体强度和刚度，能有效地控制基坑变形，因此在深基坑支护工程中已得到越来越广泛地应用。

内支撑结构基本构件包括支撑、腰梁（或冠梁）以及立柱和立柱桩，内支撑结构的平面和剖面示意见图 5.33 和图 5.34。

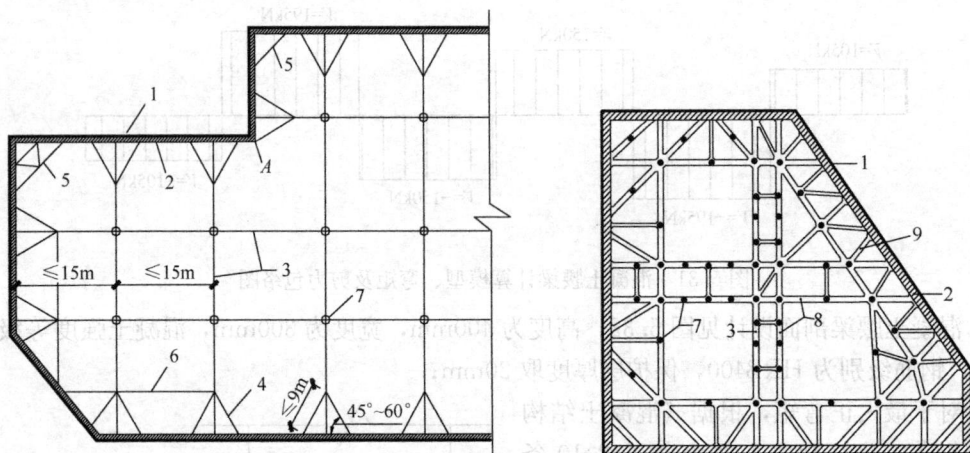

图 5.33 内支撑结构平面示意图

1—支挡构件（桩或墙）；2—腰梁（或冠梁）；3—水平对撑；4—八字撑；5—斜撑；6—联系杆；
7—立柱；8—桁架式对撑；9—边桁架支撑

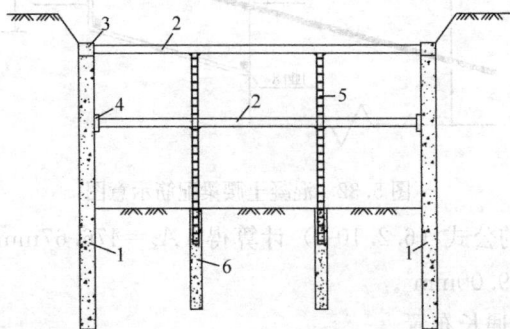

图 5.34 内支撑结构剖面示意图

1—支挡构件（桩或墙）；2—水平对撑；3—冠梁；
4—腰梁；5—立柱；6—立柱桩

5.7.2 内支撑结构设计

内支撑结构宜采用超静定结构；对个别次要构件失效会引起结构整体破坏的部位宜设置约束。内支撑结构的设计应考虑地质条件和环境条件的复杂性、基坑开挖步序的偶然变化的影响。

内支撑结构设计包括支撑结构选型、支撑形式、平面布置、竖向布置、立柱和立柱桩设计、腰梁的设计、节点构造设计、预应力设置、换撑设计等内容以及竖向斜撑设计。支撑结构的计算主要是支撑构件的强度与稳定性计算。

1. 内支撑结构选型

内支撑结构的选型有钢支撑、混凝土支撑以及钢与混凝土的混合支撑。

(1) 钢支撑

钢支撑具有自重轻、安装和拆除方便、施工速度快、可重复利用等优点，而且安装后能立即发挥支撑作用，对减小由于时间效应而增加的基坑位移十分有效，因此，对平面形状规则的基坑常采用钢支撑。但钢支撑节点构件和安装相对复杂，需要具有一定的施工技术水平，另外，钢支撑的预应力损失问题经常成为困扰施工人员的问题。

钢支撑一般采用钢管、型钢及其组合截面，主支撑常用较大规格 $H700\times300$、$H500\times300$、$H400\times400H$ 型钢和 $\phi609\times16$（12）、$\phi580\times16$ 钢管，八字撑常用较小规格 H 型钢或 $\phi299\times10$（8）钢管，支撑之间的联系杆常用工字钢、槽钢，立柱则常用 $L120\sim L180$ 角钢。为满足钢支撑稳定性要求，钢支撑受压杆件的长细比不应大于 150，受拉杆件长细比不应大于 200。

(2) 混凝土支撑

混凝土支撑是在基坑内现浇而成的结构体系，布置形式和方式基本不受基坑平面形状的限制，具有比钢支撑更大的刚度、更好的整体性，且施工技术相对简单，因而应用范围较广。但混凝土支撑需要较长的制作和养护时间，制作后不能立即发挥支撑作用，需要达到一定的强度后，才能进行土方开挖。此外，拆除混凝土支撑工作量大，一般需要采用爆破方法拆除，支撑材料不能重复使用，将产生大量的废弃混凝土。

在设计混凝土支撑时，混凝土的强度等级不应低于 C25，支撑构件的截面高度不宜小于其竖向平面内计算长度的 1/20，纵向钢筋直径不宜小于 16mm，沿截面周边的间距不宜大于 200mm；箍筋的直径不宜小于 8mm，间距不宜大于 250mm。

2. 支撑形式

内支撑结构形式很多，从结构受力形式划分，可主要归纳为以下几类：(1) 水平对撑或斜撑，包括单杆、桁架、八字形支撑；(2) 正交或斜交的平面杆系支撑；(3) 环形杆系或板系支撑；(4) 竖向斜撑。以上各类支撑结构类型见图 5.35。

上述 (1)、(2)、(3) 类属于平面支撑体系，视基坑深度及其他条件不同，可采用单层或多层支撑，其构造简单，受力明确，使用范围广。竖向斜撑体系是将支挡构件上的水平荷载通过斜撑传到预先在基坑中部浇筑的斜撑基础上，它是先采用放坡开挖基坑中部土体，浇筑斜撑基础，然后安装斜撑，在斜撑的支挡下再挖除周边余下的土体。

内支撑结构宜采用对称平衡、整体性强、受力明确、连接可靠、施工方便的结构形式，并与主体地下结构的结构形式、施工顺序协调，便于主体结构施工，同时利于基坑土方开挖和运输。需要时，可考虑以内支撑结构作为施工平台。

3. 平面布置

上述内支撑形式可根据具体情况有多种布置形式。对各类支撑形式，支撑结构的布置要重视支撑体系总体刚度的分布，避免突变，尽可能使水平力作用中心与支撑刚度中心保持一致。

一般来说，对面积不大、形状规则的基坑常采用水平对撑，转角或基坑端部采用角撑，水平对撑可采用钢支撑或混凝土支撑，转角或端部宜采用混凝土支撑；对面积较大或

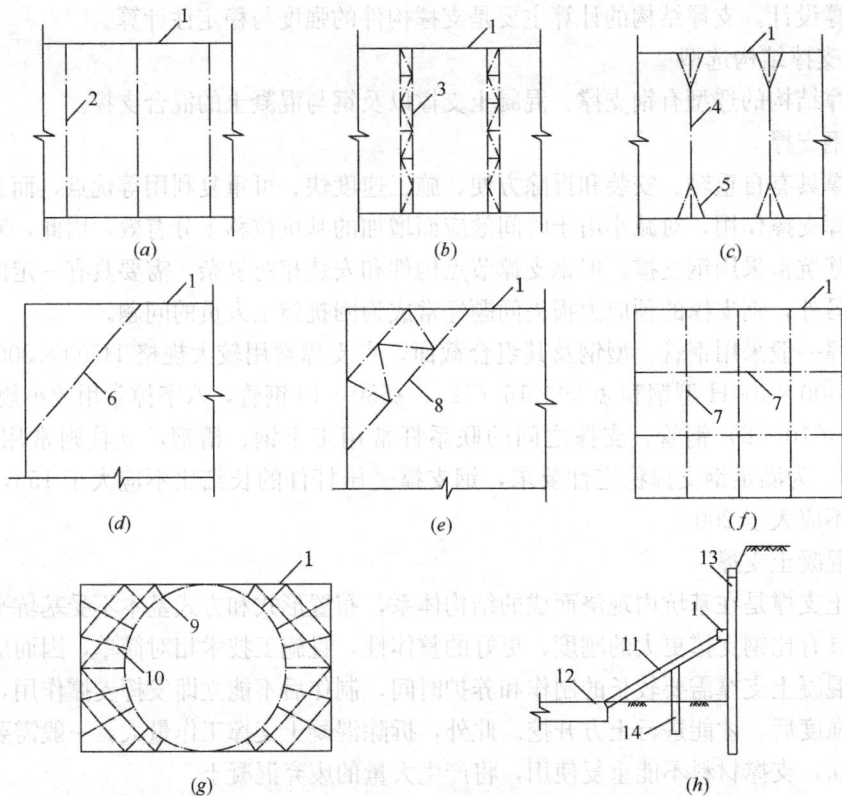

图 5.35　内支撑结构常用类型

(a) 水平对撑（单杆）；(b) 水平对撑（桁架）；(c) 水平对撑（八字撑杆）；(d) 水平斜撑（单杆）；
(e) 水平斜撑（桁架）；(f) 正交平面杆系支撑；(g) 环形杆系支撑；(h) 竖向斜撑

1—腰梁或冠梁；2—水平单杆支撑；3—水平桁架支撑；4—水平支撑主杆；5—八字撑杆；6—水
平角撑；7—水平正交支撑；8—水平斜交支撑；9—环形支撑；10—支撑杆；11—竖向斜撑；
12—竖向斜撑基础；13—挡土构件；14—立柱

形状不规则的基坑有时需采用正交或斜交的平面杆系支撑或边桁架以及桁架对撑；对圆形、方形及近似圆形的多边形的基坑，为能形成较大开挖空间，可采用环形杆系或环形板系支撑；对深度较浅、面积较大基坑，可采用竖向斜撑。

在具体布置时，内支撑应尽量避开地下主体结构的墙、柱，以便于主体结构施工；为满足挖土机械作业的空间要求，相邻支撑的水平间距不宜小于 4m；水平支撑应设置与挡土构件连接的腰梁，当支撑设置在挡土构件顶部所在平面时，应与冠梁连接；水平支撑点在腰梁或冠梁上的间距，对钢腰梁不宜大于 4m，对混凝土腰梁不宜大于 9m；当需要采用相邻水平间距较大的支撑时，可在主支撑端部两侧对称设置八字斜撑杆与冠梁或腰梁连接，斜撑杆的长度不宜大于 9m，斜撑杆与冠梁、腰梁之间的夹角宜取 45°～60°，见图 5.23。

当采用环形杆系支撑时，环梁宜采用圆形、椭圆形等封闭曲线，并且与腰梁或冠梁交汇；周边的辐射支撑应按使环梁弯矩、剪力最小的原则布置。

对于基坑阳角部位，斜撑应在阳角两边同时设置，见图 5.33 中的 A 点。

支撑立柱的设置应避开主体结构的梁、柱及承重墙；对纵横双向交叉的支撑结构，立柱宜设置在支撑的交汇点处。立柱与立柱之间以及立柱与支撑端部之间的间距应根据支撑构件的稳定要求和竖向荷载的大小确定，对混凝土支撑不宜大于15m，对钢支撑不宜大于20m，见图5.33。

4. 竖向布置

因基坑开挖深度、土体工程性质、周边环境保护要求以及土方施工要求的不同，支撑在竖向可采用单层或多层支撑，具体层数应按支挡结构计算要求确定。

采用多层支撑时，为便于土体开挖，并让各层水平支撑共用竖向支承立柱，各层水平支撑应布置在同一竖向平面内，且层间净高不宜小于3m。在环境条件许可的情况下，首层水平支撑轴线标高应尽量降低，并尽量与支挡结构冠梁相结合。分析和实测均表明，支挡结构的变形分布，一般越接近开挖面处变形越大，因此最下一道支撑的布置宜尽量降低，考虑到主体结构施工和土方开挖的要求，支撑至基底的净高不宜小于3m。

设定的水平支撑标高应避开主体地下结构底板和楼板的位置，并应满足主体地下结构施工对墙、柱钢筋连接的要求；当支撑下方的主体结构楼板在支撑拆除前施工时，支撑底面与下方主体结构楼板间的净距不宜小于700mm。

5. 立柱及立柱桩的设计

立柱是用于承受混凝土支撑或钢支撑杆件的自重等荷载的，根据支撑荷载的大小，一般采用角钢格构式钢柱、H型钢钢柱或钢管柱或钢管混凝土等形式，其中角钢格构式钢柱因构造简单、便于加工且承载能力较大，在近年来的工程实践中，不论是采用钢支撑还是混凝土支撑，均是应用最广的。常用的格构式钢柱是采用4根角钢用缀板拼接而成的。工程中常用的角钢是L120×12、L140×14、L160×16、L180×18等规格，在拼装时缀板从上至下应平行对称分布，不应采用交叉或斜向分布，以便于临时支撑主筋的穿越。

立柱截面构造应尽量简单，且因需要预先埋设，故其截面尺寸也不宜过大，但截面尺寸必须满足承载力要求，且长细比不宜大于25；立柱与水平支撑的连接可采用铰接，与水平支撑的连接节点应易于施工；立柱穿过主体结构底板的部位，应有有效的止水措施。

立柱下应有一个具有相应承载能力的桩基础，可利用主体工程桩，也可以是临时加设的。立柱桩一般采用灌注桩，也可采用钢管桩，当采用灌注桩作为立柱桩时，钢立柱锚入桩内的长度不宜小于立柱长边或直径的4倍。角钢格构式立柱及立柱桩的立面、截面以及节点图见图5.36。

立柱的接长应采用等强度连接，其连接构造应易于现场实施。角钢格构式立柱的拼接构造图见图5.37。

6. 腰梁设计

采用钢支撑时，腰梁可采用钢筋混凝土腰梁或钢腰梁，混凝土支撑采用混凝土腰梁。

对于混凝土腰梁，混凝土的强度等级不应低于C25，截面高度（水平方向）不宜小于其水平方向计算跨度的1/10，截面宽度（竖向方向）不应小于支撑的截面高度。

采用对撑的位置，水平支撑与腰梁正交，采用角撑处或基坑局部不规则位置，支撑与腰梁斜交。无论正交或斜交，均应在支点处增加腰梁的抗剪性能。对于混凝土腰梁，可采用在支点处将腰梁的箍筋加密，对于斜撑，可再加设牛腿，见图5.38。对于钢腰梁，可采取将腰梁与支挡构件之间的空隙用不低于C25的混凝土嵌填密实并在其中增设剪力块的措施。

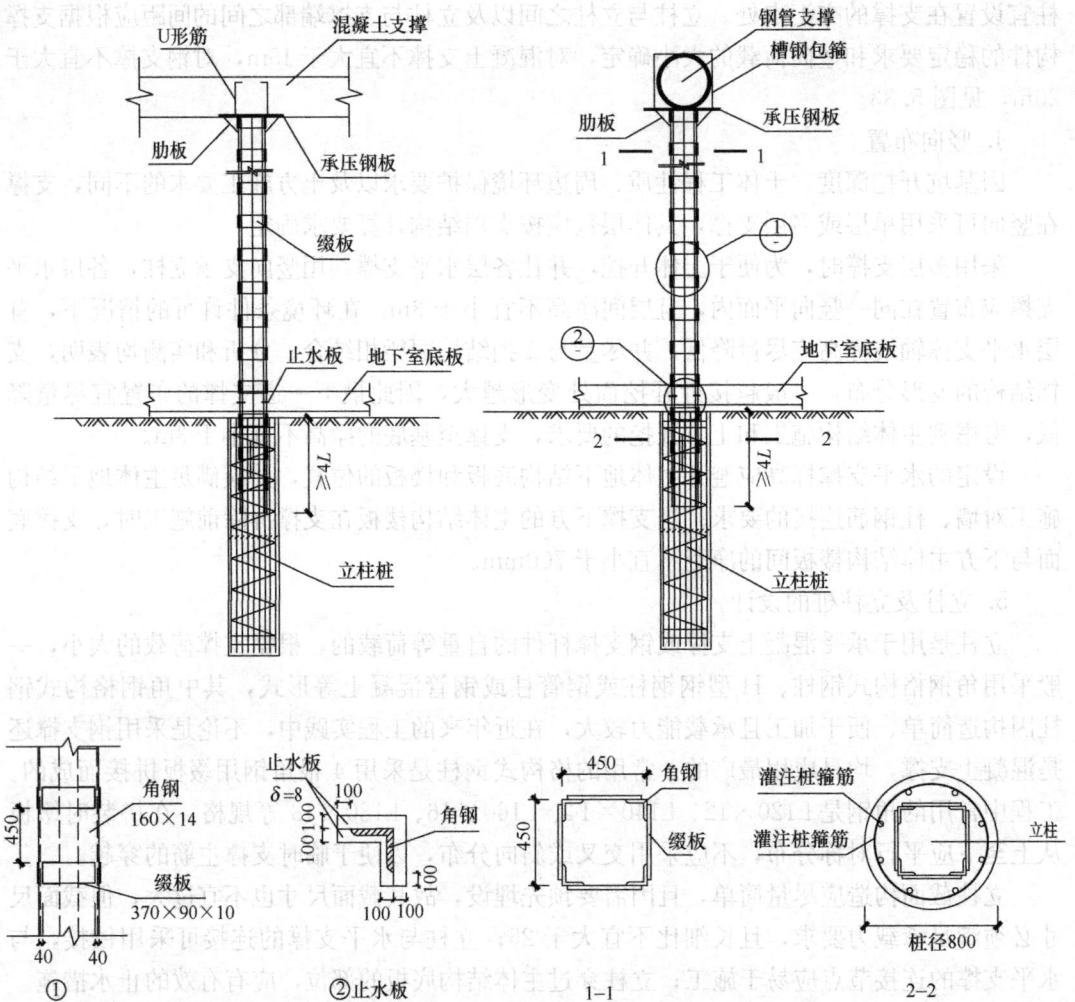

图 5.36 角钢格构式立柱及立柱桩的立面、截面以及节点图

L—立柱长边尺寸

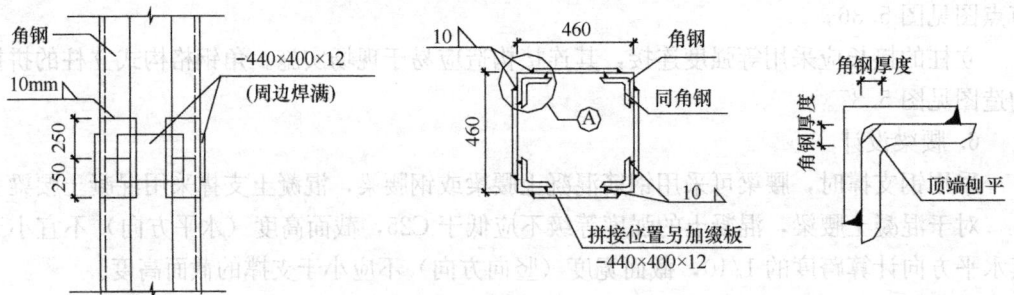

图 5.37 角钢格构式立柱的拼接构造图

L—立柱长边尺寸

对于角撑或竖向斜撑,腰梁与支挡结构之间应采用能够承受剪力的连接措施。对于混凝土腰梁,支挡构件为地下连续墙时,可采取在地下连续墙上预留剪力槽;支挡构件为排

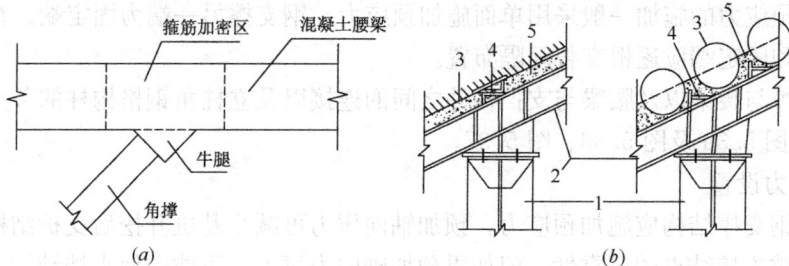

图 5.38　角撑与腰梁连接措施
(a) 腰梁为混凝土；(b) 腰梁为型钢
1—钢支撑；2—钢围檩；3—围护墙；4—剪力块；5—填嵌混凝土

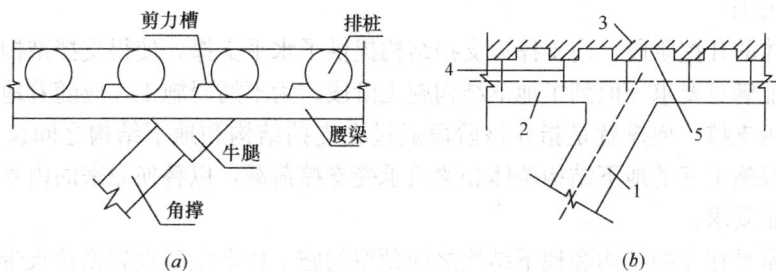

图 5.39　腰梁与支挡结构连接措施
(a) 支挡构件为排桩；(b) 支挡构件为地下连续墙
1—支撑；2—围檩；3—地下连续墙；4—预留剪力槽；5—预留受剪钢筋

桩时，可在桩间土挖出剪力槽，再与腰梁一起浇筑混凝土，见图 5.39。对于钢腰梁，其连接措施与支撑与腰梁的连接措施相同，见图 5.38 (b)。

7. 节点构造设计

内支撑结构，特别是钢支撑结构，其整体刚度依赖与构件直角的合理连接。因此支撑结构的设计，除合理确定构件截面尺寸外，其构造设计也是非常重要的一环。支撑结构的节点构造主要有以下内容：

(1) 支撑构件的连接

支撑构件的接长应满足截面等强度要求，常用的连接方法有螺栓连接和焊接。螺栓连接施工方便，速度快，但整体性不如焊接好；焊接一般在现场拼接，由于焊接条件差，质量难以得到保证。实践中通常采用螺栓连接，为减少节点变形，一般采用高强螺栓连接。

(2) 纵横方向钢支撑连接

对于正交平面杆系支撑，如图 5.35 (f) 所示，纵横两个方向的钢支撑应尽可能设置在同一标高。当纵横两个方向的钢支撑为单根钢管支撑时，纵横交叉处采用定型的十字架连接；当纵横两个方向的钢支撑为双钢管支撑时，纵横交叉处采用定型的井字架连接。

(3) 钢支撑端部预应力活络头

钢支撑预应力是通过活络头施加的。活络头一般设置在钢支撑的端部，也有采用螺旋千斤顶等设备设置在支撑中部的。设置在端部的活络头目前有两种，一种是契型活络端，一种是箱体活络端。

钢支撑预应力的施加一般采用单面施加预应力，钢支撑另一端为固定端。在水平布置上，活络端和固定端应逐根交替间隔布置。

（4）支撑与腰梁以及腰梁与支挡构件之间的连接以及立柱角钢格构柱的节点构造分别见图5.38、图5.39及图5.36、图5.37。

8. 预应力设置

通常，钢支撑结构应施加预应力，预加轴向压力可减小基坑开挖后支护结构的水平位移、检验支撑连接结点的可靠性。但如果预加轴向力过大，可能会使支挡结构产生反向变形、增大基坑开挖后的支撑轴力，同时也将使得支挡结构的内力增大。根据以往的设计和施工经验，预加力值宜取支撑轴向压力标准值的0.5～0.8倍，可通过弹性支点法计算的内力和变形进行调整，特殊条件下，不一定受此限制。

9. 换撑设计

基坑土体的开挖阶段，内支撑为支挡结构提供了水平支撑，使得支挡结构的强度、变形和稳定性能满足要求。但到了地下结构施工阶段，为不妨碍施工，应随着地下结构的施工逐层拆除内支撑。换撑就是指在该阶段通过在支挡结构和地下结构之间设置合理的支撑，利用已经施工好的地下结构墙体和梁板承受支撑荷载，以替换原来的内支撑，达到变形控制和稳定要求。

换撑通常是在支挡结构和地下结构之间预留的施工作业空间设置换撑板带来完成，换撑板带的标高应分别对应地下结构层次标高，以利于支挡结构在换撑后最大限度的接近未换撑时的受力状态。换撑主要在三个部位完成：

（1）支挡结构和基础底板之间的换撑

当支挡结构和地下结构之间空隙距离较小且基础底板厚度不大时，换撑可采用与基础底板同样厚度、混凝土强度等级也相同的素混凝土浇筑，由于换撑仅承受压力，因而无需进行配筋。当基础底板厚度超过1.0m时，换撑厚度如果也与基础板厚度相同，则换撑混凝土用量较大，此时，换撑厚度可通过计算满足换撑传力要求即可，其余部分可采用填土填砂并密实处理即可。

（2）支挡结构和地下结构层之间的换撑

每道内支撑的拆除，均应在其下方的地下结构施工完毕并在相应部位设置换撑板带后方可进行。换撑板带一般应设置在地下结构有水平传力构件的位置，如基础底板、地下楼板处，见图5.40。

由于进行换撑板带施工时，地下室外墙模板尚未拆除，外墙防水以及填土

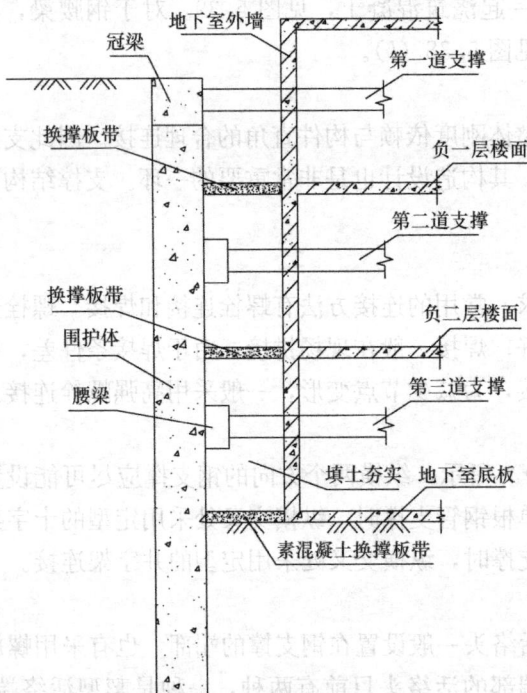

图5.40 换撑示意图

工作尚未完成，因此，换撑板带应间隔设置开口，作为施工人员工作通道。开口不应小于 1.0m×0.8m，间隔布置的间距一般控制在 6.0m 左右，可根据实际施工要求进行调整，见图 5.41。

由于换撑板带需要承受施工人员的作业荷载，故应采用钢筋混凝土板带，并在支挡结构上设置一定数量的吊筋，同时将换撑板带钢筋锚入地下结构外墙，以解决其竖向支承问题。为避免建筑物使用阶段主体结构和支挡结构的差异沉降可能引发的问题，换撑板带和支挡结构之间应设置隔离材料，板带内锚入地下结构的钢筋应采用交叉形以削弱换撑板带与结构外墙之间的连接刚度。见图 5.42。

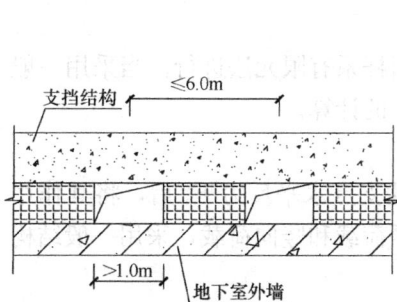

图 5.41 换撑板带开口设计　　　　　图 5.42 换撑板带构造

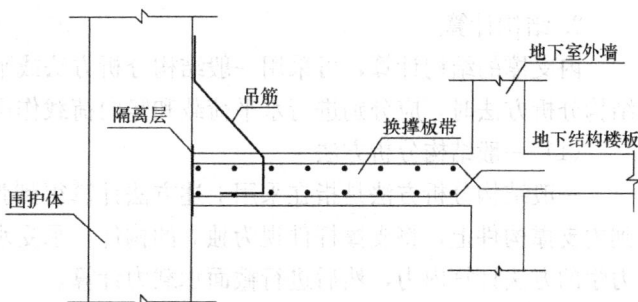

对于结构后浇带位置与结构缺失部位，应采取相应措施进行换撑。

10. 竖向斜撑设计

竖向斜撑一般用于开挖深度较浅但平面尺寸较大的基坑。它由斜撑基础、斜撑以及冠梁组成，当斜撑的水平投影长度大于 15m 时应在其中部设置立杆，见图 5.35（h）。

斜撑一般使用钢管和型钢，其型号的选择与水平支撑钢管相似，斜撑坡率不宜大于 1:2，并尽量与已开挖土坡的稳定坡率一致，以便于斜撑的安装；斜撑基础与支挡构件之间的水平距离不宜小于支挡构件嵌固深度的 1.5 倍；斜撑与斜撑基础、冠梁之间以及冠梁与支挡构件之间的连接应满足斜撑的水平分力和竖向分力的传递要求，斜撑基础的设置应与主体结构底板施工互相协调。

竖向斜撑的腰梁和支撑基础上应设置牛腿或采用其他能够承受剪力的连接措施；腰梁与挡土构件之间应采用能够承受剪力的连接措施；斜撑基础应满足竖向承载力和水平承载力要求；竖向斜撑安装前的支护结构应能够满足承载力、变形和整体稳定要求。

5.7.3 内支撑结构计算

实际工程中，支撑和冠梁及腰梁、排桩或地下连续墙以及立柱等连接成一体并形成空间结构。考虑支撑体系在平面上各点的不同变形与排桩、地下连续墙的变形协调作用的空间分析方法是最符合实际情况的，在有可靠经验时，可采用三维结构分析方法，对支挡结构、内支撑、腰梁与冠梁进行整体分析。但由于支护结构空间分析模型建立相当复杂，部分模型参数的确定也没有积累足够的经验，该方法尚未达到实用的程度。目前，工程实践中主要采用平面结构杆系弹性支点法和平面连续介质有限元法等平面分析方法。

在采用上述平面方法计算出作用在内支撑结构上水平荷载后，进行内支撑结构设计。

1. 作用在内支撑上的效应

作用在内支撑结构上的效应主要是由挡土构件传至内支撑结构的水平荷载，其次是作用在内支撑上的支撑结构自重以及当支撑作为施工平台（或栈桥）时的竖向荷载；另外，对于钢支撑结构，温度变化也会引起钢支撑轴力改变。一般认为，温度变化对钢支撑的影响程度与支撑构件的长度有较大的关系，根据经验，对长度超过 40m 的支撑，认为可考虑 10%～20% 的支撑内力变化；其次，当支撑立柱下沉或隆起量较大时，会使支撑立柱与排桩、地下连续墙之间以及立柱与立柱之间产生一定的差异沉降。当差异沉降较大时，在支撑构件上增加的偏心距，会使水平支撑产生次应力。因此，当预估或实测差异沉降较大时，应按此差异沉降量对内支撑进行计算分析并采取相应措施。

2. 结构计算

内支撑的结构计算，可采用一般结构分析方法或平面杆系有限元法进行。当采用一般结构分析方法时，应分别进行水平荷载和竖向荷载作用下的计算。

（1）一般结构分析方法

一般结构分析方法是指在采用上述方法计算得到弹性支点水平反力 F_h 后，将其作用到内支撑构件上，将支撑杆件视为独立的构件，承受水平荷载和竖向荷载，采用一般结构力学的方法计算内力，然后进行截面承载力计算。

1）水平荷载作用下的计算

水平荷载作用下的计算主要是支撑杆件和腰梁或冠梁的计算。

①支撑杆件

一般情况下，对于水平对撑、水平斜撑、正交平面杆系支撑以及这几种方式采用的桁架支撑和竖向斜撑等支撑形式，均可将支撑按偏心受压杆件进行计算，支撑的轴向压力设计值按以下公式计算：

$$N = \gamma_F \gamma_0 \frac{F_h s}{b_a} \tag{5-33}$$

式中 s 代表支撑间距，其余符号的意义参见第 4 章。

然后以 N 值进行支撑杆件的受压承载力及稳定性计算。

在进行支撑杆件受压承载力计算时应注意 3 个方面的问题：

A. 钢支撑的承载力计算应考虑安装偏心误差的影响，偏心距取值不宜小于支撑计算长度的 1/1000，且对混凝土支撑不宜小于 20mm，对钢支撑不宜小于 40mm；

B. 支撑构件的受压计算长度的取值，对水平支撑在竖向平面内的受压计算长度，不设置立柱时，取支撑的实际长度；设置立柱时，取相邻立柱的中心间距；对水平支撑在水平平面内的受压计算长度，对无水平支撑杆件交汇的支撑，取支撑的实际长度；对有水平支撑杆件交汇的支撑，取与支撑相交的相邻水平支撑杆件的中心间距；当水平支撑杆件的交汇点不在同一水平面内时，其水平平面内的受压计算长度宜取与支撑相交的相邻水平支撑杆件中心间距的 1.5 倍。

C. 为满足钢支撑稳定性要求，钢支撑受压杆件的长细比不应大于 150，受拉杆件长细比不应大于 200。

②腰梁或冠梁

对于混凝土腰梁或冠梁，是以支撑为支座，按多跨连续梁计算内力，对于钢腰梁，宜采用简支梁计算内力，其计算跨度可取相邻支撑点的中心距；然后进行构件的受弯和受剪承载力计算。

2）竖向荷载作用下的计算

竖向荷载作用下的计算主要包括支撑杆件和立柱的计算。

①支撑杆件

内支撑结构在竖向荷载作用下的结构分析，设有立柱时，在竖向荷载作用下内支撑结构宜按空间框架计算，当作用在内支撑结构上的竖向荷载较小时，内支撑结构的水平构件可按连续梁计算，计算跨度可取相邻立柱的中心距。

②立柱

在竖向荷载作用下，当内支撑结构按框架计算时，立柱按偏心受压构件计算；内支撑结构按连续梁计算时，立柱可按轴心受压构件计算；对于单层支撑的立柱、多层支撑底层立柱的受压计算长度应取底层支撑至基坑底面的净高度与立柱直径或边长的 5 倍之和；相邻两层水平支撑间的立柱受压计算长度应取水平支撑的中心间距；

立柱应进行立柱基础的设计，立柱基础应满足抗压和抗拔的要求。

上述构件的受压、受弯及受剪承载力的计算应根据支撑使用的材料不同分别按现行国家标准《混凝土结构设计规范》GB 50010 以及《钢结构设计规范》GB 50017 的规定进行，构件构造要求也应符合相应规范的要求。

竖向斜撑的计算可参照上述方法进行。

（2）平面杆系有限元法

平面杆系支撑、环形杆系支撑可按平面杆系结构采用平面有限元法进行计算；建立的计算模型中，约束支座的设置应与支护结构实际位移状态相符，内支撑结构边界向基坑外位移处应设置弹性约束支座，向基坑内位移处不应设置支座，与边界平行方向应根据支护结构实际位移状态设置支座。

计算时应考虑基坑不同方向上的荷载不均匀性；当基坑各边的土压力相差较大时，在简化为平面杆系时，尚应考虑基坑各边土压力的差异产生的土体被动变形的约束作用，此时，可在水平位移最小的角点设置水平约束支座，在基坑阳角处不宜设置支座。

【例 5-2】 将【例 5-1】中的锚拉式支挡结构改为支撑式支挡结构，支挡构件改成地下连续墙，锚杆改为钢管对撑，基坑开挖深度、土体、地下水以及地面超载条件同例【例 5-1】。

地下连续墙墙顶低于地面 2.0m，以上土体按 1∶1 放坡；墙厚 0.8m，单幅宽度（包接头）6.0m，混凝土强度等级为 C30，钢筋采用 HRB400 级。支撑拟采用 Q235 级 ϕ299 ×14mm 钢管对撑，对撑水平间距 6.0m，对撑在桩顶冠梁上，支撑受压计算长度为 12.0m，拟预加力 300kN。见图 5.43。

经采用平面杆系结构弹性支点法计算，支挡结构内力计算值分别为：最大弯矩 M_k ＝262.6kN·m，最大剪力 V_k ＝76.53kN，弹性支点水平反力 F_h ＝976.8kN。支护结构安全等级为二级，荷载分项系数 γ_F 取 1.25。

（1）计算作用在支挡构件上的主动土压力强度标准值和被动土压力强度标准值，画出两者沿桩身的分布图，并计算各自的合力标准值及作用点位置；

（2）对支挡结构进行嵌固稳定性、整体稳定性、抗隆起稳定性验算，确定嵌固深度是否满足稳定性验算要求；

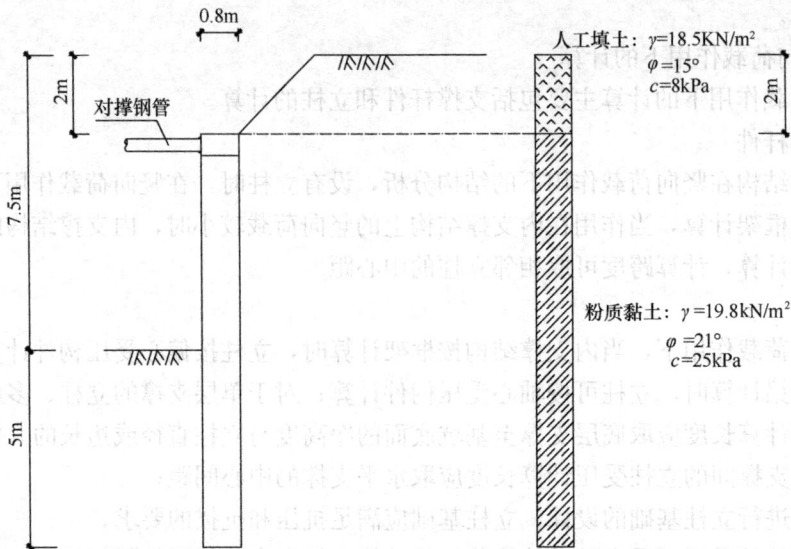

图 5.43

(3) 进行墙身配筋计算；

(4) 进行内支撑受压承载力验算；

(5) 进行冠梁设计。

【解】

(1) 计算主动及被动土压力强度标准值，及合力和合力作用点

1) 主动、被动土压力系数

$$K_{a,1} = \tan^2\left(45° - \frac{\varphi_1}{2}\right) = \tan^2\left(45° - \frac{15°}{2}\right) = 0.589$$

$$K_{a,2} = \tan^2\left(45° - \frac{\varphi_2}{2}\right) = \tan^2\left(45° - \frac{21°}{2}\right) = 0.472$$

$$K_{p,1} = \tan^2\left(45° + \frac{\varphi_1}{2}\right) = \tan^2\left(45° + \frac{15°}{2}\right) = 1.698$$

$$K_{p,2} = \tan^2\left(45° + \frac{\varphi_2}{2}\right) = \tan^2\left(45° + \frac{21°}{2}\right) = 2.117$$

2) 临界深度 z_0

$$z_0 = \frac{2c_2\sqrt{K_{a,2}} - q \cdot K_{a,2}}{\gamma_2 \cdot K_{a,2}} = \frac{2 \times 25 \times 0.687 - (18.5 \times 2 + 20) \times 0.472}{19.8 \times 0.472} = 0.80\text{m}$$

3) 各分层接触面处主动及被动土压力强度标准值

$$p_{ak\text{坑底}} = (\gamma_1 h_1 + q + \gamma_2 h_2)K_{a,2} - 2c_2\sqrt{K_{a,2}}$$

$$= (18.5 \times 2 + 20 + 19.8 \times 5.5) \times 0.472 - 2 \times 8 \times 0.767$$

$$= 43.95\text{kPa}$$

$$p_{ak\text{桩底}} = (\gamma_1 h_1 + q + \gamma_2 h_2 + \gamma_2 h_d)K_{a,2} - 2c_2\sqrt{K_{a,2}}$$

$$= (18.5 \times 2 + 20 + 19.8 \times 5.5 + 19.8 \times 5) \times 0.472 - 2 \times 8 \times 0.767$$

$$= 90.68\text{kPa}$$

112

$$p_{\text{pk坑底}} = 2c_2\sqrt{K_{a,2}} = 2 \times 25 \times 1.455 = 72.75\text{kPa}$$

$$p_{\text{pk桩底}} = \gamma_2 h_d K_{a,2} + 2c_2\sqrt{K_{a,2}} = 19.8 \times 5 \times 2.117 - 2 \times 25 \times 1.455 = 282.333\text{kPa}$$

4）主动、被动土压力强度沿桩身的分布图见图5.44。

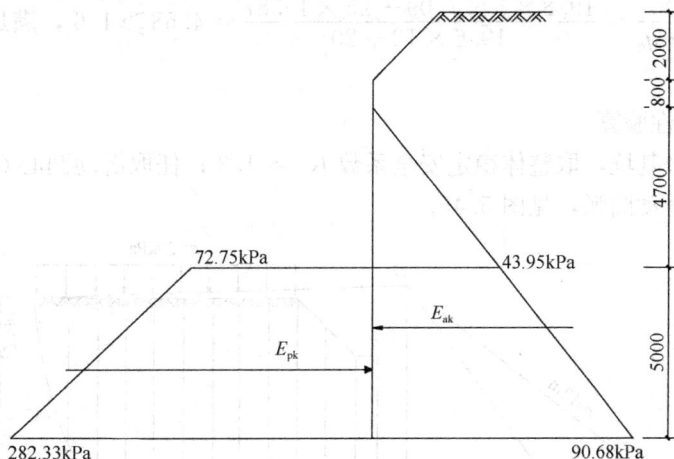

图5.44 土压力强度分布图

5）土压力合力大小及合力作用点

① 主动土压力合力及其合力作用点：

$$E_{\text{ak1}} = \frac{1}{2} \times 9.7 \times 90.68 = 439.80\text{kN}$$

合力：$E_{\text{ak}} = E_{\text{ak1}} = 439.80\text{kN}$

假设合力作用点距桩底的距离为 h_{a1} ，则：

$$h_{\text{a1}} = \frac{439.80 \times 3.23}{439.80} = 3.23\text{m}$$

② 被动土压力及其合力作用点：

$$E_{\text{pk1}} = 72.75 \times 5 = 363.75\text{kN}$$

$$E_{\text{pk2}} = \frac{1}{2} \times (282.333 - 72.75) \times 5 = 523.96\text{kN}$$

合力：$E_{\text{pk}} = 363.75 + 523.96 = 887.71\text{kN}$

假设合力作用点距桩底的距离为 h_{p1} ，则：

$$h_{\text{p1}} = \frac{363.75 \times 2.5 + 523.96 \times 1.67}{887.71} = 2.01\text{m}$$

其作用点位置见图5.44。

（2）支挡结构稳定性验算：

1）嵌固稳定性验算

该基坑为二级基坑，取嵌固稳定安全系数 $K_e = 1.2$，按照公式：$\dfrac{E_{\text{pk}}a_{\text{p2}}}{E_{\text{ak}}a_{\text{a2}}} \geqslant K_e$ 验算，

有：$\dfrac{881.71 \times 8.49}{439.8 \times 7.27} = 2.36 \geqslant 1.2$，满足嵌固稳定性要求。

2）抗隆起稳定性验算

该基坑为二级基坑，取抗隆起稳定安全系数 $K_b = 1.6$；

$$N_q = \tan^2\left(45° + \frac{\varphi_2}{2}\right)e^{\pi\tan\varphi} = 7.09, \ N_c = (N_q - 1)/\tan\varphi_2 = 15.87，则$$

$$\frac{\gamma_{m2}l_d N_q + cN_c}{\gamma_{m1}(h + l_d) + q_0} = \frac{19.8 \times 5 \times 7.09 + 25 \times 15.87}{19.6 \times 12 + 20} = 4.58 \geqslant 1.6，满足抗隆起稳定性$$

要求。

3）整体稳定性验算

该基坑为二级基坑，取整体稳定安全系数 $K_s = 1.3$；任取滑动圆心 O，以 O 点与桩底连线为半径做滑动圆弧，见图 5.45。

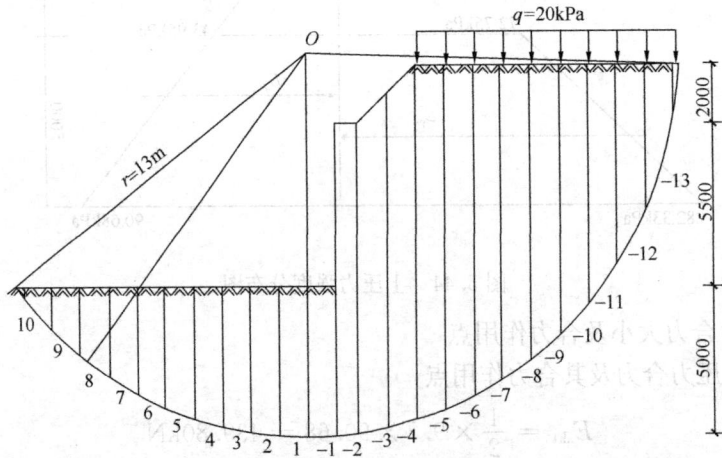

图 5.45 整体稳定性验算示意图

对于该滑弧的稳定安全系数按公式（5-8）计算，具体计算见表 5.4。

表 5.4

分条号	θ_j	h_j	$h_j l_j \gamma_m$	$c_j l_j$	$(q_j b_j + \Delta G_j)\cos\theta_j\tan\varphi_j$	$(q_j b_j + \Delta G_j)\sin\theta_j$
10	46.95	0.95	18.81	37.25	42.18	13.75
9	40.83	1.91	37.82	33.00	43.98	24.73
8	35.23	2.69	53.26	30.75	47.45	30.72
7	30.00	3.33	65.93	29.00	50.92	32.97
6	25.03	3.84	76.03	27.50	53.94	32.17
5	20.25	4.27	84.55	26.75	57.20	29.26
4	15.62	4.60	91.08	26.00	59.67	24.52
3	11.09	4.83	95.63	25.50	61.52	18.39
2	4.43	4.98	98.60	26.00	63.74	7.62
1	2.20	5.07	100.39	26.00	64.51	3.85
−1	2.21	5.07	100.39	25.25	63.76	3.87
−2	6.18	5.00	99.00	20.25	58.03	10.66
−3	10.19	12.36	242.13	23.85	105.42	42.84

分条号	θ_j	h_j	$h_j l_j \gamma_m$	$c_j l_j$	$(q_j b_j + \Delta G_j)\cos\theta_j\tan\varphi_j$	$(q_j b_j + \Delta G_j)\sin\theta_j$
-4	14.71	12.14	237.77	24.05	102.60	60.38
-5	19.32	11.84	231.83	24.71	105.63	83.32
-6	24.06	11.45	224.11	25.60	101.17	99.52
-7	28.99	10.95	214.21	26.18	95.23	113.51
-8	34.09	10.34	202.13	28.15	89.65	124.50
-9	39.68	9.58	187.08	29.78	82.45	132.22
-10	45.67	8.66	168.87	32.45	75.32	135.10
-11	52.40	7.51	146.10	36.84	68.87	131.60
-12	60.70	6.00	116.20	44.21	64.16	118.78
-13	71.11	3.79	112.04	65.86	76.63	124.93

则：

$$\frac{\sum\{c_j l_j + [(q_j b_j + \Delta G_j)\cos\theta_j - u_j l_j]\tan\phi_j\} + \sum R'_{k,k}[\cos(\theta_j + \alpha_k) + \psi_v]/s_{x,k}}{\sum(q_j b_j + \Delta G_j)\sin\theta_j}$$

$$= \frac{694.93 + 1634.04}{1399.2} = 1.66 \geqslant K_s = 1.3$$

因此，对于该指定圆心的滑弧，其整体稳定性验算满足要求。

由于上述滑弧的圆心系人为指定，不一定是最危险滑弧，故还应进行试算，找到最危险滑弧。经商业软件计算，该支护整体稳定性验算满足要求。

3. 地下连续墙配筋计算

基坑等级为二级，取 $\gamma_0 = 1.0$ ；因 $\gamma_F = 1.25$ ，$M_k = 262.2\text{kN} \cdot \text{m}$ ，$V_k = 76.53\text{kN}$ ，则弯矩和剪力的设计值分别为：

$$M = \gamma_0\gamma_F M_k = 1.0 \times 1.25 \times 262.6 = 328.33\text{kN} \cdot \text{m}$$

$$V = \gamma_0\gamma_F V_k = 1.0 \times 1.25 \times 76.53 = 95.66\text{kN}$$

纵向受力钢筋选择 HRB400，$f_y = 360\text{MPa}$，其余选择 HPB300，$f_{yv} = 270\text{MPa}$，墙身混凝土保护层厚度取 50mm。

地下连续墙按墙体两侧均匀配筋，取单位宽度按矩形梁计算。

根据《混凝土结构设计规范》GB 50010—2010 第 6.2.7 条、第 6.2.10 条计算得 $\xi_b = 0.518$ ，

$$A'_s = A_s = \frac{M}{f_y(h_0 - \alpha'_s)} = \frac{328330000}{360 \times (750 - 50)} = 1302.9\text{mm}^2$$

选配 $\phi20$ HRB400 钢筋，间距@200，实配 1570.00mm²。水平钢筋按构造配筋，选择 HPB300 $\phi12$@200，拉结筋选择 HPB300 $\phi10$@200。

墙体配筋剖面如图 5.46 所示。

4. 内支撑受压承载力验算

内支撑的轴向拉力设计值为 $N = \gamma_F\gamma_0\dfrac{F_h s}{b_a} = 1.0 \times 1.25 \times \dfrac{976.8 \times 6}{6} = 1221\text{kN}$ ，钢

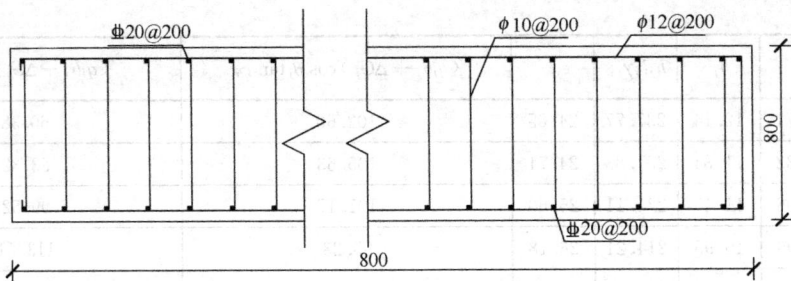

图 5.46　地下连续墙配筋示意图

材采用 Q235 级钢，$\phi299\times14\text{mm}$ 钢管，计算长度为 12m，钢管长细比 $\lambda=\dfrac{l_0}{i}=\dfrac{12000}{101}=$

119，根据《钢结构设计规范》查得 $\varphi=0.5$，则：

$$\frac{N}{\varphi A}=\frac{1221000}{0.5\times12535}=194.81\text{N/mm}^2\leqslant f=215\text{N/mm}^2，满足要求。$$

5. 冠梁设计

（1）截面配筋设计

冠梁按三跨连续梁计算，每跨 $l_0=6\text{m}$；基坑为二级基坑，取 $\gamma_0=1.0$，作用在每跨中心位置的荷载 $F=1.0\times1.25\times976.8=1221\text{kN}$。

计算模型以及弯矩和剪力包络图见图 5.47，最大跨中弯矩 $M=1282.05\text{kN}\cdot\text{m}$，最大负弯矩 $M=1098.90\text{kN}\cdot\text{m}$，最大剪力 $V=793.65\text{kN}$；

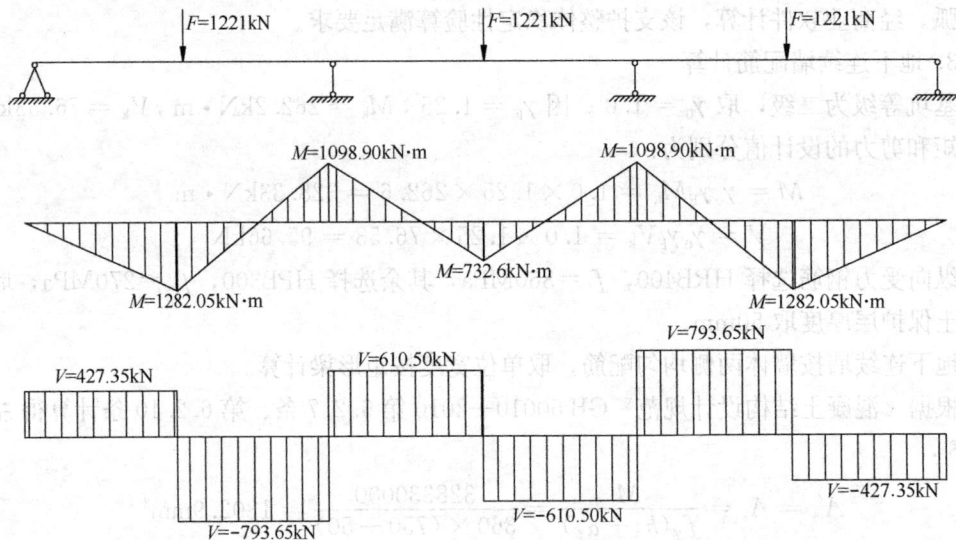

图 5.47　冠梁计算模型、弯矩及剪力包络图

冠梁剖面设计如图 5.48 所示，高度为 800mm，宽度为 500mm，混凝土强度等级为 C30，钢筋级别为 HRB400，保护层厚度取 20mm。

对于最大正弯矩，根据《混凝土结构设计规范》GB 50010—2010 第 6.2.10 条的公式（6.2.10-2）计算得 $x=280.22\text{mm}$；按 GB 50010—2010 第 6.2.10 条中的公式（6.2.10-

116

2）计算得：$A_s = 5565.48\text{mm}^2$；选配 7 根 $\phi32$ HRB400 钢筋，实配面积为 5630.00mm²。同理，对于最大负弯矩，按 GB 50010—2010 第 6.2.10 条中的公式（6.2.10-1）计算得：$x = 231.35\text{mm}$，按 GB 50010—2010 第 6.2.10 条中的公式（6.2.10-2）计算得：$A_s = 4594.87\text{mm}^2$；选配 6 根 $\phi32$ HRB400 钢筋，实配面积为 4826.00mm²。

箍筋计算：按《混凝土结构设计规范》GB 50010—2010 第 6.3.4 条确定 $\alpha_{cv} = 0.21$，因：$V = 793.65\text{kN} \geqslant \alpha_{cv} f_t b h_0 = 0.21 \times 1.43 \times 500 \times 780 = 117.12\text{kN}$。

故应按计算配置箍筋，由 $V_{cs} = \alpha_{cv} f_t b h_0 + f_{yv} \dfrac{A_{sv}}{s} h_0$ 可得：

$$\frac{A_{sv}}{s} = \frac{V_{cs} - \alpha_{cv} f_t b h_0}{f_{yv} h_0} = \frac{793650 - 117120}{270 \times 780}$$

= 3.21，选配四肢箍 $\phi12@120$ HPB300 钢筋，

则：$\dfrac{A_{sv}}{s} = \dfrac{4 \times 113.1}{120} = 3.77$，符合要求。

冠梁配筋见图 5.48。

（2）冠梁侧面局部受压承载力验算：

钢管支撑与混凝土冠梁之间设置钢板，钢板长和宽均为 350mm，厚度为 10mm，根据《混凝土结构设计规范》GB 50010—2010 第 6.6.1 条、第 6.6.2 条计算：

图 5.48　冠梁配筋示意图

$$F_l = 1221000 \leqslant 1.35\beta_c\beta_l f_c A_{ln} = 1.35 \times 1.0 \times \sqrt{\frac{350 \times 350}{12535}}$$
$$\times 14.3 \times 350 \times 350 = 7392847.8\text{N}$$

局压验算满足要求。

5.7.4　内支撑结构施工与检测

内支撑结构的施工包括混凝土支撑施工和钢支撑的施工，两者的施工应分别符合现行国家标准《混凝土结构工程施工质量验收规》GB 50204、《钢结构工程施工质量验收规》GB 50205 的规定。除此以外，还应特别注意以下事宜：

1. 内支撑结构的施工与拆除顺序，应与设计工况一致，必须遵循先支撑后开挖的原则。

2. 混凝土腰梁施工前应将排桩、地下连续墙等挡土构件的连接表面清理干净，混凝土腰梁应与挡土构件紧密接触，不得留有缝隙。

3. 钢腰梁与排桩、地下连续墙等挡土构件间隙的宽度宜小于 100mm，并应在钢腰梁安装定位后，用强度等级不低于 C30 的细石混凝土填充密实。

4. 对预加轴向压力的钢支撑，施加预压力时应符合下列要求：

（1）对支撑施加压力的千斤顶应有可靠、准确的计量装置；

（2）千斤顶压力的合力点应与支撑轴线重合，千斤顶应在支撑轴线两侧对称、等距放置，且应同步施加压力；

（3）千斤顶的压力应分级施加，施加每级压力后应保持压力稳定 10 分钟后方可施加下一级压力；预压力加至设计规定值后，应在压力稳定 10 分钟后，方可按设计预压力值进行锁定；

（4）支撑施加压力过程中，当出现焊点开裂、局部压曲等异常情况时应卸除压力，在

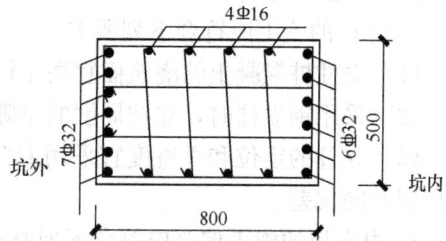

对支撑的薄弱处进行加固后，方可继续施加压力；

(5) 当监测的支撑压力出现损失时，应再次施加预压力。

5. 对钢支撑，当夏期施工产生较大温度应力时，应及时对支撑采取降温措施。当冬期施工降温产生的收缩使支撑端头出现空隙时，应及时用铁楔将空隙楔紧或采取其他连接措施。

6. 支撑拆除应在替换支撑的结构构件达到换撑要求的承载力后进行。当主体结构底板和楼板分块浇筑或设置后浇带时，应在分块部位或后浇带处设置可靠的传力构件。支撑的拆除应根据支撑材料、形式、尺寸等具体情况采用人工、机械和爆破等方法。

7. 立柱的施工应符合下列要求：

(1) 立柱桩混凝土的浇筑面宜高于设计桩顶 500mm；

(2) 采用钢立柱时，立柱周围的空隙应用碎石回填密实，并宜辅以注浆措施；

(3) 立柱的定位和垂直度宜采用专门措施进行控制，对格构柱、H 型钢柱，尚应同时控制方向偏差。

8. 内支撑的施工偏差应符合下列要求：

(1) 支撑标高的允许偏差应为 30mm；

(2) 支撑水平位置的允许偏差应为 30mm；

(3) 临时立柱平面位置的允许偏差应为 50mm，垂直度的允许偏差应为 1/150；

(4) 立柱用作主体结构构件时，立柱平面位置的允许偏差应为 10mm，垂直度允许偏差应为 1/300。

5.8 支护结构与主体结构的结合及逆作法

5.8.1 概述

主体工程与支护结构相结合，是指在施工期利用地下结构外墙或地下结构的梁、板、柱兼作基坑支护体系，不设置或仅设置部分临时基坑支护体系。它在变形控制、降低工程造价、可持续发展等方面具有诸多优点，是建设高层建筑多层地下室和其他多层地下结构的有效方法。

支护结构与主体结构可采用下列结合方式：

(1) 支护结构的地下连续墙与主体地下结构外墙相结合，即"两墙合一"，同时结合坑内临时支撑系统；

(2) 支护结构的水平支撑与主体地下结构水平构件相结合，即用水平梁板体系替代支撑；

(3) 支护结构的竖向支承立柱与主体地下结构竖向构件相结合。

地下连续墙与主体地下结构外墙相结合时，可采用单一墙、复合墙或叠合墙结构形式，见图 5.49。

与主体结构相结合的地下连续墙在较深的基坑工程中较为普遍。通常情况下，采用单一墙时，地下连续墙应独立作为主体结构外墙，永久使用阶段应按地下连续墙承担全部外墙荷载进行设计，基坑内部槽段接缝位置需设置钢筋混凝土壁柱，并留设隔潮层、设置砖衬墙。采用复合墙时，地下连续墙应作为主体结构外墙的一部分，其内侧应设置混凝土衬

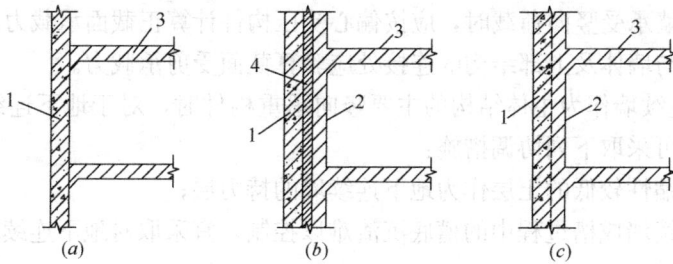

图 5.49 地下连续墙与地下结构外墙结合的形式

(a) 单一墙；(b) 复合墙；(c) 叠合墙

1—地下连续墙；2—衬墙；3—楼盖；4—衬垫材料

墙；二者之间的结合面应按不承受剪力进行构造设计，永久使用阶段水平荷载作用下的墙体内力宜按地下连续墙与衬墙的刚度比例进行分配；地下连续墙墙体内表面需进行凿毛处理，并留设剪力槽和插筋等预埋措施，确保与内衬结构墙之间剪力的可靠传递。对于叠合墙，地下连续墙应作为主体结构外墙的一部分，其内侧应设置混凝土衬墙；二者之间的结合面应按承受剪力进行连接构造设计，永久使用阶段地下连续墙与衬墙应按整体考虑，外墙厚度应取地下连续墙与衬墙厚度之和。

复合墙和叠合墙在基坑开挖阶段，仅考虑地下连续墙作为基坑围护结构进行受力和变形计算；在正常使用阶段，可以考虑内衬钢筋混凝土墙体的复合或重合作用。

5.8.2 设计要求

支护结构与主体结构相结合时，因施工期和使用期的荷载状况和结构状态均有较大的差别，应分别按基坑支护各设计状况与主体结构各设计状况进行设计。按支护结构设计时，作用在支护结构上的荷载除应符合支护结构设计要求外，尚应同时考虑施工时的主体结构自重及施工荷载；与主体结构相关的构件之间的结点连接、变形协调与防水构造应满足主体结构的设计要求。按主体结构设计时，作用在主体地下结构外墙上的土压力应采用静止土压力。

1. 地下连续墙与地下结构外墙相结合时的地下连续墙设计

(1) 支护结构各设计状况下地下连续墙的计算分析应符合第 5.5 节的要求。

(2) 主体结构各设计状况下地下连续墙的设计

1) 计算分析应符合下列规定：

①水平荷载作用下，地下连续墙应按以主体地下楼盖结构为支承的连续板或连续梁进行计算，结构分析尚应考虑与支护阶段地下连续墙内力、变形的叠加的工况，此时，作用在主体地下结构外墙上的土压力宜采用静止土压力；

②地下连续墙应进行裂缝宽度验算。除特殊要求外，应按现行国家标准《混凝土结构设计规范》GB 50010 的规定，按环境类别选用不同的裂缝控制等级及最大裂缝宽度限值；

③墙体作为主要竖向承重构件时，应分别按承载能力极限状态和正常使用极限状态验算地下连续墙的竖向承载力和沉降量。地下连续墙的竖向承载力宜通过现场静载荷试验确定。无试验条件时，可按钻孔灌注桩的竖向承载力计算公式进行估算，墙身截面有效周长应取与周边土体接触部分的长度，计算侧阻力时的墙体长度应取基底以下的嵌固深度。地下连续墙采用刚性接头时，应对刚性接头进行抗剪验算；

④地下连续墙承受竖向荷载时，应按偏心受压构件计算正截面承载力；

⑤墙顶冠梁与墙体及上部结构的连接处应验算截面受剪承载力。

2）当地下连续墙作为主体结构的主要竖向承重构件时，对于地下连续墙与内部结构之间差异沉降，可采取下列协调措施：

①宜选择压缩性较低的土层作为地下连续墙的持力层；

②因地下连续墙成槽过程中的槽底沉渣难以控制，宜采取对地下连续墙墙底注浆加固的措施；

③宜在地下连续墙附近的基础底板下设置基础桩。

3）用作主体结构的地下连续墙的防水薄弱点在槽段接缝和地下连续墙与基础底板的连接位置，因此应设置必要的构造措施保证其连接和防水可靠性。连接及防水构造应符合下列规定：

①地下连续墙与主体地下结构的连接可采用墙内预埋弯起钢筋、钢筋接驳器、钢板等，预埋钢筋直径不宜大于20mm，并应采用HPB300级钢筋；连接钢筋直径大于20mm时，宜采用钢筋接驳器连接。无法预埋钢筋或留设精度无法满足设计要求时，可采用预埋钢板的方式；

②地下连续墙墙段间的竖向接缝宜设置防渗和止水构造。有条件时，可在墙体内侧接缝处设扶壁式构造柱或框架柱。当地下连续墙内侧设有构造衬墙时，应在地下连续墙与衬墙间设置排水通道；

③地下连续墙与主体地下结构顶板、底板的连接接缝处，应按地下结构的防水等级要求，设置刚性止水片、遇水膨胀橡胶止水条或预埋注浆管等构造措施。

2. 支护结构的水平支撑与地下结构水平构件相结合时，主体结构楼盖的设计

（1）支护阶段，主体结构楼盖用作支撑，其计算分析应符合下列规定：

1）应符合内支撑设计的有关规定，详见第5.7节；

2）当主体地下楼盖结构兼作为施工平台时，此时水平构件不仅需承受坑外水土的侧向水平向压力，同时还承受施工机械的竖向荷载。应按水平和竖向荷载同时作用进行计算；

3）同层楼板面存在高差的部位，应验算该部位构件的抗弯、抗剪、抗扭承载能力；必要时，应设置可靠的水平向转换结构或临时支撑等措施；

4）对结构楼板的洞口及车道开口部位，当洞口两侧的梁板不能满足传力要求时，应在缺少结构楼板处采用设置临时支撑等措施；

5）各层楼盖设结构分缝或后浇带处，应设置水平传力构件，其承载力应通过计算确定。

（2）支护结构的水平支撑与地下结构水平构件相结合时，主体结构各设计状况下主体结构楼盖的计算分析尚应考虑与支护阶段楼盖内力、变形叠加的工况。

当采用梁板体系且结构开口较多时，可简化为仅考虑梁系的作用，进行在一定边界条件下，在周边水平荷载作用下的封闭框架的内力和变形计算，其计算结果是偏安全的。当梁板体系需考虑板的共同作用，或结构为无梁楼盖时，应采用平面有限元的方法进行整体计算分析，根据计算分析结果并结合工程概念和经验，合理确定用于结构构件设计的内力。

主体地下水平结构作为基坑施工期的水平支撑，需承受坑外传来的水土侧向压力。因此水平结构应具有直接的、完整的传力体系。如同层楼板面标高出现较大的高差时，应通过计算采取有效的转换结构以利于水平力的传递。另外，应在结构楼板出现较大面积的缺失区域以及地下各层水平结构梁板的结构分缝以及施工后浇带等位置，通过计算设置必要的水平支撑传力体系。

3. 支护结构的竖向支承立柱与地下结构竖向构件相结合时的立柱设计

支护结构与主体结构相结合工程中的竖向支承系统钢立柱和立柱桩一般尽量设置于主体结构柱位置，并利用结构柱下工程桩作为立柱桩，钢立柱则在基坑逆作阶段结束后外包混凝土形成主体结构劲性柱。

支护结构的竖向支承立柱与地下结构竖向构件相结合时，一根结构柱位置宜布置一根立柱及立柱桩。当一根立柱无法满足逆作施工阶段的承载力与沉降要求时，也可采用一根结构柱位置布置多根立柱和立柱桩的形式。

竖向支承系统立柱和立柱桩的位置和数量，要根据地下室的结构布置和制定的施工方案经计算确定，其承受的最大荷载，是地下室已修筑至最下一层，而地面上已修筑至规定的最高层数时的结构构件重量与施工超载的总和。除承载能力必须满足荷载要求外，钢立柱底部桩基础的主要设计控制参数是沉降量，目标是使相邻立柱以及立柱与基坑周边围护体之间的沉降差控制在允许范围内，以免结构梁板中产生过大附加应力，导致裂缝的发生。

（1）支护阶段立柱和立柱桩的计算分析

1）应符合第 5.7 节的要求：

2）立柱及立柱桩的承载力与沉降计算时，立柱及立柱桩的荷载应包括支护阶段施工的主体结构自重及其所承受的施工荷载，并应按其安装的垂直度允许偏差计入竖向荷载偏心的影响；

3）在主体结构底板施工前，立柱基础之间及立柱与地下连续墙之间的差异沉降不宜大于 20mm，也不宜大于柱距的 1/400。立柱桩采用钻孔灌注桩时，可采用后注浆措施减小立柱桩的沉降。

（2）在主体结构的短暂与持久设计状况下，宜考虑立柱基础之间的差异沉降及立柱与地下连续墙之间的差异沉降引起的结构次应力，并应采取防止裂缝产生的措施。

（3）构造要求

与主体结构竖向构件结合的立柱的构造应符合下列规定：

1）立柱应根据支护阶段承受的荷载要求及主体结构设计要求，采用格构式钢立柱、H 型钢立柱或钢管混凝土立柱等形式；立柱桩宜采用灌注桩，并应尽量利用主体结构的基础桩；

2）立柱采用角钢格构柱时，其边长不宜小于 420mm；采用钢管混凝土柱时，钢管直径不宜小于 500mm；

3）需要外包混凝土形成主体结构框架柱的立柱，其形式与截面应与地下结构梁板和柱的截面与钢筋配置相协调，其节点构造应保证结构整体受力与节点连接可靠性；立柱应在地下结构底板混凝土浇筑完后，逐层在立柱外侧浇筑混凝土形成地下结构框架柱；

4）立柱与水平构件连接节点的抗剪钢筋、栓钉或钢牛腿等抗剪构造应根据计算确定；

5）采用钢管混凝土立柱时，插入立柱桩的钢管的混凝土保护层厚度不应小于 100mm。

5.8.3 施工要求

1. 支护结构的地下连续墙与地下结构外墙相结合时，地下连续墙的成槽施工应采用具有自动纠偏功能的设备；进行墙底后注浆时，墙段可折算成截面面积相等的桩，并根据现行行业标准《建筑桩基技术规范》JGJ 94 确定后注浆参数，并按该规范的有关规定进行后注浆的施工。

2. 支护结构的竖向支承立柱与地下结构竖向构件相结合时，立柱及立柱桩的施工应符合下列要求：

（1）立柱桩混凝土的浇筑面宜高于设计桩顶 500mm，立柱周围的空隙应用碎石回填密实，并宜辅以注浆措施；

（2）立柱施工过程中宜采用专门的仪器装置进行定位和垂直度控制，对格构柱、H 型钢柱，尚应同时控制转向偏差；

（3）立柱采用钢管混凝土柱时，宜通过现场试充填试验确定钢管混凝土柱的施工工艺与施工参数；

（4）立柱桩采用后注浆时，后注浆的施工应符合现行行业标准《建筑桩基技术规范》JGJ 94 有关灌注桩后注浆施工的有关规定。

3. 主体地下结构采用逆作法施工时，应在地下各层楼板上设置用于垂直运输施工的孔洞。楼板的孔洞应符合下列规定：

（1）同层楼板上需要设置多个孔洞时，孔洞的位置应考虑楼板作为内支撑的受力和变形要求，并应满足合理布置施工运输的要求；

（2）施工孔洞宜尽量利用主体结构的楼梯间、电梯井或无楼板处等结构开口；孔洞的尺寸应满足土方、设备、材料等垂直运输的施工要求；

（3）地下结构楼板上的临时运输预留孔洞、立柱预留孔洞部位，应验算水平支撑力和施工荷载作用下洞口的应力和变形，并应采取设置边梁或增强洞口的钢筋配置等加强措施；

（4）对主体地下结构逆作施工后需要封闭的临时孔洞，应根据主体结构对孔洞处二次浇筑混凝土的结构连接要求，预先在洞口周边设置连接钢筋或抗剪预埋件等结构连接措施；对有防水要求的洞口应设置刚性止水片、遇水膨胀橡胶止水条或预埋注浆管等止水构造措施。

4. 逆作的主体地下结构的梁、板、柱，混凝土浇筑应采用下列措施：

（1）主体地下结构的梁板等构件宜采用支模法浇筑混凝土；地下水平结构施工的支模方式通常有土模法和支模法两种。土模法优点在于节省模板量，且无需考虑模板的支撑高度从而带来的超挖问题，但土模法由于直接利用土作为梁板的模板，结构梁板自重的作用下，土模易发生变形进而影响梁板的平整度，不利于结构梁板施工质量的控制。因此，从保证永久结构的质量角度上，地下水平结构构件宜采用支模法施工，围护体设计计算时，应计入采用支模法而带来的超挖等因素。

（2）由上向下逐层逆作地下结构的墙、柱时，墙、柱的纵向钢筋预先埋入下方土层内的钢筋连接段应采取防止钢筋污染的措施，与下层墙、柱钢筋的连接应符合现行国家标准

《混凝土结构设计规范》GB 50010 对钢筋连接的规定；下层墙、柱浇筑混凝土前，应将已浇筑的上层墙、柱混凝土的结合面及预留连接钢筋、钢板表面的泥土清除干净。

（3）逆作浇筑各层墙、柱混凝土时，墙、柱的模板顶部宜做成向上开口的喇叭形，且上层梁板在柱、墙节点处宜预留下层墙、柱的混凝土浇捣孔；下层墙、柱混凝土结合面应浇筑密实、无收缩裂缝。

（4）当前后两次浇筑的墙、柱混凝土结合面可能出现裂缝时，宜在结合面处的模板上预留充填裂缝的压力注浆孔。

5. 与主体结构相结合的地下连续墙、立柱及立柱桩，其施工偏差应符合下列规定：

（1）除特殊要求外，地下连续墙的施工偏立柱及立柱桩差应符合现行国家标准《建筑地基基础工程施工质量验收规范》GB 50202 的规定；

（2）立柱及立柱桩的水平位置允许偏差应为 ±10mm；

（3）立柱的垂直度允许偏差应为 1/300；

（4）立柱桩的垂直度允许偏差应为 1/200。

6. 支护结构的竖向支承立柱与地下结构竖向构件相结合时，立柱及立柱桩的检测应符合下列规定：

（1）应对全部立柱进行垂直度与柱位进行检测；

（2）应采用敲击法对钢管混凝土立柱进行检验，检测数量应大于立柱总数的 20%；当发现立柱缺陷时，应采用声波透射法或钻芯法进行验证，并扩大敲击法检测数量。

5.9 双 排 桩 设 计

5.9.1 概述

双排桩（double-row-piles wall）是指沿基坑侧壁排列设置的由前、后两排支护桩和梁连接成的刚架及冠梁所组成的支挡式结构。其支护结构示意图见图 5.50。

在某些特殊条件的基坑工程中，锚杆、土钉、内支撑可能受到限制无法实施，采用单排悬臂桩又难以满足承载力和基坑变形的要求，或者采用单排悬臂桩造价明显不合理，此时，可选择双排桩刚架结构作为基坑支护结构。与常用的支挡式支护结构如单排悬臂桩结构、锚拉式结构、支撑式结构相比，双排桩刚架支护结构有以下特点：

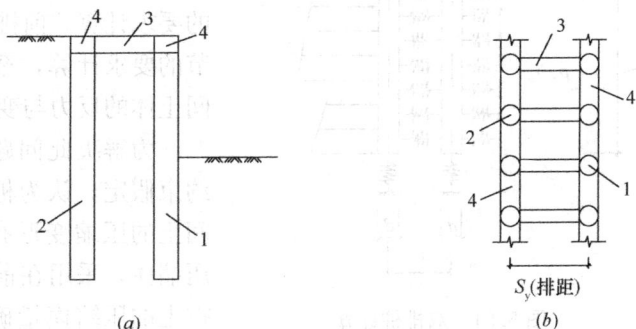

图 5.50 双排桩支护结构示意图
(a) 剖面示意；(b) 平面示意
1—前排桩；2—后排桩；3—刚架梁；4—冠梁

1. 与单排悬臂桩相比，双排桩本质上也是一种悬臂式支挡结构，但因为桩顶有刚架梁的连接，使其成为了结构力学中的刚架结构。刚架梁起到协调前后排桩的变形作用，并对内力进行重分配，使两排桩的内力分布明显优于悬臂结构，双排桩刚架结构的桩顶位移明显小于单排悬臂桩。在相同的材料消耗条件下，其安全可靠性、经济合理性优于单排悬臂桩。

2. 与支撑式支挡结构相比，由于基坑内不设支撑，不影响基坑开挖和地下结构施工，同时省去设置、拆除内支撑的工序，大大缩短了工期。

3. 与锚拉式支挡结构相比，双排桩刚架结构可避免锚拉式支挡结构难以克服的缺点。如：(1) 在拟设置锚杆的部位有已建地下结构、障碍物，锚杆无法实施；(2) 拟设置锚杆的土层为高水头的砂层（有隔水帷幕），锚杆无法实施或实施难度、风险大；(3) 拟设置锚杆的土层无法提供要求的锚固力；(4) 拟设置锚杆的工程，地方法律法规规定支护结构不得超出用地红线。

此外，双排桩还具有施工工艺简单、不与土方开挖交叉作业、工期短等优势，在可以采用悬臂桩、支撑式支挡结构、锚拉式支挡结构条件下，当地下室外墙与规划红线之间具有足够的空间尺寸时，也可考虑选用双排桩支护方案。

5.9.2 双排桩结构内力计算

前后排桩、刚架梁和冠梁组成的双排桩支护结构，是一个空间超静定结构。规程 JGJ 120 采用了简化模型，即以图 5.51 所示的平面刚架结构模型进行内力计算。

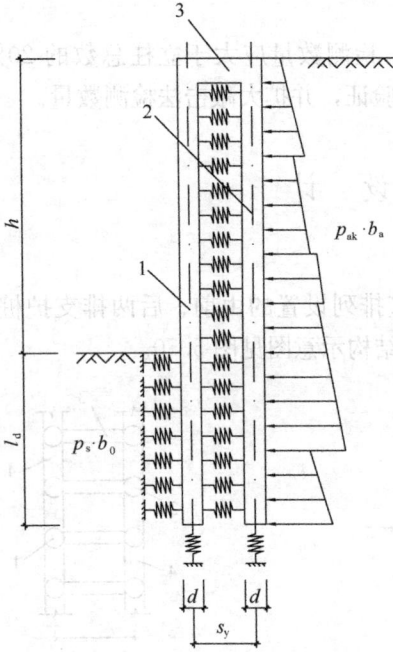

图 5.51 双排桩计算
1—前排桩；2—后排桩；3—刚架梁

上述结构分析模型是将桩和刚架梁视为直杆，桩顶与刚架梁的连接为刚接，桩底设置为弹性支座，形成的一个静定平面刚架的简支刚架，只要将作用在其上的荷载确定后，即可按结构力学的方法计算其内力（弯矩、剪力和轴力）以及桩底反力（支座反力）。

作用在简支刚架结构上的荷载主要是土压力和土反力，结构两侧的土压力和土反力与单排桩相同，作用在后排桩上的主动土压力按第 3.2.2 节的要求计算，前排桩嵌固段上的土反力按第 4.1.1 节的要求计算，至此，关键是要确定前后排桩之间土体的反力与变形关系。

为解决此问题，刚架结构模型采用土的侧限约束假定，认为桩间土对前后排桩的土反力与桩间土的压缩变形有关，将桩间土视为水平向单向压缩体，采用在前后排桩之间设置弹性约束，并按土的压缩模量确定水平刚度系数。同时，考虑基坑开挖后桩间土应力释放后仍存在一定的初始压力，计算土反力时应反映其影响，其初始压力按桩间土自重占滑动体自重的比值关系确定。具体按以下计算：

前、后排桩的桩间土体对桩侧的压力可按下式计算：

$$p_c = k_c \Delta v + p_{c0} \tag{5-34}$$

式中 p_c——前、后排桩间土体对桩侧的压力（kPa），可按作用在前、后排桩上的压力相等考虑；

k_c——桩间土的水平刚度系数（kN/m³），按下式计算：

$$k_c = \frac{E_s}{s_y - d} \tag{5-35}$$

Δv——前、后排桩水平位移的差值（m），当其相对位移减小时为正值；当其相对位移增加时，取 $\Delta v = 0$；

P_{c0}——前、后排桩间土体对桩侧的初始压力（kPa），按下式计算：

$$p_{c0} = (2\alpha - \alpha^2) p_{ak} \tag{5-36}$$

$$\alpha = \frac{s_y - d}{h \tan(45 - \varphi_m/2)} \tag{5-37}$$

E_s——计算深度处，前、后排桩间土体的压缩模量（kPa）；当为成层土时，应按计算点的深度分别取相应土层的压缩模量；

s_y——双排桩的排距（m）；

d——桩的直径（m）；

p_{ak}——支护结构外侧，第 i 层土中计算点的主动土压力强度标准值（kPa），按第3.2.2节的规定计算；

h——基坑深度（m）；

φ_m——基坑底面以上各土层按土层厚度加权的内摩擦角平均值（°）；

α——计算系数，当计算的 α 大于 1 时，取 $\alpha = 1$。

上述计算中，挡土结构计算宽度与土反力的计算宽度见图 5.52，挡土结构计算宽度为排桩间距 b_a，土反力的计算宽度为 b_0，具体取值要求见表 4.2。

刚架的几何不变性一般依靠结点的刚性连接来维持，因此上述平面刚架计算模型要求刚架梁与桩顶的连接为刚性连接；另外，桩的下部应有一定的嵌固深度，嵌固条件应满足铰接要求。如桩下部约束条件按固定支座（如桩嵌入基岩内一定深度），这时的平面刚架就不是一个简支刚架，而应按三次超静定结构进行计算。

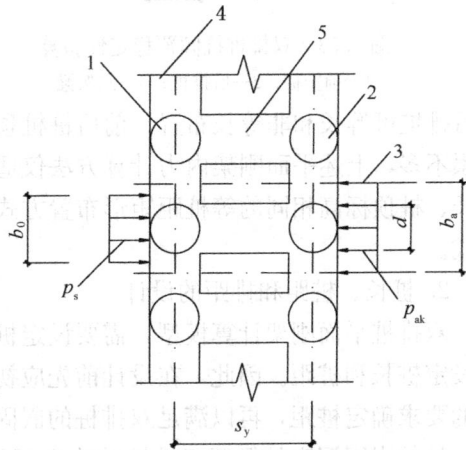

图 5.52 双排桩桩顶连梁布置
1—前排桩；2—后排桩；3—排桩对称中心线；
4—桩顶冠梁；5—刚架梁

5.9.3 双排桩结构嵌固稳定性验算

双排桩的嵌固深度应满足嵌固稳定性要求。嵌固稳定性验算问题与单排悬臂桩类似，应满足作用在后排桩上的主动土压力与作用在前排桩嵌固段上的被动土压力的力矩平衡条件。与单排桩不同的是，在双排桩的抗倾覆稳定性验算中，应将双排桩与桩间土看作整体而将其作为力的平衡分析对象，并且考虑了土与桩自重的抗倾覆作用。具体应按图 5.53 计算并符合下式规定：

$$\frac{E_{pk}a_p + Ga_G}{E_{ak}a_a} \geqslant K_e \tag{5-38}$$

式中 K_e——嵌固稳定安全系数；安全等级为一级、二级、三级的支挡式结构，K_e 分别不应小于 1.25、1.2、1.15；

E_{ak}、E_{pk}——基坑外侧主动土压力、基坑内侧被动土压力的标准值（kN）；

a_a、a_p——分别为基坑外侧主动土压力、基坑内侧被动土压力的合力作用点至挡土构件底端的距离（m）；

G——排桩、刚架梁和桩间土的自重之和（kN）；

a_G——双排桩、刚架梁和桩间土的重心至前排桩边缘的水平距离（m）。

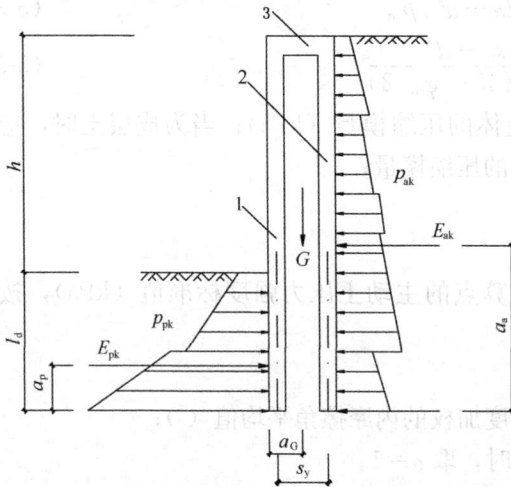

图 5.53　双排桩抗倾覆稳定性验算
1—前排桩；2—后排桩；3—刚架梁

5.9.4　双排桩结构设计

双排桩结构的设计步骤通常是先进行桩的平面和竖向布置，设定桩长、桩距、排距，然后进行结构内力的计算和嵌固稳定性验算，确定设置的桩长和桩距是否合理可行，再以截面承载力要求设计桩径以及刚架梁和冠梁截面尺寸，并进行桩身和刚架梁、冠梁的配筋。

1. 双排桩布置

双排桩结构要求地下结构外墙与规划红线之间有足够的空间。典型的平面布置方式有前后排等桩距的矩形布置（图 5.50）和梅花形布置，以及前后排桩距不相等和格栅形布置等。在竖向，前后排桩可等长和非等长布置，前后桩桩顶标高可相同也可不同。由于双排桩的应用研究积累不多，上述平面刚架内力计算方法仅适用于排桩矩形布置的计算，因此，一般可按桩等长、桩顶标高相同的等桩距矩形布置方式进行设计，在有足够经验时，可采取其他布置方式。

2. 桩长、桩距和排距的设计

双排桩平面刚架计算模型，需要设定桩长和排距，在计算作用在刚架上的土压力时需要设定桩长和桩距。因此，在设计前先应初步设定桩长、桩距和排距。以内力计算结果合理的要求确定桩距，再以满足双排桩的嵌固稳定性验算的要求确定桩长和排距。

桩的嵌固深度是保证双排桩结构嵌固稳定性的重要参数。在初步设置时，对淤泥质土，不宜小于基坑深度，对淤泥，不宜小于 1.2 倍基坑深度；对一般黏性土、砂土，不宜小于 0.6 倍基坑深度。

桩距（b_a）的设置对土压力和结构内力的计算结果产生较大影响，排桩间距的选取应按结构弯矩大小与变形要求确定。一般排桩的中心距不宜大于桩直径的 2.0 倍，特殊情况下，排桩间距的确定还要考虑桩间土的稳定性要求，根据工程经验，对大桩径或黏性土，排桩的净间距在 900mm 以内，对小桩径或砂土，排桩的净间距在 600mm 以内较常见。

双排桩的排距（s_y）是双排桩设计的重要参数。根据结构力学的基本原理及计算分析结果，双排桩刚架结构中的桩与单排的受力特点有较大的区别。锚拉式、支撑式、悬臂式排桩，在水平荷载作用下只产生弯矩和剪力。而双排桩刚架结构在水平荷载作用下，桩的内力除弯矩、剪力外，还有轴力，前排桩的轴力为压力，后排桩的轴力为拉力。桩身轴力的存在，使得前排桩发生向下的竖向位移，后排桩发生向上的竖向位移。前后排桩出现不同方向的竖向位移，就意味着双排桩刚架出现了向基坑方向的整体倾斜，增大了双排桩刚架顶部的水平位移。而在其他参数不变的条件下，桩身轴力随着双排桩排距的减小而增大。因此，排距过小时，将使得刚架结构受力不合理，但排距过大刚架效果将减弱，其合理的范围为 2~5 倍桩径。

3. 桩径以及桩身配筋计算

平面刚架结构计算出来的桩身内力，有弯矩、剪力和轴力，并且前排桩的轴力为压力，后排桩的轴力为拉力，因此，除应按第 4.5.1 节的要求进行桩的受弯、受剪承载力计算外，还应对前排桩按偏心受压构件、后排桩按偏心受拉构件进行受压、受拉截面承载力计算，并以此进行桩径与桩身配筋设计；其截面承载力和构造应符合现行国家标准《混凝土结构设计规范》GB 50010 的有关规定。

4. 刚架梁和冠梁的截面尺寸和配筋计算

刚架梁的宽度不应小于桩径。

刚架梁高度是双排桩设计的重要参数，双排桩顶部水平位移将随刚架梁高度的增大而减小，但当梁高大于桩径时，再增大梁高桩顶水平位移就基本不变了，因此，在初步设置时，刚架梁高度不宜小于 $0.8d$，且刚架梁高度与双排桩排距的比值取 1/6~1/3 为宜。

根据平面刚架结构计算出来的刚架梁的内力，并以跨高比判别刚架梁是否属于深受弯构件，再根据《混凝土结构设计规范》GB 50010 按普通受弯构件或深受弯构件进行截面承载力计算，确定钢筋配置。

冠梁在双排桩支护结构中是作为一项构造措施考虑，可按照单排桩设计中的要求设置。

5. 节点设计

刚架梁与桩顶的刚性连接，使得结构计算模型可按上述平面刚架计算模型；同时，刚接使前后排桩的协同作用能更好地发挥，刚架梁对内力的分配使得内力结果最合理经济，桩顶的位移也很小，因此，设计应采用刚性连接。节点处桩与刚架梁受拉钢筋的搭接长度不应小于 1.5 倍受拉钢筋的锚固长度。因桩顶与刚架梁的连接按完全刚接考虑，其受力特点类似于混凝土结构中框架顶层，故其节点构造应符合现行国家标准《混凝土结构设计规范》GB 50010 对框架顶层端节点的有关规定。

实际施工过程中，因施工质量和工序问题，也可能使原来设计的刚接变成铰接方式。铰接节点只能传递轴力和剪力，不能承担弯矩作用，实际上这道梁就成为一根链杆，因而应加强施工管理，杜绝此类情况发生。

6. 前排桩设置要求

普通刚架结构对相邻柱间的沉降差非常敏感。双排桩刚架结构前、后排桩内的轴力，使前后排桩产生的沉降差对结构的内力、变形影响很大。在其他条件不变的情况下，桩顶水平位移、桩身最大弯矩一般随着前、后排桩沉降差的增大基本呈线性增加。后排桩由于全桩长范围有土的约束，向上的竖向位移很小，因此须采取措施减小前排桩的沉降。有效的措施有：桩端选择桩端阻力较高的土层、泥浆护壁钻孔桩控制沉渣厚度不大于 50mm 或采用桩底后注浆加固沉渣。

5.10 咬合桩简介

咬合桩是指以 A、B 两种不同类型桩相互咬合，形成的具有挡土和截水功能的竖向连续体，是一种新型的排桩结构，亦称 AB 桩。其目的是使排桩既能作为挡土构件，又能起到截水作用，从而不用另设截水帷幕。通常 A 类桩起截水作用，B 类桩主要起支挡作用，也起截水作用。因此，A 类桩一般为素混凝土桩，B 类桩为钢筋混凝土桩。咬合桩平面咬合示意见图 5.54。

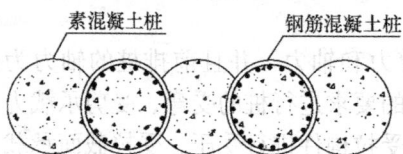

图 5.54 咬合桩平面咬合示意图

咬合桩通过液压套管全长护壁，机械冲抓成孔工艺和超缓凝混凝土技术进行施工，先施工 A 类桩，再施工 B 类桩，A 类桩要使用缓凝达 60 小时的超缓凝混凝土技术，以便 B 类桩可以顺利成孔施工。具体施工时应符合下列要求：

（1）桩顶应先设置导墙，导墙宽度宜取 3～4m，导墙厚度宜取 0.3～0.5m。

（2）相邻咬合桩应按先施工素混凝土桩、后施工钢筋混凝土桩的顺序进行；钢筋混凝土桩应在素混凝土桩初凝前，通过在成孔时切割部分素混凝土桩身形成与素混凝土桩的互相咬合，但应避免过早切割。

（3）钻机就位及吊设第一节钢套管时，应采用两个测斜仪贴附在套管外壁并用经纬仪复核套管垂直度，其垂直度允许偏差应为 0.3%；液压套管应正反扭动加压下切；抓斗在套管内取土时，套管底部应始终位于抓土面下方，抓土面与套管底的距离应大于 1.0m。

（4）孔内虚土和沉渣应清除干净，并用抓斗夯实孔底；灌注混凝土时，套管应随混凝土浇筑逐段提拔；套管应垂直提拔，阻力过大时应转动套管同时缓慢提拔。

当采用钻孔咬合桩支护时，支护桩的桩径可取 800～1500mm，相邻桩咬合不宜小于 200mm。素混凝土桩应采用强度等级不小于 C15 的超缓凝混凝土，其初凝时间宜控制在 40～70h 之间，坍落度宜取 12～14mm。

钻孔咬合桩作为地下工程深基坑的围护结构在国外有成功成熟的施工经验与工法，但在我国的应用时间不长，研究也并不是很深入。目前，这种兼作截水的支护结构形式已在一些工程上采用，施工质量能够得到保证时，其截水效果较好。但咬合桩成桩的垂直精度难以控制，咬合部位经常出现渗漏，并且超缓凝混凝土技术不成熟。

近年来，按刚度分配法考虑 A 类桩承担支挡作用的研究、两类桩咬合面上的力学性能的研究以及超缓凝混凝土技术的研究均在展开。如考虑 A 类桩的支挡作用，可以在 A 类桩中配置平面为圆形或矩形的钢筋笼或型钢（工字钢、槽钢或 H 型钢），使 A 类桩的功能既能起到止水效果，又分担 B 类桩承担的荷载参与支挡作用，减少 B 类桩的内力和支护结构的变形。

5.11 支挡式结构设计实例

【实例一】

某建筑基坑 3 层地下室，平面形状复杂，见图 5.55。东面是体育馆路，基坑长约

267.3m，西面是市政主干道蒸湘南路，基坑长约89.3m，北面是繁华主干道解放路，基坑长约209m，南面是天马山，折线长约368.3m，总周长达933.9m，开挖深度为14.1m。市政主干道下埋设有地下管线、煤气管道，天马山山体为当地人防工事，山体内分布防空洞。基坑支护设计采用了人工挖孔桩加锚索的锚拉式支挡结构，见图5.56。

岩土参数见表5.5。

岩 土 参 数

表5.5

层序	土层名称	厚 度 (m)	土的重度 (kN/m³)	c (kPa)	φ (°)	极限摩阻力标准值
1	杂填土	0.2	18.5	4	15	20
2	粉质黏土	5.8	19.2	28.8	16.8	50
3	粉质黏土	2.6	19.5	23	25	60
4	强风化泥岩	5.1	20	50	30	100
5	中风化泥岩	未揭穿	20	100	35	150

勘察测得稳定地下水位在10.00m以下，支护结构设计不考虑地下水的影响。

考虑北面主干道解放路道路人流量大，地下市政设施较多，实例以该段为例说明。坡顶活荷载取60kPa，基坑支护桩内配置26根直径25mm的二级钢筋，桩与锚索的设计参数详见图5.56。该基坑于2007年设计，解放路段处的一期工程建筑物已经投入使用。

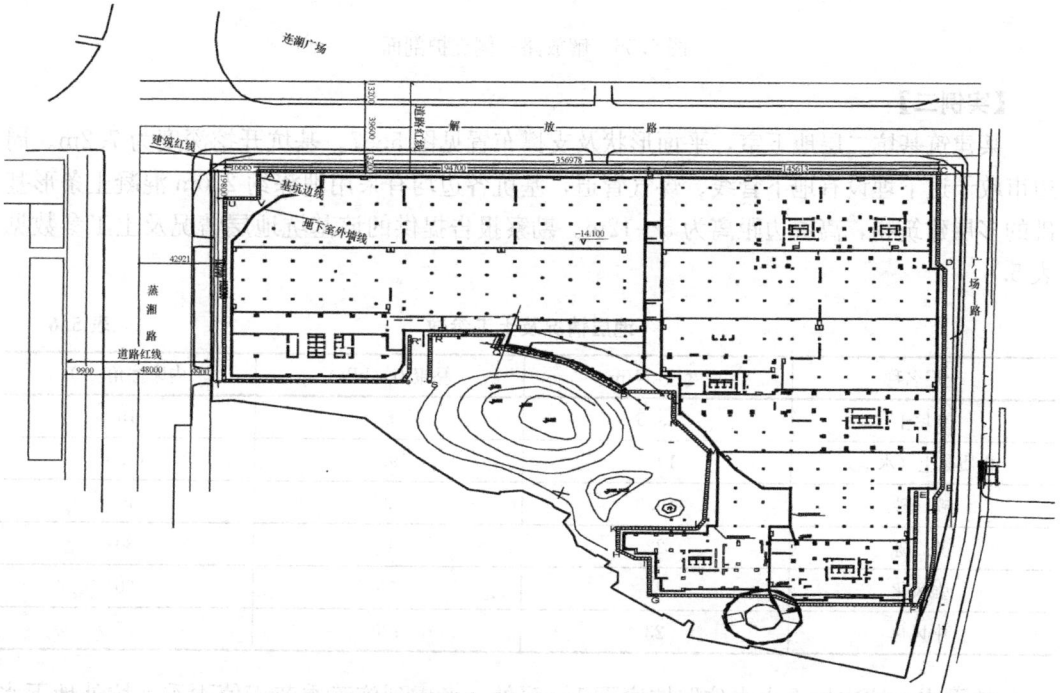

图5.55　支护结构平面图

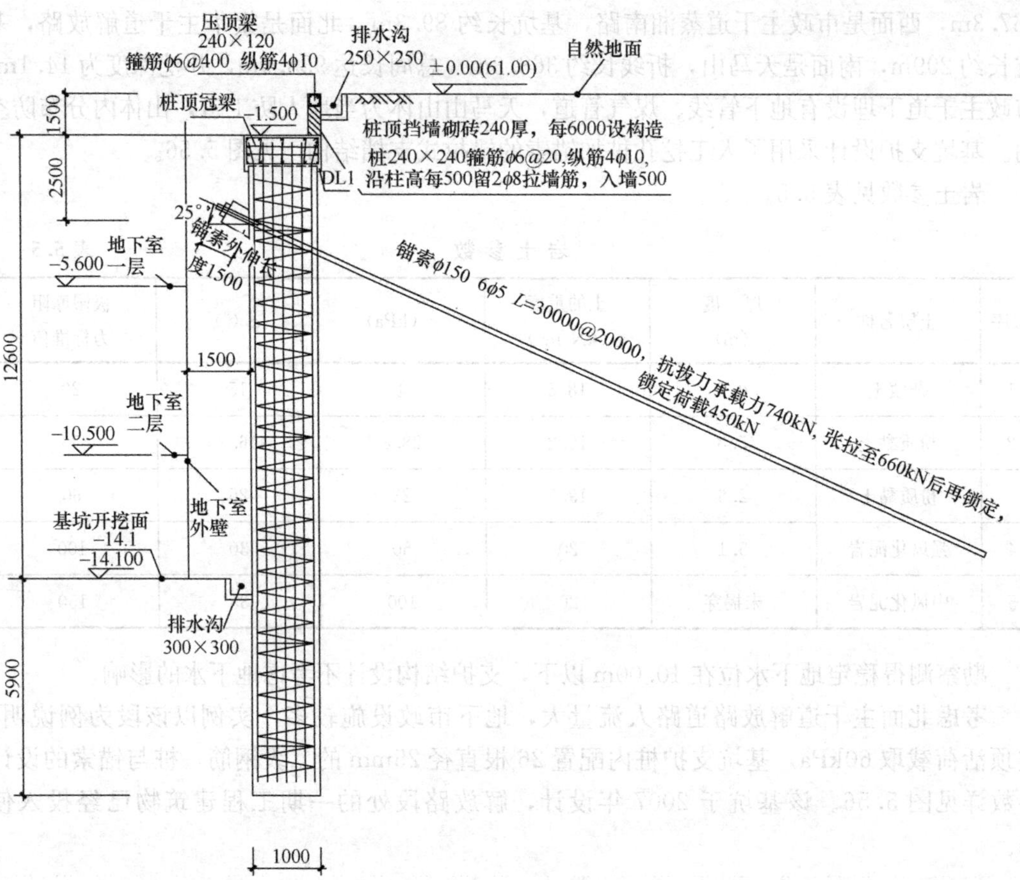

图 5.56　解放路一侧支护剖面

【实例二】

某建筑基坑二层地下室，平面形状及支撑布置见图 5.57。基坑开挖深度为 7.2m。周边市政干道下埋设有地下管线、煤气管道，基坑各边均有采用埋深约 2.0m 混凝土条形基础的多层建筑物，离坑边距离为 5~12m。勘察报告提供的该基坑地层情况及土工参数见表 5.6。

地层情况及土工参数　　　　　　　　　　　　　　　　　　表 5.6

土层名称	重度（kN/m³）	黏聚力（kPa）	内摩擦角（°）
杂填土	19.5	5	15
粉质黏土（水上）	19.5	19.5	17.0
粉　砂	19.0	0	13
圆　砾	22	0	30
强风化	23	50	30
中风化	23	100	35

地下水：坑内地下水水位取坑底下 1m 深处，考虑到施工季节正值雨季，坑外地下水水位取地面下 1.0m。

基坑支护采用了旋挖桩加一道钢管内支撑的支撑式支挡结构，同时，在每两根支护桩中间设置一根三重管高压旋喷桩止水固砂。支护设计参数详见图 5.58、图 5.59。

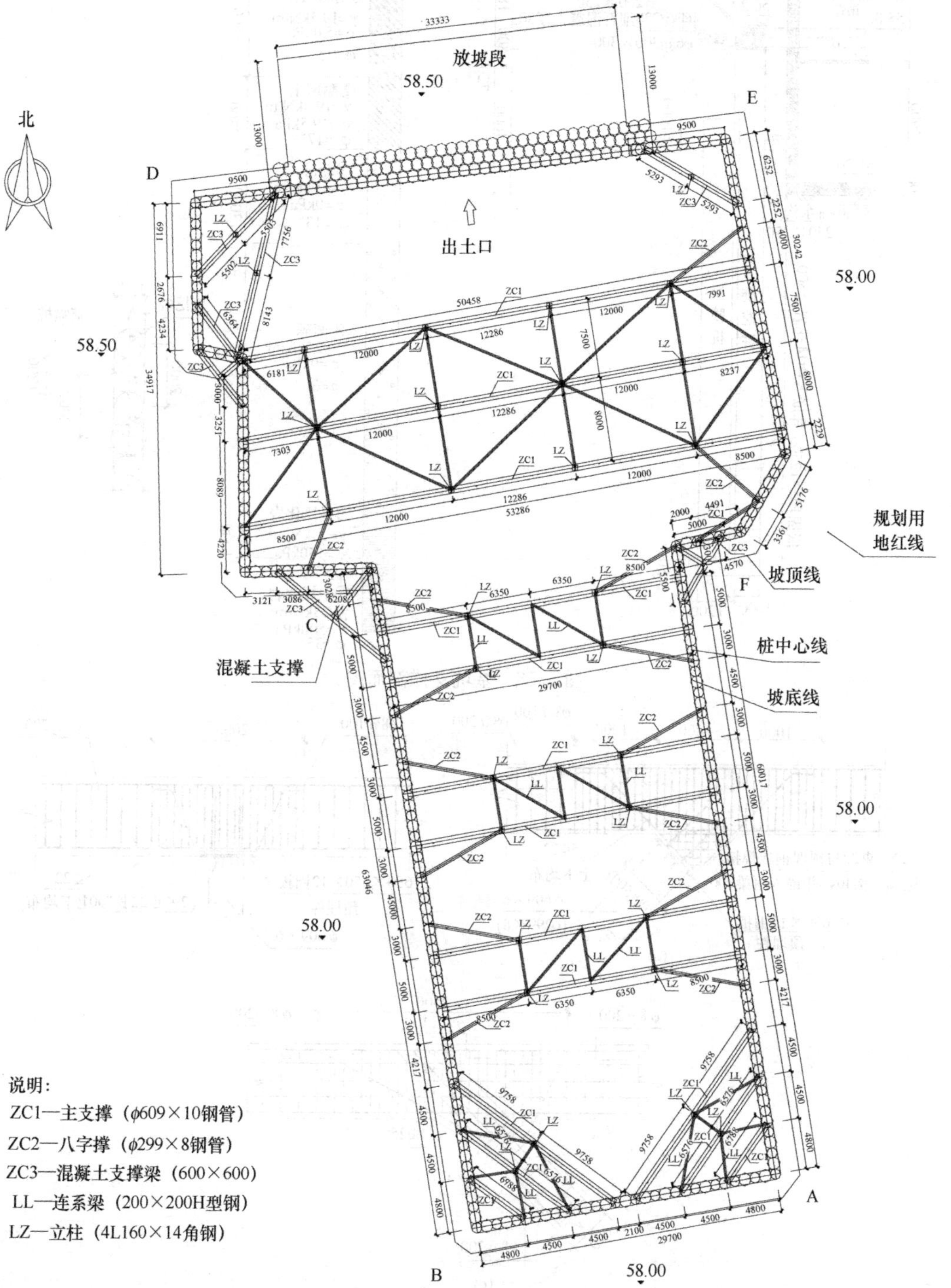

图 5.57 基坑支撑布置平面图

说明：
ZC1—主支撑（φ609×10钢管）
ZC2—八字撑（φ299×8钢管）
ZC3—混凝土支撑梁（600×600）
LL—连系梁（200×200H型钢）
LZ—立柱（4L160×14角钢）

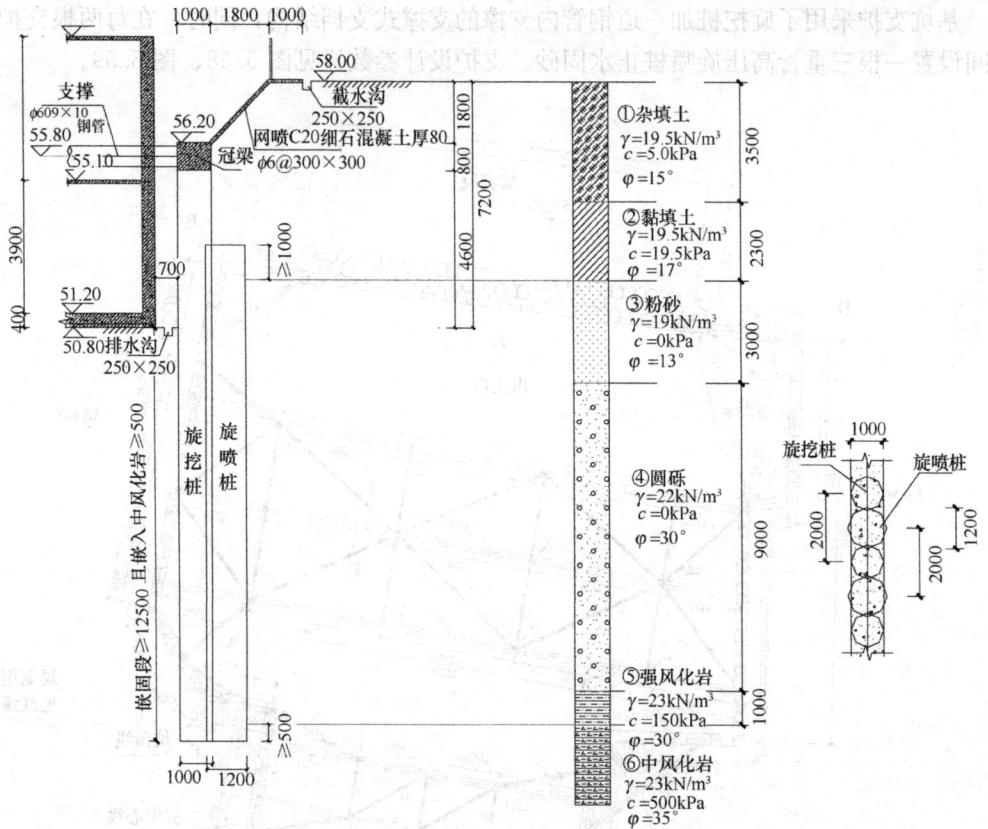

图 5.58　基坑支撑剖面图

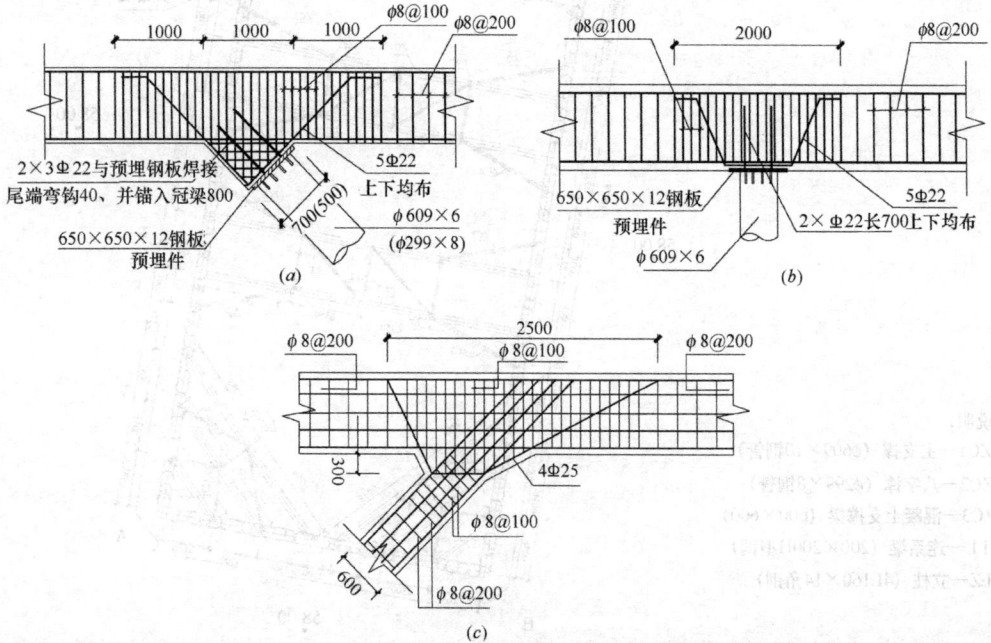

图 5.59　基坑支撑构造详图（一）

（a）钢支撑与冠梁斜交节点构造（括号内为八字撑参数）；（b）钢支撑（对撑）与冠梁节点构造；
（c）混凝土角支撑与冠梁节点构造；

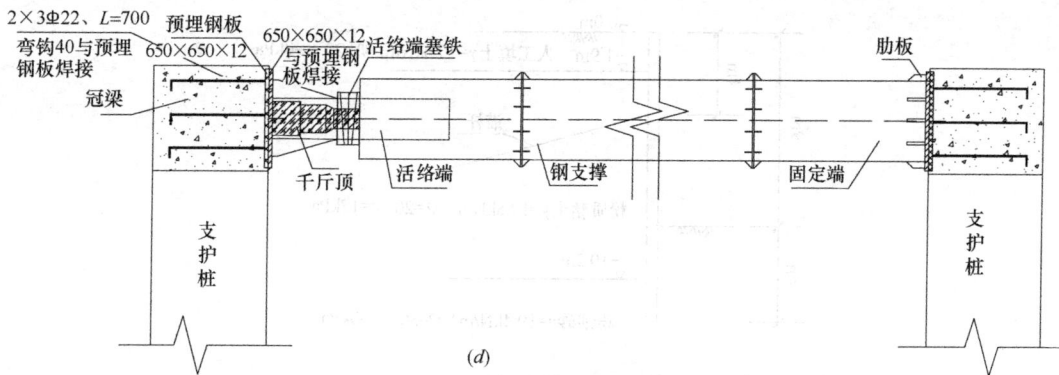

图 5.59　基坑支撑构造详图（二）

（d）混凝土角支撑与冠梁节点构造

思 考 与 练 习

5.1　支护桩桩身配筋方式平面上可采用哪两种布置方式？在竖向可采用哪两种布置方式？

5.2　影响锚杆抗拔力的因素有哪些？

5.3　地下连续墙作为临时支护结构兼永久性结构时，计算地下连续墙在水平力作用下内力与变形，其土压力与地下连续墙仅作为临时性支护结构时有何不同？

5.4　泥浆在地下连续墙挖槽过程中有哪些作用？怎么控制其性能？

5.5　导墙在在地下连续墙施工中有什么作用？

5.6　地下连续墙具有哪些优点和缺点？地下连续墙是一种比钻孔灌注桩和深层搅拌桩造价昂贵的结构形式，为什么还要采用？

5.7　地下连续墙的主要施工程序包含哪几个步骤？

5.8　某高层建筑基坑开挖深度为 6.0m，拟采用钢筋混凝土桩支护。地基土分为 2 层：第一层为黏质粉土，天然重度 $\gamma_1 = 16.8\text{kN/m}^3$，内摩擦角 $\varphi_1 = 25°$，黏聚力 $c_1 = 20\text{kPa}$，厚度 $h_1 = 3.0\text{m}$；第二层为黏土，天然重度 $\gamma_2 = 19.2\text{kN/m}^3$，内摩擦角 $\varphi_2 = 16°$，黏聚力 $c_2 = 10\text{kPa}$，厚度 $h_2 = 10.0\text{m}$。地面超载 $q = 10\text{kPa}$。若采用悬臂式支护桩，试确定其嵌固深度。

5.9　某基坑深 9m，采用排桩与锚索相结合的支护结构，桩径 1.0m，桩长 15m；锚索选用 $1×7$ 直径 15.2mm 钢绞线，$f_{py} = 1220\text{N/mm}^2$；地质资料如图 5.60 所示，不考虑地下水位。桩和锚索的水平间距 $d_a = 2\text{m}$，锚杆位于地面下 4.0m 处，倾角 $\alpha = 15°$，钻孔直径 150mm，采用二次压力灌浆，施加 100kN 预应力；粉质黏土与锚固体粘结强度 $q_{sk} = 70\text{kPa}$，粉砂与锚固体粘结强度 $q_{sk} = 60\text{kPa}$。

经采用平面杆系结构弹性支点法计算，支挡结构内力计算值分别为：基坑内侧最大弯矩 $M_k = 664.66\text{kN·m}$，基坑外侧最大弯矩 $M_k = 218.15\text{kN·m}$，最大剪力 $V_k = 327.84\text{kN}$，弹性支点水平反力 $F_h = 278.65\text{kN}$。支护结构安全等级为二级，荷载分项系数 γ_F 取 1.25。

（1）计算作用在支挡构件上的主动土压力强度标准值和被动土压力强度标准值，画出两者沿桩身的分布图，并计算各自的合力标准值及作用点位置；

（2）对支挡结构进行嵌固稳定性、整体稳定性、抗隆起稳定性验算，确定嵌固深度是否满足稳定性验算要求；

（3）分别采用全截面均匀配筋以及局部均匀配筋方式进行桩身配筋计算；

（4）按构造要求进行冠梁设计；

（5）确定锚杆的长度和杆体直径；

（6）确定锚杆腰梁工字钢和槽钢型号；如改成钢筋混凝土腰梁，进行钢筋混凝土腰梁设计计算。

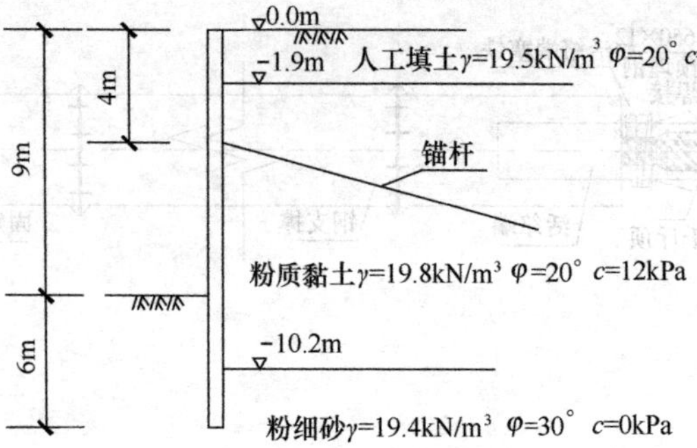

図中文字：
0.0m
−1.9m 人工填土 $\gamma=19.5kN/m^3$ $\varphi=20°$ $c=0kPa$
锚杆
粉质黏土 $\gamma=19.8kN/m^3$ $\varphi=20°$ $c=12kPa$
−10.2m
粉细砂 $\gamma=19.4kN/m^3$ $\varphi=30°$ $c=0kPa$
4m
9m
6m

图 5.60

第6章 重力式水泥土墙

6.1 概 述

重力式水泥土墙（gravity cement-soil wall）是指由水泥土桩相互搭接成格栅或实体的重力式支护结构。它既可单独作为一种支护方式使用，在受到某些条件限制时，也可与混凝土灌注桩、预制桩、钢板桩等相结合，形成组合式支护结构，同时还可作为其他支护方式的止水帷幕。

水泥土墙主要的组成构件是水泥土桩。水泥土桩有两种，分别是采用水泥土搅拌法（cement deep mixing）形成的搅拌桩和高压喷射注浆法（jet grouting）形成的旋喷桩。鉴于造价问题，在基坑支护结构中，较多的使用搅拌桩，只有在搅拌桩难以施工的地层使用旋喷桩。

重力式水泥土墙是依靠墙体自重、墙底摩阻力和墙前被动土压力来稳定墙体，以满足墙体的整体稳定、隆起稳定、倾覆稳定、滑移稳定以及渗流稳定并控制墙体的变形。其破坏形式包括以下几类：（1）墙体滑移；（2）墙体倾覆；（3）沿墙体以外土中某一滑动面的土体整体滑动；（4）墙下地基承载力不足而使墙体下沉并伴随基坑隆起；（5）地下水渗流造成的土体渗透破坏；（6）墙身材料的应力超过抗拉、抗压或抗剪强度而使墙体断裂。上述破坏形式参见图6.1。

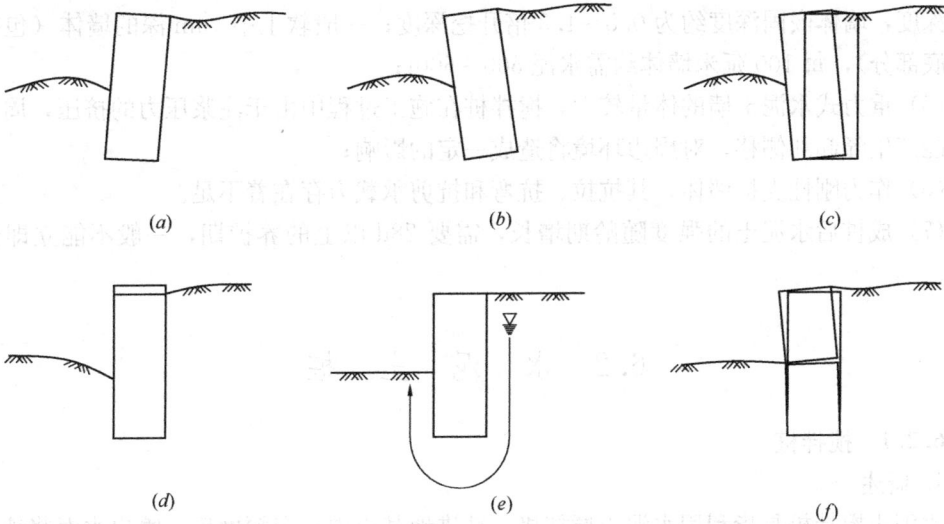

图 6.1 重力式水泥土墙破坏形式

(a) 墙整体滑移；(b) 墙整体倾覆；(c) 整体圆弧滑动；

(d) 基坑隆起；(e) 渗流失稳；(f) 墙体断裂

与其他支护方式相比，重力式水泥土墙具有以下优点：

（1）施工操作简便、成桩工期较短，造价较低，且施工时无振动、无噪声、无泥浆废水污染；

（2）基坑开挖时一般不需要支撑拉锚；

（3）因墙体隔水防渗性能良好，坑外不需要设井点降水，基坑内外可以有水位差，且坑内干燥整洁，空间宽敞，方便后期结构施工。

正因如此，作为基坑支护的一种方式，从 20 世纪 90 年代初期开始，水泥土墙在我国软土地区的应用越来越广泛，技术也越来越进步，随着搅拌和旋喷能力与工艺的提高，已经形成多种施工方法，支护深度也在加深。

然而，重力式水泥土墙的应用也受到以下条件的制约：

（1）重力式水泥土墙的侧向位移控制能力主要取决于桩身搅拌的均匀性和水泥土强度，与其他支挡式结构相比，位移控制能力较差，在基坑周边 1～2 倍开挖深度范围内存在对沉降和变形敏感的建（构）筑物时，应慎重选用。

（2）目前常用支挡高度一般为 4～7m；一般情况下，当采用湿法（喷浆）施工时，开挖深度不应超过 7m；当采用干法（粉喷）施工时，开挖深度不应超过 5m。

（3）水泥土搅拌桩和旋喷桩均适用于加固淤泥质土、含水量较高而地基承载力小于 120kPa 的黏土、粉土、砂土等软土地基。对有机质含量高、pH 值低（＜7）、初始抗剪强度甚低（20～30kPa）的土，或土中含伊利石、氯化物、水铝石英等矿物及地下水具有侵蚀性时，加固效果差；另外当土体为硬塑或坚硬状态或土体中有直径大于 100mm 的石块时，将会存在贯穿困难；

（4）为保证墙体的稳定性，墙体需要一定的厚度和嵌固深度，导致墙体占地面积大，水泥用量也较大。根据上海地区经验，水泥搅拌桩按格栅形布置，墙宽约为 0.6～0.8 倍开挖深度，墙体嵌固深度约为 0.8～1.3 倍开挖深度；一般软土中 10m 深的墙体（包括插入坑底部分），每 100 延米墙体约需水泥 500～600t；

（5）重力式水泥土墙的体量较大，搅拌桩在施工过程中由于注浆压力的挤压，周边土体可能产生隆起和侧移，对周边环境将造成一定的影响；

（6）作为刚性支护墙体，其抗拉、抗弯和抗剪承载力存在着不足。

（7）成桩后水泥土的强度随龄期增长，需要 28d 以上的养护期，一般不能立即开挖土方。

6.2 水 泥 土 桩

6.2.1 搅拌桩

1. 概述

水泥土搅拌桩是指利用水泥土搅拌机，钻进地基土中一定深度后，喷出水泥浆液，将钻孔深度内的地基土与浆液强行拌和，使软土硬结成具有整体性、水稳定性和一定强度的桩体；根据固化剂状态的不同，水泥土搅拌法又分为两种，当使用水泥浆作为固化剂时，称为深层搅拌法（deep mixing，简称湿法），当使用水泥粉作为固化剂时，称为粉体喷搅法（dry jet mixing，简称干法）。

我国对搅拌桩的研究始于 1977 年，当时的主要用途是加固软土地基，从 20 世纪 90 年代初期开始大量用于基坑支护。当时一般是单轴搅拌，发展到今天，主要使用双轴及三轴搅拌机，搅拌功率大大提高，目前国内大量应用的多为 650mm、850mm 和 1000mm 三种。

2. 适用性

水泥土搅拌法适用于加固正常固结的淤泥与淤泥质土、粉土、饱和黄土、素填土、黏性土以及无流动地下水的饱和松散砂土等地基，当地基土的天然含水量小于 30%（黄土含水量小于 25%）、大于 70%或地下水的 pH 值小于 4 时不宜采用干法，用于处理泥炭土、有机质土、塑性指数 I_p 大于 25 的黏土、地下水具有腐蚀性时以及无工程经验的地区，必须通过现场试验确定其适用性。

3. 水泥土的物理力学性质

（1）物理性质

1）重度：水泥土的重度主要与被加固土体的性质、水泥掺入比以及所用水泥浆液有关。一般情况下，水泥土的重度比天然软土重度增加 0.5%～3.0%。

2）含水量：水泥土在硬凝过程中，由于水泥水化等反应，使部分自由水以结晶水的形式固定下来，故水泥土的含水量略低于原土样的含水量，一般比原土样含水量减少 0.5%～7.0%，且随着水泥掺入比的增加而减小。

3）相对密度：水泥的相对密度约为 3.1，一般软土的相对密度为 2.65～2.75，水泥土相对密度比天然软土的相对密度增加 0.7%～2.5%。

4）渗透系数：水泥土的渗透系数随水泥掺入比的增大和养护龄期的增长而减小，一般可达 10^{-5}～10^{-8} cm/s 数量级。水泥加固淤泥质黏土能减小原天然土层的水平向渗透系数，而对垂直向渗透性的改善，效果不显著。

（2）力学性质

1）无侧限抗压强度：水泥土无侧限抗压强度一般为 300～4000kPa，比天然软土大几十倍至数百倍。影响水泥土的无侧限抗压强度的因素有：水泥掺入比、水泥强度、龄期、含水量、有机质含量、外掺剂、养护条件及土性等。

① 水泥掺入比：是指水泥掺入重量与被加固土的天然重量的比值。试验表明水泥土的强度随水泥的掺入比的增加而增大，随着水泥掺入比的增加，水泥土的后期强度增加幅度也加大。在实际应用中，低于 7%的掺入比加固效果通常不能满足工程要求，而大于 15%加固费用也很高，一般双轴搅拌法施工的掺入比为 12%～15%。

② 水泥强度：水泥土的强度随水泥强度的提高而增加。水泥强度每提高一个等级，水泥土的强度约增大 20%～30%。

③ 龄期：水泥土的强度随着龄期的增长而提高，一般在龄期超过 28d 后仍有明显增长，当龄期超过 3 个月后，水泥土的强度增长才减缓。对于承受竖直荷载的水泥土强度，取 90 天龄期试块的立方体抗压强度平均值，对于承受水平荷载的水泥土强度，取 28 天龄期试块的立方体抗压强度平均值。

④ 土的含水量：水泥土的无侧限抗压强度随着土含水量的降低而增大，一般情况下，土样含水量每降低 10%，则强度可增加 10%～50%。

⑤ 土样中有机质含量：有机质含量少的水泥土强度比有机质含量高的水泥土强度大

得多。由于有机质使土体具有较大的水溶性和塑性、较大的膨胀性和低渗透性，并使土具有酸性，这些因素都阻碍水泥水化反应的进行。因此，有机质含量高的软土，单纯用水泥加固的效果较差。

⑥ 外掺剂：不同的外掺剂对水泥土强度有着不同的影响。如木质素磺酸钙对水泥土强度的增长影响不大，主要起减水作用。石膏、三乙醇胺对水泥土强度有增强作用，而其增强效果对不同土样和不同水泥掺入比又有所不同，所以选择合适的外掺剂可提高水泥土强度和节约水泥用量。

⑦ 养护方法：养护方法对水泥土的强度影响主要表现在养护环境的湿度和温度。国内外试验资料都说明，养护方法对短龄期水泥土强度的影响很大，但随着时间的增长，不同养护方法下的水泥土无侧限抗压强度趋于一致，说明养护方法对水泥土后期强度的影响较小。

2）抗剪与抗拉强度

水泥土的抗剪强度可取无侧限抗压强度的 1/6，抗拉强度可取无侧限抗压强度的 0.15 倍。

3）水泥土的变形特征：水泥土的变形特征随强度不同而介于脆性体与弹塑体之间。

4. 施工工艺、要求及质量检验

（1）水泥土搅拌桩的工艺流程如图 6.2 所示。

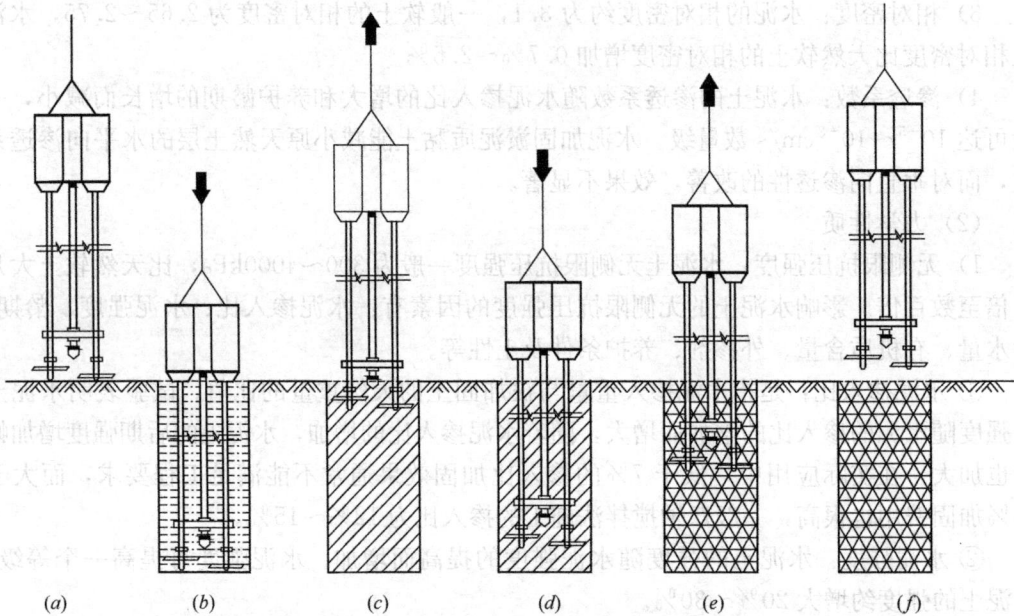

图 6.2 水泥土搅拌法工艺流程图

（a）搅拌机就位调平；（b）预搅下沉至设计深度；（c）边喷浆边搅拌边提升至预定停浆面；
（d）重复搅拌下沉至设计深度；（e）边喷浆边搅拌边提升至预定停浆面；（f）成桩

（2）施工要求

1）水泥土搅拌桩施工前应根据设计进行工艺性试桩，数量不得少于 2 根。当桩周为成层土时，应对相对软弱土层增加搅拌次数或增加水泥掺量。施工现场事先应予以平整，

138

必须清除地上和地下的障碍物。遇有明浜、池塘及洼地时应抽水和清淤，回填黏性土料并予以压实，不得回填杂填土或生活垃圾。

2）搅拌头翼片的枚数、宽度、与搅拌轴的垂直夹角、搅拌头的回转数、提升速度应相互匹配，以确保加固深度范围内土体的任何一点均能经过 20 次以上的搅拌。施工中应保持搅拌桩机底盘的水平和导向架的竖直，搅拌桩的垂直偏差不得超过 1%；桩位的偏差不得大于 50mm；成桩直径和桩长不得小于设计值。

3）水泥土搅拌桩施工前应检查水泥及外掺剂的质量、桩位、搅拌机工作性能及各种计量设备完好程度（主要是水泥浆流量计及其他计量装置），水泥土搅拌桩对水泥流量要求较高，必须在施工机械上配置流量控制仪表，以保证一定的水泥用量。

4）水泥浆液一般采用 P42.5 级普通硅酸盐水泥，按 1∶0.45～0.55 配制；通过控制注浆压力和泵量，使水泥浆液均匀地喷搅在桩体中。注浆压力一般控制在 0.5～1.0MPa，流量控制在 30～59L/min，水泥用量应按设计掺入比控制。

5）预搅下沉时，钻进速度应≤1m/min；施工中为确保搅拌充分及桩体质量均匀，搅拌机头提速不宜过快，平均提升速度应≤0.5m/min，以保证注浆量；重复钻进和重复搅拌的钻进速度和提升速度也要满足此要求。在预（复）搅下沉时，也可采用喷浆（粉）的施工工艺，但必须确保全桩长上下至少再重复搅拌一次。如遇故障停止注浆时，应在 12 小时内补喷，补喷重叠长度不小于 1.0m。

6）相邻桩施工间隔应在 16 小时以内，若超过 16 小时，应对切割搭接部位采取防渗措施。

（3）质量检验

施工过程中应对搅拌头转数、复搅次数和复搅深度、停浆处理方法等进行检查和记录，并随时检查施工记录和计量记录，对照规定的施工工艺对每根桩进行质量评定。

水泥土搅拌桩的施工质量检验可采用以下方法：

1）成桩 7d 后，采用浅部开挖桩头（深度宜超过停浆面下 0.5m），目测检查搅拌的均匀性，量测成桩直径，检查量为总桩数的 5%。

2）成桩后 3d 内，可用轻型动力触探检查每米桩身的均匀性。检验数量为施工总桩数的 1%，且不少于 3 根。

3）经触探试验检验后对桩身质量有怀疑时，应在成桩 28d 后，用单动双管取样器钻取芯样作抗压强度检验，检验数量为施工总桩数的 0.5%，且不少于 3 根。

4）对相邻桩搭接要求严格的工程，应在成桩 15d 后，选取数根桩进行开挖，检查搭接情况。

5）基槽开挖后，应检验桩位、桩数与桩顶质量，如不符合设计要求，应采取有效补强措施。

水泥土搅拌桩地基质量检验标准见表 6.1。

6.2.2 旋喷桩

1. 概念及成桩工艺

旋喷桩是指利用钻机把带有喷嘴的注浆管钻至土层的预定位置或先钻孔后将注浆管放至预定位置，以高压使浆液或水从喷嘴中射出，边旋转边喷射浆液，使土体与浆液混合形成的水泥土桩体。根据工程需要和土质条件，可分别采用单重管法、双重管法和三重管法

（图 6.5），单重管法是指单独喷出水泥浆的工艺，双重管法是指同时喷出高压空气与水泥浆的工艺，三重管法是指同时喷出高压水、高压空气及水泥浆的工艺。

水泥土搅拌桩地基质量检验标准

表 6.1

项目	序号	检测项目	允许偏差或允许值		检查方法
			单位	数值	
主控项目	1	水泥及外掺剂质量	设计要求		查产品合格证书或抽样送检
	2	水泥用量	参数指标		查看流量计
	3	桩体强度	设计要求		按上述办法
一般项目	1	机头提升速度	m/min	≤0.5	量机头上升距离及时间
	2	桩底标高	mm	±200	测机头深度
	3	桩顶标高	mm	+100 −50	水准仪（量上部 500mm 不计入）
	4	桩位偏差	mm	<50	用钢尺量
	5	桩径	mm	<0.04D	用钢尺量，D 为桩径
	6	垂直度	%	≤0.5	经纬仪
	7	搭接	mm	表 6.5 数值	用钢尺量

高压喷射注浆法是先成孔，后喷浆，喷浆方式分旋喷、定喷和摆喷三种类别，其成孔方式和喷射方式分别如图 6.3、图 6.4 所示，其工艺流程见图 6.6。

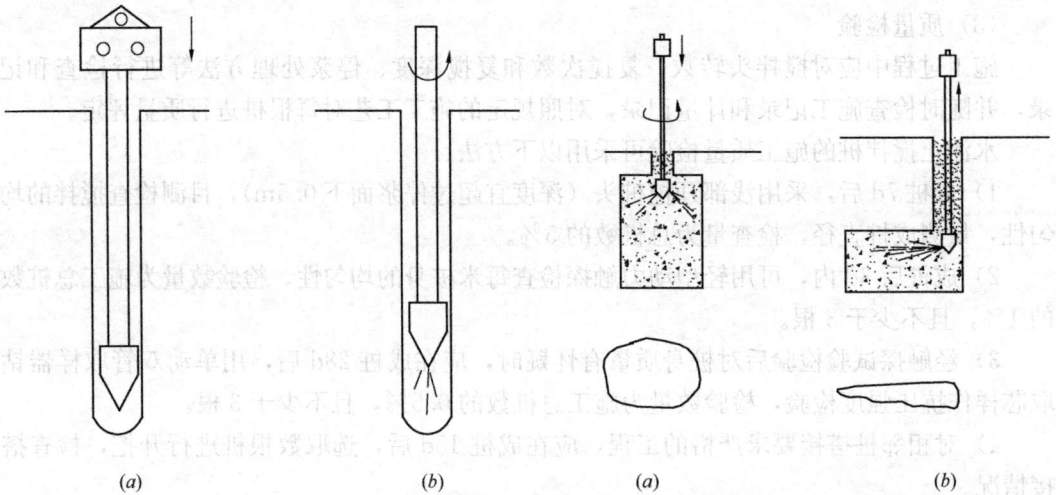

图 6.3 喷射注浆法成孔

（a）振动法；（b）水冲法

图 6.4 喷射方式

（a）旋喷成桩；（b）定向喷射或摆喷

2. 适用性

高压喷射注浆法适用于处理淤泥、淤泥质土、流塑-可塑黏性土、粉土、砂土、黄土、素填土和碎石土等地基，当土中含有较多的大粒径块石、大量植物根茎或有较高的有机质时，以及地下水流速过大和已涌水的工程，应根据现场试验结果确定其适用性。

3. 旋喷桩的桩径、水泥用量、注浆压力及加固体强度

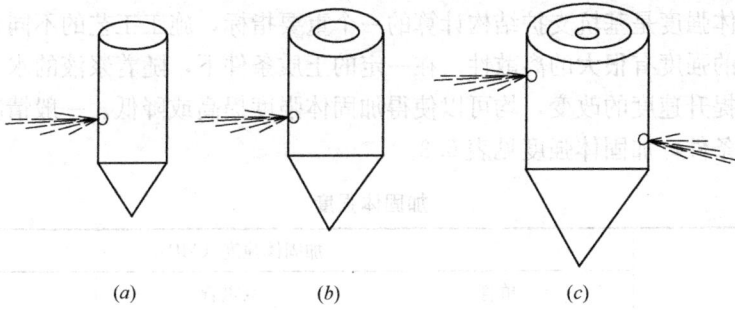

图 6.5 喷射注浆分类

(a) 单管法；(b) 双重管法；(c) 三重管法

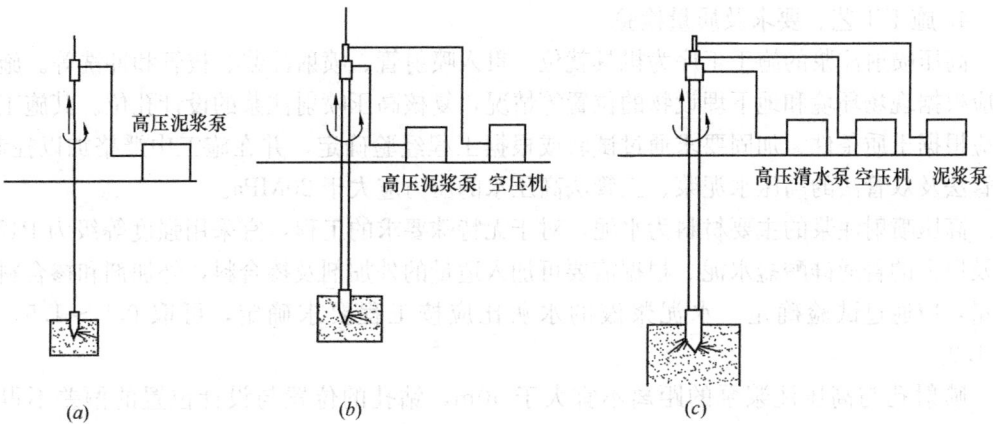

图 6.6 喷射注浆法施工工艺流程

(a) 单管法；(b) 二重管法；(c) 三重管法

（1）桩径：旋喷桩的桩径与土质以及施工条件等密切相关，施工条件包括钻孔直径、喷射方式、喷嘴直径、喷射压力、浆液稠度、注浆管提升速度等。一般情况下，在黏性土和砂土中，当喷嘴直径为 2mm，喷射压力达 20MPa，水灰比（浆液稠度）为 0.8～1.5，注浆管每次提升 100mm 时，单管法形成的旋喷桩桩径可达 500～800mm，双管法形成的桩径可达 1000mm，三管法形成的桩径可达 2000mm。

（2）水泥用量以及注浆压力宜通过试验确定，如无条件可参考表 6.2。

1m 桩长喷射桩水泥用量表　　　　　　　　　　　　　　　　　表 6.2

桩径（mm）	桩长（m）	强度为 32.5 普硅水泥 单位用量	喷射施工方法		
			单管	双重管	三重管
φ600	1	kg/m	200～250	200～250	
φ800	1	kg/m	300～350	300～350	
φ900	1	kg/m	350～400（新）	350～400	
φ1000	1	kg/m	400～450（新）	400～450（新）	700～800
φ1200	1	kg/m		500～600（新）	800～900
φ1400	1	kg/m		700～800（新）	900～1000

注："新"系指采用高压水泥浆泵，压力为 36～40MPa，流量 80～110L/min 的新单管法和二重管法。

（3）加固体强度是基坑支护结构计算的一个重要指标，施工工艺的不同与土性质的多变，使加固体的强度有很大的离散性。在一定的土质条件下，随着浆液的水灰比、单位时间的喷射量和提升速度的改变，均可以使得加固体强度提高或降低。一般情况下，按照影响桩径的施工条件，加固体强度见表6.3。

加固体强度 表6.3

土质	加固体强度（MPa）		
	单管	双重管	三重管
砂质土	3.0～7.0	5.0～12.0	5.0～15.0
黏性土	1.5～5.0	1.5～5.0	1.0～5.0

4. 施工工艺、要求及质量检验

高压喷射注浆的施工工序为机具就位、贯入喷射管、喷射注浆、拔管和冲洗等。施工前应根据现场环境和地下埋设物的位置等情况，复核高压喷射注浆的设计孔位。其施工参数应根据土质条件、加固要求通过试验或根据工程经验确定，并在施工中严格加以控制。单管法及双管法的高压水泥浆、三管法高压水的压力应大于20MPa。

高压喷射注浆的主要材料为水泥，对于无特殊要求的工程，宜采用强度等级为P42.5级及以上的普通硅酸盐水泥。根据需要可加入适量的外加剂及掺合料，外加剂和掺合料的用量，应通过试验确定。水泥浆液的水灰比应按工程要求确定，可取0.8～1.5，常用1.0。

喷射孔与高压注浆泵的距离不宜大于50m，钻孔的位置与设计位置的偏差不得大于50mm。实际孔位、孔深和每个钻孔内的地下障碍物、洞穴、涌水、漏水及与岩土工程勘察报告不符等情况均应详细记录。当喷射注浆管贯入土中，喷嘴达到设计标高时，即可喷射注浆。在喷射注浆参数达到规定值后，随即分别按旋喷、定喷或摆喷的工艺要求，提升喷射管，由下而上喷射注浆。喷射管分段提升的搭接长度不得小于100mm。

对需要局部扩大加固范围或提高强度的部位，可采用复喷措施。在高压喷射注浆过程中出现压力骤然下降、上升或冒浆异常时，应查明原因并及时采取措施。

高压喷射注浆完毕，应迅速拔出喷射管。为防止浆液凝固收缩影响桩顶高程，必要时可在原孔位采用冒浆回灌或第二次注浆等措施。

施工中应做好泥浆处理，及时将泥浆运出或在现场短期堆放后作土方运出，同时应严格按照施工参数和材料用量施工，并如实做好各项记录。

高压喷射注浆的质量检验宜在高压喷射注浆结束28d后进行。可根据工程要求和当地经验采用开挖检查、取芯（常规取芯或软取芯）、标准贯入试验、载荷试验或围井注水试验等方法进行检验，并结合工程测试、观测资料及实际效果综合评价加固效果。

检验点应布置在：①有代表性的桩位；②施工中出现异常情况的部位；③地基情况复杂，可能对高压喷射注浆质量产生影响的部位。检验点的数量为施工孔数的1%，并不应少于3点。

高压喷射注浆地基质量检验标准应符合表6.4的规定。

项　目	序　号	检查项目	允许偏差或允许值		检查方法
			单位	数值	
主控项目	1	水泥及外掺剂质量	符合出厂要求		查产品合格证书或抽样送检
	2	水泥用量	设计要求		查看流量表及水泥浆水灰比
	3	桩体强度或完整性检验	设计要求		按规定方法
一般项目	1	钻孔位置	mm	≤50	用钢尺量
	2	钻孔垂直度	%	≤0.5	经纬仪测钻杆或实测
	3	孔深	mm	±	用钢尺量
	4	注浆压力	按设定参数指标		查看压力表
	5	桩体搭接	mm	表 6.5 数值	用钢尺量
	6	桩体直径	mm	≤50	开挖后用钢尺量
	7	桩身中心允许偏差	mm	≤0.2D	开挖后桩顶下 500mm 处用钢尺量，D 为桩径

6.3　重力式水泥土墙设计计算

重力式水泥土墙的设计参数主要有墙体嵌固深度和墙身宽度，同时还有水泥土开挖龄期时的轴心抗压强度 f_{cs}，这三个参数应满足稳定性要求和截面承载力验算要求。由于 f_{cs} 在工程实践中离散性很大，其标准差可达 30%～70%，为此，目前的设计一般仅要求轴心抗压强度不低于 0.8MPa，留有充裕的安全储备，使墙体抗压强度不成为设计的控制条件，而以稳定性进行设计控制。因此，重力式水泥土墙的设计主要按照稳定性要求确定墙体嵌固深度和墙身宽度，在进行截面承载力验算时，一般也是通过调整墙体的截面尺寸（主要是墙宽）来满足验算要求。

重力式水泥土墙的设计计算内容和步骤如下：

（1）按照开挖深度要求和场地的工程与水文地质条件，结合经验和构造要求初步确定墙宽和嵌固深度；

（2）进行稳定性验算和截面承载力验算，确定初选的墙宽和墙深满足要求；

（3）进行平面和竖向布置；

（4）提出相应的施工技术要求；

（5）绘制施工图。

6.3.1　墙体嵌固深度和墙身宽度

重力式水泥土墙的墙体嵌固深度和墙身宽度应按照稳定性验算要求确定。在初步选择时，重力式水泥土墙的嵌固深度，对淤泥质土，不宜小于 1.2h，对淤泥，不宜小于 1.3h；重力式水泥土墙的宽度（B），对淤泥质土，不宜小于 0.7h，对淤泥，不宜小于 0.8h；此处，h 为基坑深度。

重力式水泥土墙的稳定性验算包括抗滑移、抗倾覆、整体滑动、抗隆起及抗渗透稳定验算。

1. 抗滑移稳定性应符合下式规定（图 6.7）

$$\frac{E_{pk}+(G-u_mB)\tan\varphi+cB}{E_{ak}}\geqslant K_{sl} \tag{6-1}$$

式中　K_{sl}——抗滑移安全系数，其值不应小于 1.2；

E_{ak}、E_{pk}——作用在水泥土墙上的主动土压力、被动土压力标准值（kN/m）；

G——水泥土墙的自重（kN/m）；

u_m——水泥土墙底面上的水压力（kPa）；水泥土墙底面在地下水位以下时，可取 $u_m=\gamma_w(h_{wa}+h_{wp})/2$，在地下水位以上时，取 $u_m=0$，此处，h_{wa} 为基坑外侧水泥土墙底处的水头高度（m），h_{wp} 为基坑内侧水泥土墙底处的水头高度（m）；

c、φ——水泥土墙底面下土层的黏聚力（kPa）、内摩擦角（°）；

B——水泥土墙的底面宽度（m）。

2. 抗倾覆稳定性应符合下式规定（图 6.8）

$$\frac{E_{pk}a_p+(G-u_mB)a_G}{E_{ak}a_a}\geqslant K_{ov} \tag{6-2}$$

式中　K_{ov}——抗倾覆安全系数，其值不应小于 1.3；

a_a——水泥土墙外侧主动土压力合力作用点至墙趾的竖向距离（m）；

a_p——水泥土墙内侧被动土压力合力作用点至墙趾的竖向距离（m）；

a_G——水泥土墙自重与墙底水压力合力作用点至墙趾的水平距离（m）。

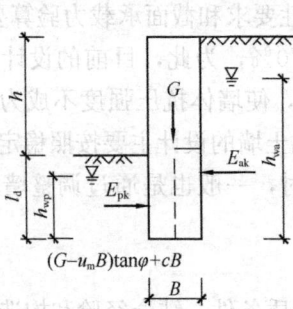

图 6.7　抗滑移稳定性验算　　　　　图 6.8　抗倾覆稳定性验算

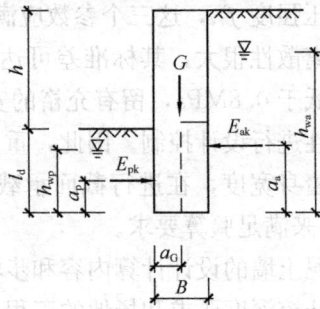

3. **整体圆弧滑动稳定性验算：**

重力式水泥土墙的整体滑动稳定性可采用圆弧滑动条分法进行验算。用圆弧滑动条分法时，其稳定性应符合下式规定（图 6.9）：

$$\min\{K_{s,1},K_{s,2},\cdots,K_{s,i},\cdots\}\geqslant K_s \tag{6-3}$$

$$K_{s,i}=\frac{\sum\{c_jl_j+[(q_jb_j+\Delta G_j)\cos\theta_j-u_jl_j]\tan\varphi_j\}}{\sum(q_jb_j+\Delta G_j)\sin\theta_j} \tag{6-4}$$

式中　K_s——圆弧滑动稳定安全系数，其值不应小于 1.3；

$K_{s,i}$——第 i 个圆弧滑动体的抗滑力矩与滑动力矩的比值；抗滑力矩与滑动力矩之比的最小值宜通过搜索不同圆心及半径的所有潜在滑动圆弧确定；

c_j、φ_j——第 j 土条滑弧面处土的黏聚力（kPa）、内摩擦角（°）；

b_j——第 j 土条的宽度（m）；

θ_j——第 j 土条滑弧面中点处的法线与垂直面的夹角（°）；

l_j——第 j 土条的滑弧段长度（m），取 $l_j = b_j/\cos\theta_j$；

q_j——作用在第 j 土条上的附加分布荷载标准值（kPa）；

ΔG_j——第 j 土条的自重（kN），按天然重度计算；分条时，水泥土墙可按土体考虑；

u_j——第 j 土条在滑弧面上的孔隙水压力（kPa）；对地下水位以下的砂土、碎石土、粉土，当地下水是静止的或渗流水力梯度可忽略不计时，在基坑外侧，可取 $u_j = \gamma_w h_{wa\cdot j}$，在基坑内侧，可取 $u_j = \gamma_w h_{wp\cdot j}$；对地下水位以上的各类土和地下水位以下的黏性土，取 $u_j = 0$；

γ_w——地下水重度（kN/m³）；

$h_{wa,j}$——基坑外地下水位至第 j 土条滑弧面中点的深度（m）；

$h_{wp,j}$——基坑内地下水位至第 j 土条滑弧面中点的深度（m）；

当墙底以下存在软弱下卧土层时，稳定性验算的滑动面中尚应包括由圆弧与软弱土层层面组成的复合滑动面。

4. 抗隆起稳定性验算

重力式水泥土墙作为支挡结构，其嵌固深度应满足坑底隆起稳定性要求，抗隆起稳定性可按本书第 5 章公式（5-9）～公式（5-11）验算。

当重力式水泥土墙底面以下有软弱下卧层时，墙底面土的抗隆起稳定性验算的部位尚应包括软弱下卧层，可按本书第 5 章公式（5-12）验算。

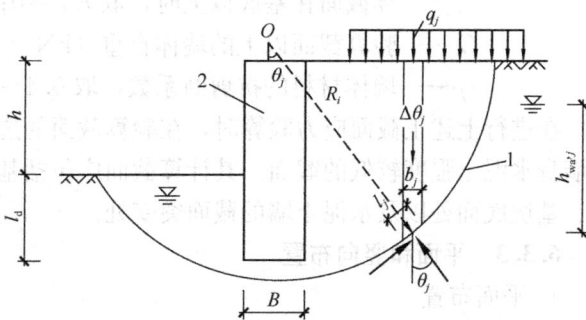

图 6.9　整体滑动稳定性验算
1—滑裂面；2—水泥土墙

5. 抗渗流稳定性验算

当地下水位高于基底时，应按第 5.3.4 的方法进行地下水渗透稳定性验算。

重力式水泥土墙的土体整体滑动稳定性、基坑隆起稳定性与嵌固深度密切相关，而基本与墙宽无关。墙的倾覆稳定性、墙的滑移稳定性不仅与嵌固深度有关，而且与墙宽有关。有关资料的分析研究结果表明，一般情况下，当墙的嵌固深度满足整体稳定条件时，抗隆起条件也会满足。因此，常常是整体稳定性条件决定嵌固深度下限。采用按整体稳定条件确定的嵌固深度，再按墙的抗倾覆条件计算墙宽，此墙宽一般自然能够同时满足抗滑移条件。

6.3.2　截面承载力验算

水泥土墙的上述各种稳定性验算是基于重力式结构的假定，作为整体重力式结构，在计算确定嵌固深度和墙的厚度后，墙体的正截面承载力应满足抗拉、抗压和抗剪要求。

1. 墙体的正截面拉应力应满足以下要求：

$$\frac{6M_i}{B^2} - \gamma_{cs}z \leqslant 0.15f_{cs} \tag{6-5}$$

2. 墙体的正截面压应力应满足以下要求:

$$\gamma_0\gamma_F\gamma_{cs}z + \frac{6M_i}{B^2} \leqslant f_{cs} \tag{6-6}$$

3. 墙体的正截面剪应力应满足以下要求:

$$\frac{E_{aki} - \mu G_i - E_{pki}}{B} \leqslant \frac{1}{6}f_{cs} \tag{6-7}$$

式中　　M_i——水泥土墙验算截面的弯矩设计值（kN·m/m）;

　　　　B——验算截面处水泥土墙的宽度（m）;

　　　　γ_{cs}——水泥土墙的重度（kN/m³）;

　　　　z——验算截面至水泥土墙顶的垂直距离（m）;

　　　　f_{cs}——水泥土开挖龄期时的轴心抗压强度设计值（kPa）,应根据现场试验或工程经验确定;

　　　　γ_F——荷载综合分项系数;

E_{aki}、E_{pki}——验算截面以上的主动土压力标准值、被动土压力标准值（kN/m）;验算截面在基底以上时,取 $E_{pki}=0$;

　　　　G_i——验算截面以上的墙体自重（kN/m）;

　　　　μ——墙体材料的抗剪断系数,取 0.4~0.5。

在进行上述正截面应力验算时,在验算截面的选择上,需选择内力组合最不利的截面和墙身水泥土强度较低的截面。其计算截面应包括基坑面以下主动和被动土压力强度相等处、基坑底面处以及水泥土墙的截面突变处。

6.3.3 平面和竖向布置

1. 平面布置

重力式水泥土墙的平面布置宜采用水泥土搅拌桩相互搭接形成的格栅状结构形式,也可采用水泥土搅拌桩相互搭接成实体的结构形式,见图 6.10。

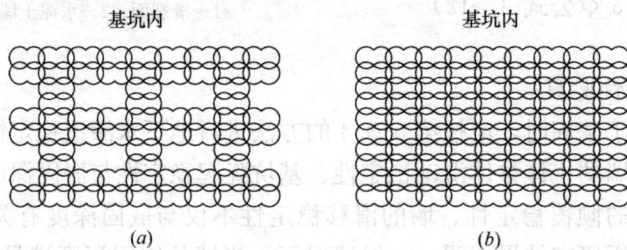

基坑内　　　　　　　　　　　　　基坑内

(a)　　　　　　　　　　　　　　(b)

图 6.10　水泥土墙常见平面形式
(a) 格栅状结构;(b) 实体结构

水泥土墙常布置成格栅形,以降低成本、工期。格栅形布置的水泥土墙应保证墙体的整体性,设计时一般按土的置换率控制,即水泥土面积与水泥土墙的总面积的比值。水泥土格栅的面积置换率,对淤泥质土,不宜小于 0.7;对淤泥,不宜小于 0.8;对一般黏性土、砂土,不宜小于 0.6。格栅内侧的长宽比不宜大于 2。

格栅形水泥土墙,应限值格栅内土体所占面积。格栅内土体对四周格栅的压力可按谷仓压力计算，通过公式（6-8）使其压力控制在水泥土墙承受范围内。

每个格栅的土体面积应符合下式要求：

$$A \leqslant \delta \frac{cu}{\gamma_\mathrm{m}} \qquad (6-8)$$

式中　A——格栅内土体的截面面积（m^2）；

δ——计算系数；对黏性土，取$\delta=0.5$；对砂土、粉土，取$\delta=0.7$；

c——格栅内土的黏聚力（kPa）；

u——计算周长（m），按图6.11计算；

γ_m——格栅内土的天然重度（kN/m^3）；对成层土，取水泥土墙深度范围内各层土按厚度加权的平均天然重度。

2. 竖向布置

重力式水泥土墙的支护剖面有等断面和台阶形断面等，常见的形式是台阶形，见图6.12。

6.3.4 构造与施工要求

1. 桩体搭接

重力式水泥土墙靠桩与桩的搭接形成整体，水泥土搅拌桩的施工工艺宜采用喷浆搅拌法，搭接宽度不宜小于150mm。桩施工应保证垂直度偏差要求，以满足搭接宽度要求。当搅拌桩较长时，应考虑施工时垂直度偏差问题，增加设计搭接宽度。

2. 水泥浆液及注浆

水泥浆液一般采用P42.5级普通硅酸盐水泥，按

图6.11　格栅式水泥土墙

1—水泥土桩；2—水泥土
桩中心线；3—计算周长

1：0.45～0.55配制；通过控制注浆压力和泵量，使水泥浆液均匀地喷搅在桩体中。注浆压力一般控制在0.5～1.0MPa，流量控制在30～59L/min，水泥用量应按设计掺入比控制。

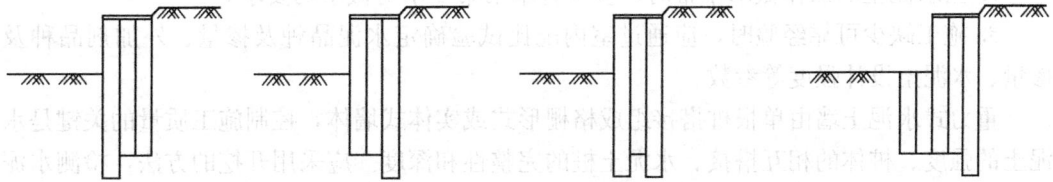

图6.12　常见水泥土墙支护剖面

3. 水泥掺入比

水泥掺入比系指水泥掺入重量与被加固土的天然重量的比值。对于双轴搅拌桩，一般要求达到12%～15%，三轴搅拌桩，一般要求达到18%～22%，高压喷射注浆不小于25%。

4. 外掺剂

为改善水泥土的性能，提高早期强度，一般可加入外掺剂。常用外掺剂主要有：三乙醇胺、氯化钙、碳酸钠、水玻璃和木质素磺酸钙，选择合适的外掺剂和掺量可提高水泥土强度和节约水泥用量。

一般早强剂可选用三乙醇胺、氯化钙、碳酸钠或水玻璃等材料，其掺入量宜分别取水泥重量的 0.05%、2%、0.5%和 2%；减水剂可选用木质素磺酸钙，其掺入量宜取水泥重量的 0.2%；石膏兼有缓凝和早强的双重作用，其掺入量宜取水泥重量的 2%。当掺入与水泥等量的粉煤灰后，水泥土强度比不掺粉煤灰的提高 10%，故在加固软土时通常掺入与水泥重量等量的粉煤灰。

5. 无侧限抗压强度

水泥土标准养护龄期为 90 天，基坑工程一般不可能等到 90 天养护期后再开挖，故设计时以龄期 28 天的无侧限抗压强度为标准，水泥土墙体 28d 无侧限抗压强度不宜小于 0.8MPa。一些试验资料表明，一般情况下，水泥土强度随龄期的增长规律为，7d 的强度可达标准强度的 30%～50%，30d 的强度可达标准强度的 60%～75%，90d 的强度为 180d 强度的 80%左右，180d 以后水泥土强度仍在增长。水泥强度等级也影响水泥土强度，一般水泥强度提高 10 后，水泥土的标准强度可提高 20%～30%。

水泥土墙的正截面承载力往往因为其拉应力不满足要求而需要增加墙体厚度，在场地受到限制无法增加厚度或增加厚度不经济时，可在水泥土桩内插入杆筋。杆筋可采用钢筋、钢管或毛竹，插入深度宜大于基坑深度，杆筋应锚入面板内。

6. 控制和减少墙体变形的构造措施

(1) 设置墙顶面板

为加强整体性，减少变形，水泥土墙顶需设置钢筋混凝土面板，面板不但可便利施工，同时可防止雨水从墙顶渗入水泥土格栅。墙顶混凝土连接面板厚度不宜小于 150mm，混凝土强度等级不宜低于 C15，钢筋宜采用 HPB300，直径不宜小于 6mm，间距不宜大于 500mm。

(2) 沿基坑周边每隔 20～30m 增加一至两排搅拌桩作为重力墩，特别是在基坑每边的中间部位和突出的阳角部位设置；另可在坑内开挖面以下的相同部位设置加固墩。

7. 当水泥土墙兼作截水帷幕时，应符合本书第 8 章对截水的要求。

8. 施工缺少可靠经验时，应通过室内配比试验确定水泥品种及掺量、外加剂品种及掺量、水泥土设计强度等参数。

重力式水泥土墙由单根桩搭接组成格栅形式或实体式墙体，控制施工质量的关键是水泥土的强度、桩体的相互搭接、水泥土桩的完整性和深度。应采用开挖的方法，检测水泥土固结体的直径、搭接宽度、位置偏差；采用钻芯法检测水泥土的单轴抗压强度及完整性、水泥土墙的深度。进行单轴抗压强度试验的芯样直径不应小于 80mm，检测桩数不应少于总桩数的 1%，且不应少于 6 根。

【例 6-1】 某基坑开挖深度 4.2m，采用重力式水泥土墙支护，支护结构安全性等级为三级。水泥土桩为 $\phi700@500$，墙体宽度为 3.2m，嵌固深度为 3.0m，墙体重度取 22kN/m³，水泥土的无侧限抗压强度设计值为 0.8MPa。坑外地下水位为地面下 1.0m，坑内地下水位为地面下 5.0m，墙体剖面、地层分布及各地层的重度 γ、黏聚力 c 以及内摩擦角 φ 见图 6.13。地面施工荷载 $q=15$kPa。试进行重力式水泥土墙的抗倾覆、抗滑移和抗隆起稳定性验算并进行截面承载力验算（综合分项系数 γ_F 取 1.25）。如平面采用格栅式布置，格栅内的土体面积应满足什么要求。

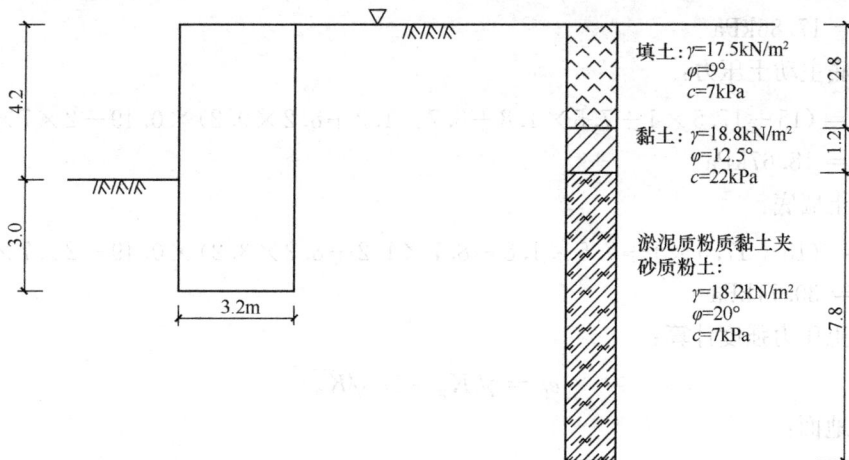

图 6.13

【解】

（1）土压力计算

$$K_a = \tan^2\left(45° - \frac{\varphi}{2}\right), K_p = \tan^2\left(45° + \frac{\varphi}{2}\right), 则$$

$$K_{a1} = \tan^2\left(45° - \frac{9°}{2}\right) = 0.73, K_{a2} = \tan^2\left(45° - \frac{12.5°}{2}\right) = 0.64$$

$$K_{a3} = \tan^2\left(45° - \frac{20°}{2}\right) = 0.49, K_{p3} = \tan^2\left(45° + \frac{20°}{2}\right) = 2.04$$

临界深度 z_0：

$$z_0 = \frac{1}{\gamma_1}\left(\frac{2c}{\sqrt{K_{a1}}} - q_0\right) = \frac{1}{17.5}\left(\frac{2 \times 7}{\sqrt{0.73}} - 15\right) = 0.1\text{m}$$

主动土压力强度计算：

$$e_a = (q_0 + \gamma h)K_a - 2c\sqrt{K_a}$$

坑外地下水位处：

$$e_a = (15 + 17.5 \times 1) \times 0.73 - 2 \times 7 \times \sqrt{0.73} = 11.8\text{kPa}$$

第一层土底：

$$e_{a1下} = (15 + 17.5 \times 1 + 7.5 \times 1.8) \times 0.73 - 2 \times 7 \times \sqrt{0.73} = 22.9\text{kPa}$$

第二层土顶：

$$e_{a2上} = (15 + 17.5 \times 1 + 7.5 \times 1.8) \times 0.64 - 2 \times 22 \times \sqrt{0.64} = -5.67\text{kPa}$$

第二层土底：

$$e_{a2下} = (15 + 17.5 \times 1 + 7.5 \times 1.8 + 8.7 \times 1.2) \times 0.64 - 2 \times 22 \times \sqrt{0.64}$$
$$= 0.92\text{kPa}$$

相对于第一层土体底面的相对临界深度：

$$(15 + 17.5 \times 1 + 7.5 \times 1.8 + 8.7 z_1) \times 0.64 - 2 \times 22 \times \sqrt{0.64} = 0.92\text{kPa}$$

得：$z_1 = 1.03\text{m}$

第三层土顶：

$$e_{a3上} = (15 + 17.5 \times 1 + 7.5 \times 1.8 + 8.7 \times 1.2) \times 0.49 - 2 \times 7 \times \sqrt{0.49}$$

$$= 17.86\text{kPa}$$

基坑底主动土压力：

$$e_{\text{a坑底}} = (15 + 17.5 \times 1 + 7.5 \times 1.8 + 8.7 \times 1.2 + 8.2 \times 0.2) \times 0.49 - 2 \times 7 \times \sqrt{0.49}$$
$$= 18.67\text{kPa}$$

水泥土墙底：

$$e_{\text{a3下}} = (15 + 17.5 \times 1 + 7.5 \times 1.8 + 8.7 \times 1.2 + 8.2 \times 3.2) \times 0.49 - 2 \times 7 \times \sqrt{0.49}$$
$$= 30.71\text{kPa}$$

被动土压力强度计算：

$$e_{\text{p}} = \gamma h K_{\text{p}} + 2c \sqrt{K_{\text{p}}}$$

基坑地面：

$$e_{\text{p}} = 2 \times 7 \times \sqrt{2.04} = 20.0\text{kPa}$$

地下水位处：

$$e_{\text{p}} = 18.2 \times 0.8 \times 2.04 + 2 \times 7 \times \sqrt{2.04} = 49.7\text{kPa}$$

水泥土墙底：

$$e_{\text{p}} = (18.2 \times 0.8 + 8.2 \times 2.2) \times 2.04 + 2 \times 7 \times \sqrt{2.04} = 86.5\text{kPa}$$

土压力合力计算：

$$E_{\text{a}} = \frac{1}{2} \times 11.8 \times 0.9 + 11.8 \times 1.8 + \frac{1}{2} \times (21.6 - 11.8) \times 1.8 + \frac{1}{2} \times 0.92 \times 0.17$$
$$+ 17.86 \times 3.2 + \frac{1}{2} \times (30.17 - 17.86) \times 3.2$$
$$= 5.31 + 21.24 + 8.82 + 0.08 + 57.16 + 20.56 = 113.17\text{kN}$$

$$E_{\text{P}} = 20 \times 0.8 + 49.7 \times 2.2 + \frac{1}{2} \times (49.7 - 20) \times 0.8 + \frac{1}{2} \times (86.5 - 49.7) \times 2.2$$
$$= 16 + 109.34 + 11.88 + 40.48$$
$$= 177.7\text{kN}$$

$$\alpha_{\text{a}} = \frac{1}{113.17}\left[\left(6.2 + \frac{1-0.1}{3}\right) \times 5.31 + \left(4.4 + \frac{1.8}{2}\right) \times 21.24 + \left(4.4 + \frac{1.8}{3}\right)\right.$$
$$\left. \times 8.82 + \left(3.2 + \frac{0.17}{3}\right) \times 0.08 + 57.16 \times \frac{3.2}{2} + 20.56 \times \frac{3.2}{3}\right] = 2.7\text{m}$$

$$\alpha_{\text{p}} = \frac{1}{177.7}\left[\left(2.2 + \frac{0.8}{2}\right) \times 16 + \frac{2.2}{2} \times 109.34 + \left(2.2 + \frac{0.8}{3}\right) \times 11.88 + \frac{2.2}{3} \times 40.48\right]$$
$$= 1.2\text{m}$$

(2) 重力式水泥土墙稳定性验算

取计算单元 1m，$G = 1 \times 3.2 \times 7.2 \times 22 = 506.88\text{kN}$，$U_{\text{m}} = \dfrac{10 \times (6.2 + 2.2)}{2} = 42$；

重力式水泥土墙滑移稳定性验算：

$$\frac{E_{\text{pk}} + (G - U_{\text{m}}B)\tan\varphi + cB}{E_{\text{ak}}} = \frac{177.7 + (506.88 - 42 \times 3.2) \times \tan 20° + 7 \times 3.2}{113.17}$$
$$= 2.95 \geqslant 1.2 \ 满足要求。$$

重力式水泥土墙倾覆稳定性验算：

$$\frac{E_p \alpha_a + (G - U_m B)\alpha_G}{E_a \alpha_a}$$

$$= \frac{177.7 \times 1.2 + (506.88 - 42 \times 3.2) \times 1.6}{113.17 \times 2.7}$$

$$= 2.65 \geqslant 1.3$$

满足要求。

重力式水泥土墙抗隆起稳定性验算:

$$\gamma_{m1} = \frac{1}{7.2} \times (17.5 \times 2.8$$

$$+ 18.7 \times 1.2 + 18.2 \times 3.2)$$

$$= 18.0 \text{kN/m}^3 ,$$

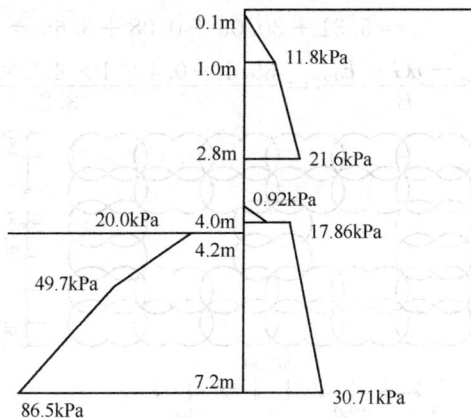

图 6.14　土压力分布图

取 $\gamma_{m2} = 18.2 \text{kN/m}^3$

$$N_q = \tan\left(45° + \frac{\varphi}{2}\right)e^{\pi\tan\varphi} = \tan\left(45° + \frac{20}{2}\right)e^{\pi\tan 20°} = 6.38$$

$$N_c = \frac{N_q - 1}{\tan\varphi} = \frac{6.38 - 1}{0.36} = 14.94$$

$$\frac{\gamma_{m2}l_d N_q + c N_c}{\gamma_{m1}(h + l_d) + q_0} = \frac{18.2 \times 3 \times 6.38 + 7 \times 14.94}{18.0 \times (4.2 + 3) + 15} = 3.13 \geqslant 1.4$$

满足要求。

(3) 正截面承载力的验算

取 $f_{cs} = 800 \text{kPa}$, $\gamma_0 = 0.9$, $\gamma_F = 1.25$,

经计算,基坑地面以下不存在主动土压力、被动土压力相等的点,同时水泥土墙的设计是不存在截面突变的,因此只需要对基坑底面处进行正截面应力验算:

弯矩计算为:

$$M_k = \frac{1}{2} \times 11.8 \times 0.9 \times \left(\frac{0.9}{3} + 3.2\right) + 11.8 \times 1.8 \times \left(\frac{1.8}{2} + 1.4\right) + \frac{1}{2} \times (21.6 - 11.8)$$

$$\times 1.8 \times \left(\frac{1.8}{3} + 1.4\right) + \frac{1}{2} \times 0.92 \times 0.17 \times \frac{0.17}{3} + 17.86 \times 0.2 \times \frac{0.2}{2} + \frac{1}{2} \times (18.67$$

$$- 17.86) \times 0.2 \times \frac{0.2}{3} = 87.47 \text{kN} \cdot \text{m}$$

则弯矩设计值为: $M = \gamma_0 \cdot \gamma_F \cdot M_K = 0.9 \times 1.25 \times 87.47 = 98.4 \text{kN} \cdot \text{m}$

拉应力验算:

$$\frac{6M}{B^2} - \gamma_{CS} = \frac{6 \times 87.47}{3.2^2} - 22 \times 4.20 = -41.15 \leqslant 0.15 f_{cs} = 0.15 \times 800 = 120$$

压应力验算:

$$\gamma_0 \gamma_f \gamma_{cs} z + \frac{6M}{B^2} = 0.9 \times 1.25 \times 22 \times 4.2 + \frac{6 \times 87.47}{3.2^2} = 191.42 < f_{cs} = 800$$

剪应力验算:

$$E_{ak} = \frac{1}{2} \times 11.8 \times 0.9 + \frac{1}{2} \times (11.8 + 21.6) \times 1.8 + \frac{1}{2} \times 0.17 \times 0.92 + \frac{1}{2} \times (17.86$$

$$+ 18.67) \times 0.2$$

$$= 5.31 + 30.06 + 0.08 + 3.65 = 39.1 \text{kN/m}$$

$$\frac{E_{ak} - \mu G - E_{Pk}}{B} = \frac{39.1 - 0.4 \times 1 \times 4.2 \times 3.2 \times 22 - 0}{3.2} = -24.74 \leqslant \frac{1}{6} \times 800 = 133.3$$

满足要求。

（4）格栅内土体的面积计算

采用如图 6.15 所示平面格栅式布置。利用公式（6-8）计算。

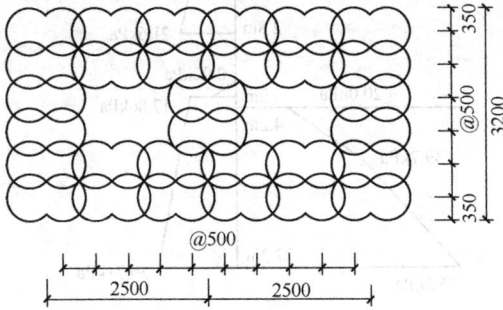

图 6.15 格栅式布置图

土为黏性土，取 $\delta = 0.5$；

水泥土桩的直径为 700mm，搭接 200mm，水泥土墙宽度为 3.2m，则有：

$$u = 1.2 \times 2 + 1.7 \times 2 = 5800 \text{mm} = 5.8 \text{m}$$

$$c = \frac{1}{7.2}(7 \times 2.8 + 22 \times 1.2 + 7 \times 3.2)$$
$$= 9.5 \text{kPa}$$

$$r_m = \frac{1}{7.2}(17.5 \times 2.8 + 18.7 \times 1.2 + 18.2 \times 3.2) = 18.0 \text{kN/m}^3$$

故：$A \leqslant \delta \dfrac{cu}{r_m} = 0.5 \times \dfrac{9.5 \times 5.8}{18.0} = 1.53 \text{m}^2$，即格栅内的土体面积应小于 1.53m²。

6.4　SMW 工法

6.4.1　概述

在设计上，重力式水泥土墙作为刚性支护墙体，其抗拉、抗弯承载力存在着不足，针对此问题，20 世纪 90 年代后期，我国研究开发了型钢水泥土搅拌墙，即 SMW 工法（Soil Mixed Wall），它是在连续套接的三轴水泥土搅拌桩内插入型钢形成的复合挡土隔水结构。

SMW 工法除具有重力式水泥土墙的优点，也同时具有良好的抗压强度和止水功能，因搅拌桩桩身内配有型钢，因此又具有良好的抗拉、抗弯与抗剪性能，能较好地满足基坑支护的要求；同时，在地下结构施工完成后，还可以将型钢从水泥土搅拌桩中拔出来回收利用。

目前工程中的搅拌桩主要有双轴和三轴两种。双轴搅拌桩的成桩质量、均匀性和垂直度均较差，在深度较深时，双轴搅拌桩桩体之间的搭接难以完全保证，一旦遇到障碍物，钻杆容易弯曲，影响搅拌桩的隔水效果，并且在硬质粉土和砂性土中搅拌困难。考虑到 SMW 工法中的搅拌桩不仅要起到隔水作用，更重要的是对型钢的包裹嵌固作用，为此，型钢水泥土搅拌墙中的搅拌桩应采用三轴水泥土搅拌桩。

6.4.2　型钢水泥土搅拌墙的设计

SMW 工法是以内插型钢作为主要受力构件，三轴水泥土搅拌桩作为截水帷幕的复合挡土截水结构。型钢水泥土搅拌墙的内力和变形，可采用平面杆系结构弹性支点法计算，在有经验时，也可采用连续介质有限元的平面和空间分析方法计算，详见第 4 章。在进行支护结构内力计算以及整体稳定性、抗倾覆、抗滑移、抗隆起等各项稳定性验算中，支护结构的深度应取型钢的插入深度，不应计入型钢端部以下水泥土搅拌桩的作用。

在得到结构的内力和变形后的设计与计算，包括型钢的设计和水泥土桩的设计两部分。型钢的设计计算主要包括型钢的布设方式、间距、截面尺寸以及插入水泥土桩的长度；对于水泥土搅拌桩主要是确定其嵌固深度。

1. 型钢截面尺寸

内插型钢宜采用 H 型钢。目前工程中三轴水泥土搅拌桩大量应用的是直径 $\phi650mm$、$\phi850mm$、$\phi1000mm$ 三种，相互搭接 200mm。一般情况下，当水泥土桩为 $\phi650@450$ 时，宜内插 H500×300 或 H500×200 型钢，$\phi850@600$ 时，宜内插 H700×300 型钢，$\phi1000@750$ 时，宜内插 H800×300 或 H850×300 型钢。

考虑到型钢作为主要受力构件，型钢的截面尺寸由截面承载力计算确定。

（1）作用在型钢水泥土搅拌墙上的弯矩全部由型钢承担，并应符合下式规定：

$$\frac{\gamma_0 \gamma_f M_k}{W} \leqslant f \qquad (6\text{-}9)$$

式中　γ_0、γ_f——分别支护结构重要性系数和综合分项系数，按第 2 章的要求取用；

　　　M_k——作用在型钢水泥土搅拌墙上的弯矩标准值（N·mm），取用弹性支点法计算结果；

　　　W——型钢沿弯矩作用方向的截面模量（mm³）；

　　　f——型钢的抗弯强度设计值（N/mm²）。

（2）作用在型钢水泥土搅拌墙上的剪力全部由型钢承担，并应符合下式规定：

$$\frac{\gamma_0 \gamma_f V_k S}{I t_w} \leqslant f_v \qquad (6\text{-}10)$$

式中　V_k——作用在型钢水泥土搅拌墙上的剪力标准值（N·mm），取用弹性支点法计算结果；

　　　S——型钢计算剪应力处以上毛截面对中和轴的面积矩（mm³）；

　　　I——型钢沿弯矩作用方向的毛截面惯性矩（mm⁴）；

　　　t_w——型钢腹板厚度（mm）；

　　　f_v——型钢的抗剪强度设计值（N/mm²）。

2. 型钢的插入深度和水泥土桩的长度

型钢水泥土搅拌墙的设计是以型钢作为主要受力构件，确定其插入深度实质上就是要确定挡土结构的嵌固深度，因此，型钢的嵌固深度应按本章重力式水泥土墙的稳定性计算要求确定。另外，考虑到型钢的回收利用，在确定型钢的插入深度时，还应考虑地下结构施工完成后型钢能否顺利拔出的因素。

水泥土桩的长度按重力式水泥土墙的抗渗稳定条件确定。

3. 型钢的布设方式及间距

型钢的布置方式有密插型、插二跳一型和插一跳一型三种，见图 6.16。

按上述三种布设方式，根据不同的桩径，H 型钢的间距布置见表 6.5。

在基坑外侧的水土压力作用下，型钢净距之间的素水泥土桩段也需要承担局部剪应力，型钢间距越大，其需要承担的剪应力也越大。因此，当型钢采用插一跳一和插二跳一的布设方式时，应按下述要求进行型钢净距之间的素水泥土桩段的错动受剪承载力和受剪截面面积最小的最薄弱面受剪承载力验算，见图 6.17。

表 6.5

不同桩径、不同布设方式的 H 型钢间距

桩径	密插型	插二跳一型	插一跳一型
$\phi 650$	450	1350	900
$\phi 850$	600	1800	1200
$\phi 1000$	750	2250	1500

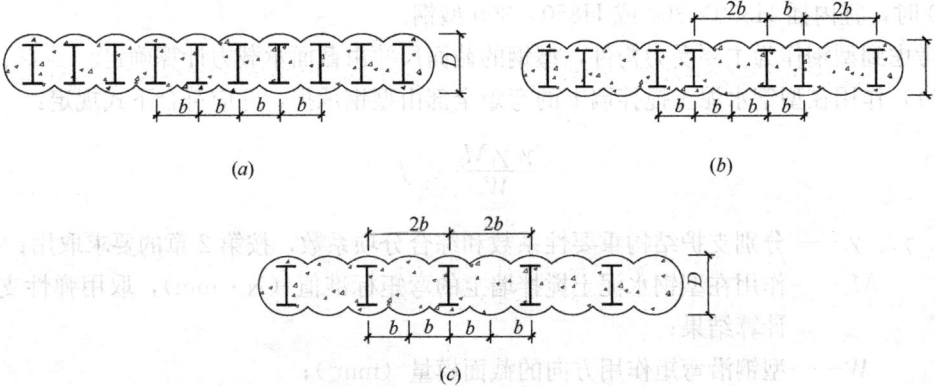

图 6.16 型钢的布置形式
(a) 密插型；(b) 插二跳一型；(c) 插一跳一型
b—相邻搅拌桩的中心间距

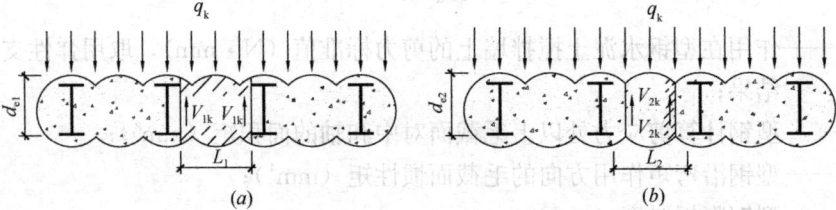

图 6.17 水泥土搅拌桩局部受剪承载力计算示意图
(a) 型钢与水泥土之间错动受剪承载力验算图；(b) 水泥土最薄弱截面局部受剪承载力验算图

(1) 型钢与水泥土之间的错动受剪承载力验算按下列公式计算：

$$\tau_1 \leqslant \tau \tag{6-11}$$

$$\tau_1 = \frac{\gamma_0 \gamma_F V_1}{d_{e1}} \tag{6-12}$$

$$V_{1k} = q_k L_1 / 2 \tag{6-13}$$

$$\tau = \frac{\tau_{ck}}{1.6} \tag{6-14}$$

式中　τ_1——作用于型钢与水泥土之间的错动剪应力设计值（N/mm²）；

　　V_{1k}——作用于型钢与水泥土之间单位深度范围内的错动剪力标准值（N/mm）；

　　q_k——作用于型钢水泥土搅拌墙计算截面处的侧压力强度标准值（N/mm²）；计算

154

截面应取水土压力最大的截面，一般位于开挖面位置；

L_1——相邻型钢翼缘处之间的净距（mm）；

d_{e1}——型钢翼缘处水泥土墙体的有效厚度（mm）；

τ——水泥土抗剪强度设计值（N/mm^2）；

τ_{ck}——水泥土抗剪强度标准值（N/mm^2），可取搅拌桩 28d 龄期无侧限抗压强度的 1/3。

（2）在型钢间隔设置时，水泥土搅拌桩最薄弱截面局部受剪承载力应按下列公式计算：

$$\tau_2 \leqslant \tau \tag{6-15}$$

$$\tau_2 = \frac{\gamma_0 \gamma_F V_2}{d_{e2}} \tag{6-16}$$

$$V_{2k} = q_k L_2 / 2 \tag{6-17}$$

式中　τ_2——作用于水泥土最薄弱截面处的局部剪应力设计值（N/mm^2）；

V_{2k}——作用于水泥土最薄弱截面处单位深度范围内的剪力标准值（N/mm）；

L_2——水泥土相邻最薄弱截面的净距（mm）；

d_{e2}——水泥土最薄弱截面处墙体的有效厚度（mm）。

4. 构造要求

（1）材料要求

1）水泥及水泥用量：型钢水泥土搅拌墙的水泥土桩所用水泥宜采用强度等级不低于 P42.5 级的普通硅酸盐水泥，材料用量和水灰比应结合土质条件和机械性能等指标通过现场试验确定，并应符合表 6.6 的规定。

三轴水泥土搅拌桩材料用量和水灰比　　　　　　　　　　　　表 6.6

土质条件	单位被搅拌土体中的材料用量		水灰比
	水泥（kg/m^3）	膨润土（kg/m^3）	
黏性土	≥360	0~5	1.5~2.0
砂性土	≥325	5~10	1.5~2.0
砂砾土	≥290	5~15	1.2~2.0

计算水泥用量时，被搅拌土体的体积可按搅拌桩单桩圆形截面面积与深度的乘积计算。在型钢依靠自重和必要的辅助设备可插入到位的前提下，水灰比取小值。在填土、淤泥质土等特别软弱的土中以及在较硬的砂性土、沙砾土中，钻进速度较慢时，水泥用量应适当提高。

2）水泥土：搅拌桩 28 天龄期无侧限抗压强度设计值不宜低于 0.8MPa。

3）型钢：内插型钢宜采用 Q235B 级钢和 Q345B 级钢，可采用焊接型钢或轧制型钢。型钢应尽量采用整材，当需要接长时应采用坡口焊等强焊接，且单根型钢焊接接头不应超过两个，焊接接头的位置应尽量远离支撑位置，离开挖面距离不小于 2m；相邻型钢的接头应错开布置，错开距离不小于 1m；为便于以后的拔出利用，在插入前可在型钢表面涂抹减少摩擦阻力的材料。

（2）水泥土搅拌桩设计参数

水泥土搅拌桩的施工应采用套接一孔法施工。套接一孔法是指在连续的三轴水泥土搅拌桩中有一个孔是完全重叠的施工方法，见图 6.18。同时，桩的入土深度应比型钢插入深度深 0.5～1.0m。

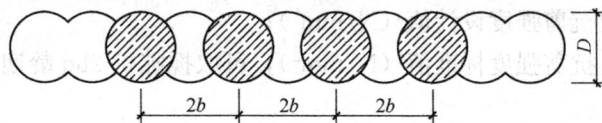
图 6.18　套接一孔法示意图

除采取以上施工方法外，三轴水泥土搅拌桩还应控制水泥浆液的流量在 280～320L/min 之间，泵送压力控制在 1.5～2.5MPa 之间，钻头的下沉速度一般在 0.3～1.0m/min，提升速度在 1～2m/min。

（3）冠梁和腰梁

型钢水泥土搅拌墙的顶部应设置钢筋混凝土冠梁，如设置有内支撑，冠梁宜作为上面第一道支撑的腰梁。冠梁的截面高度不应小于 600mm，宽度比搅拌桩直径大 350mm，并应满足截面承载力计算要求。为便于型钢拔出，型钢应穿过冠梁并高出冠梁不小于 500mm，并在冠梁混凝土与型钢的接触面上设置不易压缩的油毡等隔离材料。型钢与冠梁的节点构造示意见图 6.19。

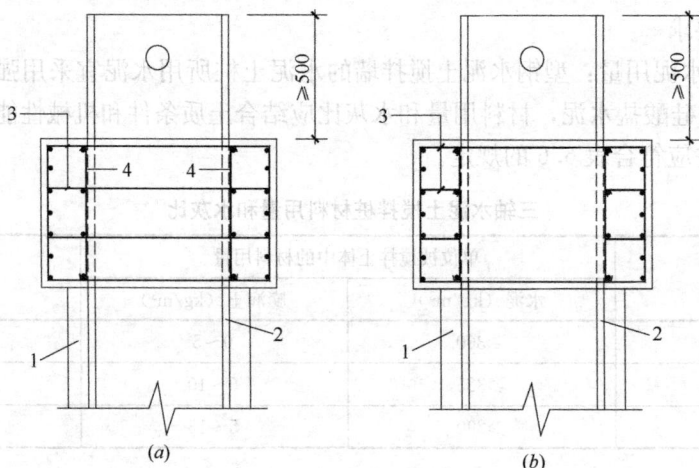
图 6.19　型钢与冠梁的节点构造示意图
（a）型钢之间的冠梁钢筋配置；（b）型钢安插处冠梁钢筋配置
1—水泥土搅拌桩；2—H 型钢；3—冠梁小封闭箍筋；4—拉筋

当采用多道内支撑体系时，支撑腰梁应与型钢水泥土搅拌墙可靠的连接。从安全角度考虑，在基坑开挖过程中，为避免坑面水泥土掉落，一般都将型钢外侧的水泥土剥落，因此腰梁应直接与型钢连接。墙体与腰梁的连接构造见图 6.20。

（4）当周边环境要求较高，桩身在强透水性土层中或对搅拌桩的抗渗和抗裂要求较高时，应减少型钢间距。在基坑转角部位，特别是在基坑阳角部位，基坑变形较大，应在转角处的水泥土桩内加插型钢以增强墙体刚度，加插的型钢可按转角的角平分线布设，见图 6.21。

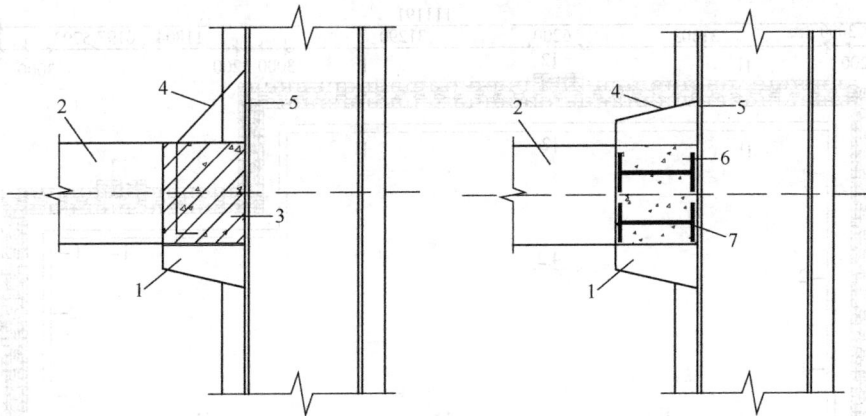

图 6.20 腰梁与型钢的连接构造示意图

1—刚牛腿；2—内支撑；3—钢筋混凝土腰梁；4—吊筋；

5—内插型钢；6—细石混凝土填充；7—钢腰梁

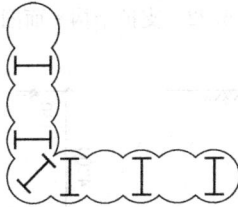

图 6.21 转角处加插
型钢构造示意图

（5）当采用型钢水泥土墙与其他支挡结构共同作为支护结构时，在两者的连接处应采用高压喷射注浆，保证截水效果。

6.5 重力式水泥土墙支护设计工程实例

本工程为一层地下室基坑，基坑平面为矩形，开挖深度 4.2m，地基土及地下水位情况见例题 6-1。经综合考虑工程地质与水文地质情况以及周边环境条件，结合工程经验，支护体系采用 $\phi700@500$ 水泥土桩形成重力式水泥土墙，在四边中央部位局部加墩以减少位移。水泥采用 P42.5 普通硅酸盐水泥，水泥掺量为 13%，水灰比 0.55，注浆压力为大于 0.8MPa，流量控制为 45L/min，外掺木质素磺酸钙，掺量为水泥用量的 0.2%，水泥土 28 天无侧限抗压强度要求为 0.8MPa；搅拌桩桩顶设 150mm 厚钢筋混凝土面层，配筋 $\phi10@500$ 双向，面层混凝土 C20；本工程采用双轴搅拌桩机械成桩，开挖后效果良好，经监测，位移控制在 40mm 以内。

设计计算参见例 6-1，基坑平面见图 6.22，剖面图见图 6.23、图 6.24，双轴搅拌桩搭接详图见图 6.25。

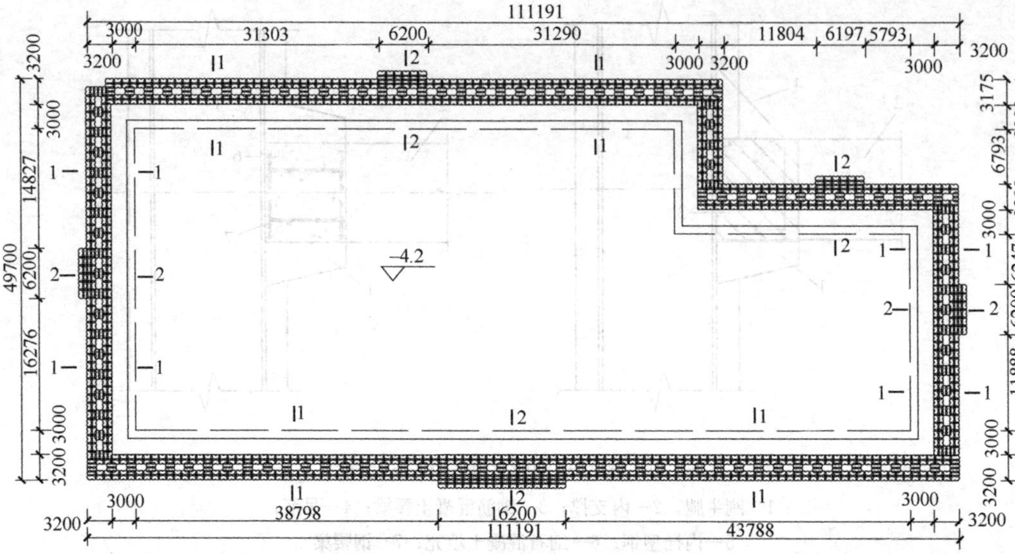

图 6.22 支护结构平面图

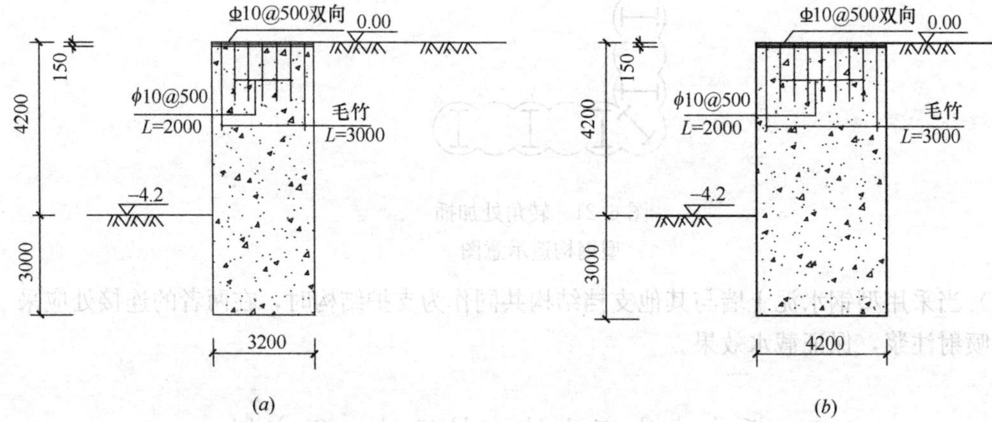

图 6.23 支护结构纵剖面图

(a) 1-1 剖面；(b) 2-2 剖面

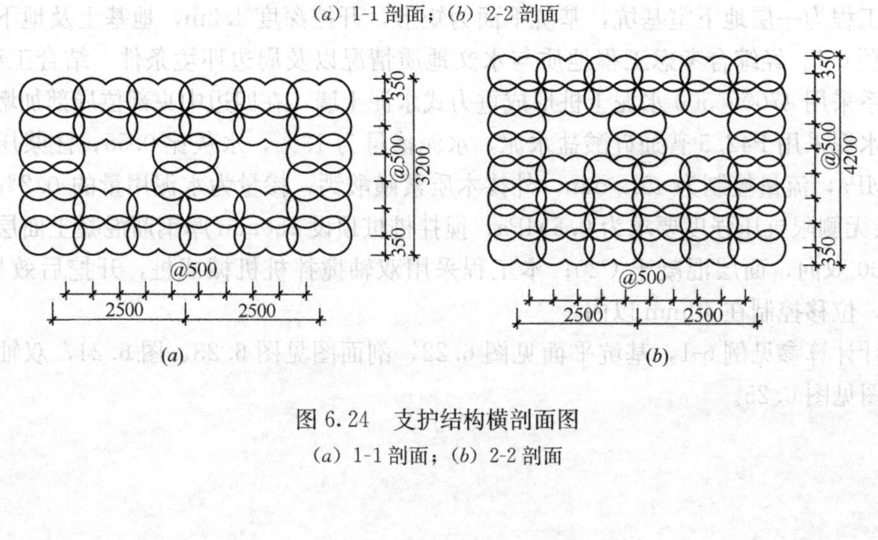

图 6.24 支护结构横剖面图

(a) 1-1 剖面；(b) 2-2 剖面

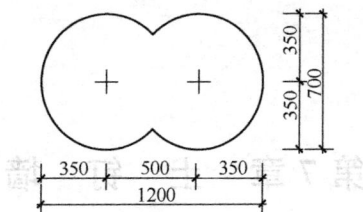

图 6.25 双轴搅拌桩搭接详图

思 考 与 练 习

6.1 水泥土的加固机理是什么?

6.2 影响水泥土强度的因素有哪些?

6.3 进行重力式水泥土挡墙设计时,需要进行哪些基本验算?

6.4 影响水泥土挡墙的水平位移的因素有哪些? 如何采取措施来减少水泥土挡墙的位移?

6.5 水泥土挡墙支护结构的抗倾覆稳定和抗滑移稳定,哪个更容易满足? 条件是什么?

6.6 某二级基坑位于均质软弱黏性土场地,拟采用 3m 宽的重力式水泥土墙进行支护,已知土层参数:$\gamma = 18.5 \text{kN/m}$,$c = 14 \text{kPa}$,$\varphi = 10°$,开挖深度为 5m,嵌固深度为 3m,墙体重度取 20kN/m³,水泥土的无侧限抗压强度设计值为 0.8MPa。试进行重力式水泥土墙的抗倾覆和抗滑移稳定性验算,并验算截面承载力(综合分项系数 γ_F 取 1.25)。

第7章 土 钉 墙

7.1 概　述

7.1.1　土钉墙的概念、类型及特点

土钉墙（soil nailing wall）是 20 世纪 70 年代发展起来用于土体开挖和边坡稳定的一种支护结构，由随基坑开挖分层设置的、纵横向密布的土钉群、喷射混凝土面层及原位土体所组成，见图 7.1。

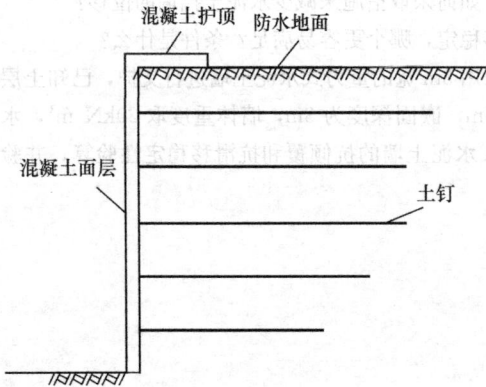

图 7.1　土钉墙示意图

土钉（soil nail）是指植入土中并注浆形成的承受拉力与剪力的杆件，是土钉墙支护结构中的主要受力构件，依靠钉体与土体之间的界面粘结力或摩擦力，在土体发生变形的条件下被动受力，并主要承受拉力作用。

国内常用的土钉有两类，其一是钻孔注浆土钉，即采用钻机或洛阳铲成孔，再植入钢筋杆体，然后沿全长注入水泥浆或水泥砂浆形成的；其二是打入钢花管注浆土钉，即在钢管上设置注浆孔成为钢花管，直接将钢花管打入土体中，再注入水泥浆或水泥砂浆形成的。

与其他支护结构相比，土钉墙具有以下特点：

（1）土钉墙尽可能地保持并提高了基坑侧壁土体的自稳定，土钉与土体形成一个密不可分的整体，共同作用，同时混凝土护面的协同作用也强化了土体的自稳定；

（2）土钉墙为柔性结构，有较好的延性，使得土体的破坏有了一个变形的过程而不是脆性破坏；但也正因其为柔性结构，土钉墙对周边土体的变形控制较差；

（3）土钉数量众多形成土钉群体，个别土钉的失效对整体影响并不大，有研究表明，当某根土钉失效时，上排与同排土钉将起到分担作用；

（4）土钉墙是分层分段施工形成的，每完成一层土钉和土钉位置以上的喷射混凝土面层后，基坑才能挖至下一层土钉施工标高，在此过程中易产生施工阶段的不稳定性，因而土钉墙的设计和施工必须严格按工况进行；

（5）土钉施工所需场地小，支护结构不占用工程空间；同时，施工设备简单，施工方便，噪声小；与土方开挖实行平行流水作业时，可缩短工期；一般来说，成本低于排桩及地下连续墙支护。

在应用过程中，由于土钉墙固有的一些缺陷，在一些基坑支护工程中，需要和其他构件联合使用。土钉墙与预应力锚杆、微型桩、旋喷桩、搅拌桩中的一种或多种组成的复合

型支护结构，就称为复合土钉墙（composite soil nailing wall）。复合土钉墙目前主要有以下几种实用类型：

（1）土钉墙＋止水帷幕＋预应力锚杆（图7.2a）

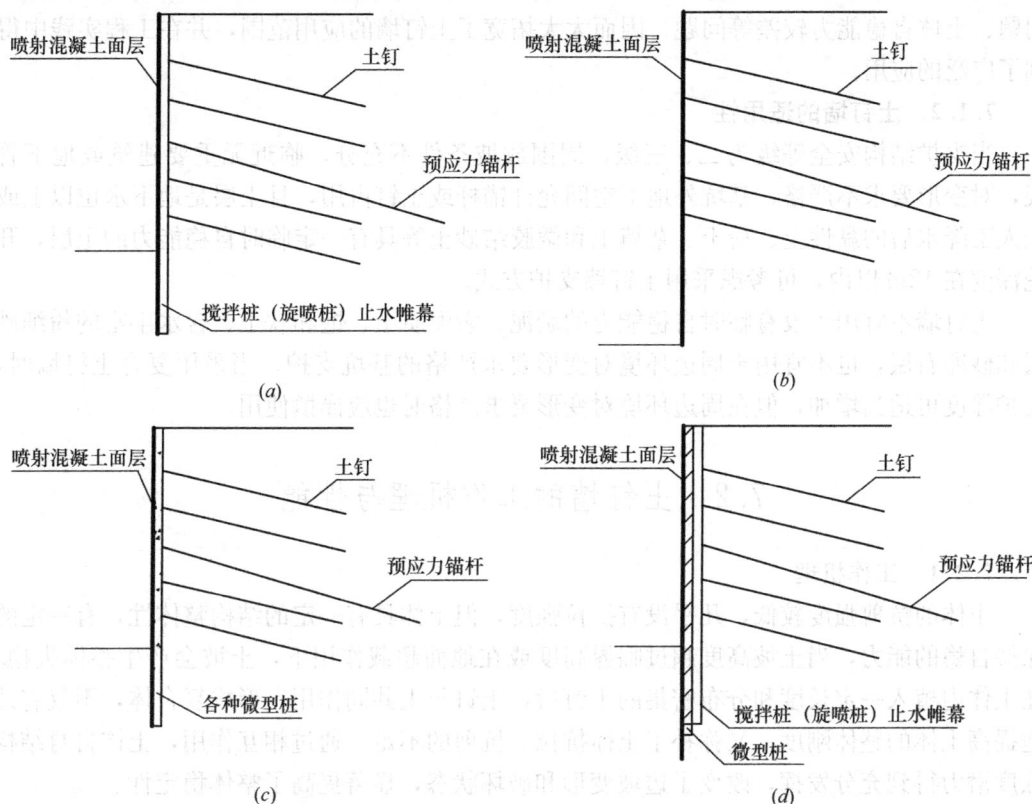

图 7.2 复合土钉墙的类型
(a) 土钉墙＋止水帷幕＋预应力锚杆；(b) 土钉墙＋预应力锚杆
(c) 土钉墙＋微型桩＋预应力锚杆；(d) 土钉墙＋止水帷幕＋微型桩＋预应力锚杆

这是应用最广泛的一种支护方式。土钉墙的使用受到地下水位、水量的限制，如果环境不允许降水，就要使用止水帷幕，而土钉墙与止水帷幕的组合对周围环境提出的较为严格的变形要求可能又无法满足，这时需要采用预应力锚杆限制土钉墙的位移。这种方式能满足大多数实际工程的需要。

（2）土钉墙＋预应力锚杆（图7.2b）

当地层条件为黏性土层和周边环境允许降水时，可不设置止水帷幕。

（3）土钉墙＋微型桩＋预应力锚杆（图7.2c）

当基坑开挖面离建筑红线和周边建筑物距离很近，而土质的自稳性较差时，开挖前需要对土体进行加固，这时可使用各类微型桩进行超前支护，开挖后再实施土钉墙＋预应力锚杆来保证土体的稳定，限制土钉墙的位移。微型桩通常采用直径100～300mm的钻孔灌注桩、型钢桩、钢管桩以及木桩等其他类型桩。

（4）土钉墙＋止水帷幕＋微型桩＋预应力锚杆（图7.2d）

当基坑深度较大，变形控制要求高，地质条件和环境条件复杂时，可采用这种方式。

这种方式常可代替排桩加锚杆或地下连续墙支护方式。在这种支护中，可能需采用多排预应力锚杆，微型桩桩径也较大。

复合土钉墙具有土钉墙的全部优点，并克服了其诸多缺陷，如变形控制问题、截排水问题、土体自稳能力较差等问题，因而大大拓宽了土钉墙的应用范围，并在工程实践中得到了广泛的应用。

7.1.2 土钉墙的适用性

当支护结构安全等级为二、三级，周围放坡条件不充分，临近无重要建筑或地下管线，对变形要求不严格，基坑外地下空间允许锚杆或土钉占用，且土层是地下水位以上或经人工降水后的黏性土、粉土、杂填土和微胶结砂土等具有一定临时自稳能力的土层，开挖深度在 12m 以内，可考虑采用土钉墙支护方式。

土钉墙不宜用于没有临时自稳能力的淤泥、淤泥质土、饱和软土、含水丰富的粉细砂层和砂卵石层，也不宜用于周边环境对变形要求严格的基坑支护。当采用复合土钉墙时，支护深度可适当增加，但在周边环境对变形要求严格时也应谨慎使用。

7.2 土钉墙的工作机理与性能

7.2.1 工作机理

土体的抗剪强度较低，几乎没有抗拉强度，但土体具有一定的结构整体性，有一定的保持自稳的能力，当土坡高度超过临界高度或在地面超载作用下，土坡会产生整体失稳。在土体内植入一定长度和分布密集的土钉后，土钉与土共同作用，形成复合体，不仅有效地提高土体的整体刚度，又弥补了土体抗拉、抗剪的不足，通过相互作用，土体自身结构强度潜力得到充分发挥，改变了边坡变形和破坏状态，显著提高了整体稳定性。

试验证明，土钉墙体与素土边坡承载力相比提高 2~3 倍，更为重要的是，素土坡面出现网状裂缝，沉降急剧增大，边坡突然崩塌。而土钉墙体延迟了塑性变形阶段，明显地为渐进性变形和开裂，逐步扩展，直至丧失承载能力，但不发生整体性崩塌。

土钉墙整体稳定性的提高以及将土体的刚性破坏变为塑性渐进性破坏，是通过土钉、面板与土体相互作用实现的。

1. 土钉的工作机理

（1）土钉对复合体起骨架约束作用

由于土钉本身的刚度和强度，以及它在土体内分布的空间组成复合体的骨架，土体构成一个整体，骨架有约束土体变形的作用。

（2）土钉对复合体起分担作用

在复合体内，锚钉与土体共同承担外荷载和自重应力，土钉起着分担作用。由于土钉有很高的抗拉、抗剪强度和土体无法相比的抗弯刚度，所以在土体进入塑性状态后，应力逐渐向土钉转移。当土体开裂时，土钉分担作用更为突出，这时土钉内出现了弯剪、拉剪等复合应力，从而导致锚体中浆体碎裂、钢筋屈服。复合体之所以塑性变形延迟，渐进性开裂，与锚钉的分担作用是密切相关的。分担的比例取决于土钉与土体相对刚度比、土钉所处的空间位置以及复合土体的应力水平。

（3）土钉起着应力传递与扩散作用

当荷载增到一定程度，边坡表面和内部裂缝已发展到一定宽度，此时坡脚应力最大。这时下层锚体伸入到滑裂域外稳定土体中的部分仍能提供较大的抗拉力。锚体通过其应力传递作用，将滑裂域内部分应力传递到后边稳定土体中，并分散在较大范围的土体内，降低应力集中程度。

（4）坡面变形的约束作用

在坡面上设置与土钉连在一起的钢筋网喷射混凝土面板，是发挥土钉有效作用的重要组成部分。喷射混凝土面板起到坡面变形的约束作用，面板对土体变形的约束取决于土钉对面板的约束力。

（5）注浆对土体的加固作用

在进行土钉注浆时，浆液将沿着土层中的裂隙渗透到土层中，形成网络状胶结，这不仅增加了土钉与周围土体的粘结力，同时也改善了土的性质，提高了土体强度。

2. 面板的工作机理：

面板的设置，主要是承受土压力，并将土压力传递给土钉，同时，通过与土钉的相互作用，对坡面变形起到约束作用，并阻止局部不稳定土体的坍塌；另外，由于面板对土体的约束，使得土体在出现临空面后，土体强度不至于下降过多；而且，混凝土面板能防止雨水以及地表水的刷坡和渗透，防止土体流失。面板与土钉的连接，增强了土钉的整体效应，同时在一定程度上调整了土钉的内力，使各土钉的受力趋于均匀。

7.2.2 工作性能

数值分析表明，开挖形成土坡后，在坡顶产生拉应力，在坡脚产生剪应力集中；随着开挖深度的增加，坡顶拉应力增大，拉张区逐渐扩大，出现塑性区，塑性区沿水平和竖向扩散，同时，坡脚剪应力也增大，并出现塑性区向四周扩散，两种塑性区最终相互贯通，边坡即产生失稳。在土体中植入土钉后，坡顶和坡脚同样的出现拉张区和剪力集中区，但出现时间滞后，范围明显减少，发展延缓，两个区域贯通时，开挖深度比不加土钉更深。

通过对国内外大型足尺试验与模型试验以及实际工程长时间的土钉内力与变形实测资料的分析，土钉墙的工作性能主要有如下几个方面：

1. 土钉墙的最大水平位移发生于墙体顶部，越往下越小。墙体内的水平变形随离开墙面距离增加而减小。影响土钉墙水平位移的因素除有设计参数如土钉间距、长度、刚度以及浆液强度等，施工工艺和方法、进度等对其也有影响；此外，一些外界条件也对其产生影响，如地面超载、地下水位变化等；

2. 土钉的内力分布一般不均匀，在破裂面临近处达到最大，往两端越来越小。土体产生微小变位才能使土钉受力，在喷射混凝土面板附近土钉所受力不大，这表明土钉已将其所受力大部分传到土体中去了。土钉位置越往下，其最大受力点越往面板处移；

3. 根据大比例试验结果看，在土钉整体破坏之前，从未发现喷射混凝土面板和锚头产生破坏现象，在实际工程中也未见锚头有破坏现象，故设计中通常对面板做构造设计即可；

4. 复合墙体后的土压力分布接近三角形，在坡角处土压力减少，经过多次观察测量，土压力值至少降低到库仑土压力值的 30%～40%。

7.3 土钉墙的设计与计算

7.3.1 土钉墙的设计

土钉墙的设计内容主要有：

(1) 土钉墙平面、剖面形状以及分层施工高度；

(2) 土钉选型；

(3) 土钉的几何参数，包括间距、直径、长度、倾角及钢筋的类型和直径等；

(4) 注浆配方设计、注浆方式、浆体强度指标；

(5) 喷射混凝土面板设计；

(6) 坡顶防护措施；

(7) 进行土钉墙整体稳定性分析及土钉抗拔力验算，通过计算验证上述设计参数；

(8) 现场监测和反馈设计；

(9) 绘制施工图、编写施工说明。

1. 土钉墙平面、剖面形状以及分层施工高度

土钉墙平面布置应根据建筑物地下结构布置平面、规划红线以及施工作业空间要求进行，当采用放坡时，应根据设计坡比在平面图上确定坡顶和坡底位置。

坡面采用放坡方式对坡体的稳定性相当有利，在条件允许放坡时，应尽可能地采用较缓的坡度（土钉墙坡度指其墙面垂直高度与水平宽度的比值），提高坡体的稳定性。对于土钉墙和预应力锚杆复合土钉墙的坡度不宜大于 1∶0.2；当基坑较深、土的抗剪强度较低时，宜取较小坡度；对砂土、碎石土、松散填土，确定土钉墙坡度时尚应考虑开挖时坡面的局部自稳能力；微型桩、水泥土桩复合土钉墙，应采用微型桩、水泥土桩与土钉墙面层贴合的垂直墙面。

当基坑较深，允许有较大放坡空间时，还可以采用分级放坡，每级坡体可根据土质情况设置不同的坡率，两级坡体之间宜设置 1~2m 放坡平台。

分段施工高度主要由设计的土钉竖向间距确定，考虑施工工作面要求及混凝土面层内钢筋网的搭接长度要求，分段施工高度必须大于土钉竖向间距，一般低于土钉 300~500mm，如：当土钉竖向间距为 1500mm 时，分段施工高度为 1800~2000mm。

2. 土钉墙的选型

(1) 土钉选型：因采用洛阳铲成孔比较经济，同时施工速度快，因此对一般土层宜优先使用。对易塌孔的松散或稍密的砂土、稍密的粉土、填土，或易缩径的软土，打入式钢管土钉可以克服洛阳铲成孔时塌孔、缩径的问题，避免因塌孔、缩径带来的土体扰动和沉陷，对保护基坑周边环境有利，此时可以用打入式钢管土钉。机械成孔的钢筋土钉成本高，且土钉数量一般都很多，需要配备一定数量的钻机，只有在洛阳铲成孔或钢管土钉打入困难的土层中，才采用机械成孔的钢筋土钉。

(2) 复合土钉墙

1) 采用预应力锚杆复合土钉墙时，预应力锚杆宜采用钢绞线锚杆，且应设置自由段，自由段长度应超过土钉墙坡体的潜在滑动面；当预应力锚杆用于减小地面变形时，锚杆宜布置在土钉墙的较上部位；用于增强面层抵抗土压力的作用时，锚杆应布置在土压力较大

及墙背土层较软弱的部位；锚杆与土钉墙的喷射混凝土面层之间应设置腰梁连接，腰梁可采用型钢（槽钢或工字钢）腰梁或混凝土腰梁，腰梁与喷射混凝土面层应紧密接触，腰梁规格应根据锚杆拉力设计值确定。

复合土钉墙中锚杆应施加预应力，预应力的大小应考虑土钉与锚杆的变形协调，土钉在基坑有一定变形发生后才受力，预应力锚杆随基坑变形拉力也会增长。土钉和锚杆同时达到极限状态是最理想的，选取锚杆长度和确定锚杆预加力时，应按此原则考虑。

2）采用微型桩垂直复合土钉墙时，宜同时采用预应力锚杆；微型桩桩型应根据施工工艺对土层特性和基坑周边环境条件的适用性选用微型钢管桩、型钢桩或灌注桩等；微型桩的直径、规格应根据对复合墙面的强度要求确定，采用成孔后插入微型钢管桩、型钢桩的工艺时，成孔直径宜取 130～300mm，对钢管，其直径宜取 48～250mm，对工字钢，其型号宜取 I10～I22；孔内应灌注水泥浆或水泥砂浆并充填密实；采用微型混凝土桩时，其直径宜取 200～300mm；微型桩的间距应满足土钉墙施工时桩间土的稳定性要求；微型桩伸入基坑底面的长度宜大于桩径的 5 倍，且不应小于 1m。微型桩应与喷射混凝土面层贴合。

3）采用水泥土桩复合土钉墙时，应根据水泥土桩施工工艺对土层特性和基坑周边环境条件的适用性选用搅拌桩、旋喷桩等桩型；水泥土桩应与喷射混凝土面层贴合，桩身 28d 无侧限抗压强度不宜小于 1MPa，伸入基坑底面的长度宜大于桩径的 2 倍，且不应小于 1m；当水泥土桩兼作截水帷幕时，尚应符合截水要求。

3. 几何参数

（1）当采用洛阳铲或机械成孔注浆型钢筋土钉时，成孔直径宜取 70～120mm（洛阳铲一般为 60～80mm）；土钉钢筋宜采用 HRB400、HRB500 钢筋，钢筋直径应根据土钉抗拔承载力设计要求确定，且宜取 16～32 mm；应沿土钉全长设置对中定位支架，其间距宜取 1.5～2.5m，土钉钢筋保护层厚度不宜小于 20mm；土钉孔注浆材料可采用水泥浆或水泥砂浆，其强度不宜低于 20MPa；

（2）当采用钢管土钉时，钢管的外径不宜小于 48mm，壁厚不宜小于 3mm；钢管的注浆孔应设置在钢管里端 $l/2～2l/3$ 范围内，此处，l 为钢管土钉的总长度；每个注浆截面的注浆孔宜取 2 个，且应对称布置，注浆孔的孔径宜取 5～8mm，注浆孔外应设置保护倒刺；钢管土钉的接长采用焊接时，接头强度不应低于钢管强度；可采用数量不少于 3 根、直径不小于 16mm 的钢筋沿截面均匀分布拼焊，双面焊接时钢筋长度不应小于钢管直径的 2 倍。

（3）土钉长度

土钉长度应按各层土钉受力均匀、各土钉拉力与相应土钉极限承载力的比值近于相等的原则确定。土钉长度越长，抗拔力越高，土钉墙的稳定性越好；但超过一定长度，抗拔效率下降，施工难度和工程造价相应的就会提高。目前的工程实践中，长度一般为 5～12m，如需要较长土钉时，应考虑采用复合式土钉墙。

（4）分布间距

在立面上土钉的布置方式一般采用矩形或梅花形布置。

土钉的间距有水平间距和竖向间距，通常采用等间距布置。土钉间距与土钉长度相关，一般情况下土钉越长，间距越大，同时，竖向间距与土体的开挖稳定性相关。一般土钉水平间距和竖向间距宜为 1～2m；当基坑较深、土的抗剪强度较低时，土钉间距应取小值。

（5）倾角

理论上，土钉与整体滑动破裂面垂直时，土钉抗力的发挥将是最充分的，但实际上是做不到的。基坑浅部，破裂面近似垂直，上部土钉倾角越小，对变形的控制效果也越好，但越趋于水平，施工越难，特别是成孔注浆土钉，浆液靠自重灌注，倾角越小，浆液流入就越困难，可能需要多次补浆，并很难保证注浆质量。实践证明，土钉倾角取 5°～20° 是比较适宜的。

从方便设计和施工角度，通常同一排土钉采用相同的倾角，各排土钉可采用不同的倾角。

4. 浆体强度指标、注浆方式设计

注浆材料宜采用水泥浆或水泥砂浆，并加入适量的速凝剂和减水剂，水泥浆或水泥砂浆其强度等级不宜低于 M10；注浆水泥应采用普通硅酸盐水泥，强度不低于 P42.5。

视土质的不同和土钉倾角大小的不同，注浆方式可采用重力无压注浆、低压（0.4～0.6MPa）注浆、高压（1～2MPa）注浆、二次注浆等；当采用重力无压注浆时，土钉倾角宜大于 15°，当土质较差，土钉倾角水平或较小时，可采用低压注浆和高压注浆，此时应配有排气管；当必须提供较大的土钉抗拔力时，还可采用二次注浆。

5. 喷射混凝土面板及土钉和面板的连接

面板上的土压力并不大，工程中通常采用构造要求设计面板厚度、混凝土强度等级和钢筋配置。面板厚度宜取 80～100mm，混凝土设计强度等级不宜低于 C20；面板内应配置钢筋网，在土钉位置应设置水平和竖向通长的加强钢筋；钢筋网宜采用 HPB300 级钢筋，钢筋直径宜取 6～10mm，钢筋网间距宜取 150～250mm，钢筋网间的搭接长度应大于 300mm，保护层厚度不宜小于 20mm；加强钢筋的直径宜取 14～20mm，当充分利用土钉杆体的抗拉强度时，加强钢筋的截面面积不应小于土钉杆体截面面积的 1/2。

土钉与加强钢筋宜采用焊接连接，其连接应满足承受土钉拉力的要求；当在土钉拉力作用下喷射混凝土面层的局部受冲切承载力不足时，应采用设置承压钢板等加强措施。见图 7.3。

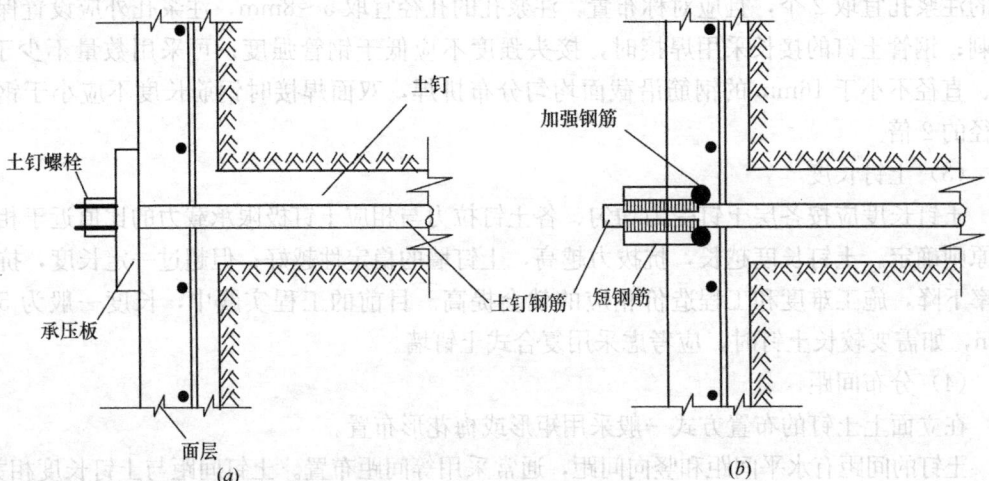

图 7.3 土钉和面层的连接

6. 坡顶防护及防水设计

土钉支护应采取恰当的排水措施，其内容包括地表排水、支护内部排水及基坑内排水。

基坑四周地表应加以修整，修筑排水沟和水泥砂浆或混凝土地面，以防止地表水向下渗透，靠近基坑坡顶 2~4m 的地面应适当垫高，并且里高外低，便于径流远离边坡。

支护内部排水可采用泄水孔，在喷射混凝土面层前预埋直径 $\varphi 40mm$ 的 PVC 管，间距可为 1.5~2m。

为排除基坑内积水和雨水，基坑底部应设置排水沟和集水坑，排水沟应离开基坑边沿 0.5~1m，排水沟和集水坑可用砖砌并用砂浆抹面以防止渗漏，并及时排出基坑内积水。

7.3.2 土钉墙的计算

土钉墙的设计计算一般取单位长度按平面应变问题进行，对基坑平面上靠近凹角的区段，可考虑三维空间作用的有利影响，对该处的设计参数（如土钉长度、设置密度等）作部分调整，对基坑平面上靠近凸角的区段，应局部加强。对重要的工程，在有经验时，可采用有限单元法进行分析计算。

土钉墙是分层分段施工形成的，每完成一层土钉和土钉位置以上的喷射混凝土面层后，基坑才能挖至下一层土钉施工标高。设计和施工都必须重视土钉墙这一形成特点。设计时，应验算每形成一层土钉并开挖至下一层土钉面标高时土钉墙的整体滑动稳定性和土钉抗拔承载力是否满足要求。在开挖到底形成完整土钉墙体后，还应进行必要的抗隆起稳定和渗透稳定性分析。

1. 稳定性验算

（1）整体滑动稳定性验算

土钉墙是分层开挖、分层设置土钉及面层形成的。每一开挖状况都可能是不利工况，也就需要对每一开挖工况下的土钉墙进行整体滑动稳定性验算。基坑开挖各工况整体滑动稳定性验算按图 7.4 采用圆弧滑动条分法进行，并应符合下列规定：

$$\min \{K_{s,1}, K_{s,2} \cdots, K_{s,i}, \cdots\} \geqslant K_s \tag{7-1}$$

$$K_{s,i} = \frac{\sum [c_j l_j + (q_j b_j + \Delta G_j)\cos \theta_j \tan \varphi_j] + \sum R'_{k,k} [\cos (\theta_k + \alpha_k) + \psi_v]/s_{x,k}}{\sum (q_j b_j + \Delta G_j)\sin \theta_j}$$

$$\tag{7-2}$$

式中 K_s——圆弧滑动整体稳定安全系数；安全等级为二级、三级的土钉墙，K_s 分别不应小于 1.3、1.25；

$K_{s,i}$——第 i 个滑动圆弧的抗滑力矩与滑动力矩的比值；抗滑力矩与滑动力矩之比的最小值宜通过搜索不同圆心及半径的所有潜在滑动圆弧确定；

c_j、φ_j——分别为第 j 土条滑弧面处土的黏聚力（kPa）、内摩擦角（°）；

b_j——第 j 土条的宽度（m）；

θ_j——第 j 土条滑弧面中点处的法线与垂直面的夹角（°）；

l_j——第 j 土条滑弧长度（m），取 $l_j = b_j/\cos \theta_j$；

q_j——在第 j 土条上的附加分布荷载标准值（kPa）；

ΔG_j——第 j 土条的自重（kN），按天然重度计算；

$R'_{k,k}$——第 k 层土钉或锚杆在滑动面以外的锚固体极限抗拔承载力标准值与杆体受拉承载力标准值（$f_{yk}A_s$ 或 $f_{ptk}A_p$）的较小值（kN）；锚固段的极限抗拔承载力应分别按土钉或锚杆的规定计算，但锚固段应取圆弧滑动面以外的长度；

α_k——第 k 层土钉或锚杆的倾角（°）；

θ_k——滑弧面在第 k 层土钉或锚杆处的法线与垂直面的夹角（°）；

$s_{x,k}$——第 k 层土钉或锚杆的水平间距（m）；

ψ_v——计算系数；可取 $\psi_v = 0.5\sin(\theta_k + \alpha_k)\tan\varphi$，此处，$\varphi$ 为第 k 层土钉或锚杆与滑弧交点处土的内摩擦角。

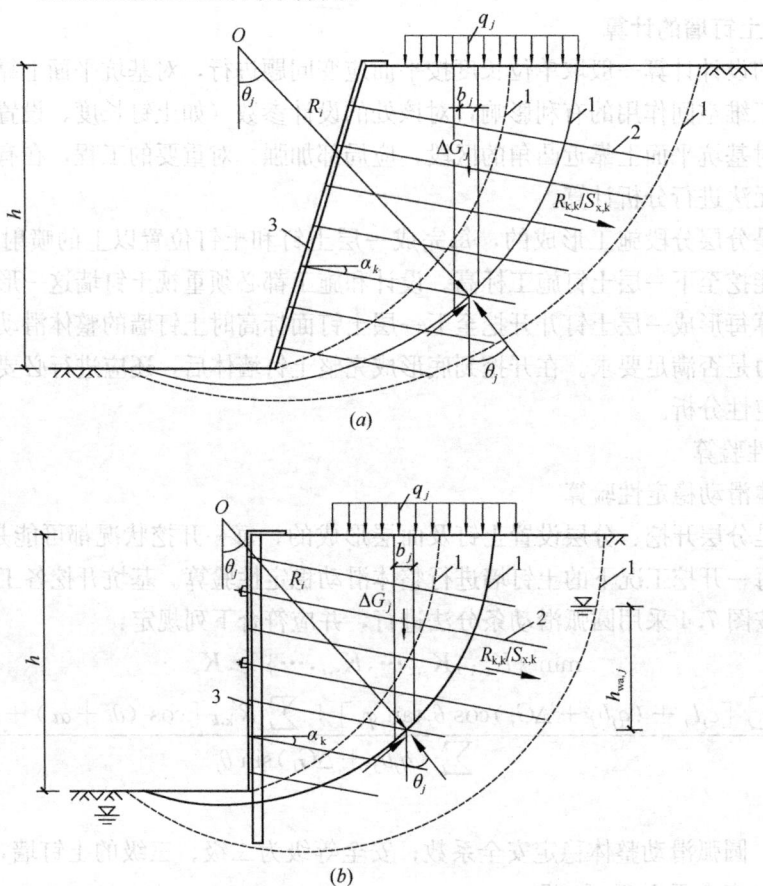

图 7.4 土钉墙整体稳定性验算

（a）土钉墙在地下水位以上；（b）水泥土桩复合土钉墙

1—滑动面；2—土钉或锚杆；3—喷射混凝土面层；4—水泥土桩或微型桩

对于水泥土桩复合土钉墙，在考虑地下水压力的作用时，其整体稳定性应按第 5 章锚拉式支挡结构的整体滑动稳定性验算公式（5-7）、（5-8）验算，$R'_{k,k}$ 应按本条的规定取值。

在复合土钉墙中，微型桩、搅拌桩或旋喷桩对总抗滑力矩是有贡献的，但难以定量。对水泥土桩，其截面的抗剪强度不能按全部考虑。因为水泥土桩比土的刚度大得多，当水泥土桩达到强度极限时，土的抗剪强度还未充分发挥，而土达到极限强度时，水泥土桩在

168

此之前早已剪断，即两者不能同时达到极限。对微型钢管桩，当土达到极限强度时，微型钢管桩可能是被拔出的，而不是剪切强度控制。因此，目前尚不能定量给出水泥土桩、微型桩的抵抗力矩，需要考虑其作用时，只能根据经验和水泥土桩、微型桩的设计参数，适当考虑其抗滑作用。当无经验时，最好不考虑其抗滑作用，当作安全储备来处理。

当基坑面以下存在软弱下卧土层时，整体稳定性验算滑动面中尚应包括由圆弧与软弱土层层面组成的复合滑动面。

（2）隆起稳定性验算

对基坑底面下有软土层的土钉墙结构，见图 7.5，可采用下列公式进行坑底隆起稳定性验算：

$$\frac{\gamma_{m2}DN_q + cN_c}{(q_1 b_1 + q_2 b_2)/(b_1 + b_2)} \geq K_b \tag{7-3}$$

$$N_q = \tan^2\left(45° + \frac{\varphi}{2}\right)e^{\pi\tan\varphi} \tag{7-4}$$

$$N_c = (N_q - 1)/\tan\varphi \tag{7-5}$$

$$q_1 = 0.5\gamma_{m1}h + \gamma_{m2}D \tag{7-6}$$

$$q_2 = \gamma_{m1}h + \gamma_{m2}D + q_0 \tag{7-7}$$

式中　K_b——抗隆起安全系数；安全等级为二级、三级的土钉墙，K_{he} 分别不应小于 1.6、1.4。

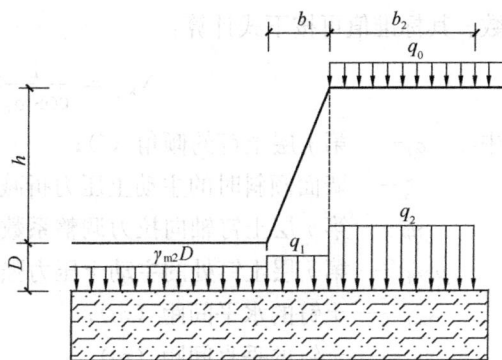

图 7.5　基坑底面下有软土层的
土钉墙抗隆起稳定性验算

q_0——地面均布荷载（kPa）；

γ_{m1}——基坑底面以上土的天然重度（kN/m^3）；对多层土取各层土按厚度加权的平均重度；

h——基坑深度（m）；

γ_{m2}——基坑底面至抗隆起计算平面之间土层的天然重度（kN/m^3）；对多层土取各层土按厚度加权的平均重度；

D——基坑底面至抗隆起计算平面之间土层的厚度（m）；当抗隆起计算平面为基坑底平面时，取 D 等于 0；

N_c、N_q——承载力系数；

c、φ——抗隆起计算平面以下土的黏聚力（kPa）、内摩擦角（°）；

b_1——土钉墙坡面的宽度（m）；当土钉墙坡面垂直时取 b_1 等于 0；

b_2——地面均布荷载的计算宽度（m），可取 $b_2 = h$。

（3）渗透稳定性验算

土钉墙与截水帷幕结合形成复合土钉墙时，应按本教材第 5 章第 5.3.4 节的内容进行地下水渗透稳定性验算。

2. 土钉的抗拔承载力验算

土钉的抗拔承载力验算目的是控制单根土钉拔出或土钉杆体拉断所造成的土钉墙局部破坏。为此，应分别确定单根土钉受到土压力作用产生的轴向拉力以及单根土钉的抗拔承载力，两者应符合下式规定：

$$\frac{R_{k,j}}{N_{k,j}} \geqslant K_t \tag{7-8}$$

式中 K_t——土钉抗拔安全系数；安全等级为二级、三级的土钉墙，K_t 分别不应小于 1.6、1.4；

$N_{k,j}$——第 j 层土钉的轴向拉力标准值（kN）；

$R_{k,j}$——第 j 层土钉的极限抗拔承载力标准值（kN）。

（1）单根土钉的轴向拉力标准值 $N_{k,j}$

单根土钉拉力取分配到每根土钉的土钉墙墙面面积上的土压力，考虑到土钉墙墙面可以是倾斜的，倾斜墙面上的土压力比同样高度的垂直墙面上的土压力小，因此采用了折减系数。其标准值可按下式计算：

$$N_{k,j} = \frac{1}{\cos \alpha_j} \zeta \eta_j p_{ak,j} s_{x,j} s_{z,j} \tag{7-9}$$

式中 α_j——第 j 层土钉的倾角（°）；

ζ——墙面倾斜时的主动土压力折减系数，可按公式（7-10）确定；

η_j——第 j 层土钉轴向拉力调整系数，可按公式（7-11）计算；

$p_{ak,j}$——第 j 层土钉处的主动土压力强度标准值（kPa），应按第三章要求确定；

$s_{x,j}$——土钉的水平间距（m）；

$s_{z,j}$——土钉的垂直间距（m）。

坡面倾斜时的主动土压力折减系数（ζ）可按下式计算：

$$\zeta = \tan \frac{\beta - \varphi_m}{2} \left[\frac{1}{\tan \frac{\beta + \varphi_m}{2}} - \frac{1}{\tan \beta} \right] / \tan^2 \left(45° - \frac{\varphi_m}{2} \right) \tag{7-10}$$

式中 β——土钉墙坡面与水平面的夹角（°）；

φ_m——基坑底面以上各土层按土层厚度加权的内摩擦角平均值（°）。

土钉轴向拉力调整系数（η_j）可按下列公式计算：

$$\eta_j = \eta_a - (\eta_a - \eta_b) \frac{z_j}{h} \tag{7-11}$$

$$\eta_a = \frac{\sum (h - \eta_b z_j) \Delta E_{aj}}{\sum (h - z_j) \Delta E_{aj}} \tag{7-12}$$

式中 z_j——第 j 层土钉至基坑顶面的垂直距离（m）；

h——基坑深度（m）；

ΔE_{aj}——作用在以 $s_{x,j}$、$s_{z,j}$ 为边长的面积内的主动土压力标准值（kN）；

η_a——计算系数；

η_b——经验系数，可取 0.6~1.0；

n——土钉层数。

（2）土钉极限抗拔承载力标准值 $R_{k,j}$ 的确定

单根土钉的极限抗拔承载力应通过土钉抗拔试验确定，也可按下式估算，但应通过土钉抗拔试验进行验证。

$$R_{k,j} = \pi d_j \sum q_{sk,i} l_i \tag{7-13}$$

式中 $R_{k,j}$——第 j 层土钉的极限抗拔承载力标准值（kN）；

d_j——第 j 层土钉的锚固体直径（m）；对成孔注浆土钉，按成孔直径计算，对打入钢管土钉，按钢管直径计算；

$q_{sk,i}$——第 j 层土钉在第 i 层土的极限粘结强度标准值（kPa）；应根据工程经验并结合表 7.1 取值；

l_i——第 j 层土钉滑动面以外的部分在第 i 土层中的长度（m）；计算单根土钉极限抗拔承载力时，取图 7.6 所示的直线滑动面，直线滑动面与水平面的夹角取 $\dfrac{\beta+\varphi_m}{2}$。

土钉的极限粘结强度标准值　　　　　　　　　　　表 7.1

土的名称	土的状态	q_{sik}（kPa）	
		成孔注浆土钉	打入钢管土钉
素填土		15～30	20～35
淤泥质土		10～20	15～25
黏性土	$0.75< I_L \leqslant 1$ $0.25< I_L \leqslant 0.75$ $0< I_L \leqslant 0.25$ $I_L \leqslant 0$	20～30 30～45 45～60 60～70	20～40 40～55 55～70 70～80
粉　土		40～80	50～90
砂　土	松散 稍密 中密 密实	35～50 50～65 65～80 80～100	50～65 65～80 80～100 100～120

土钉的抗拔承载力主要由土的粘结强度控制外，同时还受到杆体强度控制，土钉的抗拔承载力应取两者之间的较小值。因此，当按公式（7-8）确定的土钉极限抗拔承载力标准值（$R_{k,j}$）大于杆体能提供的抗力 $f_{yk}A_s$ 时，应取 $R_{k,j}=f_{yk}A_s$。此处 f_{yk}、A_s 分别表示杆体屈服强度标准值和杆体截面面积。

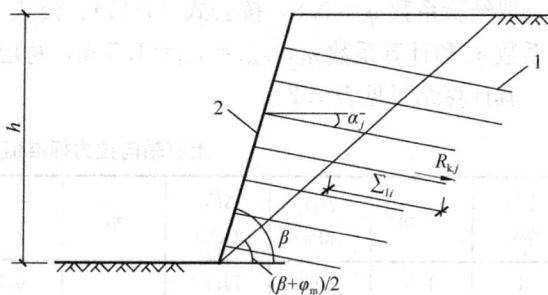

图 7.6　土钉抗拔承载力计算
1—土钉；2—喷射混凝土面层

（3）土钉杆体的受拉承载力应符合下列规定：

$$N_j \leqslant f_y A_s \tag{7-14}$$

式中　N_j——第 j 层土钉的轴向拉力设计值（kN），按本书第 5 章式（5-3）计算；

f_y——土钉杆体的抗拉强度设计值（kPa）；

A_s——土钉杆体的截面面积（m²）。

【例 7-1】　某基坑开挖深度 h 为 5.0m，黏性土层，$\gamma_k=20$kN/m³，$\varphi_k=22.6°$，$c=$

10kPa，采用三排成孔注浆土钉墙支护，土钉竖向间距和水平间距均为1.5m。土层极限粘结强度标准值40kPa，土钉墙坡度与水平面的夹角85°，土钉与水平面的夹角 $\alpha = 15°$，成孔直径 $d = 0.12\text{m}$，地面超载15kPa，不考虑地下水。试计算每层土钉的轴向拉力标准值；当土钉杆材采用HRB400钢筋时，计算所需钢筋的直径。

【解】（1）土压力计算

①首先按不放坡的情况计算土压力分布

土压力的零界高度为：

$$z_0 = \frac{1}{\gamma}\left[\frac{2c_k}{\tan(45° - \varphi_k/2)} - q_0\right] = \frac{1}{20}\left[\frac{2 \times 10}{\tan(45° - 22.6°/2)} - 15\right] = 0.76(\text{m})$$

从基坑顶面到0.76m深度范围内土压力均为0。

② 令计算深度为 z_j，按下式计算主动土压力强度：

$$\begin{aligned} p_{ak} &= (q_0 + \gamma z_j)\tan^2(45° - \varphi_{jk}/2) - 2c_{jk}\tan(45° - \varphi_{jk}/2) \\ &= (15 + 20z_j)\tan^2(45° - 22.6°/2) - 2 \times 10\tan(45° - 22.6°/2) \\ &= 8.90z_j - 6.73 \end{aligned}$$

（2）计算各道土钉受拉荷载标准值 $N_{k,j}$ （kN）

土压力放坡对土压力的修正系数 ζ：

$$\begin{aligned} \zeta &= \frac{1}{\tan^2\left(45° - \dfrac{\varphi_m}{2}\right)}\tan\left(\frac{\beta - \varphi_m}{2}\right)\left[\frac{1}{\tan\left(\dfrac{\beta + \varphi_m}{2}\right)} - \frac{1}{\tan\beta}\right] \\ &= \frac{1}{\tan^2\left(45° - \dfrac{22.6°}{2}\right)}\left(\tan\frac{85° - 22.6°}{2}\right)\left[\frac{1}{\tan\left(\dfrac{85° + 22.6°}{2}\right)} - \frac{1}{\tan85°}\right] = 1.10 \end{aligned}$$

取经验系数 $\eta_b = 0.8$，按公式（7-11）、公式（7-12）分别计算第 j 层土钉轴向拉力调整系数 η_j 和计算系数 η_a，$s_{x,j} = s_{z,j} = 1.5\text{ m}$，每层土钉的轴向拉力标准值按公式（7-9）计算，其计算结果见表7.2。

土钉轴向拉力标准值及钢筋直径 　　　　　　　表 7.2

土钉序号	z_j (m)	p_{ajk} (kPa)	ΔE_{aj} (kN)	η_a	z_j/h	η_j	$N_{k,j}$ (kN)	A_s (mm²)	D (mm)
1	1.5	6.62	14.90		0.3	1.325	22.48	62.44	10
2	3.0	19.97	44.93	1.55	0.6	1.1	56.28	156.33	16
3	4.5	33.32	74.97		0.9	0.875	74.70	207.50	18

因土钉杆材采用HRB400钢筋，其抗拉强度设计值 $f_y = 360\text{N/mm}^2$，按公式（7-14）计算得到土钉杆体的截面面积 A_s，由此选用钢筋直径 D，计算结果见表7.2。

7.4　土钉墙施工与检测

土钉支护施工前必须先熟悉地质资料、设计图纸及周围环境，降水系统应确保正常工作，施工设备如挖掘机、钻机、压浆泵、搅拌机等应能正常运转。按设计图纸内容和要求以及现行国家规范编制专项施工方案并与设计方案一起进行审查论证。现场应先确定好基坑开挖平面以及基础轴线、水准基点、变形观测点等并明确标识。施工中应对土钉位置，钻孔直径、深度及角度，锚杆或土钉插入长度，注浆配比、压力及注浆量，墙面厚度及强度、土钉应力等进行检查。每段支护体施工完成后，应检查坡顶或坡面位移，坡顶沉降及周围环境变化，如有异常情况应采取措施，恢复正常后方可继续施工。

土钉支护应科学的安排土方开挖、出土、支护以及基础工程施工等工序，互相密切配合，尽量缩短支护时间。

7.4.1 施工工艺和机具

基坑开挖和土钉墙施工应按设计要求自上而下分段分层进行，施工可按下列顺序进行：

（1）按设计要求开挖工作面，修整边坡，埋设喷射混凝土厚度控制标志；

（2）喷射第一层混凝土；

（3）钻孔安设土钉、注浆、安设连接件；

（4）绑扎钢筋网，喷射第二层混凝土；

（5）重复（1）、（2）、（3）、（4）直至开挖深度；

（6）设置坡顶、坡面和坡脚的排水系统。

土钉墙的施工机具主要包括挖土机、成孔、孔内注浆及混凝土喷射等机具。

成孔机具可选用冲击钻机、螺旋钻机、回转钻机以及洛阳铲等，选择的钻机要适应现场土质和环境条件，保证钻进和抽出过程中不塌孔，在易塌孔的土体中钻孔时宜采用套管成孔或挤压成孔。

孔内注浆采用注浆泵，其规格、压力和注浆量应满足施工要求。

混凝土喷射采用混凝土喷射机并配适当的空压机，喷射机的允许输送粒径一般需大于25mm，允许输送水平距离一般不小于100m，允许垂直距离一般不小于30m，输料管的承受压力需不小于0.8MPa；供水设施应保证喷头处有足够的水量，喷头处的水压不小于0.2MPa；空压机应满足喷射机工作风压和风量的要求，可选用风压大于0.5MPa、风量大于9 m³/min的空压机。

7.4.2 施工要求

1. 开挖

基坑开挖和土钉墙施工应按设计要求自上而下分段分层进行，当上层土钉注浆体及喷射混凝土面层达到设计强度的70%后，方可开挖下层土方及下层土钉施工。分层高度按设计要求并保证开挖和修整后的裸露边坡能在支护完成前保持自稳，严禁超挖，同时尽量缩短支护时间。在基坑的长度方向分段长度一般可取10～20m。

在机械开挖后，应辅以人工修整坡面，以保证坡面平整度和坡度满足设计要求，其坡面平整度允许偏差宜为±20mm，在坡面喷射混凝土支护前，应清除坡面虚土。

2. 钢筋土钉施工

（1）成孔施工

应根据土层的性状选择洛阳铲、螺旋钻、冲击钻、地质钻等成孔方法，采用的成孔方法应能保证孔壁的稳定性、减小对孔壁的扰动；土钉成孔范围内存在地下管线等设施时，应在查明其位置并避开后，再进行成孔作业；当成孔遇不明障碍物时，应停止成孔作业，在查明障碍物的情况并采取针对性措施后方可继续成孔；对易塌孔的松散土层宜采用机械成孔工艺；成孔困难时，可采用注入水泥浆等方法进行护壁。

（2）钢筋杆体制作安装

土钉成孔后应及时插入土钉杆体，遇塌孔、缩径时，应在处理后再插入土钉杆体；钢筋使用前，应调直并清除污锈；当钢筋需要连接时，宜采用搭接焊、帮条焊；应采用双面焊，双面焊的搭接长度或帮条长度应不小于主筋直径的 5 倍，焊缝高度不应小于主筋直径的 0.3 倍；沿钉长方向每隔 1.5～2.5m 设置定位支架，对中支架的断面尺寸应符合土钉杆体保护层厚度（20mm）要求，对中支架可选用直径 6～8mm 的钢筋焊制。

（3）钢筋土钉注浆

注浆材料可选用水泥浆或水泥砂浆；水泥浆的水灰比宜取 0.5～0.55；水泥砂浆的水灰比宜取 0.40～0.45，同时，灰砂比宜取 0.5～1.0，拌和用砂宜选用中粗砂，按重量计的含泥量不得大于 3%；水泥浆或水泥砂浆应拌和均匀，一次拌和的水泥浆或水泥砂浆应在初凝前使用；注浆前应将孔内残留的虚土清除干净；注浆时，宜采用将注浆管与土钉杆体绑扎、同时插入孔内并由孔底注浆的方式；注浆管端部至孔底的距离不宜大于 200mm；注浆及拔管时，注浆管口应始终埋入注浆液面内，应在新鲜浆液从孔口溢出后停止注浆；注浆后，当浆液液面下降时，应进行补浆。

3. 打入式钢管土钉施工

钢管端部应制成尖锥状；顶部宜设置防止钢管顶部施打变形的加强构造；注浆材料应采用水泥浆；水泥浆的水灰比宜取 0.5～0.6；注浆压力不宜小于 0.6MPa；应在注浆至管顶周围出现返浆后停止注浆；当不出现返浆时，可采用间歇注浆的方法。

4. 喷射混凝土面板施工

混凝土细骨料宜选用中粗砂，含泥量应小于 3%；粗骨料宜选用粒径不大于 20mm 的级配砾石；水泥与砂石的重量比宜取 1：4～1：4.5，砂率宜取 45%～55%，水灰比宜取 0.4～0.45；使用速凝剂等外掺剂时，应做外加剂与水泥的相容性试验及水泥净浆凝结试验，并应通过试验确定外掺剂掺量及掺入方法；

喷射作业应分段依次进行，同一分段内喷射顺序应自下而上均匀喷射，一次喷射厚度宜为 30～80mm；喷射混凝土时，喷头与土钉墙墙面应保持垂直，其距离宜为 0.6～1.0m；喷射混凝土终凝 2h 后应及时喷水养护；

钢筋网保护层厚度应大于 20mm；钢筋网可采用绑扎固定；钢筋连接宜采用搭接焊，焊缝长度不应小于钢筋直径的 10 倍；采用双层钢筋网时，第二层钢筋网应在第一层钢筋网被喷射混凝土覆盖后铺设。

喷射混凝土需要养护，养护时间根据环境的气温条件确定，一般为 3～7d；上层混凝土终凝超过一小时后，在进行下层混凝土喷射，下层混凝土喷射时应先对上层喷射混凝土表面喷水。

7.4.3 土钉墙的质量检测及检验标准

土钉墙的质量检测应符合下列规定：

（1）应对土钉的抗拔承载力进行检测，抗拔试验可采用逐级加荷法；土钉的检测数量不宜少于土钉总数的 1%，且同一土层中的土钉检测数量不应少于 3 根；对安全等级为二级、三级的土钉墙，抗拔承载力检测值分别不应小于轴向拉力标准值的 1.3 倍、1.2 倍；

检测土钉应按随机抽样的原则选取，并应在土钉固结体强度达到设计强度的70%或者达到10MPa后进行试验；

（2）土钉墙面层喷射混凝土应进行现场试块强度试验，每500m²喷射混凝土面积试验数量不应少于一组，每组试块不应少于3个；

（3）应对土钉墙的喷射混凝土面层厚度进行检测，每500m²喷射混凝土面积检测数量不应少于一组，每组的检测点不应少于3个；全部检测点的面层厚度平均值不应小于厚度设计值，最小厚度不应小于厚度设计值的80%；

（4）复合土钉墙中的预应力锚杆，应进行抗拔承载力检测；

（5）复合土钉墙中的水泥土搅拌桩或旋喷桩用作帷幕时，应进行帷幕质量检测。

土钉墙的质量检验标准见表7.3。

土钉墙支护工程质量检验标准 表7.3

项目	序号	检查项目	允许偏差和允许值		检查方法
			单位	数值	
主控项目	1	土钉长度	mm	±30	用钢尺量
	2	锁定力	设计要求		现场实测
一般项目	1	土钉位置	mm	±100	用钢尺量
	2	钻孔倾斜度	度	±1	测钻机倾角
	3	浆体强度	设计要求		—
	4	注浆量	大于理论注浆量		检查计量数据
	5	土钉墙面厚度	mm	±10	用钢尺量
	6	墙体强度	设计要求		试样送检

7.5 土钉墙支护设计工程实例

某基坑位于船山路，开挖深度为7.5m。由于周边场地较大，土质较好，支护结构设计采用土钉墙是安全可靠且又经济的方式。根据实际情况，设计时考虑20kPa的超载，同时考虑周边环境设计土钉墙坡度为1:0.1和1:0.2。本设计采用4排土钉，钻孔直径130mm，水平间距和竖向间距均为1.5m，入射角为15°。场地地层分布及力学指标见表7.4。

地层分布及力学指标 表7.4

层序	土层名称	厚度（m）	土的重度（kN/m³）	c（kPa）	φ（°）	极限侧阻力（kPa）
①₁	杂填土	1～2.2	18.5	15.0	17.0	10.0
②₂	黏性土	10～13	19.0	23.0	17.0	50.0

该区主要分布有一层地下水，地下水埋深10.6～12.0m，设计时不考虑地下水的作用。

具体设计见图7.7。

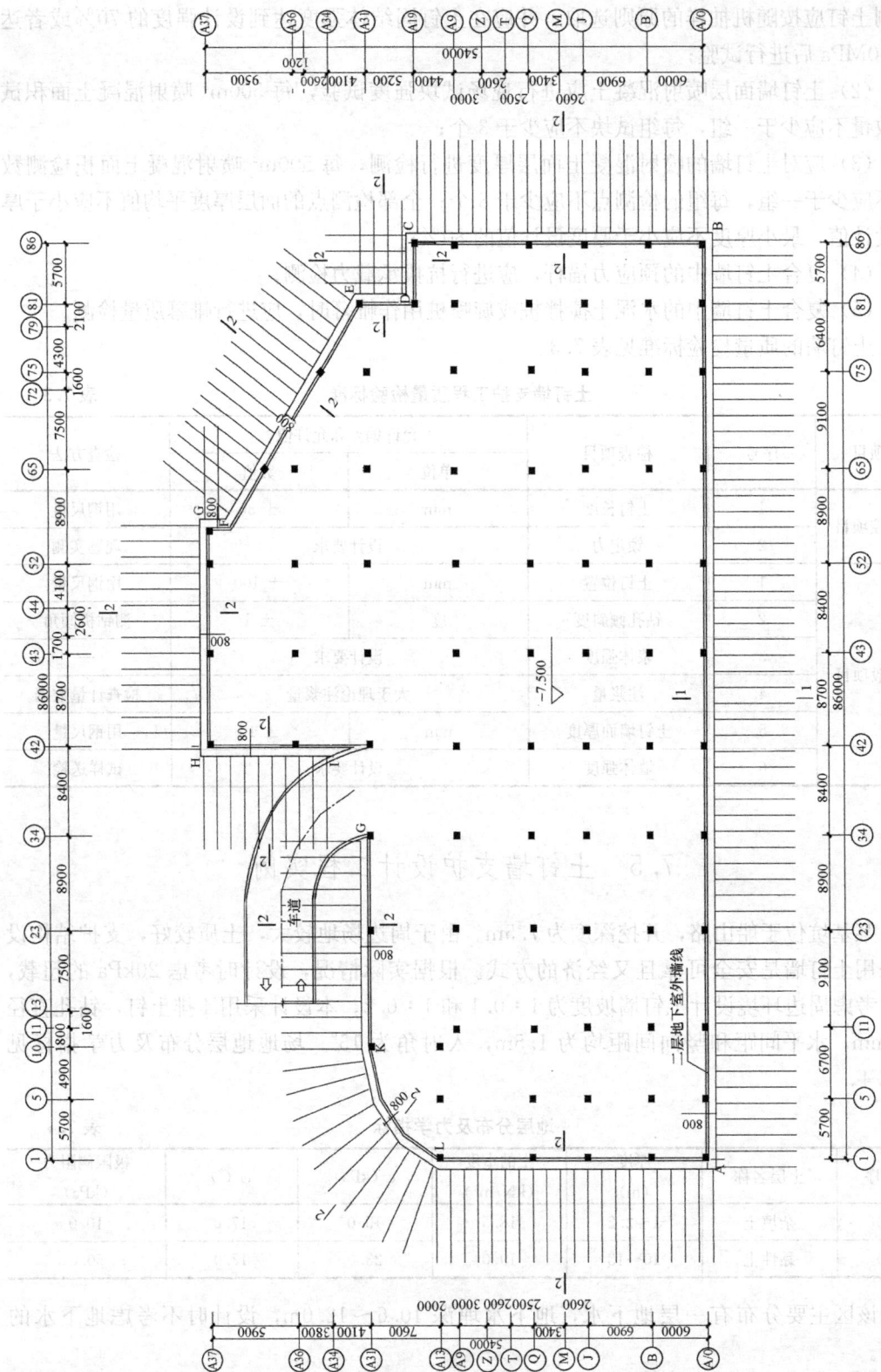

图 7.7 支护结构平面图

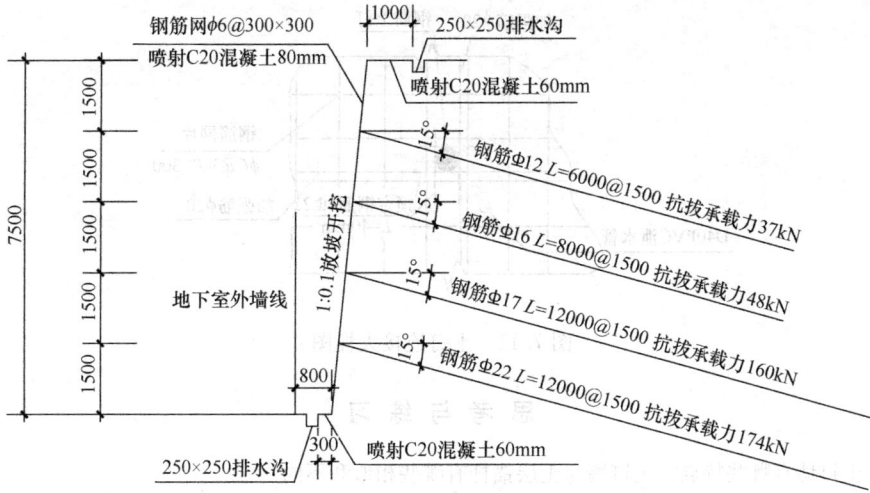

钢筋网φ6@300×300
喷射C20混凝土80mm
1000
250×250排水沟
喷射C20混凝土60mm
7500
1500
1500
1500
1500
1500
地下室外墙线
1:0.1放坡开挖
15° 钢筋Φ12 L=6000@1500 抗拔承载力37kN
15° 钢筋Φ16 L=8000@1500 抗拔承载力48kN
15° 钢筋Φ17 L=12000@1500 抗拔承载力160kN
15° 钢筋Φ22 L=12000@1500 抗拔承载力174kN
800
300
250×250排水沟
喷射C20混凝土60mm

图 7.8　支护结构剖面图（1∶0.1）

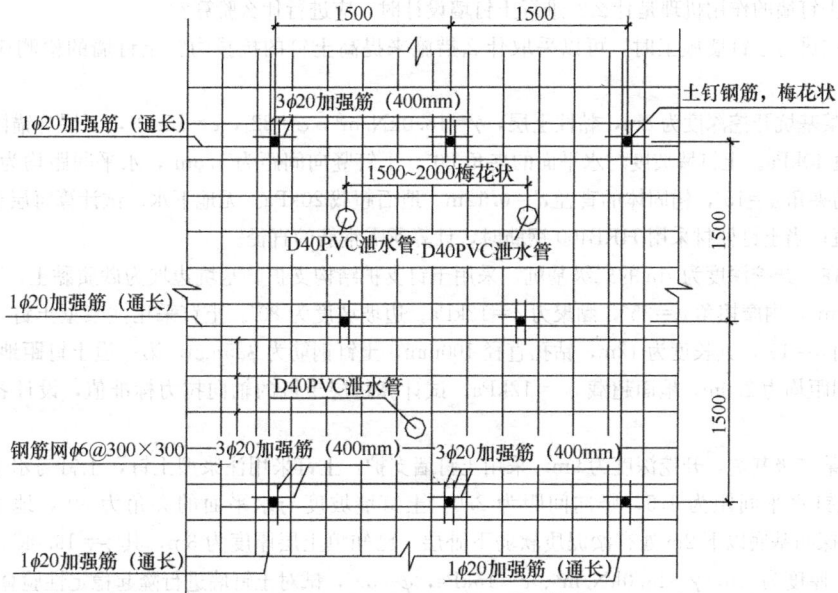

1500　1500
1φ20加强筋（通长）
3φ20加强筋（400mm）
土钉钢筋，梅花状
1500~2000梅花状
D40PVC泄水管 D40PVC泄水管
1500
1φ20加强筋（通长）
1500
D40PVC泄水管
钢筋网φ6@300×300
3φ20加强筋（400mm）
3φ20加强筋（400mm）
1φ20加强筋（通长）
1φ20加强筋（通长）

图 7.9　土钉喷射面法向大样图

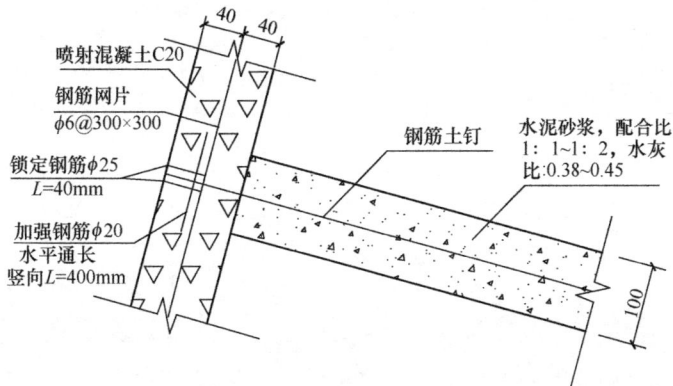

40　40
喷射混凝土C20
钢筋网片
φ6@300×300
锁定钢筋φ25
L=40mm
加强钢筋φ20
水平通长
竖向L=400mm
钢筋土钉
水泥砂浆，配合比
1∶1~1∶2，水灰
比:0.38~0.45
100

图 7.10　土钉侧向大样图

177

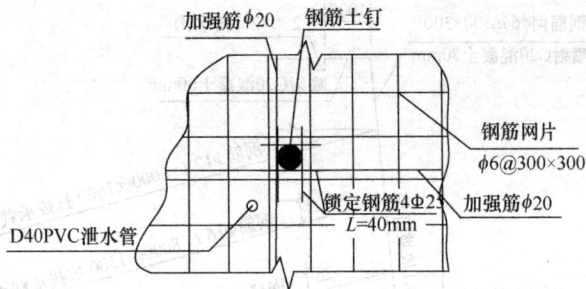

图 7.11　土钉连接大样图

思 考 与 练 习

7.1　土钉墙有哪些特点？土钉墙与土层锚杆有哪些相似和不同？

7.2　土钉墙支护结构与传统的重力式挡土墙及加筋土墙有何异同？

7.3　土钉墙的作用机理是什么？进行土钉墙设计时，应进行什么验算？

7.4　在进行土钉墙施工时，可以采取什么措施来提高土钉的抗拔力？土钉墙的检测应满足什么要求？

7.5　某基坑开挖深度为 8m，黏性土层，$\gamma=18.0\text{kN/m}^3$，$\varphi=22°$，$c=15\text{kPa}$，土层与锚固体的极限摩阻标准值 40kPa。土钉墙坡度与水平面的夹角 80°，土钉竖向间距为 1.5m，水平间距为 2m，土钉与水平面的夹角 $\alpha=15°$，锚固体的直径 $d=0.12\text{m}$。地面超载 20kPa。无地下水。试计算每层土钉的轴向拉力标准值；当土钉杆材采用 HRB400 钢筋时，计算所需钢筋的直径。

7.6　在一开挖深度为 7m 的二级基坑，采用土钉支护结构支护。基坑边坡为砂质黏土，土层重度 $\gamma=18.0\text{kN/m}^3$，内摩擦角 $\varphi=35°$，黏聚力 $c=12\text{kPa}$。边坡坡度为 80°。土钉采用注浆型土钉，土钉与水平面的夹角 $\alpha=15°$，其长度为 12m，钻孔直径 100mm，土钉钢筋为 $\phi25\text{mm}$，第一道土钉距地面 1m，土钉竖横向间距均为 2.0m，地面超载 $q_0=12\text{kPa}$。试计算每层土钉的轴向拉力标准值，设计各层土钉的长度。

7.7　某二级基坑，开挖深度为 9m，采用土钉墙支护，土钉采用注浆型土钉，土钉与水平面的夹角 $\alpha=15°$，土钉水平间距为 1.5，竖向间距为 2.0，土钉墙坡度与水平面的夹角为 80°，地面超载 $q=12\text{kPa}$，经探明基底以下 2m 处有淤泥质软弱下卧层。已知填土层厚度为 3m，其 $\gamma=19.0\text{kN/m}^3$，其下是黏土层，厚度为 8m，$\gamma=18.0\text{kN/m}^3$、$c=15\text{kPa}$，$\varphi=35°$，试对土钉墙进行隆起稳定性验算？

178

第8章 基坑地下水控制

8.1 概　述

基坑的开挖施工，无论是采用支护体系的垂直开挖还是放坡大开挖，如果施工地区的地下水位较高，都将涉及地下水对基坑施工的影响这一问题。当开挖施工的开挖面低于地下水位时，土体的含水层被切断，地下水将会从坑外或坑底不断地渗入基坑内，另外在基坑开挖期间由于下雨或其他原因，可能会在基坑内造成滞留水。对于采用支护体系的垂直开挖，坑内被动区土体由于含水量增加导致强度、刚度降低，对控制支护体系的稳定性、强度和变形都是十分不利的；对于放坡开挖来讲，亦增加了边坡失稳和产生流砂的可能性。在地下水位以下进行开挖，坑内滞留水既增加了土方开挖施工的难度，亦使地下结构的施工难以顺利进行。而且在水的浸泡下，地基土的强度大为降低，亦影响到了其承载力。因此，为保证深基坑工程开挖、地下主体结构施工的正常进行以及地基土的强度免遭损失，当开挖面低于地下水位时，需采取降低地下水位的措施，并在基坑开挖期间坑内需采取排水措施以排除坑内滞留水，使基坑处于干燥的状态，以利施工。

在基坑开挖施工中采取降低地下水位的作用为：

1. 防止基坑坡面和基底的渗水，保持坑底干燥，便利施工。

2. 增加边坡和坡底的稳定性，防止边坡上或基底的土层颗粒流失。这是因为基坑开挖至地下水位以下时，周围地下水会向坑内渗流，从而产生渗流力，对边坡和基底稳定产生不利影响，此时采用井点降水的方法可以把基坑周围的地下水降到开挖面以下，不仅保持坑底干燥、便利施工，而且消除了渗流力的影响，防止流砂产生，增加了边坡和基底的稳定性。

3. 减少土体含水量，有效提高土体物理力学性能指标。对于放坡开挖而言可提高边坡稳定度；对于支护开挖可增加被动区土抗力，减少主动区土体侧压力，从而提高支护体系的稳定度和强度保证，减少支护体系的变形。

4. 提高土体固结程度，增加地基抗剪强度。降低地下水位，减少土体含水量从而提高土体固结程度，减少土中孔隙水压力，增加土中有效应力，相应的土体抗剪强度也可得到增长，因而降低地下水位亦是一种有效的地基加固方法。

5. 防止基坑的隆起和破坏

基坑工程控制地下水的方法有：隔离地下水、降低地下水位两类；隔离地下水的方法一般为防渗帷幕：连续搭接的水泥土搅拌桩、旋喷桩、地下连续墙、咬合式排桩等。降低地下水位方法有：重力式降水和强制式降水。重力式降水即排水沟及集水井排降水，强制式降水的方法即井点降水。在选择基坑工程控制地下水位的方法时，应根据工程的实际情况，并考虑以下因素：(1) 地下水位的标高及基底标高，一般要求地下水位应降到基底标高以下 0.5~1.5m；（2）土层性质，包括土的种类和渗透系数；（3）基坑开挖施工的形式，是放坡开挖还是支护开挖；（4）开挖面积的大小；（5）周围环境的情况，在降水影响范围内有无建筑物或地下管线以及它们对基础沉降的敏感程度和重要性等。根据上述情况选用截水、降水、集水明排或其组合方法控制地下水。

基坑截水系利用沿基坑周边闭合布置的截水（防渗）帷幕隔断基坑内外的水力联系，切断或限制基坑外地下水渗流到基坑内。采用防渗帷幕后，有时还需在坑内降水和坑外回灌。

集水井降水属重力降水，是在开挖基坑时沿坑底周围开挖排水沟，每隔一定距离设集水井，使基坑内挖土时渗出的水经排水沟流向集水井，然后用水泵抽出基坑。排水沟和集水井的截面尺寸取决于基坑的涌水量。一般来讲，集水井降水施工方便，操作简单，所需设备和费用都较低。但是，当基坑开挖深度较大，地下水的动水压力有可能造成流砂、管涌、基底隆起和边坡失稳时，则宜采用井点降水法。

降水是地下水位较高地区基础工程施工的重要措施，属强制式降水。我国于1952年由上海市工务局技术处开始将井点系统用于实际工程。它能克服流砂现象，稳定基坑边坡，降低承压水位，防止坑底隆起并加速土体固结，使天然地下水位以下的开挖施工能在较干燥的环境下进行。降水有轻型井点（单级、多级轻型井点）、喷射井点、电渗井点、管井井点和深井井点等。各种井点的适用范围不同，在工程应用时根据土层的渗透系数、要求降水深度和工程特点及周围环境，经过技术经济比较后确定。表8.1所列为各种降水方法适用的降水深度、土体渗透系数和土的种类。

对于弱透水地层中的较浅基坑，当基坑环境简单，含水层较薄时，可考虑采用集水沟明排水；在其他情况下宜采用降水井降水、隔水措施或隔水、降水综合措施。

一般讲，当地质情况良好，降水深度不大，可采用单层轻型井点；当降水深度超过6m，且土层垂直渗透系数较小时，宜用二级轻型井点或多层轻型井点，或在坑中另布井点，以分别降低上层、下层土的水位。当土的渗透系数小于 0.1 m/d 时，可在一侧增加钢筋电极，采用电渗井点降水；如土质较差，降水深度较大，采用多层轻型井点；设备增多，土方量增大，经济上不合算时，可采用喷射井点降水较为适宜；如果降水深度不大，土的渗透系数大，涌水量大，降水时间长，可选用管井井点；如果降水很深，涌水量大，土层复杂多变，降水时间很长，此时宜选用深井井点降水。当各种井点降水方法影响邻近建筑物产生不均匀沉降和使用安全，应采用回灌井点或在基坑有建筑物一侧采用旋喷桩加固土壤和防渗。

降水类型及适用范围 表8.1

降水方法	降水深度 （m）	土体渗透系数 （m/d）	土层种类
集水沟明排水	<5	7~20.0	
单级轻型井点	<6	0.05~20	粉质黏土、砂质粉土、粉砂、细砂、中砂、粗砂、砾砂、砾石、卵石（含砂粒）
多级轻型井点	<20	0.05~20.0	同上
电渗井点	6~7	<0.05	淤泥质土
喷射井点	<20	0.05~20.0	粉质黏土、砂质粉土、粉砂、细砂、中砂、粗砂

降水方法	降水深度 (m)	土体渗透系数 (m/d)	土层种类
管井井点	不限	1.0～200	粗砂、砾砂、砾石
深井井点	不限	10～80	中砂、粗砂、砾砂、砾石
砂（砾）渗井	根据下伏导水层的性质及埋深确定	＞0.1	含薄层粉砂的粉质黏土、粉质粉土、砂质粉土、粉土、粉细砂；水量不大的潜水、深部有导水层
回灌井点	不限	0.1～200	填土、粉土、砂土、碎石土

8.2 基 坑 截 水

当降水会对基坑周边建筑物、地下管线、道路等造成危害或对环境造成长期不利影响时，应采用截水方法控制地下水，基坑截水是利用沿基坑周边闭合布置的截水帷幕隔断基坑内外的水力联系，切断或限制基坑外地下水渗流到基坑内。

8.2.1 基坑截水方法

根据施工工艺基坑截水方法分为：水泥土搅拌桩帷幕、高压旋喷或摆喷注浆帷幕、搅拌-喷射注浆帷幕、地下连续墙或咬合式排桩，应根据工程地质条件、水文地质条件及施工条件等进行选用。支护结构采用排桩时，可采用高压喷射注浆与排桩相互咬合的组合帷幕。

8.2.2 截水帷幕类型

截水帷幕类型根据其是否进入下卧隔水层分为：落底式帷幕和悬挂式帷幕。

1. 落底式帷幕

当坑底以下存在连续分布、埋深较浅的隔水层时，采用落底式帷幕。落底式帷幕进入下卧隔水层的深度应满足式（8-1）要求，且不宜小于 1.5m：

$$l \geqslant 0.2\Delta h_w - 0.5b \tag{8-1}$$

式中 l——帷幕进入隔水层的深度（m）；

Δh_w——基坑内外的水头差值（m）；

b——帷幕的厚度（m）。

2. 悬挂式帷幕

当坑底以下含水层厚度大而需采用悬挂式帷幕时，帷幕进入透水层的深度应满足地下水沿帷幕底端绕流的渗透稳定性要求，并应对帷幕外地下水位下降引起的基坑周边建筑物、地下管线、地下构筑物沉降进行分析。当不满足渗透稳定性要求时，应采取增加帷幕深度、设置减压井等防止渗透破坏的措施。

采用悬挂式帷幕时，应同时采用坑内降水，并宜根据水文地质条件结合坑外回灌措施。

悬挂式截水帷幕底端位于碎石土、砂土或粉土含水层时，对均质含水层，地下水渗流的流土稳定性应符合式（8-2）规定（图 8.1）：

$$\frac{(2D + 0.8D_1)\gamma'}{\Delta h \gamma_w} \geqslant K_{se} \tag{8-2}$$

式中 K_{se}——流土稳定性安全系数；安全等级为一、二、三级的支护结构，K_{se}分别不应
        小于 1.6、1.5、1.4；

   D——截水帷幕底面至坑底的土层厚度（m）；

   D_1——潜水水面或承压水含水层顶面至基坑底面的土层厚度（m）；

   γ'——土的浮重度（kN/m³）；

   Δh——基坑内外的水头差（m）；

   γ_w——水的重度（kN/m³）。

对渗透系数不同的非均质含水层，宜采用数值方法进行渗流稳定性分析。

8.2.3 截水帷幕布置

截水帷幕宜采用沿基坑周边闭合的平面布置形式。当采用沿基坑周边非闭合的平面布
置形式时，应对地下水沿帷幕两端绕流引起的基坑周边建筑物、地下管线、地下构筑物的
沉降进行分析。

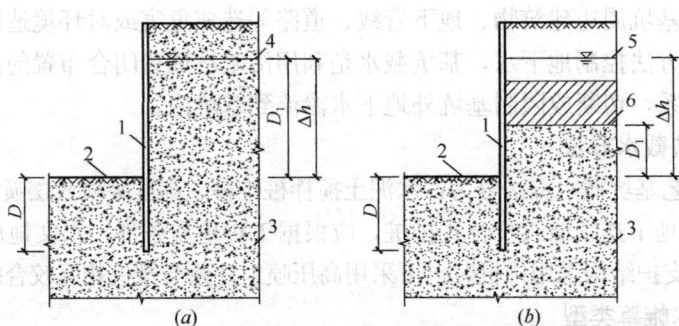

图 8.1 采用悬挂式帷幕截水时的流土稳定性验算

（a）潜水；（b）承压水

1—截水帷幕；2—基坑底面；3—含水层；4—潜水水位；
5—承压水测管水位；6—承压含水层顶面

8.2.4 截水帷幕施工

1. 水泥土搅拌桩帷幕

搅拌桩桩径宜取 450～800mm，搅拌桩的搭接宽度应符合下列规定：

（1）单排搅拌桩帷幕的搭接宽度，当搅拌深度不大于 10m 时，不应小于 150mm；当
搅拌深度为 10～15m 时，不应小于 200mm；当搅拌深度大于 15m 时，不应小于 250mm。

（2）对地下水位较高、渗透性较强的地层，宜采用双排搅拌桩截水帷幕；搅拌桩的搭
接宽度，当搅拌深度不大于 10m 时，不应小于 100mm；当搅拌深度为 10～15m 时，不应
小于 150mm；当搅拌深度大于 15m 时，不应小于 200mm。

（3）搅拌桩水泥浆液的水灰比宜取 0.6～0.8。搅拌桩的水泥掺量宜取土的天然重度
的 15％～20％。

（4）水泥土搅拌桩帷幕的施工应符合《建筑地基处理技术规范》JGJ 79 的有关规定。

（5）搅拌桩的施工偏差应符合下列要求：

1）桩位的允许偏差应为 50mm；

2）垂直度的允许偏差应为 1.0％。

2. 高压旋喷、摆喷注浆帷幕

旋喷注浆固结体的有效直径、摆喷注浆固结体的有效半径宜通过试验确定；缺少试验时，可根据土的类别及其密实程度、高压喷射注浆工艺，按工程经验采用。摆喷帷幕的喷射方向与摆喷点连线的夹角宜取 $10°\sim25°$，摆动角度宜取 $20°\sim30°$。帷幕的水泥土固结体搭接宽度，当注浆孔深度不大于 10m 时，不应小于 150mm；当注浆孔深度为 $10\sim20$m 时，不应小于 250mm；当注浆孔深度为 $20\sim30$m 时，不应小于 350mm。对地下水位较高、渗透性较强的地层，可采用双排高压喷射注浆帷幕。

（1）高压喷射注浆水泥浆液的水灰比宜取 $0.9\sim1.1$，水泥掺量宜取土的天然重度的 $25\%\sim40\%$。当土层中地下水流速高时，宜掺入外加剂改善水泥浆液的稳定性与固结性。

（2）高压喷射注浆应按水泥土固结体的设计有效半径与土的性状选择喷射压力、注浆流量、提升速度、旋转速度等工艺参数，对较硬的黏性土、密实的砂土和碎石土宜取较小提升速度、较大喷射压力。当缺少类似土层条件下的施工经验时，应通过现场工艺试验确定施工工艺参数。

（3）高压喷射注浆截水帷幕施工时应符合下列规定：

1）采用与排桩咬合的高压喷射注浆截水帷幕时，应先进行排桩施工，后进行高压喷射注浆施工；

2）高压喷射注浆的施工作业顺序应采用隔孔分序方式，相邻孔喷射注浆的间隔时间不宜小于 24h；

3）喷射注浆时，应由下而上均匀喷射，停止喷射的位置宜高于帷幕设计顶面标高 1m；

4）可采用复喷工艺增大固结体半径、提高固结体强度；

5）喷射注浆时，当孔口的返浆量大于注浆量的 20% 时，可采用提高喷射压力、增加提升速度等措施；

6）当因喷射注浆的浆液渗漏而出现孔口不返浆的情况时，应在漏浆部位停止提升注浆管进行喷射注浆，并宜同时采用从孔口填入中粗砂、注浆液掺入速凝剂等措施，直至出现孔口返浆；

7）喷射注浆后，当浆液析水、液面下降时，应进行补浆；

8）当喷射注浆因故中途停喷后，继续注浆时应与停喷前的注浆体搭接，其搭接宽度不应小于 500mm；

9）当注浆孔邻近既有建筑物时，宜采用速凝浆液进行喷射注浆；

10）高压旋喷、摆喷注浆帷幕的施工尚应符合《建筑地基处理技术规范》JGJ 79 的有关规定；

11）高压喷射注浆的施工偏差应符合下列要求：

① 孔位偏差应为 50mm；

② 注浆孔垂直度偏差应为 1.0%。

8.2.5 截水帷幕的质量检测

1. 与排桩咬合的水泥土搅拌桩、高压喷射注浆帷幕，与土钉墙面层贴合的水泥土搅拌桩帷幕，应在基坑开挖前或开挖时，检测水泥土固结体的表面轮廓、搭接接缝；检测点应按随机方法选取或选取施工中出现异常、开挖中出现漏水的部位；对支护结构外侧独立的截水帷幕，其质量可通过开挖后的截水效果判断；

2. 对施工质量有怀疑时，可在搅拌桩、高压喷射注浆液固结后，采用钻芯法检测帷幕固结体的范围、单轴抗压强度、连续性及深度；检测点应针对怀疑部位选取帷幕的偏心、中心或搭接处，检测点的数量不应少于 3 处。

8.3 水井理论与水井涌水量计算

8.3.1 水井的分类

水井根据其井底是否达到不透水层分为完整井与非完整井，井底达到不透水层的称为完整井，否则为非完整井，如图 8.2 所示；根据地下水有无压力，水井又有承压井和无压井（潜水井）之分，凡水井布置在两层不透水层之间充满水的含水层内，因地下水具有一定的压力，故称为承压井，若水井布置在潜水层内，地下水无压力，该种井称为潜水井，如图 8.2 所示。各种类型井的涌水量计算方法不同。

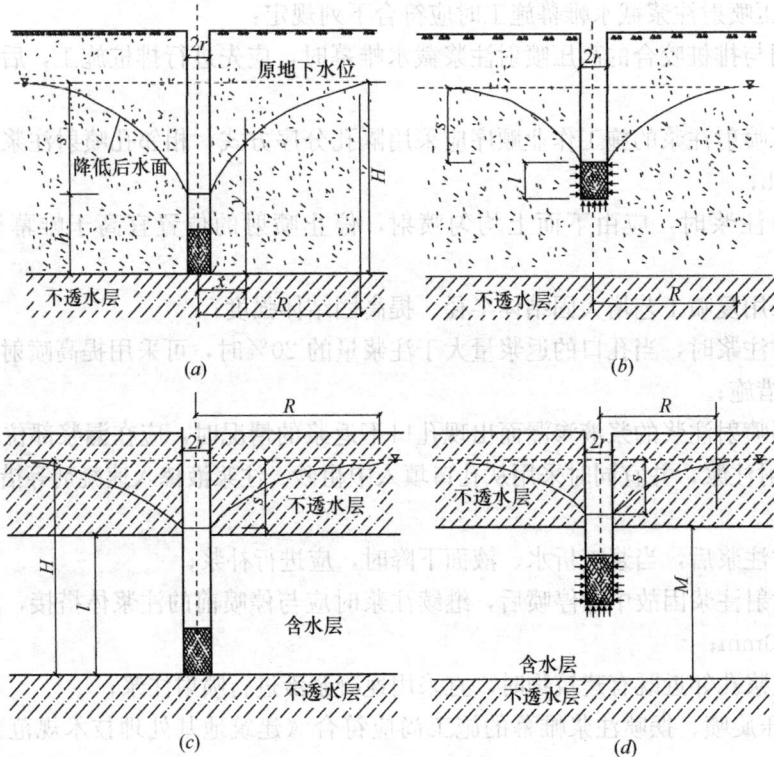

图 8.2 水井种类

(a) 潜水完整井；(b) 潜水非完整井；(c) 承压完整井；(d) 承压非完整井

8.3.2 水井理论的基本假设

井点系统的理论计算，是以法国水力学家裘布依于 1857 年提出的水井理论为基础的，该水井理论的基本假定是：

1. 含水层为均质和各向同性；

2. 水流为层流；

3. 流动条件为稳定流；

4. 水井出水量不随时间变化。

8.3.3 井点涌水量

1. 潜水完整井

根据上述水井理论的假定，当在潜水完整井内抽水时，井内水位开始下降，而周围潜水流向水位降低之处。经过一段时间的抽水后，井周围原有的水面就由水平变成弯曲水面，最后这个曲线渐趋稳定，成为向井倾斜的水位降落漏斗。当含水层为均质土层，原地下水位为水平时，其水位降落漏斗为规则的旋转面，其轴线与水井轴线重合。在剖面图上，流线是一些曲线，这些曲线在上部与降落漏斗曲线近乎平行，而下部则与隔水层顶面近乎平行，等压线正交于流线。图8.3所示为以潜水完整井抽水时水位的变化情况。

按照以上假定，根据达西定律，取不透水层基底为Ox轴，取水井轴线为Oy轴，就可以求出流向井中的水流，对于任意横断面为：

$$F = 2\pi xy \qquad (8\text{-}3)$$

式中　F——过水的横断面积，取铅直的圆柱面作为水流断面；

　　　x——由井中心至边缘的距离，即圆柱半径；

　　　y——由不透水层至距中心距离为x处的曲线上的高度。

如图8.3所示。

该断面上的水力坡度为：

$$I = \frac{\mathrm{d}y}{\mathrm{d}x} \qquad (8\text{-}4)$$

将以上两式代入达西公式即可得出裴布依微分方程：

$$Q = Fv = FkI = Fk\frac{\mathrm{d}y}{\mathrm{d}x}$$

式中　v——渗流速度；

　　　k——渗透系数；

　　　Q——水井的涌水量。

将式（8-3）代入式（8-4）中，可得

$$Q = 2\pi xy\, k\frac{\mathrm{d}y}{\mathrm{d}x}$$

积分后得：

$$Q = \frac{y^2}{\pi k}\ln x + c$$

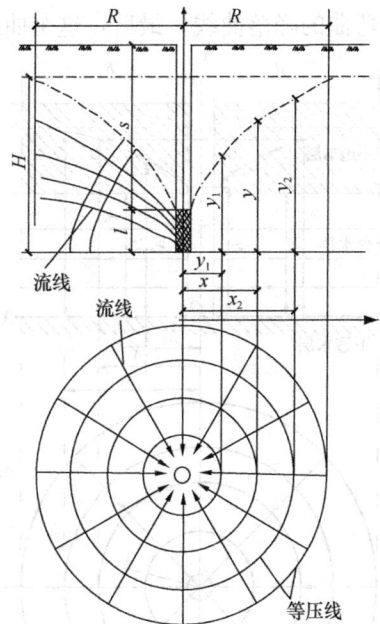

图8.3　井内抽水时潜水完整井含水层内的降落漏斗和流网图

对于任意两点，坐标为（x_1，y_1），（x_2，y_2），可以写成

$$y_2^2 - y_1^2 = \frac{Q}{\pi k}(\ln x_2 - \ln x_1) = \frac{Q}{\pi k}\ln\frac{x_2}{x_1} \qquad (8\text{-}5)$$

此时，若欲求一个水井的涌水量，可将水井作用范围最远处的点的坐标作为（x_2，y_2）点，即取$x_2 = R$，$y_2 = H$，再将水井作用最近处点的坐标作为（x_1，y_1），即取$x_1 = r$，$y_1 = 1$，代入式（8-5），则得：

$$H^2 - l^2 = \frac{Q}{\pi k} \ln \frac{R}{r} \quad 即 \quad Q = \pi k \frac{H^2 - l^2}{\ln \frac{R}{r}} \qquad (8\text{-}6)$$

再将 $\pi = 3.14$，$l = H - S$ 代入，并用常用对数代替自然对数，则得潜水完整井的涌水量公式：

$$Q = 1.366k \frac{H^2 - l^2}{\lg \frac{R}{r}} = 1.366 \frac{(H+l)(H-l)}{\lg \frac{R}{r}} = 1.366k \frac{(2H-S)S}{\lg \frac{R}{r}} \qquad (8\text{-}7)$$

式中　H——潜水含水层厚度（m）；

S——井水位降深（m）；

R——井的影响半径（m）；

l——过滤器进水部分长度（m）；

r——井的半径（m）。

2. 承压完整井

图 8.4 表示承压完整井在抽水时的情况。当在井内抽水时，井中水位开始下降，而使含水层周围的地下水流向井中，经过一定的时间后，井周围的原有水位就由水平而形成向井弯曲的降落曲线。最后，这个曲线渐趋稳定，形成降落漏斗。

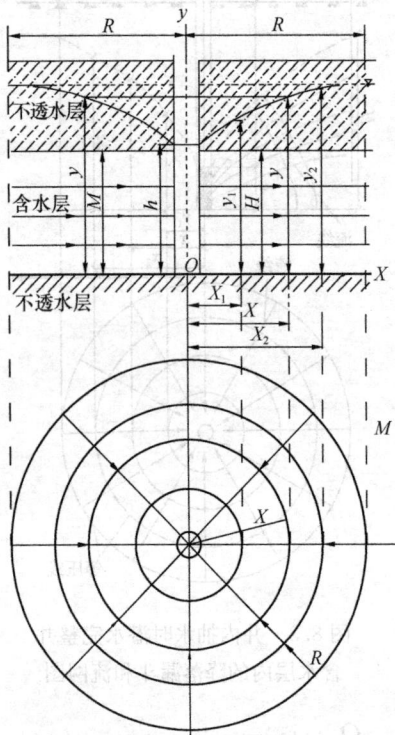

地下水原有水位为水平状态的条件下，降落漏斗具有规则形状的旋转面，其中心轴与井轴重合。图 8.4 的垂直剖面为抽水后的降落曲线，而在水平剖面上则为规则形状的同心圆，也即降落漏斗范围内的水压面的等压线。但在实际情况下，随着各种条件的改变，与上述的降落漏斗有所差异。

取井底不透水层水平方向为 Ox 轴，而取井轴为 Oy 轴，可得出流向井的水流任意圆柱剖面的水头梯度 I 和过水断面面积 F 的表示式：

$$I = \frac{\mathrm{d}y}{\mathrm{d}x}, \quad F = 2\pi x M$$

式中　x——由井轴至任一点的水平距离；

M——承压含水层厚度。

代入达西基本方程中，则得井的流量：

$$Q = kIF = 2\pi x M k \frac{\mathrm{d}y}{\mathrm{d}x}$$

其中 k 为含水层的渗透系数，即

$$Q = 2\pi M k x \frac{\mathrm{d}y}{\mathrm{d}x}$$

分离变数　$2\pi M k \, \mathrm{d}y = Q \frac{\mathrm{d}x}{x}$

图 8.4　承压井水位降落漏斗和流网图

积分得到　　　　　　　　$2\pi M k y = Q \ln x + C$

当 $x = R$（影响半径），当 $y = H$（承压水头高度，由含水层底板算起）时，则上式

$$2\pi M k y = Q \ln x + 2\pi M k H - Q \ln R$$

186

整理后
$$Q(\ln R - \ln x) = 2\pi Mk(H - y)$$

即
$$Q = \frac{2\pi Mk(H - y)}{(\ln R - \ln x)} = \frac{2\pi Mk(H - y)}{\ln \dfrac{R}{x}}$$ (8-8)

由式中的自然对数以常用的对数代替，则得：
$$Q = 2.73Mk\frac{H - y}{\lg \dfrac{R}{x}}$$ (8-9)

当 $x = r$（井半径）、$y = h$ 时，
并令水位降深 $H - h = s$，则得：
$$Q = \frac{2.73Mks}{\lg \dfrac{R}{r}}$$ (8-10)

3. 群井理论

若二个潜水井的距离小于影响半径 R 时，则需考虑到群井的互相作用。图 8.5 表示在 A 井抽水时，水位降低为 S_1 值，流量为 q_1，因 B 井在影响范围之内，故 A 井抽水而使 B 井的水位降低到 t_1 值；同样，若 B 井抽水而 A 井不抽水，则 A 井处的水位降低为 t_2 值。若 A、B 两井同时抽水，则两井的降落漏斗交叉在一起，在两井间形成一个总的水位降低 S_3。S_3 大于两井单独抽水时的降低值，同时占有两井间的整个面积。但是两井同时抽水时，其每井所抽到的流量比单独抽水时要小。

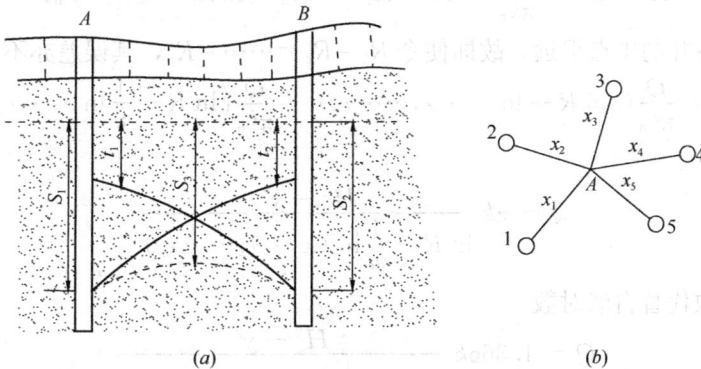

图 8.5　群井作用示意图
(a) 两口互相作用的井；(b) 井位布置示意图

设有若干个井，布置在 A 点的周围，如图 8.5 (b) 所示，其距离可任意决定，但在抽水井的影响范围之内。

自 A 点的第一个井抽水，则水位下降，并得到降落漏斗，其方程式为：
$$y_1^2 - h_1^2 = \frac{q_1}{\pi K}\ln \frac{x_1}{r_1}$$ (8-11)

式中　y_1——第一个井抽水引起 A 点潜水位降低值；

　　　h_1——第一个井外的水位；

　　　q_1——第一个井的流量；

x_1——第一个井与 A 点的距离；

r_1——第一个井的半径。

如果全部井都同时进行抽水工作，则每个井所形成的降落漏斗都交叉在一起，而总降落曲线的方程式为：

$$y^2 - h_0^2 = \frac{q_1}{\pi k}\ln\frac{x_1}{r_1} + \frac{q_2}{\pi k}\ln\frac{x_2}{r_2} + \cdots\cdots + \frac{q_n}{\pi k}\ln\frac{x_n}{r_n} \qquad (8\text{-}12)$$

式中　q_1、q_2、$\cdots\cdots q_n$——全部井同时工作时各井的流量；

h_0——每个井外的水位，令均相等。

若各井径均相等，即 $r_1 = r_2 = \cdots\cdots = r_n$，流量亦相等，即 $q_1 = q_2 = \cdots\cdots = q_n = Q/n$（$Q$ 为各井总流量，n 为井数），则式（8-12）应为：

$$y^2 - h_0^2 = \frac{Q}{\pi k_n}\left(\ln\frac{x_1}{r} + \ln\frac{x_2}{r} + \cdots\cdots + \ln\frac{x_n}{r}\right)$$

或

$$y^2 - h_0^2 = \frac{Q}{\pi k_n}(\ln x_1 \cdot x_2 \cdots\cdots x_n - n\ln r) \qquad (8\text{-}13)$$

若在影响范围内任取一点，其水位高度等于静止水位的高度 H，各井距该点的距离各以 R_1、R_2、$\cdots\cdots R_n$ 表示，则 $x_1 = R_1$；$x_2 = R_2 \cdots$；$x_n = R_n$，而 $y = H$，于是式（8-13）可写成

$$H^2 - h_0^2 = \frac{Q}{\pi k_n}(\ln x_1 \cdot x_2 \cdots\cdots x_n - n\ln r) \qquad (8\text{-}14)$$

同时解式（8-14）及式（8-13）两式，得：

$$H^2 - h_0^2 = \frac{Q}{\pi k_n}(\ln R_1 \cdot R_2 \cdots\cdots R_n - \ln x_1 \cdot x_2 \cdots\cdots x_n) \qquad (8\text{-}15)$$

若该点离各井的中点很远，故即使令 $R_1 = R_2 = \cdots\cdots = R_n$，其误差亦不大，因此：

$$H^2 - y^2 = \frac{Q}{\pi k_n}(n\ln R - \ln x_1 \cdot x_2 \cdots\cdots x_n) = \frac{Q}{\pi k_n}\left(\ln R - \frac{1}{n}\ln x_1 \cdot x_2 \cdots\cdots x_n\right)$$

亦即

$$Q = \pi k \frac{H^2 - y^2}{\ln R - \dfrac{1}{n}\ln (x_1 \cdot x_2 \cdots\cdots x_n)} \qquad (8\text{-}16)$$

以常用对数代替自然对数

$$Q = 1.366k \frac{H^2 - y^2}{\lg R - \dfrac{1}{n}(\lg x_1 \cdot x_2 \cdots\cdots x_n)} \qquad (8\text{-}17)$$

或

$$Q = 1.366k \frac{(2H - S)S}{\lg R - \dfrac{1}{n}(\lg x_1 \cdot x_2 \cdots\cdots x_n)} \qquad (8\text{-}18)$$

同理，对承压水则为：

$$Q = 2.73kM \frac{S}{\lg R - \dfrac{1}{n}(\lg x_1 \cdot x_2 \cdots\cdots x_n)} \qquad (8\text{-}19)$$

8.3.4　基坑降水总涌水量的计算

根据水井理论可以求得单个水井涌水量，但是，基坑降水井点系统往往是布置在基坑周围，许多井点同时抽水，使得各个单井的水位降落漏斗相互干扰，为此在进行基坑涌水量计算时，应考虑群井的相互作用，即群井的涌水量并不等于各个单井涌水量之和。各个

188

单井的涌水量比计算值要小，而总的水位降深 S_0 大于单个井点抽水时的水位降深 S_0。这种现象对于以疏干为主要目的的基坑施工是有利的。

基坑降水总涌水量计算也可把由各降水井点组成的群井系统，视为一口大的单井，设该井为圆形的，类似于上述单井涌水量推导过程，参照式（8-7）、式（8-8）可得其基坑降水总涌水量计算公式。

1. 潜水完整井的基坑总涌水量

群井按大井简化的均质含水层潜水完整井的基坑降水总涌水量可按式（8-20）计算（图 8.6）：

$$Q = \pi k \frac{(2H_0 - S_0)S_0}{\ln\left(1 + \dfrac{R}{r_0}\right)} \tag{8-20}$$

式中　Q——基坑降水的总涌水量（$\mathrm{m^3/d}$）；

　　　k——渗透系数（$\mathrm{m/d}$）；

　　　H_0——潜水含水层厚度（m）；

　　　S_0——基坑水位降深（m）；

　　　R——降水影响半径（m）；

　　　r_0——沿基坑周边均匀布置的降水井群所围面积等效圆的半径（m），$r_0 = \sqrt{A/\pi}$，A 为降水井群连线所围的面积。

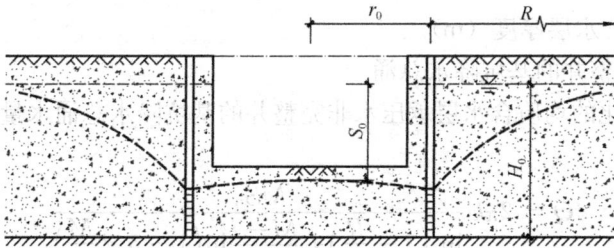

图 8.6　按均质含水层潜水完整井简化的基坑涌水量计算

2. 潜水非完整井的基坑降水总涌水量

群井按大井简化的均质含水层潜水非完整井的基坑降水总涌水量可按式（8-21）计算（图 8.7）：

$$Q = \pi k \frac{H_0 - h_{\mathrm{m}}^2}{\ln\left(1 + \dfrac{R}{r_0}\right) + \dfrac{h_{\mathrm{m}} - l}{l}\ln\left(1 + 0.2\dfrac{h_{\mathrm{m}}}{r_0}\right)} \tag{8-21}$$

$$h_{\mathrm{m}} = \frac{H_0 + h}{2}$$

式中　h——基坑动水位至含水层底面的深度（m）；

　　　l——滤管有效工作部分的长度（m）。

3. 承压水完整井的基坑降水总涌水量

群井按大井简化的均质含水层承压水完整井的基坑降水总涌水量可按式（8-22）计算（图 8.8）：

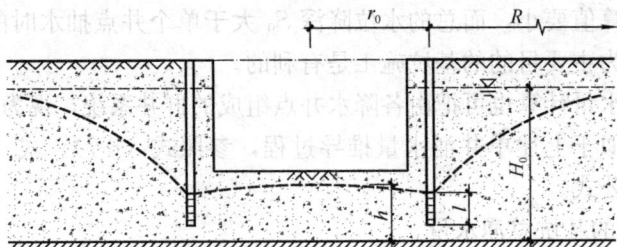

图 8.7 按均质含水层潜水非完整井简化的基坑涌水量计算

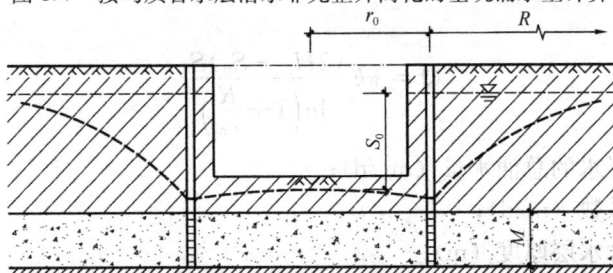

图 8.8 均质含水层承压水完整井简化的基坑涌水量计算

$$Q = 2\pi k \frac{MS_0}{\ln\left(1 + \dfrac{R}{r_0}\right)} \tag{8-22}$$

式中 M——承压含水层厚度（m）。

4. 承压水非完整井的基坑降水总涌

群井按大井简化的均质含水层承压水非完整井的基坑降水总涌水量可按式（8-23）计算（图8.9）：

$$Q = 2\pi k \frac{MS_0}{\ln\left(1 + \dfrac{R}{r_0}\right) + \dfrac{M-l}{l}\ln\left(1 + 0.2\dfrac{M}{r_0}\right)} \tag{8-23}$$

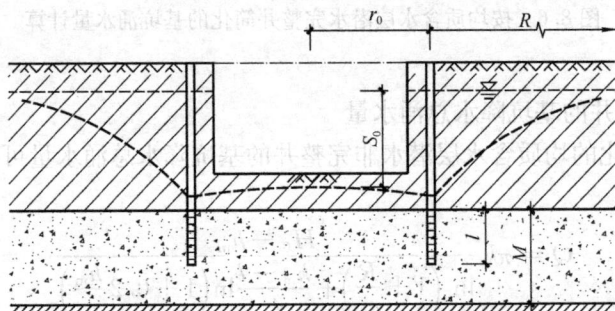

图 8.9 含水层承压水非完整井简化的基坑涌水量计算

5. 承压-潜水非完整井的基坑降水总涌水量

群井按大井简化的均质含水层承压-潜水非完整井的基坑降水总涌水量可按式（8-24）计算（图8.10）：

$$Q = \pi k \frac{(2H_0 - M)M - h^2}{\ln\left(1 + \dfrac{R}{r_0}\right)} \tag{8-24}$$

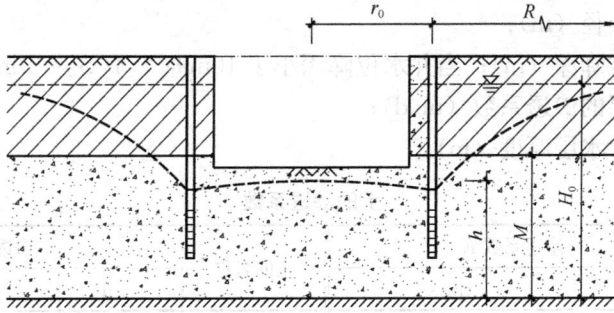

图 8.10　含水层承压-潜水非完整井简化的基坑涌水量计算

在实际工程中，由于具体工程特点、井点的采用、周围环境条件及地质状况的千差万别，将会涉及多种情况的基坑总涌水量计算，比如基坑降水影响范围内存在隔水边界、地表水体或水文地质条件变化时，可根据具体情况，对按式（8-29）、式（8-30）计算的单井流量和地下水位降深进行适当修正或采用非稳定流方法、数值法计算。

在利用上述公式进行基坑涌水量计算时，涉及一些参数，如渗透系数和降水影响半径 R 等值，需要加以确定。

6. 渗透系数 （k） 的确定

土体的渗透系数的大小，取决于土体的形成条件、颗粒级配、胶体颗粒含量和土体颗粒结构等方面的因素。其渗透系数（k）按下列方式确定：

（1）按现场抽水试验确定；

（2）对粉土和黏性土，也可通过原状土样的室内渗透试验并结合经验确定；

（3）当缺少试验数据时，可根据土的其他物理指标按工程经验确定。

一般勘察报告提供的渗透系数多半是室内试验的结果，可作为计算数据。如无试验资料，一般工程可利用表 8.2 的近似值。

7. 降水影响半径 （R）

井点系统开始抽水后，地下水位下降形成降落漏斗，从开始形成降落漏斗至漏斗最后稳定要经过一定的时间，时间的长短取决于土的渗透参数。降落漏斗稳定后的半径即为上述计算公式中所用的降水影响半径 R。一般在水泵的出水稳定后，再经过 $1 \sim 5$ 天降落漏斗就可以达到稳定。影响半径（R）宜通过现场抽水试验确定。将抽水试验测得 Q 与 S 的值，代入式（8-7）或有关公式反求 R 值。

由式（8-7）得：

$$Q = 1.366 \frac{k(2H-S)S}{\lg R - \lg r} \quad \text{即} \quad \lg R = \frac{1.366k(2H-S)S}{Q} + \lg r \tag{8-25}$$

即可求得 R 值。对于其他形式的井点亦可采用相应的计算公式进行反算。

表 8.3 所列为降水影响半径 R 的经验数据。

缺少试验时，可按下列公式计算并结合当地经验取值：

（1）潜水含水层

$$R = 2S_{\mathrm{w}} \sqrt{kH} \tag{8-26}$$

（2）承压含水层

$$R = 10S_{\mathrm{w}} \sqrt{k} \tag{8-27}$$

式中　R——影响半径（m）；

　　　S_w——井水位降深（m）；当井水位降深小于 10m 时，取 $S_w=10$m；

　　　k——含水层的渗透系数（m/d）；

　　　H——潜水含水层厚度（m）。

土的渗透系数　　　　　　　　　　　　　　　　　　　　表 8.2

土的名称	渗透系数 K		土的名称	渗透系数 K	
	m/d	cm/s		m/d	cm/s
黏　土	<0.005	$<6\times10^{-6}$	粗　砂	20~50	$2\times10^{-2}\sim6\times10^{-2}$
粉质黏土	0.005~0.1	$6\times10^{-6}\sim1\times10^{-4}$	均质粗砂	60~75	$7\times10^{-2}\sim8\times10^{-2}$
粉质黏土	0.1~0.5	$1\times10^{-4}\sim6\times10^{-4}$	圆　砾	50~100	$6\times10^{-2}\sim1\times10^{-1}$
黄　土	0.25~0.5	$3\times10^{-4}\sim6\times10^{-4}$	卵　石	100~500	$1\times10^{-1}\sim6\times10^{-1}$
粉　土	0.5~1.0	$6\times10^{-4}\sim1\times10^{-3}$	无充填物卵石	500~1000	$6\times10^{-1}\sim1\times10$
细　砂	1.0~5	$1\times10^{-3}\sim6\times10^{-3}$	稍有裂隙岩石	20~60	$2\times10^{-2}\sim7\times10^{-2}$
中　砂	5~20	$6\times10^{-3}\sim2\times10^{-2}$	裂隙多的岩石	>60	$>7\times10^{-2}$
均质中砂	35~50	$4\times10^{-2}\sim6\times10^{-2}$			

降水影响半径 R 的经验数据　　　　　　　　　　　　　　表 8.3

土的种类	极细砂	细　砂	中　砂	粗　砂	极粗砂	小砾石	中砾石	大砾石
粒径（mm）	0.05~0.1	0.1~0.25	0.25~0.5	0.5~1	1~2	2~3	3~5	5~10
所占重量（%）	>70	>70	>50	>50	>50	—	—	—
影响半径 R（m）	25~50	50~100	100~200	200~400	400~500	500~600	600~1500	1500~3000

8.3.5　基坑降水水位预测

基坑降水水位的预测计算应符合下列要求：

（1）合理选择水位预测计算公式；

（2）基坑内的设计降水水位应低于基坑底面 0.5m；按地下水位降深确定降水井间距和井水位降深时，地下水位降深应符合下式规定：

$$S_0 \geqslant S_d \tag{8-28}$$

式中　S_0——基坑地下水位降深（m）；

　　　S_d——基坑地下水位的设计降深（m）。

（3）在降水水位预测计算过程中，应考虑井周三维流、紊流的附加水头影响。

（4）设计采用的渗透系数 k 值应接近设计降水深度水位降深资料计算的 k 值。

基坑降水水位预测可按以下公式计算：

1. 潜水完整井的基坑水位降深

含水层为粉土、砂土或碎石土时，潜水完整井的基坑地下水位降深可按式（8-29-1）计算（图 8.11、图 8.12）：

$$S_0 = H - \sqrt{H^2 - \sum_{j=1}^{n} \frac{q_i}{\pi k} \ln \frac{R}{r_{ij}}} \tag{8-29-1}$$

式中 S_0——基坑地下水位降深（m）；计算基坑地下水位降深时，对沿基坑周边闭合降水井群，S_0 应取相邻降水井连线上各点的最小降深；当相邻降水井的降深相同时，S_0 可取相邻降水井连线中点的降深；

图 8.11 均质含水层潜水完整井地下水位降深计算
1—基坑面；2—降水井；3—潜水含水层底板

H——潜水含水层厚度（m）；

q_j——按干扰井群计算的第 j 口降水井的单井流量（m³/d）；

k——含水层的渗透系数（m/d）；

R——影响半径（m），应按现场抽水试验确定；缺少试验时，也可按式（8-26）计算并结合当地工程经验确定；

r_{ij}——第 j 口井中心至 i 点的距离（m），此处，i 点为降深计算点；当 $r_{ij} > R$ 时，取 $r_{ij} = R$；

n——降水井数量。

按干扰井群计算的第 j 个降水井的单井流量（q_j）可通过求解下列 n 维线性方程组计算：

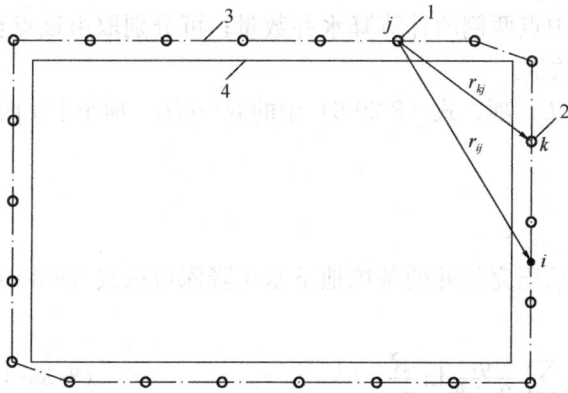

图 8.12 计算点与降水井的关系
1—第 j 口井；2—第 k 口井；
3—降水井所围面积的边线；4—基坑边线

$$s_{\mathrm{wk}} = H - \sqrt{H^2 - \sum_{j=1}^{n} \frac{q_j}{\pi k} \ln \frac{R}{r_{kj}}}$$
$$(k = 1, \cdots, n) \qquad (8\text{-}29\text{-}2)$$

式中 S_{wk}——第 k 口井的井水位设计降深（m）；

r_{kj}——第 j 口井中心至第 k 口井中心的距离（m）；当 $j = k$ 时，取降水井半径 r_{w}；当 $r_{kj} > R$ 时，取 $r_{kj} = R$。

当各降水井所围平面形状近似圆形或正方形且各降水井的间距、降深相同时，基坑地下水位降深也可按式（8-29-3）计算：

$$S_0 = H - \sqrt{H^2 - \frac{q}{\pi k} \sum_{j=1}^{n} \ln \frac{R}{2 r_0 \sin \frac{(2j-1)\pi}{2n}}} \qquad (8\text{-}29\text{-}3)$$

$$q = \frac{\pi k (2H - S_{\mathrm{w}}) S_{\mathrm{w}}}{\ln \dfrac{R}{r_{\mathrm{w}}} + \sum\limits_{j=1}^{n-1} \ln \dfrac{R}{2 r_0 \sin \dfrac{j\pi}{n}}} \qquad (8\text{-}29\text{-}4)$$

式中 S_0——基坑地下水位降深（m）；取任意相邻两降水井连线中点处的地下水位降深；

q——按干扰井群计算的降水井单井流量（m^3/d）；

r_0——各降水井所围面积的等效半径（m）；取 $r_0 = u/(2\pi)$，此处，u 为各降水井中心点连线所围面积的周长；

j——第 j 口降水井；

S_w——降水井水位的设计降深（m）；

r_w——降水井半径（m）。

当公式（8-29-3）中的 $R/(2r_0\sin((2j-1)\pi/2n))$ 项、公式（8-29-4）中的 $R/(2r_0\sin(j\pi/n))$ 项小于 1 时，其值应取 1。

对基坑宽度大于 $R/2$ 的基坑，当各降水井的间距、降深相同时，基坑地下水位降深也可按式（8-29-5）计算：

$$S_0 = H - \sqrt{H^2 - \frac{q}{\pi k}\left(\sum_{j=1}^{n_1}\ln\frac{R}{(j-0.5)L} + \sum_{j=1}^{n_2}\ln\frac{R}{(j-0.5)L}\right)} \quad (8\text{-}29\text{-}5)$$

$$q = \frac{\pi k(2H - S_w)S_w}{\ln\dfrac{R}{r_w} + \displaystyle\sum_{j=1}^{n_1-1}\ln\dfrac{R}{jL} + \sum_{j=1}^{n_2}\ln\dfrac{R}{jL}} \quad (8\text{-}29\text{-}6)$$

式中 S_0——基坑地下水位降深（m）；取任意相邻两降水井连线中点处的地下水位降深；

L——降水井间距（m）；

n_1、n_2——选定的相邻两降水井连线中点两侧的计算降水井数量；可分别取由该点至影响半径范围内的降水井数量。

当式（8-29-5）中的 $R/((j-0.5)L)$ 项、式（8-29-6）中的 $R/(jL)$ 项小于 1 时，其值应取 1。

2. 承压完整井的基坑水位降深

含水层为粉土、砂土或碎石土时，承压完整井的基坑地下水位降深可按式（8-30-1）计算（图 8.13）：

$$S_0 = \sum_{j=1}^{n}\frac{q_j}{2\pi Mk}\ln\frac{R}{r_{ij}} \quad (8\text{-}30\text{-}1)$$

式中 S_0——基坑地下水位降深（m）；计算基坑地下水位降深时，对沿基坑周边闭合降水井群，S_0 应取相邻降水井连线上各点的最小降深；当相邻降水井的降深相同时，S_0 可取相邻降水井连线中点的降深；

R——影响半径（m），应按现场抽水试验确定；缺少试验时，也可按式（8-27）计算并结合当地工程经验确定；

M——承压含水层厚度（m）。

按干扰井群计算的第 j 个降水井的

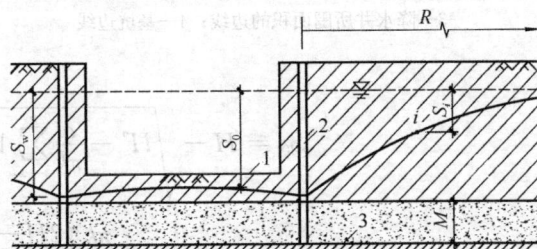

图 8.13 均质含水层承压水完整井地下水位降深计算

1—基坑面；2—降水井；3—承压含水层底板

单井流量可通过求解下列 n 维线性方程组计算：

$$S_{wk} = \sum_{j=1}^{n} \frac{q_j}{2\pi Mk} \ln \frac{R}{r_{kj}} \quad (k = 1, \cdots, n) \tag{8-30-2}$$

当各降水井所围平面形状近似圆形或正方形且各降水井的间距、降深相同时，基坑地下水位降深也可按式（8-30-3）计算：

$$S_0 = \frac{q}{2\pi Mk} \sum_{j=1}^{n} \ln \frac{R}{2r_0 \sin \dfrac{(2j-1)\pi}{2n}} \tag{8-30-3}$$

$$q = \frac{2\pi Mk s_w}{\ln \dfrac{R}{r_w} + \sum\limits_{j=1}^{n-1} \ln \dfrac{R}{2r_0 \sin \dfrac{j\pi}{n}}} \tag{8-30-4}$$

式中　S_0——基坑内地下水位降深（m）；取任意相邻两降水井连线中点处的地下水位降深；

　　　　q——按干扰井群计算的降水井单井流量（m³/d）；

　　　　r_0——各降水井所围面积的等效半径（m）；取 $r_0 = u/(2\pi)$，此处，u 为各降水井中心点连线所围面积的周长；

　　　　j——第 j 口降水井；

　　　　s_w——降水井水位的设计降深（m）。

当式（8-30-3）中的 $R/(2r_0 \sin((2j-1)\pi/2n))$ 项、式（8-30-4）中的 $R/(2r_0 \sin(j\pi/n))$ 项小于 1 时，其值应取 1。

对基坑宽度大于 $R/2$ 的基坑，当各降水井的间距、降深相同时，基坑地下水位降深也可按式（8-30-5）计算：

$$S_0 = \frac{q}{2\pi Mk} \left(\sum_{j=1}^{n_1} \ln \frac{R}{(j-0.5)L} + \sum_{j=1}^{n_2} \ln \frac{R}{(j-0.5)L} \right) \tag{8-30-5}$$

$$q = \frac{2\pi Mk s_w}{\ln \dfrac{R}{r_w} + \sum\limits_{j=1}^{n_1-1} \ln \dfrac{R}{jL} + \sum\limits_{j=1}^{n_2} \ln \dfrac{R}{jL}} \tag{8-30-6}$$

式中　S_0——基坑地下水位降深（m）；取任意相邻两降水井连线中点处的地下水位降深；

　　　　L——降水井间距（m）；

　　n_1、n_2——选定的相邻两降水井连线中点两侧的计算降水井数量；可分别取由该点至影响半径范围内的降水井数量。

　　　　M——降水井排处的承压含水层厚度（m）；

当式（8-30-5）中的 $R/((j-0.5)L)$ 项、式（8-30-6）中的 $R/(jL)$ 项小于 1 时，其值应取 1。

3. 条状基坑

除可按式（8-28-1）、式（8-30-1）计算外，也可按式（8-31）、式（8-32）计算。

（1）潜水完整井

$$S_x = H - \sqrt{h_1^2 + \frac{X}{R}(H^2 - h_1^2)} \tag{8-31}$$

（2）承压水完整井

$$S_x = H_1 - \left[h_2 + \frac{H_1 - h_2}{R} X \right] \qquad (8-32)$$

式中　H——潜水含水层厚度（m）；

　　　H_1——承压含水层水头值（m）；

　　　h_1——降水井排处的含水层厚度（m）；

　　　h_2——降水井排处的承压水水头值（m）；

　　　X——任意点至井排的距离（m）；

　　　S_x——距井排处的水位下降值（m）；

　　　r_i——r_1、r_2、r_3……r_n 降水井至任意计算点的距离（m）。

8.4　降水方法及其选用

人工降低地下水位的方法，按照其降水机理的不同，分为重力式降水和强制式降水。重力式降水即明沟排水及集水井排降水，强制式降水的方法即井点降水。井点降水根据井点系统的形式及抽水设备的不同又分为轻型井点、喷射井点、电渗井点、管井井点和深井井点。根据工程特点及地质条件，在深基坑开挖施工降水设计时，可根据表 8.1、表 8.4 在满足技术条件的基础上，视费用、工期，已有设备及施工经验等多种因素综合考虑，对降水方法进行选择。

降水方法适用条件　　　　　　　　　　　　　　　　　　　　　　　　　表 8.4

降水方法	适用条件
集水井	碎石土、粗粒砂、渗水量不大的土，开挖深度较浅
轻型井点	粉砂、黏质粉土，渗透系数为 0.1～5m/d，地下水位较高，一级轻型井点降水深度 3～6m，二级井点降水深度 6～9m，多级至 12m
喷射井点	渗透系数为 0.1～50m/d 的砂土，基坑开挖深度大于 6m，降水深度可达 20m
电渗井点	饱和黏性土，特别是淤泥和淤泥质土，渗透系数很小，小于 0.1m/d
管井井点	含水层土颗粒较粗的粗砂卵石层，渗透系数较大，水量较大，降水深度在 >5m
深井井点	渗透系数较大，含水层水量丰富的土层，降水深度大于 15m

8.4.1　重力式降水

排水沟及集水井属重力式降水，是普遍应用的一种人工降低地下水位，排除明水，保障施工的方法。它具有施工方便、设备简单，并可应用于除细砂外各种土质的施工场合。

1. 排水沟及集水井排降水

如图 8.14 所示，对于建筑基坑基底表面汇水、基坑周边地表汇水及降水井抽出的地下水，可采用明沟及集水井排水；对坑底以下渗出的地下水，可采用盲沟排水；当地下室底板与支护结构间不能设置明沟时，基坑坡脚处也可采用盲沟排水。

（1）排水沟

在施工时，于开挖基坑的周围一侧或两侧，有时在基坑中心设置排水沟。水沟截面要考虑基坑排水量及邻近建筑物的影响，一般排水沟深度为 0.4～0.6m，最小 0.3m，宽等

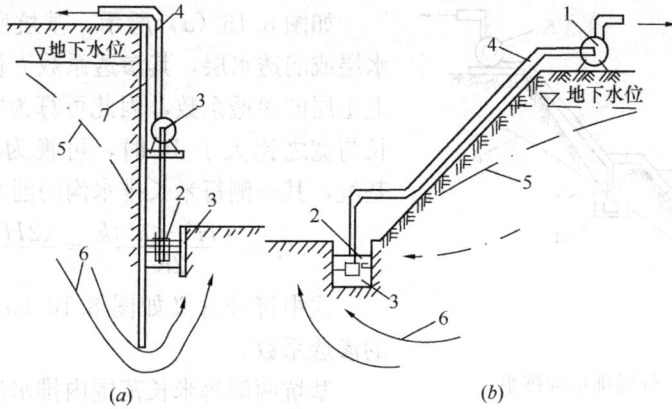

图 8.14　排水沟和集水井排降水
(a) 直坡边沟；(b) 斜坡边沟
1—水泵；2—排水沟；3—集水井；4—压力水管；
5—降落曲线；6—水流曲线；7—板桩

于或大于 0.4m，水沟的边坡为 1∶1～1∶0.5，边沟应具有 0.3％～0.5％的最小纵向坡度，使水流不致阻滞而淤塞。为保证沟内流水通畅，避免携砂带泥，明沟排水时，沟底及侧壁应采取防渗措施。采用盲沟排出坑底渗出的地下水时，其构造、填充料及其密实度应满足主体结构的要求。

（2）集水井

沿排水沟纵向每隔 30～50m 可设一个集水井，使地下水汇流于集水井内，便于用水泵将水排出基坑外。挖土时，集水井应低于排水边沟 1m 左右并深于抽水泵进水阀的高度。集水井井壁直径一般为 0.6～0.8m，井壁用竹片、砌干砖、水泥管、挡土板等作临时简易加固。井底反滤层铺 0.3m 左右厚的碎石、卵石。

排水沟和集水井应随挖土而加深，以保持水流通畅。

基坑坡面渗水宜在渗水部位插入导水管排出。

2. 分层排水沟及集水井排降水

如图 8.15 所示，对于基坑深度较大，地下水位较高以及多层土中上部有透水性较强的土，或上下层土体虽为相同的均质土，但上部地下水较丰富的情况，为避免上层地下水冲刷下层土体边坡造成塌方，并减少边坡高度和水泵的扬程，可采用分层排降水的方式。

即在基坑边坡上设置 2～3 层排水沟及集水井，分层排除上部土体中的地下水。运用此方法的缺点是土方量增加，因上层的排水沟使开挖面积增大。

3. 涌水量计算及抽水设备选用

（1）涌水量计算

排水沟及集水井排降水是采用水泵将井内的水抽走，在选择水泵种类及型号时需首先求出集水井涌水量 Q 的值。同井点一样，根据排水沟和集水井底是否到达不透水层或弱透水层，亦分为完整型和非完整型排水沟和集水井。它们的涌水量不一样，在选用水泵时亦不一样。

1）潜水完整型排水沟及集水井

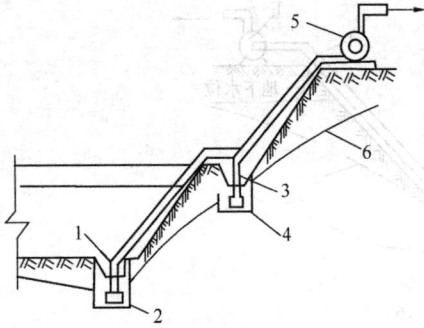

图 8.15 分层排水沟排水
1—底层排水沟；2—底层集水井；3—二层排水沟；
4—二层集水井；5—水泵；6—水流降水线

如图 8.16（a）所示，基坑底下土层为不透水层或弱透水层，其渗透系数 k 值远小于坑底以上土层的渗透系数，因此可算为完整型。当基坑长与宽之比大于 10 时，可视为线型（长条型）基坑，其一侧每米长排水沟的涌水量为：

$$Q = \frac{(H^2 - h^2)k}{2R'} = \frac{(2H - S)Sk}{2R'} \quad (8\text{-}33)$$

式中符号含义如图 8.16（a）所示，k 为土的渗透系数。

基坑两侧每米长范围内排水沟的涌水量为：

$$2Q = \frac{(2H - S)Sk}{R'} \quad (8\text{-}34)$$

2）潜水非完整型排水沟及集水井

如图 8.16（b）所示，不透水层或弱透水层离坑底不太远时，基坑一侧每米范围内的涌水量为：

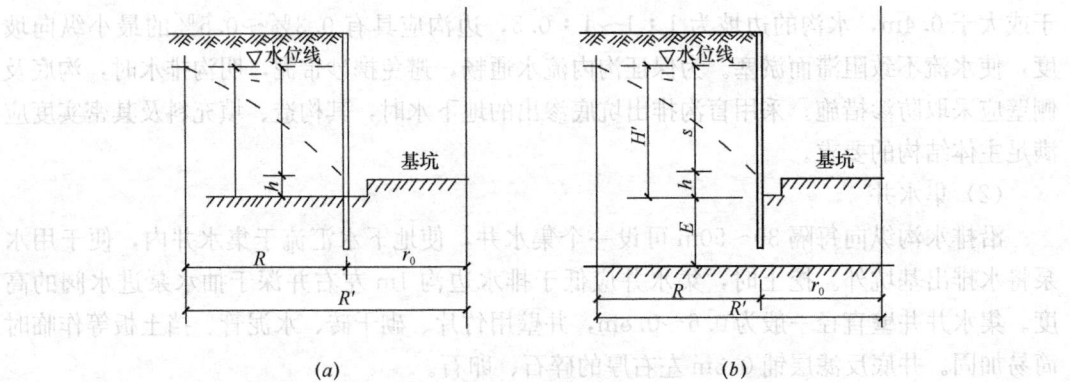

图 8.16 潜水层基坑排水沟涌水量计算图
（a）潜水完整基坑排水沟；（b）潜水非完整基坑排水沟

$$Q = \frac{k(H_1^2 - h^2)}{2R'} + Skq_0 = \frac{(2H_1 - S)Sk}{2R'} + Skq_0 \quad (8\text{-}35)$$

式中第一项为侧流流量，第二项 Skq_0 为底板的流量。

q_0 的值与 R'、r_0、E 有关：

$$q_0 = f(\alpha, \beta) ; \alpha = \frac{R'}{R' + r_0}, \beta = \frac{R'}{E}$$

式中 r_0——条形基坑的一半宽度；

E——沟底到含水层底的距离。

由 α、β 值查图 8.17 上的曲线可得 q_0 值。

上述两式为排水沟近似涌水量公式，如果现场条件许可或工程比较重要，其涌水量最好通过现场试验确定，也可根据邻近工程的经验资料予以估算。对于排水沟及集水井的排降水影响半径 R，可凭经验估算或现场试验测算，或查表 8.5 予以近似确定。

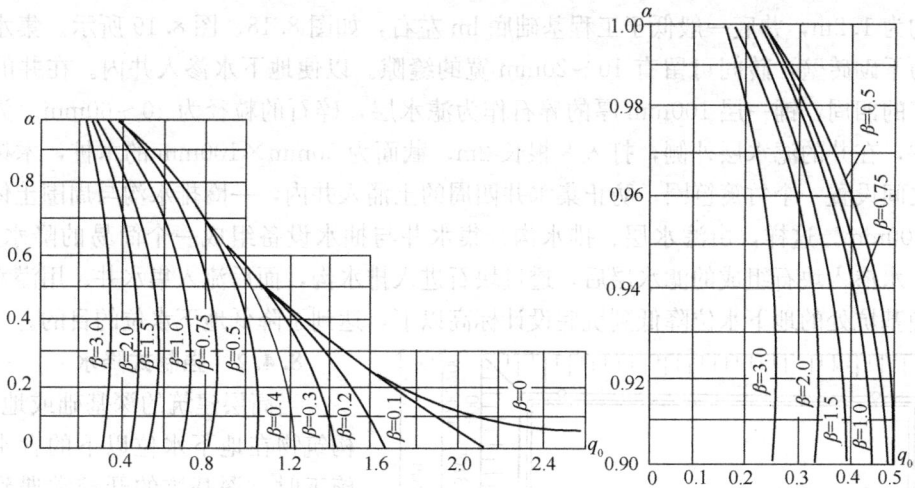

图 8.17 α、β 值曲线

排水沟及集水井排降水影响半径   表 8.5

土层成分	渗透系数 k (m/d)	影响半径 R (m)
裂隙多的岩层	>60	>500
碎石、卵石类地层，纯净无细颗粒混杂、均匀的粗砂和中砂	>60	200～600
稍有裂缝的岩石	20～60	150～250
碎石、卵石类地层，混有大量细颗粒物质	20～60	100～200
不均匀的粗颗粒、中粒和细粒砂	5～20	80～50

（2）抽水设备选用

排水沟及集水井排水是通过水泵将水排出。水泵容量的大小及数量根据涌水量而定，一般应为基坑总涌水量的 1.5～2.0 倍。一般的集水井设置口径 50～200mm 水泵即可。

根据涌水量不同，选用不同类型的水泵。如表 8.6 所示。

涌水量与水泵选用   表 8.6

涌 水 量	水 泵 类 型	备 注
$Q<20\text{m}^3/\text{h}$	隔膜式水泵、潜水泵	
$20\text{m}^3/\text{h}<Q<60\text{m}^3/\text{h}$	隔膜式或离心式水泵、潜水泵	隔膜式水泵可排除泥浆水
$60\text{m}^3/\text{h}<Q$	离心式水泵	

4. 基坑重力式降水实例

（1）工程概况

某地下工程总面积 500m²，主体结构长 33.8m。南北宽 12.7m，高 3.7m。工程基础下的块石厚度为 30cm，素混凝土厚度为 10cm，基坑的实际开挖深度大部分为 4.6m。土质为粉质黏土，地下水位埋深 1.2m。

（2）降水施工

该工程采用的降水方法为滤水层与排水沟及集水井组合降水，即利用基础下的块石层。

作为降水的滤水层，在基坑内每隔 20～40m 设置一个集水井，共设四个集水井。其内径均为 1.2m，井底一般低于工程基础底 1m 左右，如图 8.18、图 8.19 所示。集水井的内壁为干砌砖壁，砖间可留有 10～20mm 宽的缝隙。以便地下水渗入井内。在井的底部和砖壁的四周，铺一层 100mm 厚的碎石作为滤水层，碎石的粒径为 40～60mm。为加固集水井，在井的滤水层外侧，打入 8 根长 2m，截面为 50mm×100mm 的木桩，木桩与滤水层之间设置一个竹篱笆圈，防止集水井四周的土涌入井内，一圈排水沟与周围土体坡脚间隔 400mm。这样，由滤水层、排水沟、集水井与抽水设备组成一个简易的降水系统。当地下水渗入块石组成的滤水层后，透过块石进入排水沟，而后流入集水井。用潜水泵抽水，使基坑处的地下水位降低到坑底设计标高以下，达到了降低地下水位的目的。

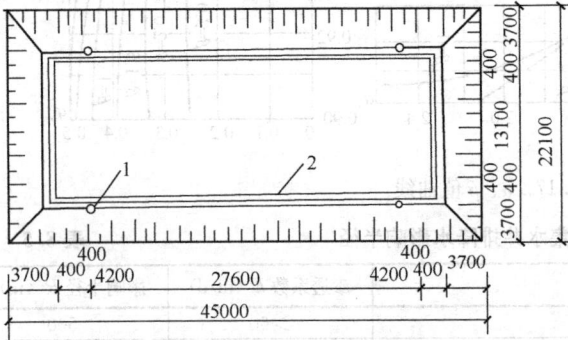

图 8.18　集水井的平面位置图
1—集水井；2—排水沟

8.4.2　强制式降水

当高层建筑的深基础或地下建、构筑物在地下水位以下的含水层中施工时，深基坑的开挖常遇到地下水涌入或严重流砂，即使设置排桩和采用大量的水泵进行明排水，也不能阻止流砂的涌入，不但基坑底不能挖深，而且由于排桩外围的泥土被掏空，附近地面下陷，影响邻近建筑物等的稳定。比如上海叶家宅路泵站挖沟，由于大量流砂，致使不能挖至沟底，挖了又涨，使一段约 300m 长的沟渠和泵站都无法挖到预定深度；又如上海青浦香花桥某厂设备基础，虽开挖面积很小，但由于邻近有河流且土质为砂质、粉质，造成基底涌砂，周围沉陷，后采取井点降水并基底注浆加固，才完成基础施工。这种情况下，采用简单的排水沟和集水井降排水已不能保证施工的顺利进行，这时，需采取井点降水以解决降低地下水位的问题。

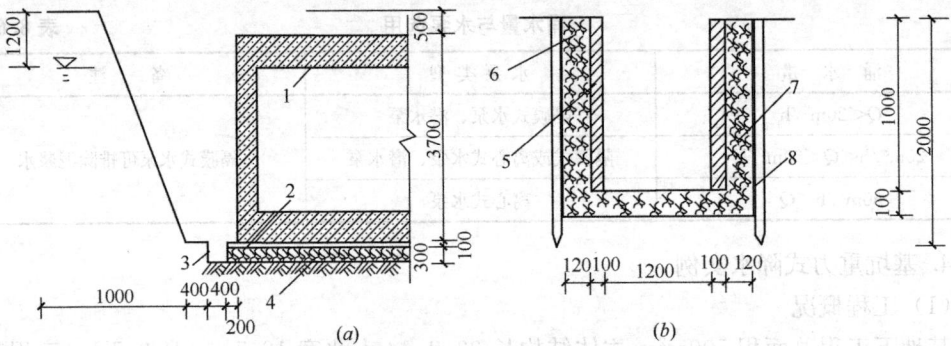

图 8.19　排水沟和集水井剖面图
1—钢筋混凝土结构；2—素混凝土垫层；3—排水沟；4—块石垫层；
5—干砌砖；6—块石；7—竹篱笆；8—木桩

井点降水属强制式降水，这种方法是通过对地下水施加作用力来促使地下水的排出，从而达到降低地下水位的目的。根据井点的布置方式、施加作用力的方式以及抽水设备的不同，井点降水一般有轻型井点、喷射井点、电渗井点、管井井点和深井井点等。各种井点的适用范围可查表8.1或表8.4。

8.4.2.1 轻型井点

1. 轻型井点主要设备

轻型井点系统由井点管、连接管、集水总管及抽水设备等组成。轻型井点降低地下水位的示意图如图8.20所示。即沿基坑周围以一定的间距埋入井点管（下端为滤管），在地面上用水平铺设的集水总管将各井点管连接起来，在一定位置设置真空泵和离心泵，开动真空泵和离心泵，地下水在真空吸力的作用下经滤管进入井管，然后经集水总管排出，从而降低了水位。在作业过程中，井点附近的地下水位与真空区外的地下水位之间，存在一个水

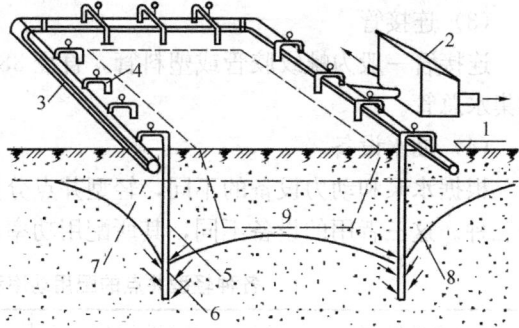

图8.20 轻型井点降低地下水位全貌图
1—地面；2—水房泵；3—总管；4—弯联管；
5—井点管；6—滤管；7—原有地下水位线；
8—降低后地下水位线；9—基坑

头差，在该水头差作用下，真空区外的地下水是以重力方式流动的，所以常把轻型井点降水称为真空强制抽水法，更确切地说应是真空重力抽水法。只有在这两个力作用下，基坑地下水才会降低，并形成一定范围的降水漏斗。

轻型井点降水一般适用于粉细砂、粉土、粉质黏土等渗透系数较小（0.1～20 m/d）的弱含水层中降水，降水深度单层小于6m，双层小于12m。采用轻型井点降水，其井点间距小，能有效地拦截地下水流入基坑内，尽可能地减少残留滞水层厚度，对保持边坡和桩间土的稳定较有利，因此降水效果较好。其缺点是：占用场地大、设备多、投资大，特别是对于狭窄建筑场地的深基坑工程，其占地和费用一般使建设单位和施工单位难以接受，在较长时间的降水过程中，对供电、抽水设备的要求高，维护管理复杂等。

（1）井点管

井管长度一般为5～7m，用 $\phi38～110$ 的钢管。井点管的下端装有滤管，其构造如图8.21所示。滤管直径常与井点管直径相同，长度为1.0～1.7m，管壁上钻有 $\phi12～\phi18$ 的星棋状排列滤孔。管壁外包两层滤网，内层为细滤网，采用30～50孔/cm的黄铜丝布或生丝布，外层为粗滤网，采用8～10孔/cm的铁丝布或尼龙丝布。常用的滤网类型有方织网、斜织网和平织网。一般在细砂中适宜采用平织网，中砂中宜采用斜织网，粗砂、砾石中则用方织网。为避免滤孔淤塞，在管壁与滤网间用铁丝绕成螺旋形隔开，滤网外面再围一层8号粗铁丝保护网。滤管下端放一个锥形铸铁头以利井管插埋。井点管的上端用弯管接头与总管相连。

（2）集水总管

集水总管一般为直径75～100mm的钢管，每根长4m左右，互相用法兰连接，在管壁每隔1～2m设一个与井点管连接的短接头。

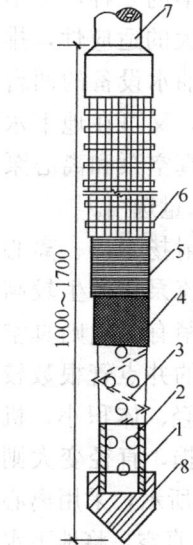

图8.21 滤管构造
1—钢管；
2—管壁上的小孔；
3—缠绕的粗铁丝；
4—细滤网；
5—粗滤网；
6—粗铁丝保护网；
7—井点管；
8—铸铁头

（3）连接管

连接管一般为螺纹胶管或塑料管，直径 38～55mm，长 1.2～2.0m，用来连接井点管和集水总管。

（4）抽水设备

根据水泵和动力设备的不同，轻型井点分为干式真空泵井点、射流泵井点和隔膜泵井点三种。这三者用的设备不同，其所配用功率和能负担的总管长度亦不同，见表 8.7。

各种轻型井点的配用功率和井点根数与总管长度　　表 8.7

轻型井点类别	配用功率（kW）	井点根数（根）	总管长度（m）
真空泵井点	18.5～22	80～100	96～120
射流泵井点	7.5	30～50	40～60
隔膜泵井点	3	50	60

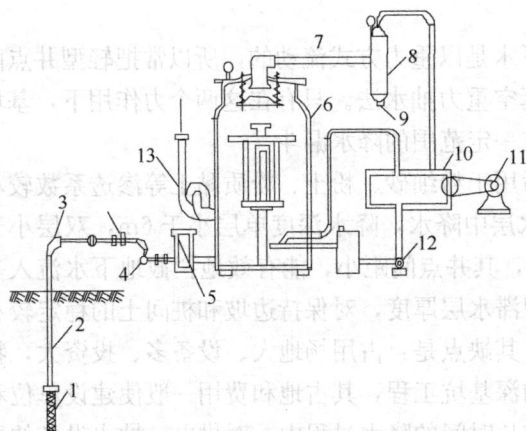

图 8.22　轻型井点设备工作原理

1—滤管；2—井点管；3—弯管；4—集水总管；5—过滤室；6—水气分离器；7—连接管；8—副水气分离器；8—放水口；10—真空泵；11—电动机；12—循环水泵；13—离心水泵

干式真空泵井点的抽水设备由一台干式真空泵、二台离心式水泵（一台备用）和水气分离器组成，如图 8.22 所示。这种井点是应用最早的一种，对不同渗透系数的土层有较大的适应性，排水和排气能力大。一套抽水设备的两台离心泵既作为互相备用，又可在地下水量大时一起开泵排水。真空泵和离心泵根据土的渗透系数和涌水量选用。

射流泵井点，由喷射扬水器、离心泵和循环水箱组成。射流泵能产生较高真空度，但排气量小。稍有漏气则真空度易下降，因此它带动的井点管根数较少。但它耗电少、重量轻、体积小、机动灵活。它的喷嘴易磨损，直径变大则效率降低。使用时保持水质清洁极为重要。射流泵井点的原理如图 8.23 所示，采用离心泵驱动工作水运转，当水流通过喷嘴时，由于流速突然增大而在周围产生真空，将地下水吸出，而水箱内的水呈一个大气压的天然状态。

隔膜泵井点是单根井点平均消耗功率最少的井点。它均用双缸隔膜泵，机组构造简单。隔膜泵的底座应安装得平稳牢固，泵出水口的排水管应平接不得上弯，否则影响泵功能。隔膜泵内皮碗易磨损，要注意安装质量。

2. 轻型井点的布置

（1）平面布置

轻型井点系统的平面布置，取决于基坑的平面形状与大小、水文地质情况、降低水位的深度等。应尽可能将要施工的建筑物基坑面积内各主要部分都包围在井点系统之内。

开挖窄而长的沟槽时，可按线状井点布置。如沟槽宽度不大于 6m，且降水深度不超过 5m 时，可用单排线状井点，布置在地下水流的上游一侧，两端适当加以延伸，延伸宽度以不小于槽宽为宜，如图 8.24 所示。如开挖宽度大于 6m 或土质不良，则可用双排线状井点。

当基坑面积较大时宜采用环状井点，有时亦可布置成"U"形，以利挖土机和运土车辆出入基坑。如图 8.25 所示。井点管距离基坑壁一般取 0.7～1m，以防局部发生漏气。井点管间距一般取 0.8～2.0m，由计算或经验确定。为了充分利用泵的抽水能力，集水总管标高宜尽量接近地下水位线，并沿抽水水流方向留有 0.25% ～0.5%的土仰坡角。在确定井点管数量时应考虑在基坑四角部分适当加密。

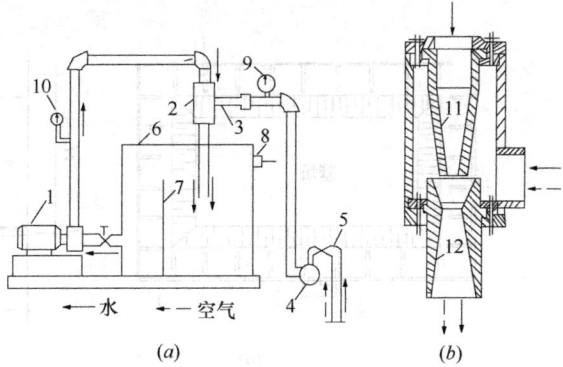

图 8.23　射流泵井点设备工作简图
(a) 总图；(b) 射流器剖面图
1—离心泵；2—射流器；3—进水管；4—总管；5—井点管；
6—循环水箱；7—隔板；8—泄水口；9—真空表；
10—压力表；11—喷嘴；12—喉管

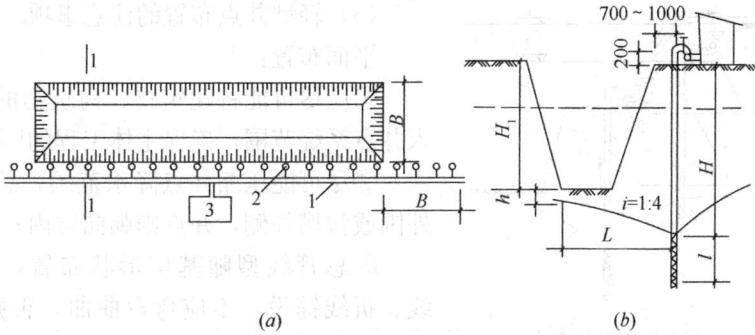

图 8.24　单排线状井点的布置图
(a) 平面布置；(b) 高程布置
1—总管；2—井点管；3—排水设备

（2）剖面布置

轻型井点的降水深度，在管壁处一般可达 6～7m。井点管需要的埋设深度 H（不包括滤管），可按式（8-36）进行计算（图 8.25b）：

$$H \geqslant H_1 + h + IL \tag{8-36}$$

式中　H_1——井点管埋设面至基坑底的距离；

　　　h——降低后的地下水位至基坑中心底的距离，一般不应小于 0.5m；

　　　I——地下水降落坡度，环状井点为 1/10，单排井点为 1/4～1/5；

　　　L——井点管至群井中心的水平距离。

此处，确定井点管埋设深度时，应注意计算得到的 H 应小于水泵的最大抽吸高度，还要考虑到井管一般要露出地面 0.2m 左右。

根据上述算出的 H，如果小于降水深度 6m 时，则可用一级轻型井点；H 值稍大于 6m 时，如果设法降低井点总管的埋设面后可满足降水要求，仍可采用一级井点。当一级

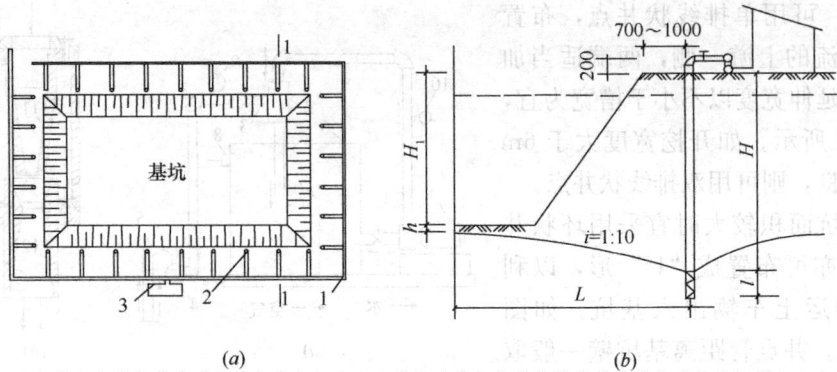

图 8.25　环状井点的布置图

(a) 平面布置；(b) 高程布置

1—总管；2—井电管；3—泵站

井点系统达不到降水深度要求时，可采用二级井点，即先挖去第一级井点所疏干的土，然后再在其底部装置第二级井点，如图 8.26 所示。

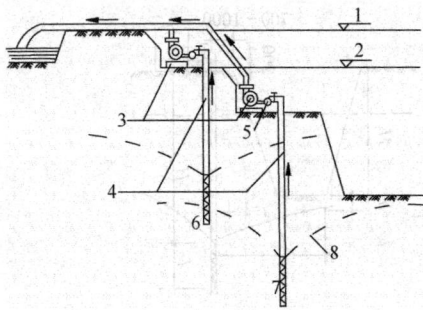

图 8.26　二级轻型井点降水

1—原地面线；2—原地下水位线；3—抽水设备；
4—井点管；5—总管；6—第一级井点；7—第二级井点；8—降低水位线

(3) 轻型井点布置的注意事项

平面布置：

①应尽可能将建筑物、构筑物的主要部分纳入井点系统范围，确保主体工程的顺利进行；

②尽可能压缩井点降水范围，总管设在基坑外围或沟槽外侧，井点则朝向坑内；

③总管线型随基坑形状布置，但尽可能直线、折线铺设，不应弯弯曲曲，否则安装困难，易漏气；

④总管平台宽度一般为 1~1.5m，平面布置要充分考虑排水的出路，一般应引向离基坑愈远愈好，以防回水；

高程布置：

①井点系统集水总管的高程，最好是布设在接近地下水位处，或略高于天然地下水位以上 200mm 左右；

②井点泵（离心泵）轴心高度应尽可能与集水总管在同一高程上，要防止地面雨水径流，坑四周围堰阻水；

③在同一井点系统中，无论为线状、环形布置中的各根井管长度须相同，使各井管下滤管顶部能在同一高程上（最大相差一般不允许大于 100mm），以防高差过大，影响降水效果；

④系统、集水总管都应设置在比较可靠的地点、平台上，一般井点泵装置地点要以垫木或夯实整平。

3. 轻型井点的设计计算

轻型井点的设计计算的目的，是求出在规定的水位降低深度下每天排出的地下水流量，确定井点管数量与间距，选择抽水设备等。

204

井点计算由于受水文地质和井点设备等许多不易确定因素的影响，要求计算结果很准确十分困难，但如能仔细地分析水文地质资料和选用适当的数据和计算公式，其误差就可控制在一定范围内，能满足工程上的应用要求。

对于多层井点系统、渗透系数很大的或非标准的井点系统，仔细地进行完整计算很有必要。

(1) 基坑降水总涌水量 Q

根据具体工程的地质条件、地下水分布及基坑周边环境情况，按照 8.3.4 节中的有关内容选用相应的基坑降水涌水量计算公式进行轻型井点系统总涌水量的计算。

(2) 单根井点管出水量 q_0

单根井点管出水量由式（8-37）确定：

$$q_0 = 120\pi r_s l \sqrt[3]{k} \tag{8-37}$$

式中　q_0——单井出水能力（m^3/d）；

　　　r_s——过滤器半径（m）；

　　　l——过滤器进水部分长度（m）；

　　　k——含水层渗透系数（m/d）。

(3) 确定井点管数量 n

井点管最少数量由下式确定：

$$n = 1.1Q/q_0 \tag{8-38}$$

式中　Q——基坑降水的总涌水量（m^3/d）；

　　　q_0——单井出水量（m^3/d）。

系数 1.1 为考虑堵塞等因素的井点管备用系数。

(4) 求井点管间距 D

$$D = \frac{L}{n} \tag{8-39}$$

式中　L——总管长度（m）。

求出的井点管距应大于 15 倍滤管直径，以防由于井管太密而影响抽水效果，并应尽可能符合总管接头的间距模数（0.8、1.2、1.6m 等）。

当计算出的井管间距与总管接头间距模数值相差较大（处于两种间距模数中间）时，可在施工时采用"跳隔接管、均匀布置"的方法，即间隔几个接头跳空一个（不接井点管），但井点管仍然均匀布置，如图 8.27 所示。

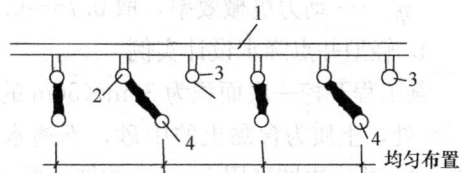

(5) 复核

确定井点管及总管的布置后，可进行基坑降水水位的计算，以复核其降深能否满足降水设计要求。

图 8.27　总管与井点管布置
1—总管；2—接头；3—跳空的接头；
4—井点管（均匀布置）

对于潜水完整井，其降水深度可用下式计算：

$$S_0 = H - \sqrt{H^2 - \frac{Q}{1.366k}\left[\lg(R + r_0) - \frac{1}{n}\lg(r_1 \cdot r_2 \cdots r_n)\right]} \tag{8-40}$$

对于承压完整井，其降水深度可用下式计算：

$$S_0 = \frac{0.366Q}{Mk}\left[\lg\left(R+r_0\right) - \frac{1}{n}\lg\left(r_1 \cdot r_2 \cdots r_n\right)\right] \tag{8-41}$$

式中　S_0——群井中心处地下水位降深（m）；

　　　Q——基坑涌水量（m³/d）；

　　　k——土的渗透系数（m/d）；

　　　R——降水影响半径（m）；

　　　r_0——基坑等效半径（m）；

$r_1, r_2 \cdots r_n$——各井点距群井中心处的距离（m）；

　　　H——潜水含水层厚度（m）；

　　　M——承压含水层厚度（m）。

对于非完整井或非稳定流应根据具体情况采用相应的计算方法。若计算出的降深不能满足降水设计要求，则应重新调整井数及井点布置方式。当井点降水出水能力大于基坑涌水量的一倍以上时，可不进行基坑降水水位计算。

（6）选择抽水设备

定型的轻型井点设备配有相应的真空泵、水泵和动力机组。真空泵的规格主要根据所需要的总管长度、井点管根数及降水深度而定，水泵的流量主要根据基坑井点系统涌水量而定。在满足真空高度的条件下，从所选水泵性能表上查得的流量应满足一套机组承担的涌水量要求。所需水泵功率可用下式进行计算：

$$N = \frac{kQH_s}{102\eta_1\eta_2} \tag{8-42}$$

式中　N——水泵所需功率（kW）；

　　　k——安全系数，一般取 2.0；

　　　Q——基坑的涌水量（1/s）；

　　　H_s——包括扬水、吸水及由各种阻力所造成的水头损失在内的总高度（m）；

　　　η_1——水泵效率，一般取 0.4～0.5；

　　　η_2——动力机械效率，取 0.75～0.85。

4. 轻型井点降水设计实例

某工程开挖一底面积为 30m×50m 的矩形基坑，坑深 4m，地下水位在自然地面以下 0.5m 处，土质为含黏土的中砂，不透水层在地面以下 20m，含水层土的渗透系数 k＝18m/d，基坑边坡采用 1：0.5 放坡，要求进行轻型井点系统的设计与布置。

根据上述条件，由于为矩形基坑，因此井点系统布置为环状。井点管距坑边距离为 0.5m，滤管长度取 1.2m，直径 38mm，备有配备抽水设备。另外由于不透水层在地面下 20m 处，故此轻型井点系统为潜水非完整井群井系统。

（1）井点管长度确定

由式（8-36）得　　　　　　　$H \geqslant H_1 + h + IL$

在本例中，有 $H_1 = 4$m，h 取 0.5m，I 取 1/10，$L = \frac{30}{2} + (0.5 \times 4 + 0.5) = 17.5$

代入上式得：

$$H \geqslant 4 + 0.5 + \frac{1}{10} \times 17.5 = 6.25\,(\text{m})$$

考虑井点管露出地面部分，取 0.25m，因此井点管长度确定为 6.5m。

（2）基坑涌水量计算

1）基坑的中心处要求降低水位深度 S_0

取降水后地下水位位于坑底以下 0.5m，则有

$$S_0 = 4 - 0.5 + 0.5 = 4.0\text{m}$$

2）含水层厚度 H_0 及井点管底部至不透水层距离 h

$$H_0 = 20 - 0.5 = 19.5\text{m}$$
$$h = 20 - 6.25 = 13.75\text{m}$$

有

$$h_{\text{m}} = \frac{H_0 + h}{2} = 16.625\text{m}$$

3）影响半径 R

由式（8-26）得

$$R = 2S_{\text{w}} \sqrt{Hk} = 2 \times 4 \times \sqrt{19.5 \times 18} = 149.88\text{m}$$

4）基坑等效半径 r_0

由式（8-20）得 $\qquad r_0 = \sqrt{A/\pi} = \sqrt{55 \times 35/\pi} = 26.1\text{m}$

则由式（8.21）得基坑涌水量 Q 为：

$$
\begin{aligned}
Q &= \pi k \frac{H_0^2 - h_{\text{m}}^2}{\ln\left(1 + \dfrac{R}{r_0}\right) + \dfrac{h_{\text{m}} - l}{l}\ln\left(1 + 0.2\dfrac{h_{\text{m}}}{r_0}\right)} \\[2mm]
&= 1.366k \frac{H^2 - h_{\text{m}}^2}{\lg\left(1 + \dfrac{R}{r_0}\right) + \dfrac{h_{\text{m}} - l}{l}\lg\left(1 + 0.2\dfrac{h_{\text{m}}}{r_0}\right)} \\[2mm]
&= 1.366 \times 18 \frac{19.5^2 - 16.625^2}{\lg\left(1 + \dfrac{149.88}{26.1}\right) + \dfrac{16.625 - 1.2}{1.2}\lg\left(1 + 0.2\dfrac{16.625}{26.1}\right)} \\[2mm]
&= 1704.5\,(\text{m}^3/\text{d})
\end{aligned}
$$

（3）确定单井出水量 q_0

由式（8-37）得：$q_0 = 120\pi r_{\text{s}} l \sqrt[3]{k} = 120 \times 3.14 \times \dfrac{0.038}{2} \times 1.2 \times \sqrt[3]{18} = 22.53\,(\text{m}^3/\text{d})$

（4）求井点管数量

由式（8-38）得：

$$n = 1.1\frac{Q}{q} = 1.1 \times 1704.5/22.53 = 83.24\,(\text{根})$$

（5）求井点间距 D 由式（8-39）得：

$$D = \frac{L}{n} = \frac{2(35 + 55)}{83.24} = 2.16\,(\text{m})$$

考虑到井点管间距应符合 0.4m 的模数，并四角井管应加密，最后可取井点管间距四周中间部分为 2.0m，角部适当加密至 1.6m。如图 8.28 所示。

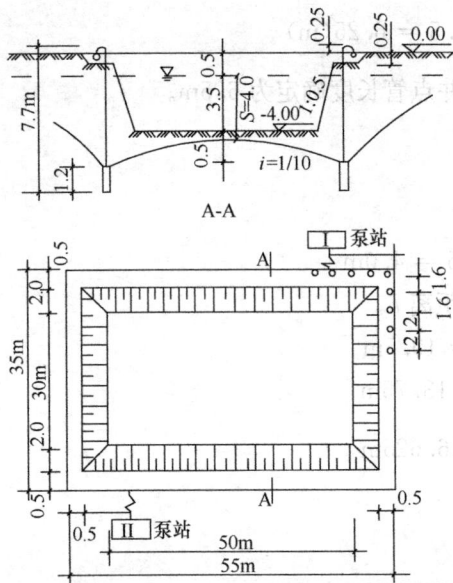

图 8.28 环形井点平面与剖面（单位：m）

（6）选择抽水设备

根据上述计算结果可选择抽水设备，本例中由于基坑尺寸较大、需选用两套抽水设备，每套带动的总管长度为90m。根据涌水量 $Q=1704.5\,m^3/d=18.73\,l/s$，取允许吸上真空高度 $H_s=6.7m$，则水泵功率计算，由式（8-42）得

$$N=\frac{kQH_s}{102\eta_1\eta_2}=\frac{2\times19.73\times6.7}{102\times0.5\times0.7}=7.4(kW)$$

则选用两台 3B-33 型离心泵，轴功率为 $2\times7.5=15kW>7.4kW$（可以），其流量为 $2\times40=80\,m^3/h=1920\,m^3/d>1704.5\,m^3/d$（可以）。

通过设计计算，可得轻型井点系统的高程布置和平面布置以及抽水设备布置如图 8.28 所示。

5. 轻型井点的施工

轻型井点的施工，大致可分为下列几个过程，即准备工作、井点系统的埋设、使用及拆除。

（1）准备工作

轻型井点施工的准备工作首先是需要根据工程情况特点和水文地质条件等进行轻型井点的设计计算，根据计算结果准备好所需的井点设备、动力装置、井点管、滤管、集水总管及必要的材料。还需搞好施工现场的准备工作，包括排水沟的开挖、临时施工道路的铺设、泵站处的处理等。对于周围在抽水影响半径范围内需要保护的建筑物及地下管线等建立好标高观测系统，并准备好防止沉降的措施及其实施等。

（2）井点系统的埋设

埋设井点管的程序是：先排放总管，再沉设井点管，用弯联管将井点管与总管接通、然后安装抽水设备。

1）井管沉设

井点管沉设一般采用水冲法，该法分为冲孔与埋管填料两个过程。冲孔时先用起重设备将 $\phi50\sim\phi70mm$ 的冲管吊起并插在井点的位置上，然后开动高压水泵（一般压力为 $0.6\sim1.2MPa$），将土冲松（图 8.29）。冲孔时冲管应垂直插入土中，并上下左右摆动，以加速土体松动，边冲边沉，冲孔直径一般为 300mm，以保证井管周围有一定厚度的砂滤层。冲孔深度宜比滤管底深 $0.5\sim1.0m$，以防冲管拔出时，部分土颗粒沉淀于孔底而触及滤管底部。

在沉设井点时，冲孔是保证质量的重要一环。冲孔时冲水压力不宜过大或过小。另外当冲孔达到设计深度时，须尽快减低水压。

井孔冲成后，应立即拔出冲管，插入井点管，并在井点管与孔壁之间迅速填灌砂滤层，以防孔壁塌土（图 8.29b）。砂滤层的填灌质量是保证轻型井点顺利抽水的关键。一

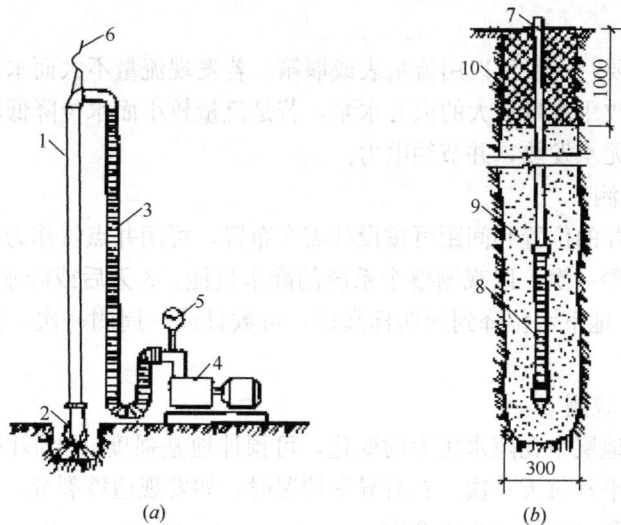

图 8.29　水冲法井点管的埋设

(a) 冲孔；(b) 埋管

1—冲管；2—冲嘴；3—胶皮管；4—高压水泵；5—压力表；
6—起重机吊钩；7—井点管；8—滤管；9—埋砂；10—黏土封口

般宜选用干净粗砂，填灌均匀，并填至滤管顶上 $1\sim1.5m$，以保证水流通畅。井点填好砂滤料后，须用黏土封好井点管与孔壁上部空隙，封堵厚度应大于 1m，以防漏气。

2) 连接与试抽

用连接管将井点管与集水总管和水泵连接，形成完整系统。井点系统全部安装完毕后，需进行试抽，以检查是否有漏气现象。抽水时，应先开真空泵抽取管路中的空气，使之形成真空，这时地下水和土中的空气在真空吸力作用下被吸入集水箱，空气经真空泵排出，当集水箱存了较多水时，再开动离心泵抽水。开始正式抽水后一般不停抽。时抽时止，滤网易堵塞，也易抽出土颗粒，使水混浊，并引起附近建筑物由于土颗粒流失而沉降开裂。正常的排水是细水长流、出水澄清。

（3）井点运转与监测

1) 井点运转管理

井点运行后要求连续工作，应准备双电源以保证连续抽水。射流泵井点与隔膜泵井点的运转管理比较简单，只要水泵不出事故，只需一人管理即可；轻型井点设备较复杂，在试抽后若发现漏气应及时修补，同时对于机械式真空泵，须定时加油和常规保养。真空度是判断井点系统是否良好的尺度，通过真空表观测，一般真空度应不低于 $55.3\sim66.7kPa$。如真空度不够，通常是由于管路漏气，应及时修复。

如果通过检查发现淤塞的井点管太多，严重影响降水效果时，应逐个用高压水反冲洗或拔出重新埋设。

2) 井点监测

在重要的工程中，或者降水工地周围有较为重要的需要保护的建筑物或地下管线时，还需布置进行井点监测。

① 流量观测

流量观测很重要，一般可以用流量表或堰箱。若发现流量不大而水位降低缓慢甚至降不下去时，可考虑改用流量较大的离心水泵，若是流量较小而水位降低却较快则可改用小型水泵以免离心泵无水发热，并节约电力。

② 地下水位观测

地下水位观测井的位置和间距可按设计需要布置，可用井点管作为观测井。在开始抽水时，每隔 4～8h 测一次，以观测整个系统的降水机能。3 天后或降水达到预定标高前，每日观测 1～2 次。地下水位降到预期标高后，可数日或一周测一次，但若遇下雨时，须加密观测。

③ 孔隙水压力观测

降水期间观测地层中孔隙水压力的变化，可预计地基强度、变形以及边坡的稳定性。孔隙水压力的观测平常每天一次。在有异常情况时，如发现边坡裂缝、基坑周围发生较大沉陷等，须加密观测，每天不少于 2 次。

④ 沉降观测

对于抽水影响范围以内的建筑物和地下管线，应进行建筑物的沉降和地下管线处地层沉降的观测。沉降观测的基准点应设置在井点影响范围之外。沉降观测可用水准仪和分层沉降仪进行。观测次数通常每天一次，在异常情况下须加密观测，每天不少于 2 次。

（4）井点拆除

地下室或地下结构物竣工后并将基坑进行回填土后，方可拆除井点系统。拔出井点管多借助于倒链、起重机等。所留孔洞用砂或土填塞，对地基有防渗要求时，地面下 2m 可用黏土填塞密实。

另外，井点的拔除应在基础及已施工部分的自重大于浮力的情况下进行，且底板混凝土必须要有一定的强度。防止因水浮力引起地下结构浮动或破坏底板。

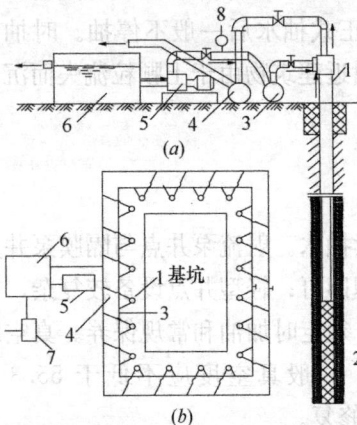

图 8.30　喷射井点布置图

（a）喷射井点设备简图；（b）喷射井点
平面布置简图

1—喷射井管；2—滤管；3—供水总管；
4—排水总管；5—高压离心水泵；6—水
池；7—排水泵；8—压力表

8.4.2.2　喷射井点

当基坑开挖所需降水深度超过 8m 时，一级的轻型井点就难以收到预期的降水效果，这时如果场地许可，可以采用二级甚至多级轻型井点以增加降水深度，达到设计要求。但是这样会增加基坑土方施工工程量、增加降水设备用量并延长工期，也扩大了井点降水的影响范围而对环境保护不利。为此，可考虑采用喷射井点。

1. 工作原理

喷射井点系统主要是由喷射井点、高压水泵（或空气压缩机）和管路系统组成。如图 8.30 所示。喷射井管由内管和外管组成，在内管的下端装有喷射扬水器与滤管相连，如图 8.31 所示。当喷射井点工作时，由地面高压离心水泵供应的高压工作水经过内外管之间的环形空间直达底端，在此处工作流体由特制内管的两侧进水孔至喷嘴喷出，在喷嘴处由于断面突然收缩变小，使工作流体具有极高的流速（30～60m/s），在喷口附近造成负压（形成真空），将地下水经过滤管吸入，吸入的地下水在混合室与工作水混合，然后进入扩散室，水流在强大压力的作用下把地下水同工作水一同扬升出地面，经排水管道系统排至集水池或水箱，一部分用低压泵排走，另一部分供高压水泵压入井管外管内作为工作水流。如此循环作业，将地下水不断从井点管中抽走，使地下水逐渐下降，达到设计要求的降水深度。

为防止因停电、机械故障或操作不当而突然停止工作时的倒流现象，在滤管的芯管下端设一逆止球阀，喷射井点正常工作时，喷射器产生真空，芯管内出现负压，钢珠浮起，地下水从阀座中间的孔进入井管。当井管故障真空消失时，钢珠下沉堵住阀座孔，阻止工作水进入土层。

高压水泵一般可采用流量为 $50 \sim 80\mathrm{m}^3/\mathrm{h}$，压力为 $0.7 \sim 0.8\mathrm{MPa}$ 的多级高压水泵，每套约能带动 20～30 根井管。

喷射井点用作深层降水，应用在粉土、细砂和粉砂中较为适用。在较粗的砂粒中，由于出水量较大，循环水流就显得不经济。这时宜采用深井泵。一般一级喷射井点可降低地下水位 8～20m，甚至 20m 以上。

喷射井点系统的出水能力见表 8.8。

2. 扬水装置构造

在渗透系数大的土层中，由于土的透水性较好，地下水流流向井点的流量大，在进行喷射井点系统设计时，要有效地降低地下水位，主要是解决如何增大单井抽水能力问题。而在渗透系数较小的土层中，由于渗透水流非常缓慢，水难以从土层中渗出，此时需要解决的问题不是提高单井的抽水能力，而是如何把地下水从土层中更快地聚抽到井点管内来，即要在井点管内形成最大限度的真空度，使之具有较强的抽吸能力。

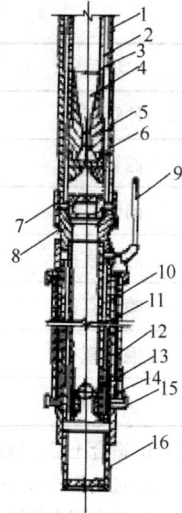

图 8.31　喷射井点管构造
1—外管；2—内管；3—喷射器；4—扩散管；5—混合管；6—喷嘴；7—柄节；8—连接管；9—真空测定管；10—滤管芯管；11—滤管有空套管；12—滤管外面滤网及保护网；13—逆止球阀；14—逆止阀座；15—互套；16—沉泥管

喷射井点的出水能力　　　　　　　　　　　　　　　　　　表 8.8

外管直径 (mm)	喷射管		工作水压力 (MPa)	工作水流量 (m^3/d)	设计单井出水流量 (m^3/d)	适用含水层渗透系数 (m/d)
	喷嘴直径 (mm)	混合室直径 (mm)				
38	7	14	0.6～0.8	112.8～163.2	100.8～138.2	0.1～5.0
68	7	14	0.6～0.8	110.4～148.8	103.2～138.2	0.1～5.0
100	10	20	0.6～0.8	230.4	258.2～388.8	5.0～10.0
162	19	40	0.6～0.8	720	600～720	10.0～20.0

喷射井点管单井的抽吸能力，主要取决于喷嘴直径大小、喷嘴直径与混合室直径之比、混合室的长度等扬水装置的构造。常用 $\phi100\mathrm{mm}$ 喷射井点的主要技术性能见表 8.9。

<h3 style="text-align:center;">φ100mm 喷射井点主要技术性能   表 8.9</h3>

项目	规格、性能	项目	规格、性能
外管直径	100mm	喷射至喉管始端距离	25mm
滤管直径	100mm	喉管长与喷嘴直径比	2
内管直径	38mm	扩散管锥角	8°、6°
芯管直径	38mm	工作水量	6m³/h
喷管直径	7mm	吸入水量	45m³/h
喉管直径	14mm	工作水压力	0.8MPa
喉管长	45mm	降水深度	24m

注：1. 适合土层：粉细砂层、粉砂土（$k=1\sim10$m/d）；粉质黏土（$k=0.1\sim1$m/d）；

    2. 过滤管长 1.5m 外包一层 70 目铜纱网和一层塑料纱网；

    3. 供水回水总管 150mm。

3. 喷射井点的设计与施工

(1) 喷射井点的设计

喷射井点在设计时其管路布置和高程布置与轻型井点基本相同，其成孔直径 φ400～600mm。基坑面积较大时，采用环形布置（图 8.30）；基坑宽度小于 10m 时采用单排线型布置；大于 10m 时作双排布置。喷射井管间距一般为 3～6m。当采用环形布置时，进出口（道路）处的井点间距可扩大为 5～7m。每套井点的总管数应控制在 30 根左右。

(2) 喷射井点施工

1) 井点管埋设与使用

① 喷射井点井点管埋设方法与轻型井点相同。为保证埋设质量，宜用套管法冲孔加水及压缩空气排泥，当套管内含泥量经测定小于 5% 时下井管及灌砂，然后再拔套管。对于 10m 以上喷射井点管，宜用吊车下管。下井管时，水泵应先开始运转，以便每下好一根井点管，立即与总管接通（不接回水管），然后及时进行单根试抽排泥，让井管内出来的泥浆从水沟排出，并测定真空度，待井管出水变清后地面测定真空度不宜小于 93.3kPa。

② 全部井点管沉没完毕后。再接通回水总管全面试抽，然后使工作水循环，进行正式工作。各套进水总管均应用阀门隔开，各套回水管应分开。

③ 为防止喷射器损坏，安装前应对喷射井管逐根冲洗，开泵压力不宜大于 0.3MPa，以后再将其逐步开足。如果发现井点管周围有翻砂、冒水现象，应立即关闭井管检修。

④ 工作水应保持清洁，试抽 2d 后，应更换清水，此后视水质污浊程度定期更换清水，以减轻对喷嘴及水泵叶轮的磨损。

2) 施工注意事项

① 利用喷射井点降低地下水位，扬水装置加工的质量十分重要。如果喷嘴的直径加工不精确，尺寸大，则工作水流量需要增加，否则真空度将降低，影响抽水效果。如果喷嘴、混合室和扩散室的轴线不重合，产生偏差。不但会降低真空度，而且由于水力冲刷，磨损较快，需经常更换。会影响施工的正常、顺利地进行。

② 工作水要干净，不得含泥砂及其他杂物，尤其在工作初期更应注意工作水的干净，

因为此时抽出的地下水可能较为混浊，如不经过很好的沉淀即用作工作水，会使喷嘴、混合室等部位很快地磨损。如果扬水装置已磨损应及时更换。

③ 用喷射井点降水，为防止产生工作水反灌现象，在滤管下端最好增设逆止球阀。当喷射井点正常工作时，芯管内产生真空，出现负压，钢球托起，地下水吸入真空室；当喷射井点发生故障时，真空消失，钢球被工作水推压，堵塞芯管端部小孔，使工作水在井管内部循环，不致涌出滤管产生倒灌现象。

3）喷射井点的运转和保养

喷射井点比较复杂，在其运转期间常需进行监测以便了解装置性能，掌握其因某些缺点或措施不当时而采取必要的措施。

在喷射井点运转期间需要注意的方面包括：

① 及时观测地下水位变化。

② 测定井点抽水量，通过地下水量的变化分析降水效果及降水过程中出现的问题。

③ 测定井点管真空度，检查井点工作是否正常。出现故障的现象包括：

a. 真空管内无真空，主要原因是井点芯管被泥砂填住，其次是异物堵住喷嘴；

b. 真空管内无真空，但井点抽水通畅，这是由于真空管本身堵塞和地下水位高于喷射器；

c. 真空出现正压（即工作水流出），或井管周围翻砂，这表明工作水倒灌，应立即关闭阀门，进行维修。

常见的故障及检查方法包括：

① 喷嘴磨损和喷嘴夹板焊缝裂开；

② 滤管、芯管堵塞；

③ 除测定真空度外，同轻型井点一样，也可通过听、摸、看等方法来检查。

排除故障的方法包括：

① 反冲法：遇有喷嘴堵塞，芯管、过滤器淤积，可通过内管反冲水疏通。但水冲时间不宜过长；

② 提起内管，上下左右转动、观测真空度变化，真空度恢复了则正常；

③ 反浆法：关住回水阀门，工作水通过滤管冲土，破坏原有滤层，停冲后，悬浮的滤砂层重新沉淀，若反复多次无效，应停止井点工作；

④ 更换喷嘴：将内管拔出，重新组装。

8.4.2.3　电渗井点

1. 电渗原理

在黏性土和粉质黏土中进行基坑开挖施工，由于土体的渗透系数较小，为加速土中水分向井点管中流入，提高降水施工的效果，除了应用真空产生抽吸作用以外，还可加电渗。

所谓电渗井点，一般与轻型井点或喷射井点结合使用，利用轻型井点或者喷射井点管本身作为阴极，以金属棒（钢筋、钢管、铝棒等）作为阳极，通入直流电（采用直流发电机或直流电焊机）后，带有负电荷的土粒即向阳极移动（即电泳作用），而带有正电荷的水则向阴极方向移动集中，产生电渗现象。在电渗与井点管内的真空双重作用下，强制黏土中的水由井点管快速排出，井点管连续抽水，从而地下水位逐渐降低。

因此，对于渗透系数较小（小于 $0.1m/d$）的饱和黏土，特别是淤泥和淤泥质黏土，单纯利用井点系统的真空产生的抽吸作用可能较难将水从土体中抽出排走，利用黏土的电渗现象和电泳作用特性，一方面加速土体固结，增加土体强度，另一方面也可以达到较好的降水效果。

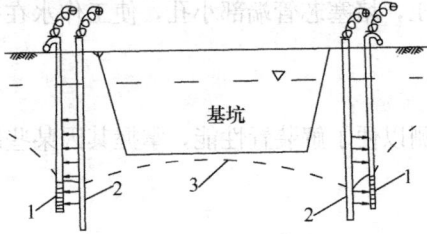

图 8.32　电渗井点

1—井点管；2—金属棒；3—地下水降落曲线

电渗井点的原理如图 8.32 所示。

（1）电渗井点的应用

电渗井点是结合轻型井点系统或喷射井点系统应用的，其中电渗作用的目的只是提高井点的抽吸能力，因此在电渗井点应用时，关于轻型井点系统或喷射井点系统部分，包括它们的构造、布置及井点系统的施工等，与前面两节所述是一样的。

电渗井点功率计算

$$F = L \times H \tag{8-43}$$

式中　F——电渗幕面积（m^2）；

　　　L——井点系统周长（m）；

　　　H——电极埋设深度（m）。

$$N = \frac{UJF}{1000} \tag{8-44}$$

式中　N——电渗功率（kW）；

　　　J——设计电流密度（A/m^2），一般宜为 $0.5\sim1.0A/m^2$；

　　　U——设计电压（V），一般为 $45\sim65V$；

　　　F——电渗幕面积（m^2）；按式（8-43）确定。

（2）电渗井点的施工与运行

1）电渗井点埋设程序一般是先埋设轻型井点或喷射井点管，预留出布置电渗井点阳极的位置，待轻型井点降水不能满足降水要求时，再埋设电渗阳极，以改善降水性能。电渗井点阴极埋设与轻型井点、喷射井点相同，阳极埋设可用 75mm 旋叶式电钻钻孔埋设，钻进时加水和高压空气循环排泥，阳极就位后，利用下一钻孔排出泥浆倒灌填孔，使阳极与土接触良好，减少电阻，以利电渗。如深度不大，亦可用锤击法打入。钢筋埋设必须垂直，严禁与相邻阴极相碰，以免造成短路，损坏设备。

2）阳极用 $\phi50\sim70mm$ 的钢管或 $\phi20\sim25mm$ 的钢筋或铝棒，埋设在井点管内侧 $1.2\sim1.5m$ 处并成平行交错排列。阴阳极的数量宜相等，必要时阳极数量可多于阴极数量。

3）井点管与金属棒，即阴、阳极之间的距离，当采用轻型井点时，为 $\phi0.8\sim1.0m$；当采用喷射井点时，为 $1.2\sim1.5m$。用 75mm 旋叶或电动钻机成孔埋设，阳极外露在地面上约 $200\sim400mm$，入土深度比井点管深 500mm，以保证水位能降到要求深度。

4）阴、阳极分别用 BX 型铜芯橡皮线、扁钢、$\phi10$ 钢筋或电线连成通路，接到直流发电机或直流电焊机的相应电极上。

5）通电时，工作电压不宜大于 60V。土中通电的电流密度宜为 $0.5 A/m^2$。为避免大部分电流从土表面通过，降低电渗效果，通电前应清除井点管与金属棒间地面上的导电物质，使地面保持干燥，如涂一层沥青绝缘效果更好。

6) 通电时，为消除由于电解作用产生的气体积聚于电极附近，使土体电阻增大，而增加电能的消耗，宜采用间隔通电法。每通电 24h，停电 2～3h。

7) 在降水过程中，应对电压、电流密度、耗电量及预设观测孔水位等进行量测，并记录。

8.4.2.4 管井井点

对于渗透系数为 20～200m/d 且地下水丰富的土层、砂层，用明排水易造成土颗粒大量流失，引起边坡塌方，用轻型井点难以满足排降水的要求，这时候可采用管井井点。

管井井点就是沿基坑每隔一定距离设置一个管井，或在坑内降水时每隔一定范围设置一个管井，每个管井单独用一台水泵不断抽取管井内的水来降低地下水位。管井井点具有排水量大、排水效果好、设备简单、易于维护等特点，降水深度 3～5m，可代替多组轻型井点作用。

1. 井点构造与设备

（1）滤水井管

下部滤水井管过滤部分用钢筋焊接骨架，外包孔眼为 1～2mm 滤网，长 2～3m，上部井管部分用直径 200mm 以上的钢管、塑料管或混凝土管；

（2）吸水管

用直径 50～100mm 的钢管或胶皮管，插入滤水井管内，其底端应沉到管井吸水时的最低水位以下，并装逆止阀，上端装设带法兰盘的短钢管一节；

（3）水泵

采用 BA 型或 B 型、流量 10～25m³/h 离心式水泵，每个井管安装一台。当水泵排水量大于单孔滤水井涌水量数倍时，可另加设集水总管将相邻的相应数量的吸水管连成一体，共用一台水泵。

2. 管井井点的布置

（1）坑（槽）外布置

采用基坑外降水时，根据基坑的平面形状或沟槽的宽度，沿基坑外围四周呈环形或沿基坑或沟槽两侧或单侧呈直线形布置。井中心距基坑或沟槽边壁的距离根据管井成孔所用钻机的钻孔方法而定，当用冲击式钻机并用泥浆护壁时为 0.5～1.5m，用套管法时不小于3m。管井的埋设深度和间距，根据需降水的范围和深度以及土层的渗透系数而定，埋设深度可为 5～10m，间距为 10～50m，降水深度可达 5m。

（2）坑（槽）内布置

当基坑开挖面积较大或者出于防止降低地下水对周围环境的不利影响的目的而采用坑内降水时，可根据所需降水深度、单井涌水量以及抽水影响半径 R 等确定管井井点间距，再以此间距在坑内呈棋盘状点状布置，如图 8.33 所示。管井间距 D 一般 10～15m，同时应不小于 $\sqrt{2}R$，以保证基坑范围内地下水位全面降低。

通常每个滤水管井单独用一台水泵，水泵的设置标高尽可能设在最小吸程处（一般 5～7m），高度不够时，

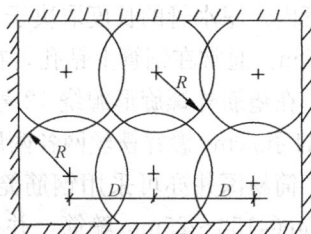

图 8.33 坑内降水井点布置示意图
R—抽水影响半径；D—井点间距

水泵可设在基坑内。当水泵排水量大于单孔滤水管井涌水量的数倍时，可另设集水总管，把相邻的相应数量的吸水管连成一体，共用一台水泵。

3. 管井的埋设与使用

管井的埋设可采用泥浆护壁钻孔法或套管法，当采用泥浆护壁钻孔法时，钻孔直径比滤水管井外径大 200mm 以上。管井下沉前应进行清洗滤井，冲除沉渣，可采用灌入稀泥浆用吸水泵抽出置换或用空压机洗井法，将沉渣清出井外，并保持滤网畅通，然后将滤水管插入，用圆木堵住管口，管井与土壁之间用 3～15mm 粒径砾石填充作为过滤层。地面下 0.5m 范围内用黏土填充夯实。

管井使用时，应经试抽水，检查出水是否正常，有无淤塞现象，如情况异常，应检修好后方可转入正常使用。在抽水过程中，应经常对抽水机械的电动机、传动轴、电流、电压等进行检查，并对井内水位下降和流量进行观测和记录。

管井使用完毕后，可使用起重设备将管井管口套紧徐徐拔出，滤水管拔出后可洗净再用。所留孔洞应用砂砾填实，上部 500mm 用黏性土填充夯实。

8.4.2.5 深井井点

对于渗透系数较大、涌水量大、降水较深的砂类土，及用其他井点降水不易解决的深层降水，可采用深井井点系统。

深井井点降水是在深基坑的周围埋置深于基底的井管，使地下水通过设置在井管内的潜水电泵将地下水抽出，使地下水位低于坑底。本法具有排水量大，降水深度大（可达50m），不受吸程限制，排水效果好；井距大，对平面布置的干扰小；可用于各种情况，不受土层限制；成孔（打井）用人工或机械均可；井点制作、降水设备及操作工艺、维护均较简单，施工速度快；如果井点管采用钢管、塑料管，可以整根拔出重复使用等优点；但一次性投资大，成孔质量要求严格；降水完毕，井管拔出较困难。适于渗透系数较大（10～250m/d），土质为砂类土、地下水丰富，降水深，面积大，时间长的情况，对在有流砂和重复挖填土方区使用，效果尤佳。

1. 井点系统设备

由深井、井管和潜水泵等组成。

（1）深井

由滤水管、吸水管和沉砂管三部分组成，可用钢管、塑料管或混凝土管制成，管径一般为 300mm，内径宜大于潜水泵外径 50mm。

1）滤水管

在降水过程中，含水层中的水通过该管滤网将土、砂颗粒过滤在外边，使地下清水流入管内。滤水管的长度取决于含水层厚度、透水层的渗透速度及降水速度的快慢，一般为3～9m。通常在钢管上钻孔，在钻孔后的管壁上焊 ϕ6mm 垫筋，要求顺直，与管壁点焊固定，在垫筋外螺旋形缠绕 12 号铁丝，间距 1mm，与垫筋用锡焊焊牢，或外包 10 孔/cm^2 和 41 孔/cm^2 镀锌铁丝网各两层或尼龙网。上下管之间用对焊连接。

简易深井亦可采用钢筋笼作井管，用 4～8 根 ϕ12～16mm 钢筋作主筋。外设 ϕ6～12mm@150～25mm 箍筋，并在内部设 ϕ16@300～500m 加强箍，主筋与箍筋、加强箍之间点焊连接形成骨架，外包孔眼 1×1mm 和 5×5mm 铁丝网。亦可在主筋外缠 8 号铁丝，间距 2～3mm，与主筋点焊固定，外包 14 目尼龙网，或沿钢筋骨架周边绑设竹片或细竹杆，外包草帘、草席各一层，用 12 号铁丝扎紧。每节长 8 m，考虑接头，纵筋应长于井笼 300mm，钢筋笼直径比井孔每边小 200mm。

当土质较好，深度在 15m 内，亦可采用外径 380～600mm、壁厚 50～60mm、长 1.2～1.5m 的无砂混凝土管作滤水管，或在外再包棕树皮二层作滤网。

2）吸水管

吸水管连接滤水管，采用与滤水管同直径实钢管制成。

3）沉砂管

在降水过程中，沉砂管的作用是沉淀那些通过滤网的少量砂粒。一般采用与滤水管同直径钢管，下端用钢板封底。

（2）水泵

水泵根据扬程和流量要求可采用 QY-25 型或 QJ50-52 型油浸式潜水泵或深井泵，使用潜水泵应注意电缆连接可靠，深井泵的电机宜有阻逆装置。

水泵每井一台，配控制井内水位的自动开关，在井口安装阀门以便调节流量的大小，阀门用夹板固定。每个基坑井点群应有 2 台备用泵。

2. 深井井点布置

对于采用坑外降水的方法，深井井点的布置根据基坑的平面形状或沟槽宽度及所需降水深度，沿基坑四周呈环形或沿基坑或沟槽两侧呈直线型布置，井点一般沿工程基坑周围离开边坡上缘 0.5～1.5m，井距一般为 30m 左右。

当采用坑内降水时，同样可按图 8.33 所示的方式布置，并根据单井涌水量、降水深度及抽水影响半径等确定井距，在坑内呈棋盘形点状布置。一般井距为 10～30m。井点宜深入到透水层 6～9m，通常应比所降水深度深 6～8m，需要注意的是，当采用坑内降水深井降水深度较深而坑外附近又有需要保护的建筑物或地下管线时，应使坑内降落后的水位位于基底以下 0.5～2m，但不得低于基坑周边截水帷幕底标高，一般应使

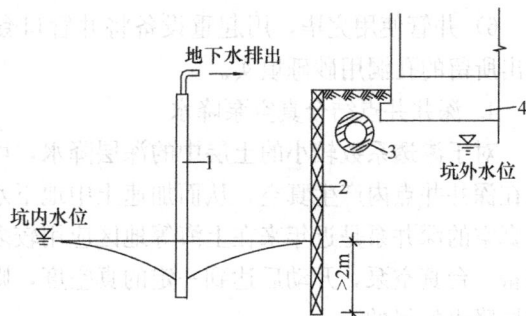

图 8.34 坑内降水与截水帷幕
1—深井井管；2—截水帷幕；3—坑外地下管线；
4—坑外建筑基础

降落后水位在截水帷幕底标高上 2m 左右，必要时可加深坑外截水帷幕的插入深度以防止坑外水向坑内涌入而造成的坑外土体沉降，如图 8.34 所示。

3. 深井井点的施工

（1）施工顺序

深井井点的施工顺序为：

1）井位放样、定位；

2）做井口，安插护筒；

3）钻机就位、钻孔；

4）回填井底砂垫层；

5）吊放深井管；

6）回填管壁与孔壁间的过滤层；

7）洗井；

8）安装抽水设备及控制电路；

9）试抽水；

10）进行正常降水作业；

11）降水完毕拔井管；

12）封井。

（2）深井井点施工

1）深井的成孔方法可采用冲击钻孔、回转钻孔、潜水电钻钻孔或水冲法成孔，用泥壁或自成泥浆护壁，孔口设置护筒以防孔口塌方，并在一侧设排泥沟、泥浆坑。

2）深井井点孔孔径应比井管直径大 300mm 以上，不设沉砂管时应考虑底部可能的沉渣高度而适当加深。成孔后应立即安装井管、以防坍孔。

3）井管沉放前应清孔，一般用压缩空气洗井或用抽筒反复上下取出泥渣洗井，井管应安放垂直，过滤器设放在含水层范围，井管与孔壁间填充粒径大于滤网孔径的砂滤料。填滤料要一次连续完成，从底填到井口下 1m 左右，上部采用黏土封口。

4）安装深水泵前应洗井，冲除沉渣，安装潜水泵时，电缆应绝缘可靠，并配置保护开关。

5）抽水系统安装完毕后应进行试抽，一切满足要求后再转入正常工作。

6）井管使用完毕，用起重设备将井管口套住徐徐拔出，滤水管拔出洗净后可再用。拔出所留的孔洞用砂砾填实。

4. 深井井点结合真空泵降水

对于渗透系数较小的土层中的深层降水，可以利用深井泵结合真空泵降水，利用真空泵在深井井点内产生真空，从而加速土中地下水向井点管的涌入，从而提高降水的效果。带真空的深井泵是近年来在上海等地区应用较多的一种深层降水设备，每个深井井点单独配备一台真空泵，开动后达到一定的真空度，则可以在渗透系数较小的淤泥质黏土中达到深层降水的目的。

这种深井井点结合真空泵降水装置的吸水口真空度一般为 50～95.5kPa，最大吸水作用半径 15m 左右；降水深度可达 8～18m（井管长度可变）。

安装这种降水装置时，钻孔应用清水冲钻孔，钻孔深度比埋管深度大 1m。成孔后应在 2h 内及时清孔和沉管，清孔的标准是使泥浆相对密度达到 1.1～1.15。沉管时应使溢水箱的溢水口高于基坑排水沟系统入水口 200mm 以上，以便排水。滤水层用中粗砂与 $\phi10\sim15$ 碎石，先灌 2m 高细石，再灌中粗砂。砂灌入后安装水泵和真空泵，随即通电预抽水，直至抽出清水为止，开始正式抽水。

另外需要注意的是，深井井管由于井管较长，对于坑内降水在挖土至一定深度后，裸露在外的井管自由端较长，为防止井管倒折，应与附近的支护结构支撑或立柱等连接固定。在挖土过程中，要注意保护深井管，避免挖土机等机械撞击，造成损坏。

这种降水装置应用于软土中，每台泵的服务范围大约为 200m²。

8.4.2.6 自渗流排水井点

自渗流排水井点又称引渗井，砂（砾）渗井井点。在大面积深基坑开挖施工时，通过钻探得知，基坑地层上部分布有上层滞水或潜水含水层，而其下部有一个不透水层（或不含水的透水层），或有一个层位比较稳定的潜水层（或承压含水层），其水位比上层滞水或潜水水位要低，且上下水位差较大，下部含水层（或不含水的透水层）的渗透性较好，厚度较大，埋深适宜，当人工沟通上下水层以后，在水头差的作用下，上层滞水或潜水就会自然地渗入到下部透水（导水）层中去，工程上常利用这一自然现象将基坑内地下水降低到基坑底板以下。它具有施工设备简单，节约降水设备，管理较易，费用较低等优点，是一种最为经济、实用、简单地降水方法。但用本法要准确掌握地质构造和含水层情况，特别是不透水层或不含水透水层的位置、厚度变化和走向。

1. 布置

渗井分非全料式井点和全充料式井点两种。前者是在井孔的中间设置钢管或塑料管，井管管径一般为 250～300mm，其主要作用是导水和观测水位，井管过滤器应与上部含水层和下部透水层部位对应；后者是在井孔内不设井管，全部填充填料，适用于通过观测渗水井内水位，证明其透水通道良好的情况。

渗井数量和布置，根据现场水文地质情况而定，一般先计算确定基坑总涌水量后，再验算单根渗水井的极限渗水量，然后确定所需水井的数量，埋设深度至不透水层以下 1.0～1.5m。渗水井可沿基坑周边间隔一定距离均匀布置。

2. 井点的设置

渗井成孔可采用 30 型工程地质钻机下套管成孔，也可采用 CZ-22 型冲击钻机和旋转钻机探成孔，对深度小于 15m 的渗井可采取高压水水枪冲击土体成孔，也可采用长螺栓钻机水压套管法成孔。钻孔直径一般为 300～600mm 不等。当孔深到达预定深度后，将孔内泥浆掏尽后，下入 127～300mm 的由实管和过滤管组成的钢管，其过滤器一定要与上部含水层和下部透水层相对应。即可自上而下，全部回填砂砾料，其规格见表 8.10，若为全充填式渗井，则不需下入井管，只需全部回填砂砾料即可，砂砾料可用细粒料与粗砂各 50% 混合填充而成。

砂井填充料规格   表 8.10

项次	砾料名称	砾料规格（mm）	缠丝间距（mm）
1	细砂、中砂	2～4	0.75～1.00
2	粗砂、砾砂	4～6	2.00
3	砾、卵石	8～15	3.00

井管下入和回填砂砾料后，应用空压机洗井或用自来水返冲洗井，至渗井内水清为止。

3. 使用注意事项

（1）渗井的设置，应充分了解上部和下部含水层和透水层各自的水位、岩性、透水性及埋藏情况、走向，并对上部含水层的水量，自渗后的混合水位等进行预测计算，以指导渗水方案的制定和实施。

（2）基坑土层中当基坑深部有不透水层时，为加速排除土层地下水，可采用渗井与深井井点相结合降水，在深井间设自渗井，下层水及部分上层水通过深井抽水降至预计水位线，剩余土层水，透过渗井渗入下层水中，从而达到较快降水目的。

8.5 井点降水对周围环境的影响及其防范措施

8.5.1 井点降水对周围环境的影响

8.5.1.1 井点降水的不利影响

井点抽水，井内水位开始下降，周围含水层的水不断流向滤管。在潜水含水层等条件下。经过一段时间之后，在井点周围形成漏斗状的弯曲水面，即所谓"降落漏斗"。经几天到几周，漏斗状水面渐趋稳定。降落漏斗范围内的地下水位下降后，必然造成地面固结沉降。由于漏斗形的降水面不是平面，因而所产生的沉降也是不均匀的。在实际工程中，由于井点过滤器滤网和砂滤层结构不良，土层中的黏土、粉土颗粒甚至细砂同地下水一同抽出地面的情况常有发生的，这使地面不均匀沉降加剧，造成附近建筑物及地下管线的不同程度的损坏。

例如，上海耀华-皮尔金顿浮法玻璃厂施工深 13m 的熔窑基础时，基坑支护墙体为地下连续墙，在其外侧设两级井点降水（第一级为轻型井点，第二级为喷射井点），降水深度达 15m。喷射井点降水 5 个月后，距轻型井点最近 l0m 的一幢三层砖混结构的底层中间地面及门前道路严重开裂，最大裂缝宽度达 85mm。

此外，国内外有很多类似的事例。因此，在建筑物和地下管线密集地区进行降水施工，必须采取措施、提高降水质量以减少或消除周围地面的沉降。

8.5.1.2 井点降水影响范围和产生的沉降

预估井点降水对周围环境的影响范围和造成的地面沉降，可借鉴已有的同类工程实例，也可用一些简易的方法进行估算。

1. 降水对环境影响范围

降水对周围环境的影响范围即降水漏斗曲线的平面内半径，也就是井点抽水的影响半径，可以借用式（8-26）、式（8-27）来进行估算：

$$R = 2S_w \sqrt{Hk}$$

或

$$R = 10S_w \sqrt{k}$$

式中　R——降水影响半径（m）；

　　　S_w——水位降深（m）；

　　　H——含水层厚度（m）；

　　　k——土层渗透系数（m/d）。

由于土层一般成层分布，纵横向渗透系数差别较大，影响范围受土层的影响显著。在上海的砂质粉土层中，实测的降水影响范围达 84m。因此对重要工程应先进行抽水试验来确定降水影响半径。

2. 降水引起的地面沉降

在井点降水无大量细颗粒随地下水被带走的情况下，周围地面所产生的沉降量可用式（8-45）计算：

$$s = \psi_w \sum_{i=1}^{n} \frac{\Delta \sigma'_{zi} \Delta h_i}{E_{si}} \qquad (8\text{-}45)$$

式中　s——降水引起的地层变形量（m）；

ψ_w——沉降计算经验系数，应根据地区工程经验取值，无经验时，宜取 $\psi_w=1$；

$\Delta\sigma'_{zi}$——降水引起的地面下第 i 层土中点处的附加有效应力（kPa）；对黏性土，应取降水结束时土的固结度下的附加有效应力；

Δh_i——第 i 层土的厚度（m）；

E_{si}——第 i 层土的压缩模量（kPa），应取土的自重应力至自重应力与附加有效应力之和的压力段的压缩模量值。

基坑外土中各点降水引起的附加有效应力宜采用地下水渗流分析方法按稳定渗流计算；当符合非稳定渗流条件时，可按地下水非稳定渗流计算。附加有效应力也可根据式（8-29）、式（8-30）计算的地下水位降深，按式（8-46）计算（图 8.35）：

（1）计算点位于初始地下水位以上时

$$\Delta\sigma'_{zi} = 0 \qquad\qquad (8\text{-}46\text{-}1)$$

（2）计算点位于降水后水位与初始地下水位之间时

$$\Delta\sigma'_{zi} = \gamma_w a_0 \qquad\qquad (8\text{-}46\text{-}2)$$

（3）计算点位于降水后水位以下时

$$\Delta\sigma'_{zi} = \gamma_w S_i \qquad\qquad (8\text{-}46\text{-}3)$$

式中　γ_w——水的重度（kN/m³）；

a_0——计算点至初始地下水位的垂直距离（m）；

S_i——计算点对应的地下水位降深（m）。

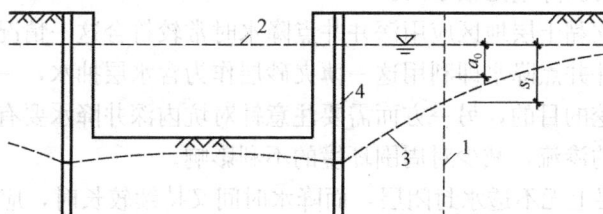

图 8.35　降水引起的附加有效应力计算

1—计算剖面 1；2—初始地下水位；3—降水后的水位；4—降水井

在降水期间，降水面以下的土层通常不可能产生较明显的固结沉降量，而降水面至原地下水位面之间的土层因排水固结，会在所增加的自重应力下产生较大沉降。通常降水所引起的地面沉降即以这一部分沉降量为主，所以可采用式（8-47）的简易方法估算降水所造成的沉降值：

$$S = \Delta\sigma \cdot \Delta h / E_{1\text{-}2} \qquad\qquad (8\text{-}47)$$

式中：Δh——降水深度，为降水面和原地下水位面的深度差；

$\Delta\sigma$——降水产生的自重附加应力，$\Delta\sigma = \dfrac{\Delta\overline{h_1}\gamma_w}{2}$，可取 $\Delta\overline{h_1} = \dfrac{1}{2}\Delta\overline{h}$ 进行计算；

$E_{1\text{-}2}$——降水深度范围内土层的压缩模量，可根据钻探试验资料，或查有关地基规范，$E_{1\text{-}2} = \dfrac{a_{1\text{-}2}}{1+e}$。

【例 8-1】 上海塘桥竖井开挖降水，该地段为粉砂土层，$E_{1-2}=4\text{MPa}$，降水深度 Δh $=12\text{m}$，计算地面沉降值。

【解】
$$\Delta\sigma = \frac{\frac{1}{2}\Delta h\gamma_w}{2} = 30\text{kPa}$$

$$S = \Delta\sigma \cdot \Delta h/E_{1-2} = 30\times12/4\times10^3 = 0.09\text{m}$$

该降水试验实例 70d 后，实测沉降量为 8.4cm。

3. 深井井点降水对周围的影响

深井井点的降水深度较大，而且涌水量较大，因而对环境的影响范围也较广，深井井点对环境的影响程度在很大程度上取决于土层的分布情况，可按下列基本原则估算其对环境的影响：

(1) 当降水砂层上面有一层渗透系数很小的黏土层时，可作为边界封闭状态来计算沉降，即只考虑抽水砂层的沉降。工程实践表明，在这种情况下，深井井点降水对环境的影响程度是很小的。

此时，降水砂层的沉降可采用式（8-47）计算。因该层土较深，其压缩模量常在 100MPa 以上，取降水砂层厚度 2m，水头降低 20m，即 $\Delta P=200\text{kPa}$，则据式（8-47），其沉降量为：

$$S = \Delta\sigma \cdot \Delta h/E_{1-2} = 200\times2/100\times10^3 = 0.004\text{m}$$

可见砂层本身的沉降量是很小的。

在上海等沿海软黏土层地区应用深井井点降水时常较符合这一情况，在厚黏土层中常含有薄夹砂层，深井井点降水即利用这一薄夹砂层作为含水层抽水，一方面达到降低地下水位，有利基坑开挖的目的，另一方面需要注意针对坑内深井降水要有足够长的隔水帷幕切断坑外水向坑内的渗流，减少对周围环境的不利影响。

(2) 若降水砂层上无不透水封闭层，而降水时间又持续较长时，应计算上部土层在水位降低 $\Delta\sigma$ 的作用下产生的固结沉降。具体可根据土层分布情况，按式（8-46）或式（8-47）计算。

8.5.2 防范基坑降水不利影响的措施

由于基坑降水能引起周围地层的不均匀沉降，但在高水位地区开挖深基坑又离不开降水措施，因此既要保证开挖施工的顺利进行，又要防范对周围环境的不利影响，可采取相应的措施，减少基坑降水对周围建筑物及地下管线造成的影响。

1. 在降水前认真做好对周围环境的调研工作

(1) 查清工程地质及水文地质情况，即对该地段应有完整的地质勘探资料，包括地层分布，透水层和透镜体情况，及其与水体的联系和水体水位变化情况，各层土体的渗透系数，土体的孔隙比和压缩系数等。

(2) 查清地下贮水体，如周围的地下古河道、古水塘之类的分布情况，防止出现井点和地下贮水体穿通的现象。

(3) 查清上、下水管线、煤气管道、电话、电讯电缆、输电线等各种管线的分布和类型，埋设的年代和对差异沉降的承受能力，考虑是否需要预先采取加固措施等。

（4）查清周围地面和地下建筑物的情况，包括这些建筑物的基础形式、上部结构形式，在降水区的位置和对差异沉降的承受能力。降水前要查清这些建筑物的历年沉降情况和目前损伤的程度，是否需要预先采取加固措施等。

2. 合理使用井点降水，尽可能减少对周围环境的影响

降水必然会形成降水漏斗，从而造成周围地面的沉降，但只要合理使用井点，可以把这类影响控制在周围环境可以承受的范围之内。

（1）防范抽水带走土层中的细颗粒。在降水时要随时注意抽出的地下水是否有混浊现象，抽出的水中带走细颗粒不但会增加周围地面的沉降，而且还会使井管堵塞、井点失效。为此首先应根据周围土层的情况选用合适的滤网，同时应重视埋设井管时的成孔和回填砂滤料的质量。如上海地区，粉砂层大都呈水平向分布，成孔时应尽量减少搅动，把滤管设在砂性土层中，必要时可采用套管法成孔，回填砂滤料应认真按级配配制。

（2）适当放缓降水漏斗线的坡度。在同样的降水深度前提下，降水漏斗线的坡度越平缓，影响范围越大，而所产生的不均匀沉降就越小，因而降水影响区内的地下管线和建筑物受损伤的程度也愈小。根据地质勘探报告，把滤管布置在水平向连续分布的砂性土中可获得较平缓的降水漏斗曲线，从而减少对周围环境的影响。

（3）井点应连续运转，尽量避免间歇和反复抽水。

轻型井点和喷射井点在原则上应埋在砂性土层内。对砂性土层，除松砂以外，降水所引起的沉降量是很小的，然而倘若降水间歇和反复进行，现场和室内试验均表明每次降水都会产生沉降。每次降水的沉降量随着反复次数的增加而减少，逐渐趋向于零，但是总的沉降量可以累积到一个相当可观的程度。因此，应尽可能避免反复抽水。

（4）防范开挖基坑时，基底以下承压水形成流砂，致使坑周产生大量地面沉陷。

如图 8.36 所示，在开挖基坑底面下有一薄黏性土不透水层，其下又有相当厚度的粉砂层时，若降水时井点仅设在基底以下，而未穿入含水砂层，那么这层薄黏土层会承受上、下两面的水压力差 $\Delta P = (H-h)\gamma_w$ 下，作用于黏土层下侧，产生向上的压力，若此压力大于该土层重量，便会造成基坑突

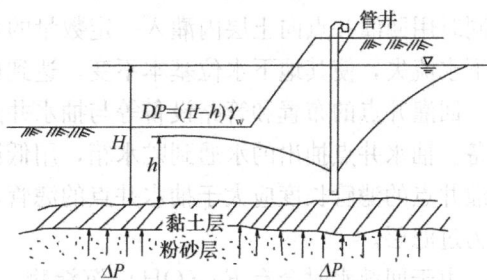

图 8.36　坑底承压水层与坑底涌砂

涌现象。对于该种情况，需将降水井管进入黏土层下面的含水砂层中，释放下卧粉砂层中的承压水，降低承压水头，保证坑底稳定。

（5）如果降水场地周围有湖、河、浜等导、贮水体时，应考虑在井点与贮水体间设置截水帷幕，以防止井点与贮水体贯通，抽出大量地下水而水位不下降，反而带出许多土颗粒，甚至产生流砂现象，妨碍深基坑工程的开挖施工。

（6）在建筑物和地下管线密集等对地面沉降控制有严格要求的地区开挖深基坑，可采用坑内降水的方法，即在围护结构内部设置井点，疏干坑内地下水，以利开挖施工。同时，需利用支护墙体本身或另设截水帷幕切断坑外地下水的涌入。要求截水帷幕需有足够的入土深度，一般需较井点滤管下端深 2m 左右。

（7）对不适宜采用井点降水的土层，不要盲目使用井点降水。特别是无砂夹层的黏性

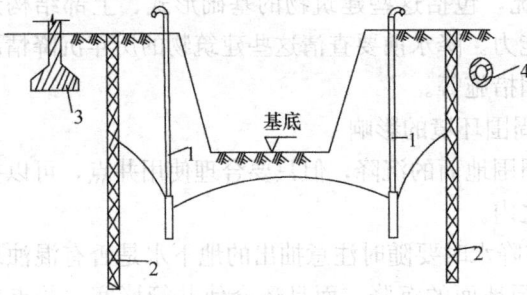

图 8.37　设置截水帷幕减少不利影响
1—井点管；2—截水帷幕；3—坑外建筑物浅基础；
4—坑外地下管线

土层，其渗透系数很小，为 10^{-4} m/d 数量级，这种土层基本是不透水的，在此类土层中采用轻型井点和喷射井点往往是无效的，反而可能会造成土颗粒的流失，效果适得其反。由于无砂夹层，不会产生流砂现象，如果为保证开挖稳定性，可采用放缓边坡坡度或加深支护墙体入土深度的方法予以解决。

3. 降水场地外侧设置截水帷幕，减小降水影响范围

即在降水场地外侧有条件的情况下设置一圈截水帷幕，切断降水漏斗的外侧延伸部分，减小降水影响范围，从而把降水对周围的影响减小到最低程度，一般截水帷幕底标高应高于降落后的水位2m以上，如图8.37所示。

4. 降水场地外缘设置回灌水系统

降水对周围环境的不利影响主要是由于漏斗形降水曲线引起周围建筑物和地下管线基础的不均匀沉降造成的，因此，在降水场地外缘设置回灌水系统保持需保护部位的地下水位，可消除所产生的危害。回灌水系统包括回灌井点和砂沟、砂井回灌两种型式。

(1) 回灌井点技术

回灌井点就是在降水井点和要保护的地区之间打一排回灌井点，在利用降水井点降水的同时用回灌井点向土层内灌入一定数量的水，形成一道水幕，从而减少降水区域以外的地下水流失，使其地下水位基本不变，达到保护环境的目的。

回灌井点的布置和管路设备等与抽水井点相似，仅增加回灌水箱、闸阀和水表等少量设备。抽水井点抽出的水通到贮水箱，用低压送到注水总管，多余的水用沟管排出。另外回灌井点的滤管长度应大于抽水井点的滤管，通常为 $2\sim2.5$ m，井管与井壁间回填中粗砂作为过滤层。

由于回灌水时会有 $Fe(OH)_2$ 沉淀物、活动性的锈蚀及不溶解的物质积聚在注水管内，在注水期内需不断增加注水压力才能保持稳定的注水量。对注水期较长的大型工程可以采用涂料加阴极防护的方法，并在贮水箱进出口处设置滤网，以减轻注水管被堵塞的对象。注水的过程中应保持回灌水的清洁。

回灌保护区内应设地下水位观测井，连续记录地下水位的变化。通过调节注水系统的压力使地下水尽可能保持原始的天然地下水位位置。

(2) 砂沟、砂井回灌水

即在降水井点与被保护区域之间设置砂井作为回灌井，沿砂井布置一道砂沟，然后将井点抽出来的水适时适量地排入砂沟，再经砂井回灌到地下，从而保证被保护区域地下水位的基本稳定，达到保护环境的目的，实践证明其效果良好。

需要说明的是，采用回灌技术时，要防止降水和回灌两井相通，即回灌井点、回灌砂井或回灌砂沟与降水井点的距离一般不宜小于6m，以防降水井点仅抽吸回灌井点的水，而使基坑内水位无法下降，失去降水的作用。砂井或回灌井点的深度应按降水水位曲线和

土层渗透性来确定，一般应控制在降水曲线以下 1m。回灌砂沟应设在透水性较好的土层内。

8.5.3 降水工程监测与维护

1. 降水监测

降水监测与维护期应对各降水井和观测孔的水位、水量进行同步监测。降水井和观测孔的水位、水量和水质的检测应符合下列要求：

（1）降水勘察期和抽水试验前应统测一次自然水位；

（2）抽水开始后，在水位未达到设计降水深度以前，每天观测三次水位、水量；

（3）当水位已达到设计降水深度，且趋于稳定时，可每天观测一次；

（4）在受地表水体补给影响的地区或在雨季时，观测次数宜每日 2～3 次；

（5）水位、水量观测精度要求应与降水工程勘察的抽水试验相同；

（6）对水位、水量监测记录应及时整理，绘制水量 Q 与时间 t 和水位降深值 S 与时间 t 过程曲线图，分析水位水量下降趋势，预测设计降水深度要求所需时间；

（7）根据水位、水量观测记录，查明降水过程中的不正常状况及其产生的原因，及时提出调整补充措施，确保达到降水深度；

（8）中等复杂以上工程，可选择代表性井、孔在降水监测与维护期的前后各采取一次水样作水质分析。

在基坑开挖过程中，应随时观测基坑侧壁、基坑底的渗水现象，并应查明原因，及时采取工程措施。

2. 降水维护

降水期间应对抽水设备和运行状况进行维护检查，每天检查不应少于 3 次，并应观测记录水泵的工作压力、真空泵、电动机、水泵温度、电流、电压、出水等情况，发现问题及时处理，使抽水设备始终处在正常运行状态。

抽水设备应进行定期保养，降水期间不得随意停抽。注意保护井口，防止杂物掉入井内，经常检查排水管、沟，防止渗漏，冬季降水，应采取防冻措施。在更换水泵时，应测量井深，掌握水泵安装的合理深度，防止埋泵。应掌握引渗井的水位变化，当引渗井水位上升且接近基坑底部时，应及时洗井或做其他处理，使水位恢复到原有深度。发现基坑（槽）出水、涌砂，应立即查明原因，组织处理。当发生停电时，应及时更新电源，保持正常降水。降水监测与维护期，宜待基坑中的基础结构高出降水前静水位高度即告结束；当地下水位很浅，且对工程环境有影响时，可适当延长。

思 考 与 练 习

8.1 影响基坑降水的主要因素有哪些？

8.2 计算基坑涌水量应确定哪些参数？

8.3 基坑降水对周围环境有哪些影响？

8.4 如何选择合理的基坑降水方法？

8.5 有哪些减少基坑降水影响的工程措施？

8.6 某工程降水面积 50m×50m，基坑中心降深 $S=5$m，土的渗透系数 $k=10$m/d，含水层厚度为 15m，采用一级轻型井点降水，井点埋设深度为 8m，过滤器长度 $L=1.0$m，地下水位埋深 1.2m，求基坑降水总涌水量 Q。（$Q=2670$ m^3/d）

8.7　某工程降水面积为 60m×60m，基坑中心降水深度为 8m，在降水影响区内的土层为砂土，土的渗透系数 $k=50\mathrm{m/d}$，潜水含水层厚度为 13m，地下水位埋深 1.0m，滤管长度 1.2m，直径 38mm，选用轻型井点进行设计和布置。

8.8　上海某降水工程，采用喷射井点降水，降深达 20m。该场地主要土层为淤泥质粉质黏土及淤泥质黏土，平均压缩系数 $a=0.075$，$e=1.39$，土的压缩层厚度 23m，抽水 35 天后，求该井点降水处沉降量。（$s=0.031\mathrm{m}$）

第9章 基坑开挖与监测

9.1 基 坑 开 挖

基坑开挖是大面积的卸载过程，将引起基坑周边土体应力场变化及地面沉降；开挖期间降雨或施工用水渗入土体会降低土体的强度和增加侧压力；饱和黏性土随着基坑暴露时间延长和扰动，坑底土强度逐渐降低；以上这些因素均将引起支护体系安全度的降低。

大量实际工程表明，基坑开挖面上方的锚杆、土钉、支撑未达到设计要求时向下超挖土方、临时性锚杆或支撑在未达到设计拆除条件时进行拆除、基坑周边施工材料、设施或车辆荷载超过设计地面荷载限值，致使支护结构受力超过设计状态等严重违反设计要求进行施工的行为以及锚杆、土钉、支撑未按设计要求设置，锚杆和土钉注浆体、混凝土支撑和混凝土腰梁的养护时间不足而未达到开挖时的设计承载力，锚杆、支撑、腰梁、挡土构件之间的连接强度未达到设计强度，预应力锚杆、预加轴力的支撑未按设计要求施加预加力等未达到设计要求进行施工的行为，轻则引起基坑过大变形，重则导致支护结构破坏、坍塌，基坑周边环境受损，甚至酿成重大工程事故。

国家住房和城乡建设部《危险性较大的分部分项工程安全管理办法》建质［2009］87号文件规定，基坑支护工程属于危险性较大的分部分项工程，要求编制专项施工方案；对于开挖深度超过5m（含5m）的基坑（槽）的土方开挖、支护、降水工程或开挖深度虽未超过5m，但地质条件、周围环境和地下管线复杂，或影响毗邻建筑（构筑）物安全的基坑（槽）的土方开挖、支护、降水工程，属于超过一定规模的危险性较大的分部分项工程范围，专项施工方案还应经过专家审查论证。

基坑土体开挖施工方案应视支护结构形式、挖土深度、施工方法、周围环境、工期、气候、地面荷载、土体类型、土的工程性质、地下水控制要求等方面进行编制。内容主要包括：支护结构的龄期、机械选择、开挖时间、分层开挖深度、开挖顺序、坡道位置和车辆进出场道路、施工进度和劳动组织安排、降排水措施、监测方案、质量和安全措施，以及基坑开挖对周围建（构）筑物和管、沟、线需采取的保护措施等。

1. 开挖方式

按照基坑支护方式的不同，基坑土方开挖可分为无内支撑基坑开挖和有内支撑基坑开挖。无内支撑基坑是指在基坑开挖深度范围内没有设置内支撑的基坑，包括采用放坡开挖的基坑以及采用水泥土重力式围护墙、土钉墙、悬臂式支挡结构的基坑。有内支撑基坑是指在基坑开挖深度范围内设置一道及以上内支撑或以水平结构代替内支撑的基坑。

按照基坑挖土方法的不同，基坑土方开挖可分为明挖法和暗挖法。无内支撑基坑开挖一般采用明挖法；有内支撑基坑开挖一般有明挖法、暗挖法、明挖法与暗挖法相结合等三种方法。基坑内部有临时支撑或水平结构梁代替临时支撑的土方开挖一般采用明挖法；基坑内部水平结构梁板代替临时支撑的土方开挖一般采用暗挖法，盖挖法施工工艺中的土方开挖属于暗挖法的一种形式；明挖法与暗挖法相结合是指在基坑内部部分区域采用明挖和部分区域采用暗挖的一种挖土方式。

2. 开挖原则要求

(1) 锚杆、支撑或土钉是随基坑土方开挖分层设置的，将每设置一层锚杆、支撑或土钉后，再挖土至下一层锚杆、支撑或土钉的施工面作为一个设计工况。因此，如开挖深度超过下层锚杆、支撑或土钉的施工面标高时，支护结构受力及变形会超越设计状况。这一现象通常称作超挖。基坑土方开挖应按支护结构设计规定的施工顺序和开挖深度分层开挖，不得超挖；

(2) 当支护结构构件强度达到开挖阶段的设计强度时，方可向下开挖；对采用预应力锚杆的支护结构，应在施加预加力后，方可开挖下层土方；对土钉墙，应在土钉、喷射混凝土面层的养护时间大于 2d 后，方可开挖下层土方；当基坑开挖面上方的锚杆、土钉、支撑未达到设计要求时，严禁向下超挖土方；

(3) 采用锚杆或支撑的支护结构，应遵循"开槽支撑，先撑后挖，分层开挖，严禁超挖"的原则，同时，在未达到设计规定的拆除条件时，严禁拆除锚杆或支撑；

(4) 基坑周边可能存在施工设备、运输车辆、施工材料、塔吊、临时建筑、广告牌等施工设施，同时，施工过程中基坑周围的随意堆土，都将对支护结构产生作用，这些作用可按地面荷载考虑。基坑周边荷载会增加墙后土体的侧向压力，增大滑动力矩，降低支护体系的安全度，因此，基坑周边荷载严禁超过设计要求的地面荷载限值；

(5) 锚杆、土钉的施工需要作业面，其与开挖面之间的高差在可能的情况下应尽量减小，一般不宜大于 500mm；开挖时，挖土机械不得碰撞或损害锚杆、腰梁、土钉墙墙面、内支撑及其连接件等构件，不得损害已施工的基础桩；

(6) 地下水的渗流可能导致流砂、流土的发生，影响支护结构、周边环境的安全。在降水后，土体的含水量降低，土体强度将提高，有利于基坑的安全与稳定，因此，当基坑采用降水时，地下水位以下的土方应在降水后开挖；

(7) 机械挖土应挖至坑底以上 20~30cm，余下土方应采用人工修底方式挖除，避免扰动基底持力土层的原状结构；

(8) 当开挖揭露的实际土层性状或地下水情况与设计依据的勘察资料明显不符，或出现异常现象、不明物体时，应停止挖土，在采取相应处理措施后方可继续挖土；

(9) 土方开挖完成，基底暴露后，应及时铺筑混凝土垫层，对基坑进行封闭，这对保护坑底土不受施工扰动、延缓应力松弛具有重要的作用，特别是雨季施工中作用更为明显。同时应及时进行地下结构施工。地下结构工程施工过程中应及时进行夯实回填土施工。回填土通常用原开挖出来的土，不得用腐殖土、冻土、膨胀土等特殊性质的土，同时含水量大的土也不应用于回填；

(10) 软土基坑如果一步挖土深度过大或非对称、非均衡开挖，可能导致基坑内局部土体失稳、滑动，造成立柱桩、基础桩偏移，另外，软土的流变特性明显，基坑开挖到某一深度后，变形会随暴露时间增长，因此，软土基坑应按分层、分段、对称、均衡、适时的原则开挖；当主体结构采用桩基础且基础桩已施工完成时，应根据开挖面下软土的性状，限制每层开挖厚度；对采用内支撑的支护结构，宜采用开槽方法浇筑混凝土支撑或安装钢支撑，支撑设置应先撑后挖并且越快越好，尽量缩短基坑每一步的无支撑暴露时间；

对重力式水泥土墙，沿水泥土墙方向应分区段开挖，每一开挖区段的长度不宜大于40m；

（11）支护结构或基坑周边环境出现监测报警情况或其他险情时，应立即停止开挖，并应根据危险产生的原因和可能进一步发展的破坏形式，采取控制或加固措施，危险消除后，方可继续开挖。必要时，应对危险部位采取基坑回填、地面卸土、临时支撑等应急措施；当危险由地下水管道渗漏、坑体渗水造成时，尚应及时采取截断渗漏水水源、疏排渗水等措施。

基坑开挖和支护结构使用期内，应对基坑进行维护。基坑周边地面宜作硬化或防渗处理；雨期施工时，应在坑顶、坑底采取有效的截排水措施，排水沟、集水井应采取防渗措施，基坑周边的施工用水应有排放系统，不得渗入土体内，当坑体渗水、积水或有渗流时，应及时进行疏导、排泄、截断水源。

9.2 基 坑 监 测

9.2.1 概述

基坑工程是一门实践性很强的学科。由于地质条件可能与设计采用的土的物理、力学参数不符，且基坑支护结构在施工期和使用期可能出现土层含水量、基坑周边荷载、施工条件等自然因素和人为因素的变化，而且现阶段各种计算模型都存在较大的局限性，因此，基坑工程的理论计算结果与实测数据往往有较大差异，在工程设计阶段就准确无误地预测基坑支护结构和周围土体在施工过程中的变化是不现实的，施工过程中如果出现异常，且这种变化又没有被及时发现并任其发展，后果将不堪设想。

在这方面，基坑监测技术显示了极大的优势。大量工程实践表明，多数基坑工程事故是有征兆的，不论基坑是安全还是隐患状态，都会在监测数据上有所反映。通过基坑监测可以及时掌握支护结构受力和变形状态以及基坑周边受保护对象变形状态是否在正常设计状态之内，当出现异常时，以便采取应急措施。基坑监测是预防不测，保证支护结构和周边环境安全的重要手段。

开展基坑工程现场监测的目的主要为：

1. 为信息化施工提供依据

监测成果是现场施工工程技术人员作出正确判断的依据。通过监测随时掌握岩土层和支护结构内力、变形的变化情况以及周边环境中各种建筑、设施的变形情况，将监测数据与设计值进行对比、分析，以判断前步施工是否符合预期要求，确定和优化下一步施工工艺和参数，以此达到信息化施工的目的。

2. 为基坑周边环境中的建筑、各种设施的保护提供依据

通过对基坑周边建筑、管线、道路等的现场监测，验证基坑工程环境保护方案的正确性，及时分析出现的问题并采取有效措施，以保证周边环境的安全。

3. 为优化设计提供依据

基坑工程监测是验证基坑工程设计的重要方法，设计计算中未曾考虑或考虑不周的各种复杂因素，可以通过对现场监测结果的分析、研究，加以局部的修改、补充和完善，因此基坑工程监测可以为动态设计和优化设计提供重要依据。

4. 监测工作是发展基坑工程设计理论的重要手段

对任何一个基坑工程实施监测，从某种意义上说，都是一次 1∶1 的工程实体试验，所取得的数据是支护结构和周边土层在施工过程中的真实反映，是各种复杂因素影响和作用下基坑系统的综合体现。进行现场实测和数据分析，对于认识和把握基坑工程的时间和空间效应非常重要。

工程实践中，基坑工程的监测一般是在设计阶段由设计方提出监测项目、监测频率和监测报警值，在支护施工和土方开挖过程中，由专业监测单位根据设计要求和周边条件制定监测方案并开展现场监测。

9.2.2　基坑监测的特点

基坑工程监测具有以下特点：

1. 时效性

普通工程测量一般没有明显的时间效应，基坑监测通常是配合降水和开挖过程，有鲜明的时间性。测量结果是动态变化的，因此，深基坑施工中监测需随时进行，在测量对象变化快的关键时期，可能每天需进行数次。

基坑监测的时效性要求对应的方法和设备具有数据采集快、全天候工作的能力，甚至适应夜晚或大雾天气等严酷的环境条件。

基坑监测的时效性决定了基坑监测的频率，它要求基坑监测必须有足够高的频率，观测必须是及时的，应能及时捕捉到监测项目的重要发展变化情况，以便对设计与施工进行动态控制，纠正设计与施工中的偏差，保证基坑及周边环境的安全。

2. 高精度

普通工程测量中误差限值通常在数毫米，例如 60m 以下建筑物在测站上测定的高差中误差限值为 2.5mm，而正常情况下基坑施工中的环境变形速率可能在 0.1mm/d 以下，要测到这样的变形精度，普通测量方法和仪器不能胜任，因此，基坑施工中的测量通常采用一些特殊的高精度仪器。

3. 等精度

基坑施工中的监测通常只要求测得相对变化值，而不要求测量绝对值。例如，普通测量要求将建筑物在地面定位，这是一个绝对量坐标及高程的测量，而在基坑侧壁变形测量中，只要求测定侧壁相对于原来基准位置的位移即可，侧壁原来的位置（坐标及高程）可能完全不需要知道。

由于这个鲜明的特点，使得深基坑施工监测有其自身规律。例如：普通水准测量要求前后视距相等，以清除地球曲率、大气折光、水准仪视准轴与水准管轴不平行等多项误差，但在基坑监测中，受环境条件的限制，前后视距可能根本无法相等。这样的测量结果在普通测量中是不允许的，而在基坑监测中，只要每次测量位置保持一致，即使前后视距相差悬殊，结果仍然是完全可用的。

因此，基坑监测要求尽可能做到等精度，使用相同的仪器，在相同的位置上，由同一观测者按同一方案施测。

9.2.3　监测实施范围、对象及方法

1. 基坑工程监测实施范围

基坑支护结构以及周边环境的变形和稳定与基坑的开挖深度有关，相同条件下基坑开挖深度越深，支护结构变形以及对周边环境的影响越大；基坑工程的安全性还与场地的岩

土工程条件以及周边环境的复杂性密切相关。因此，对于开挖深度大于等于5m或开挖深度小于5m但现场地质情况和周围环境较复杂的基坑工程必须进行监测，考虑到基坑工程施工涉及市政、公用、供电、通信、人防及文物等管理单位，对于各地各部门规定应进行监测的基坑工程也应实施监测。

2. 监测对象

基坑工程应对支护结构、地下水状况、基坑底部及周边土体、周边建筑、周边管线及设施、周边重要的道路等周边环境以及其他应监测的对象进行现场监测。其中，支护结构包括围护墙、支撑或锚杆、立柱、冠梁和围檩等；地下水状况包括基坑内外原有水位、承压水状况、降水或回灌后的水位；基坑底部及周边土体指的是基坑开挖影响范围内的坑内、坑外土体；周边建筑指的是在基坑开挖影响范围之内的建筑物、构筑物；周边管线及设施主要包括供水管道、排污管道、通信、电缆、煤气管道、人防、地铁、隧道等工程；周边重要的道路是指基坑开挖影响范围之内的高速公路、国道、城市主要干道和桥梁等；此外，根据工程的具体情况，可能会有一些其他应监测的对象，由设计和有关单位共同确定。

从基坑边缘以外1～3倍基坑开挖深度范围内需要保护的周边环境均应作为监测对象。必要时尚应扩大监测范围。

3. 监测方法

基坑工程的现场监测应采用仪器监测与巡视检查相结合的方法，多种观测方法互为补充、相互验证。仪器监测可以取得定量的数据，进行定量分析；以目测为主的巡视检查更加及时，可以起到定性、补充的作用，从而避免片面地分析和处理问题。例如观察周边建筑和地表的裂缝分布规律、判别裂缝的新旧区别等，对于我们分析基坑工程对临近建筑的影响程度有着重要作用。

9.2.4 监测程序及要求

1. 接受委托，现场踏勘，收集资料

基坑工程监测应由建设方委托具备相应资质的第三方实施。监测单位在接受委托后，应组织具体监测人员进行现场踏勘，了解建设方和相关单位的具体要求，收集和熟悉岩土工程勘察资料、气象资料、地下工程和基坑工程的设计资料以及施工组织设计（或项目管理规划）等，按监测需要收集基坑周边环境各监测对象的原始资料和使用现状等资料，必要时可采用拍照、录像等方法保存有关资料或进行必要的现场测试取得有关资料。另外，通过现场踏勘，应复核相关资料与现场状况的关系，确定拟监测项目现场实施的可行性，同时了解相邻工程的设计和施工情况。

2. 制订监测方案

监测单位应编制监测方案。

在基坑工程设计阶段应该由设计方提出对基坑工程进行现场监测的要求。但由设计方提出的监测要求，并非是一个很详尽的监测方案。监测单位应依据设计方的要求编制出合理的监测方案。监测方案需经建设方、设计方、监理方等认可，必要时还需与基坑周边环境涉及的有关管理单位协商一致后方可实施。

监测方案应包括下列内容：工程概况、建设场地岩土工程条件及基坑周边环境状况、监测目的和依据、监测内容及项目、基准点、监测点的布设与保护、监测方法及精度、监测期和监测频率、监测报警及异常情况下的监测措施、监测数据处理与信息反馈、监测人员的配备、监测仪器设备及检定要求、作业安全及其他管理制度。

对于地质和环境条件复杂、临近重要建筑和管线，以及历史文物、优秀近现代建筑、地铁、隧道等破坏后果很严重、已发生严重事故，重新组织施工的、采用新技术、新工艺、新材料、新设备的一、二级基坑工程等的监测方案应进行专门论证。

3. 监测点设置与验收，设备、仪器校验和元器件标定

监测点的设置详见第9.2.6节，设置完成后应组织建设、监理以及基坑支护施工单位及相关人员进行监测点的验收。同时，应对监测拟使用的设备、仪器进行校验，对元器件进行标定，确认所使用的设备、仪器性能能满足监测精度要求。

4. 现场监测

监测单位应严格依据监测方案进行监测，为基坑工程实施动态设计和信息化施工提供可靠依据。实施动态设计和信息化施工的关键是监测成果的准确、及时反馈，监测单位应建立有效的信息处理和信息反馈系统，将监测成果准确、及时地反馈到建设、监理、施工等有关单位。当监测数据达到监测报警值时监测单位必须立即通报建设方及相关单位，以便建设单位和有关各方及时分析原因、采取措施。建设、施工等单位应认真对待监测单位的报警，以避免事故的发生。

当基坑工程设计或施工有重大变更时，监测单位应与建设方及相关单位研究并及时调整监测方案。

5. 进行监测数据的处理、分析及信息反馈，提交阶段性监测结果和报告

详见第9.2.8节。

6. 现场监测工作结束后，提交完整的监测资料

监测结束阶段，监测单位应向建设方提供基坑工程监测方案、测点布设、验收记录、阶段性监测报告以及监测总结报告等资料，并按档案管理规定，组卷归档。其中，监测方案应是审核批准后的实施方案，测点的验收记录应有建设方和监测方相关责任人的签字，阶段性监测报告可以根据合同的要求采用周报、旬报、月报或者按照基坑工程的形象进度而定，在结束阶段监测单位还应完成对整个监测工作的总结报告，建设方应按照有关档案管理规定将监测竣工资料组卷归档。另外，监测过程的原始记录和数据处理资料是反映当时真实状况的可追溯性文件，监测单位也应归档保存。

9.2.5 监测项目、频率及报警值

监测项目、监测频率和监测报警值一般是在基坑工程设计阶段由设计方提出。

1. 监测项目

基坑工程的监测项目应与基坑工程设计、施工方案相匹配。应针对监测对象的关键部位，做到重点观测、项目配套并形成有效的、完整的监测系统。

(1) 规程 JGJ 120—2012 要求

因支护结构水平位移和基坑周边建筑物沉降能直观、快速反映支护结构的受力、变形状态及对环境的影响程度，安全等级为一级、二级的支护结构均应对其进行监测，且监测应覆盖基坑开挖与支护结构使用期的全过程。根据支护结构形式、环境条件的区别，其他监测项目应视工程具体情况按表9.1的规定选择，并要求选用的监测项目及其监测部位应能够反映支护结构的安全状态和基坑周边环境受影响的程度。

<table>
<tr><td colspan="4" align="center">基坑监测项目选择</td><td align="right">表9.1</td></tr>
</table>

监测项目	支护结构的安全等级		
	一级	二级	三级
支护结构顶部水平位移	应测	应测	应测
基坑周边建（构）筑物、地下管线、道路沉降	应测	应测	应测
坑边地面沉降	应测	应测	宜测
支护结构深部水平位移	应测	应测	选测
锚杆拉力	应测	应测	选测
支撑轴力	应测	应测	选测
挡土构件内力	应测	宜测	选测
支撑立柱沉降	应测	宜测	选测
挡土构件、水泥土墙沉降	应测	宜测	选测
地下水位	应测	应测	选测
土压力	宜测	选测	选测
孔隙水压力	宜测	选测	选测

注：表内各监测项目中，仅选择实际基坑支护形式所含有的内容；支护结构的安全等级按本书第2.3.2节确定。

（2）建筑基坑工程监测技术规范GB 50497—2009要求

规范GB 50497—2009将监测项目分为仪器监测项目和巡视检查项目。

1）仪器监测项目见表9.2

<table>
<tr><td colspan="4" align="center">建筑基坑工程仪器监测项目表</td><td align="right">表9.2</td></tr>
</table>

监测项目	基坑类别		
	一级	二级	三级
围护墙（边坡）顶部水平位移	应测	应测	应测
围护墙（边坡）顶部竖向位移	应测	应测	应测
深层水平位移	应测	应测	宜测
立柱竖向位移	应测	宜测	宜测
围护墙内力	宜测	可测	可测
支撑内力	应测	宜测	可测
立柱内力	可测	可测	可测
锚杆内力	应测	宜测	可测
土钉内力	宜测	可测	可测
坑底隆起（回弹）	宜测	可测	可测
围护墙侧向土压力	宜测	可测	可测
孔隙水压力	宜测	可测	可测
地下水位	应测	应测	应测
土体分层竖向位移	宜测	可测	可测
周围地表竖向位移	应测	应测	宜测

233

监测项目		基坑类别		
		一级	二级	三级
周边建筑	竖向位移	应测	应测	应测
	倾斜	应测	宜测	可测
	水平位移	应测	宜测	可测
周边建筑、地表裂缝		应测	应测	应测
周边管线变形		应测	应测	应测

基坑类别的划分按表 9.3 执行。

基坑工程类别表　　　　　　　　　　　　　　　　　　　　表 9.3

类别	分　类　标　准
一级	重要工程或支护结构作主体结构的一部分； 开挖深度大于 10m； 与临近建筑物、重要设施的距离在开挖深度以内的基坑； 基坑范围内有历史文物、近代优秀建筑、重要管线等需严加保护的基坑
二级	除一级和三级外的基坑属二级基坑
三级	开挖深度小于 7m，且周围环境无特别要求时的基坑

2）巡视检查项目

在基坑工程的施工和使用期内，应由有经验的监测人员每天对基坑工程进行巡视检查。基坑工程施工期间的各种变化具有时效性和突发性，加强巡视检查是预防基坑工程事故非常简便、经济而又有效的方法。

巡视检查以目测为主，可辅以锤、钎、量尺、放大镜等工器具以及摄像、摄影等设备。

基坑工程巡视检查宜包括以下内容：

①支护结构：包括支护结构成型质量、冠梁、围檩、支撑有无裂缝出现、支撑、立柱有无较大变形、止水帷幕有无开裂、渗漏、墙后土体有无裂缝、沉陷及滑移、基坑有无涌土、流砂、管涌。

②施工工况：开挖后暴露的土质情况与岩土勘察报告有无差异、基坑开挖分段长度、分层厚度及支锚设置是否与设计要求一致、场地地表水、地下水排放状况是否正常，基坑降水、回灌设施是否运转正常、基坑周边地面有无超载。

③周边环境：周边管道有无破损、泄漏情况、周边建筑有无新增裂缝出现、周边道路（地面）有无裂缝、沉陷、邻近基坑及建筑的施工变化情况。

④监测设施：基准点、监测点完好状况、监测元件的完好及保护情况、有无影响观测工作的障碍物。

⑤根据设计要求或当地经验确定的其他巡视检查内容。

基坑工程监测是一个系统，系统内各项目的监测有着必然的、内在的联系。基坑在开挖过程中，其力学效应是从各个侧面同时展现出来的，例如支护结构的挠曲、支撑轴力、地表位移之间存在着相互间的必然联系，它们共存于同一个基坑工程内。限于测试手段、精度及现场条件，某一单项的监测结果往往不能揭示和反映基坑工程的整体情况，必须形成一个有效的、完整的、与设计、施工工况相适应的监测系统并跟踪监测，才能提供完整、系统的测试数据和资料，才能通过监测项目之间的内在联系作出准确的分析、判断，为优化设计和信息化施工提供可靠的依据。

    2. 监测频率

    （1）监测时限

    基坑工程监测是从基坑开挖前的准备工作开始，直至地下工程完成为止。地下工程完成一般是指地下室结构完成、基坑回填完毕，而对逆作法则是指地下结构完成。对于一些监测项目如果不能在基坑开挖前进行，就会大大削弱监测的作用，甚至使整个监测工作失去意义。例如，用测斜仪观测围护墙或土体的深层水平位移，如果在基坑开挖后埋设测斜管开始监测，就不会测得稳定的初始值，也不会得到完整、准确的变形累计值，使得监控报警难以准确进行；土压力、孔隙水压力、围护墙内力、围护墙顶部位移、基坑坡顶位移、地面沉降、建筑及管线变形等都是同样道理。当然，也有一些监测项目是在基坑开挖过程中开始监测的，例如，支撑轴力、支撑及立柱变形、锚杆及土钉内力等。

    一般情况下，地下工程完成就可以结束监测工作。对于一些临近基坑的重要建筑及管线的监测，由于基坑的回填或地下水停止抽水，建筑及管线会进一步调整，建筑及管线变形会继续发展，监测工作还需要延续至变形趋于稳定后才能结束。

    （2）监测频率

    监测项目的监测频率应综合考虑基坑类别、基坑及地下工程的不同施工阶段以及周边环境、自然条件的变化和当地经验而确定。当监测值相对稳定时，可适当降低监测频率。对于应测项目，在无数据异常和事故征兆的情况下，开挖后现场仪器监测频率可按表 9.4 确定。

现场仪器监测的监测频率　　　　　　　　　　表 9.4

基坑类别	施工进程		基坑设计深度（m）			
			≤5	5~10	10~15	>15
一级	开挖深度（m）	≤5	1次/1d	1次/2d	1次/2d	1次/2d
		5~10		1次/1d	1次/1d	1次/1d
		>10			2次/1d	2次/1d
	底板浇筑后时间（d）	≤7	1次/1d	1次/1d	2次/1d	2次/1d
		7~14	1次/3d	1次/2d	1次/1d	1次/1d
		14~28	1次/5d	1次/3d	1次/2d	1次/1d
		>28	1次/7d	1次/5d	1次/3d	1次/3d
二级	开挖深度（m）	≤5	1次/2d	1次/2d		
		5~10		1次/1d		
	底板浇筑后时间（d）	≤7	1次/2d	1次/2d		
		7~14	1次/3d	1次/3d		
		14~28	1次/7d	1次/5d		
		>28	1次/10d	1次/10d		

表 9.4 的监测频率针对的是应测项目的仪器监测。对于宜测、可测项目的仪器监测频率可视具体情况适当降低，一般可取应测项目监测频率值的 2～3 倍。

另外，目前有的基坑工程对位移、支撑内力、土压力、孔隙水压力等监测项目实施了自动化监测。一般情况下自动化采集的频率可以设置很高，因此，这些监测项目的监测频率可以较表 9.4 值大大提高，以获得更连续的实时监测数据，但监测费用基本不会增加。

基坑监测频率不是一成不变的，应根据基坑开挖及地下工程的施工进程、施工工况以及其他外部环境影响因素的变化及时作出调整。一般在基坑开挖期间，地基土处于卸荷阶段，支护体系处于逐渐加荷状态，应适当加密监测；当基坑开挖完后一段时间、监测值相对稳定时，可适当降低监测频率。

当存在施工违规操作、外部环境变化趋向恶劣、基坑工程临近或超过报警标准、有可能导致或出现基坑工程安全事故的征兆或现象时，应加强监测，提高监测频率。须提高监测频率的情况有：

1）监测数据达到报警值；
2）监测数据变化较大或者速率加快；
3）存在勘察未发现的不良地质；
4）超深、超长开挖或未及时加撑等违反设计工况施工；
5）基坑及周边大量积水、长时间连续降雨、市政管道出现泄漏；
6）基坑附近地面荷载突然增大或超过设计限值；
7）支护结构出现开裂；
8）周边地面突发较大沉降或出现严重开裂；
9）邻近建筑突发较大沉降、不均匀沉降或出现严重开裂；
10）基坑底部、侧壁出现管涌、渗漏或流砂等现象；
11）基坑工程发生事故后重新组织施工；
12）出现其他影响基坑及周边环境安全的异常情况。
当有危险事故征兆时，应实时跟踪监测。

3. 监测报警值
(1) 设置报警值的目的和类别

监测报警是建筑基坑工程实施监测的目的之一，是预防基坑工程事故发生、确保基坑及周边环境安全的重要措施。监测报警值是监测工作的实施前提，是监测期间对基坑工程正常、异常和危险三种状态进行判断的重要依据，因此基坑工程监测必须确定监测报警值。

基坑工程监测报警值应由监测项目的累计变化量和变化速率值共同控制。基坑工程工作状态一般分为正常、异常和危险三种情况。异常是指监测对象受力或变形呈现出不符合一般规律的状态。危险是指监测对象的受力或变形呈现出低于结构安全储备、可能发生破坏的状态。累计变化量反映的是监测对象即时状态与危险状态的关系，而变化速率反映的是监测对象发展变化的快慢。过大的变化速率，往往是突发事故的先兆。例如，对围护墙变形的监测数据进行分析时，应把位移的大小和位移速率结合起来分析，考察其发展趋势，如果累计变化量不大，但发展很快，说明情况异常，基坑的安全正受到严重威胁。因此在确定监测报警值时应同时给出变化速率和累计变化量，当监测数据超过其中之一时即进入异常或危险状态，监测人员必须及时报警。

（2）报警值确定方法和要求

实际工作中主要依据以下三个方面的数据和资料来确定报警值：

1）设计结果：基坑工程设计人员对于围护墙、支撑或锚杆的受力和变形、坑内外土层位移、抗渗等均进行过详尽的设计计算或分析，其计算结果可以作为确定监测报警值的依据；

2）工程经验类比：基坑工程的设计与施工中，工程经验起到十分重要的作用。参考已建类似工程项目的受力和变形规律，提出并确定本工程的基坑报警值，往往能取得较好的效果；

3）相关规范标准的规定值以及有关部门的规定。

监测报警值应由基坑工程设计方根据基坑工程的设计计算结果、周边环境中被保护对象的控制要求并结合当地的工程经验确定，如基坑支护结构作为地下主体结构的一部分，地下结构设计要求也应予以考虑。

在确定变形控制的报警值时，基坑内、外地层位移控制应不得导致基坑的失稳，不得影响地下结构的尺寸、形状和地下工程的正常施工，对周边已有建筑引起的变形不得超过相关技术规范的要求或影响其正常使用，不得影响周边道路、管线、设施等正常使用并满足特殊环境的技术要求。

（3）基坑及支护结构监测报警值应结合当地经验，根据土质特征、设计计算结果及表9.5综合确定。

基坑及支护结构监测报警值　　　　　　　　　　表9.5

序号	监测项目	支护结构类型	基坑类别								
			一级			二级			三级		
			累计值		变化速率(mm/d)	累计值		变化速率(mm/d)	累计值		变化速率(mm/d)
			绝对值(mm)	相对基坑深度(h)控制值		绝对值(mm)	相对基坑深度(h)控制值		绝对值(mm)	相对基坑深度(h)控制值	
1	围护墙（边坡）顶部水平位移	放坡、土钉墙、喷锚支护、水泥土墙	30~35	0.3%~0.4%	5~10	50~60	0.6%~0.8%	10~15	70~80	0.8%~1.0%	15~20
		钢板桩、灌注桩、型钢水泥土墙、地下连续墙	25~30	0.2%~0.3%	2~3	40~50	0.5%~0.7%	4~6	60~70	0.6%~0.8%	8~10
2	围护墙（边坡）顶部竖向位移	放坡、土钉墙、喷锚支护、水泥土墙	20~40	0.3%~0.4%	3~5	50~60	0.6%~0.8%	5~8	70~80	0.8%~1.0%	8~10
		钢板桩、灌注桩、型钢水泥土墙、地下连续墙	10~20	0.1%~0.2%	2~3	25~30	0.3%~0.5%	3~4	35~40	0.5%~0.6%	4~5

序号	监测项目	支护结构类型	一级 累计值 绝对值 (mm)	一级 累计值 相对基坑深度(h)控制值	一级 变化速率 (mm/d)	二级 累计值 绝对值 (mm)	二级 累计值 相对基坑深度(h)控制值	二级 变化速率 (mm/d)	三级 累计值 绝对值 (mm)	三级 累计值 相对基坑深度(h)控制值	三级 变化速率 (mm/d)
3	深层水平位移	水泥土墙	30~35	0.3%~0.4%	5~10	50~60	0.6%~0.8%	10~15	70~80	0.8%~1.0%	15~20
		钢板桩	50~60	0.6%~0.7%	2~3	80~85	0.7%~0.8%	4~6	90~100	0.9%~1.0%	8~10
		型钢水泥土墙	50~55	0.5%~0.6%		75~80	0.7%~0.8%		80~90	0.9%~1.0%	
		灌注桩	40~50	0.4%~0.5%		70~75	0.6%~0.7%		70~80	0.8%~0.9%	
		地下连续墙	45~50	0.4%~0.5%		70~75	0.7%~0.8%		80~90	0.9%~1.0%	
4	立柱竖向位移		25~35	—	2~3	35~45	—	4~6	55~65	—	8~10
5	基坑周边地表竖向位移		25~35	—	2~3	50~60	—	4~6	60~80	—	8~10
6	坑底隆起（回弹）		25~35	—	2~3	50~60	—	4~6	60~80	—	8~10
7	土压力		(60%~70%) f_1			(70%~80%) f_1			(70%~80%) f_1		
8	孔隙水压力										
9	支撑内力		(60%~70%) f_2			(70%~80%) f_2			(70%~80%) f_2		
10	围护墙内力										
11	立柱内力										
12	锚杆内力										

注：1. h 为基坑设计开挖深度，f_1 为荷载设计值，f_2 为构件承载能力设计值；

2. 累计值取绝对值和相对基坑深度（h）控制值两者的小值；

3. 当监测项目的变化速率达到表中规定值或连续 3d 超过该值的 70%，应报警；

4. 嵌岩的灌注桩或地下连续墙位移报警值宜按表中数值的 50% 取用。

（4）基坑周边环境监测报警值应根据主管部门的要求确定，如主管部门无具体规定，可采用表 9.6 数据。

建筑基坑工程周边环境监测报警值　　　　　　表 9.6

监测对象	项目		累计值（mm）	变化速率（mm/d）	备 注
1	地下水位变化		1000	500	—
2	管线位移	刚性管道 压力	10~30	1~3	直接观察点数据
3		刚性管道 非压力	10~40	3~5	
4		柔性管线	10~40	3~5	

监测对象	项目		累计值（mm）	变化速率（mm/d）	备 注
5	邻近建筑位移		10～60	1～3	—
6	裂缝宽度	建筑	1.5～3	持续发展	—
		地表	10～15	持续发展	—

注：建筑整体倾斜度累计值达到 2/1000 或倾斜速度连续 3d 大于 $0.0001H/d$（H 为建筑承重结构高度）时应报警。

在采用表 9.6 时，可根据需保护对象建造年代、结构类型和现状、离基坑的距离等具体确定报警值，对于建造年代已久、结构较差、离基坑较近的可取下限，而对较新的、结构较好、离基坑较远的可取上限。

另外，周边建筑的安全性与其沉降或变形总量有关，而基坑开挖造成的沉降仅为其中的一部分。因此，周边建筑沉降报警值应保证周边建筑原有的沉降或变形与基坑开挖造成的附加沉降或变形叠加后，不能超过允许的最大沉降或变形值。为此，在监测前应收集周边建筑使用阶段监测的原有沉降与变形资料，结合建筑裂缝观测确定周边建筑的报警值。

（5）在工程实践中，基坑及周边环境出现的危险情况有：

1）监测数据达到监测报警值的累计值；

2）基坑支护结构或周边土体的位移值突然明显增大或基坑出现流砂、管涌、隆起、陷落或较严重的渗漏等；

3）基坑支护结构的支撑或锚杆体系出现过大变形、压屈、断裂、松弛或拔出的迹象；

4）周边建筑的结构部分、周边地面出现较严重的突发裂缝或危害结构的变形裂缝；

5）周边管线变形突然明显增长或出现裂缝、泄漏等；

6）根据当地工程经验判断，出现其他必须进行危险报警的情况。

当出现上述情况之一时，必须立即进行危险报警，通知建设、设计、施工、监理及其他相关单位对基坑支护结构和周边环境中的保护对象采取应急措施，保证基坑及周边环境的安全。

9.2.6 监测点布置

基坑工程监测点的布置应尽可能地反映监测对象的实际受力、变形状态及其变化趋势，因此，监测点应布置在内力及变形关键特征点上，以确保对监测对象的状况做出准确的判断。在监测对象内力和变形变化大的代表性部位及周边环境重点监护部位，监测点应适当加密，以便更加准确地反映监测对象的受力和变形特征。

为满足对监测对象监控的要求，各监测项目均应保证有一定数量的监测点。但基坑工程监测工作量比较大，又受人员、光线、仪器数量的限制，测点过多、当天的工作量过大会影响监测的质量，同时也将增加监测费用，因此，测点也不是越多越好。

监测标志应稳固、明显、结构合理。为了保证量测通视，减小转站引点导致的误差，应尽量减少在材料运输、堆放和作业密集区埋设测点。在布设围护结构、立柱、支撑、锚杆、土钉等的应力应变观测点时，测点标志不应影响结构的正常受力状态，不应降低结构的变形刚度和承载能力。管线的观测点布设不能影响管线的正常使用和安全。

位于地铁、隧道、重要管线、重要文物和设施、近现代优秀建筑等重要保护对象安全保护区范围内的监测点的布置，尚应满足相关部门的技术要求。

1. 墙（坡）顶水平和竖向位移

围护墙或基坑边坡顶部的水平和竖向位移监测点应沿基坑周边布置，监测点水平间距不宜大于20m。一般基坑每边的中部、阳角处变形较大，所以中部、阳角处应设测点。为便于监测，水平位移观测点宜同时作为垂直位移的观测点。为了测量观测点与基线的距离变化，基坑每边的测点不宜少于3点。观测点设置在基坑边坡混凝土护顶或围护墙顶（冠梁）上，有利于观测点的保护和提高观测精度。

2. 深层水平位移

围护墙或土体深层水平位移的监测是观测基坑围护体系变形最直接的手段，监测孔应布置在基坑平面上挠曲计算值最大的位置，一般宜布置在基坑周边的中部、阳角处及有代表性的部位。监测点水平间距宜为20~50m，每边监测点数目不应少于1个。基坑开挖次序以及局部挖深会使围护体系最大变形位置发生变化，布置监测孔时应予以考虑。

深层水平位移观测目前多用测斜仪观测。为了真实地反映围护墙的挠曲状况和地层位移情况，应保证测斜管的埋设深度。当测斜管埋设在围护墙体内，测斜管长度不宜小于围护墙的深度；当测斜管埋设在土体中，测斜管长度不宜小于基坑开挖深度的1.5倍，并应大于围护墙的深度。

3. 围护墙内力

围护墙内力监测点应考虑围护墙内力计算图形，布置在围护墙出现弯矩极值的部位，监测点数量和横向间距视具体情况而定。平面上宜选择在围护墙相邻两支撑的跨中部位、开挖深度较大以及地面堆载较大的部位；竖直方向（监测断面）上监测点宜布置在支撑处和相邻两层支撑的中间部位，间距宜为2~4m。

4. 支撑内力

支撑内力监测点的位置应根据支护结构计算结果，设置在支撑内力较大或在整个支撑系统中起控制作用的杆件上。每层支撑的内力监测点不应少于3个，各层支撑的监测点位置在竖向上宜保持一致。

支撑内力的监测多根据支撑杆件的不同选择不同的监测传感器。对于混凝土支撑，目前主要采用钢筋应力计或混凝土应变计；对于钢支撑杆件，多采用轴力计（也称反力计）或表面应变计。支撑内力监测点的监测截面应选择在轴力较大杆件上受剪力影响小的部位，因此，混凝土支撑的监测截面宜选择在两支间1/3部位，并避开节点位置，钢支撑的监测截面宜选择在两支点间1/3部位或支撑的端头。每个监测点截面内传感器的设置数量及布置应满足不同传感器测试要求。

5. 立柱竖向位移和内力

立柱的竖向位移（沉降或隆起）对支撑轴力的影响很大，监测点应布置在立柱受力、变形较大和容易发生差异沉降的部位，例如基坑中部、多根支撑交汇处以及地质条件复杂处。监测点不应少于立柱总根数的5%，逆作法施工时，监测点不应少于立柱总根数的10%，对于承担上部结构的立柱还应加强监测，且均不应少于3根。立柱的内力监测点宜布置在受力较大的立柱上，位置宜设在坑底以上各层立柱下部的1/3部位。

6. 锚杆内力

锚杆的内力监测点应选择在受力较大且有代表性的位置，基坑每边中部、阳角处和地质条件复杂的区段宜布置监测点。每层锚杆的内力监测点数量应为该层锚杆总数的1%～3%，并不应少于3根。

为了分析不同工况下锚杆内力的变化情况，对监测到的锚杆内力值与设计计算值进行比较，各层监测点位置在竖向上宜保持一致。因锚头附近位置锚杆拉力大，当用锚杆测力计时，测试点宜设置在锚头附近。

7. 土钉内力

土钉的内力监测点应选择在受力较大且有代表性的位置，基坑每边中部、阳角处和地质条件复杂的区段宜布置监测点。监测点数量和间距应视具体情况而定，各层监测点位置在竖向上宜保持一致。

与锚杆不同，土钉上轴力的分布多呈现中部大、两端小的状况，因此，土钉上测试点的位置应考虑设计计算情况，设置在有代表性的受力位置。

8. 坑底隆起（回弹）

基坑隆起（回弹）监测点的埋设和施工过程中的保护比较困难，监测点不宜设置过多，以能够测出必要的基坑隆起（回弹）数据为原则。一般宜按纵向或横向剖面布置，剖面宜选择在基坑的中央以及其他能反映变形特征的位置，剖面数量不应少于2个。同一剖面上监测点横向间距宜为10～30m，数量不应少于3个。

9. 围护墙侧向土压力

围护墙侧向土压力监测点的布置应选择在受力、土质条件变化较大或其他有代表性的部位。在平面上宜与深层水平位移监测点、围护墙内力监测点位置等匹配，这样监测数据之间可以相互验证，便于对监测项目的综合分析。在竖直方向（监测断面）上监测点应考虑土压力的计算图形、土层的分布以及与围护墙内力监测点位置的匹配。

平面布置上基坑每边不宜少于2个监测点。竖向布置上监测点间距宜为2～5m，下部宜加密。当按土层分布情况布设时，每层应至少布设1个测点，且宜布置在各层土的中部。

10. 孔隙水压力

孔隙水压力监测点宜布置在基坑受力、变形较大或有代表性的部位。竖向监测点宜在水压力变化影响深度范围内按土层分布情况布设，竖向间距宜为2～5m，数量不宜少于3个。

11. 地下水位

地下水位监测的作用其一是检验降水井的降水效果，二是观测降水对周边环境的影响。

为检验降水井的降水效果，地下水位监测点应布置在基坑内。当采用深井降水时，检验降水井降水效果的水位监测点应布置在降水井点（群）降水区降水能力弱的部位，宜布置在基坑中央和两相邻降水井的中间部位；当采用轻型井点、喷射井点降水时，水位监测点宜布置在基坑中央和周边拐角处，监测点数量应视具体情况确定。

基坑外地下水位监测是为了观测降水对周边环境的影响。监测点应沿基坑、被保护对象的周边或在基坑与被保护对象之间布置，监测点间距宜为20～50m。相邻建筑、重要的管线或管线密集处应布置水位监测点。如有止水帷幕，水位监测点宜布置在帷幕的施工搭接处、转角处等有代表性的部位，位置在止水帷幕的外侧约2m处，以便于观测止水帷幕的止水效果。

检验降水井降水效果的水位监测点，观测管的管底埋置深度应在最低设计水位之下3～5m。观测降水对周边环境影响的监测点，观测管的管底埋置深度应在最低允许地下水位之下3～5m。承压水水位监测管的滤管应埋置在所测的承压含水层中。

回灌井点观测井应设置在回灌井点与被保护对象之间。

12. 建筑竖向位移、水平位移和倾斜监测

(1) 竖向位移

为了反映建筑竖向位移的特征和便于分析，监测点应布置在建筑竖向位移差异大的地方，如：不同地基或基础的分界处、不同结构的分界处、变形缝、抗震缝或严重开裂处的两侧、新旧建筑或高低建筑交接处的两侧等部位。另外，在建筑四角、沿外墙每10m～15m处或每隔2～3根柱基上，且每侧不应少于3个监测点。高耸构筑物基础轴线的对称部位，每一构筑物不应少于4点。

(2) 水平位移

监测点应布置在建筑的外墙墙角、外墙中间部位的墙上或柱上、裂缝两侧以及其他有代表性的部位，监测点间距视具体情况而定。当能判断出建筑的水平位移方向时，可以仅观测此方向上的位移，该侧墙体的监测点不宜少于3点。

(3) 倾斜

建筑整体倾斜监测可根据不同的监测条件选择不同的监测方法，监测点的布置也有所不同。监测点宜布置在建筑角点、变形缝两侧的承重柱或墙上，应沿主体顶部、底部上下对应布设，上、下监测点应布置在同一竖直线上。

当建筑具有较大的结构刚度和基础刚度时，通常采用观测基础差异沉降推算建筑的倾斜，这时监测点的布置应考虑建筑的基础形式、体态特征、结构形式以及地质条件的变化等，要求同建筑的竖向位移观测基本一致。

13. 裂缝监测

建筑裂缝、地表裂缝监测点应选择有代表性的裂缝进行布置，当原有裂缝增大或出现新裂缝时，应及时增设监测点。对需要观测的裂缝，每条裂缝的监测点至少应设2个，且宜设置在裂缝的最宽处及裂缝末端。每个监测点设一组观测标志，每组观测标志可使用两个对应的标志分别设在裂缝的两侧。对需要观测的裂缝及监测点应统一进行编号。

14. 管线监测

管线监测点宜布置在管线的节点、转角点和变形曲率较大的部位，监测点平面间距宜为15～25m，并宜延伸至基坑边缘以外1～3倍基坑开挖深度范围内的管线。

管线监测点的监测方式有直接法和间接法。所谓直接法是直接观测管线本身，间接法就是不直接观测管线本身，而是通过观测管线周边的土体，分析管线的变形。此法观测精度较低。

(1) 常用的测点设置方法直接法有：

1) 抱箍法：在特制的圆环（也称抱箍）上连接固定测杆，圆环固定在管线上，将测杆与管线连接成一个整体，测杆不超过地面，地面处设置相应的窨井，保证道路、交通和人员的正常通行。此法观测精度较高，其不足之处是必须凿开路面，开挖至管线的底面，这对城市主干道是很难实施的，但对于次干道和十分重要的地下管道，如高压煤气管道，

按此方法设置测点并予以严格监测是可行和必要的。

对于埋深浅、管径较大的地下管线也可以取点直接挖至管线顶表面，露出管线接头或阀门，在凸出部位做上标示作为测点。

2）套管法：用一根硬塑料管或金属管打设或埋设于所测管线顶面和地表之间，量测时将测杆放入埋管内，再将标尺搁置在测杆顶端，只要测杆放置的位置固定不变，测试结果就能够反映出管线的沉降变化。此法的特点是简单易行，可避免道路开挖，但观测精度较低。

（2）间接法

1）底面观测法：将测点设在靠近管线底面的土体中，观测底面的土体位移。此法常用于分析管道纵向弯曲受力状态或跟踪注浆、调整管道差异沉降。

2）顶面观测：将测点设在管线轴线相对应的地表或管线的窨井盖上观测。由于测点与管线本身存在介质，因而观测精度较差，但可避免破土开挖，只有在设防标准较低的场合采用，一般情况下不宜采用。

管线监测点应根据管线修建年份、类型、材料、尺寸及现状等情况进行设置。供水、煤气、暖气等压力管线宜设置直接监测点，在无法埋设直接监测点的部位，可设置间接监测点。

15. 基坑周边地表竖向位移

基坑周边地表竖向位移监测点宜按监测剖面设在坑边中部或其他有代表性的部位。监测剖面应与坑边垂直，数量视具体情况确定。每个监测剖面上的监测点数量不宜少于5个。

16. 土体分层竖向位移

土体分层竖向位移监测是为了量测不同深度处土的沉降与隆起。目前监测方法多采用磁环式分层沉降标监测（分层沉降仪监测）、磁锤式深层标或测杆式深层标监测。当采用磁环式分层沉降标监测时为一孔多标，采用磁锤式和测杆式分层标监测时为一孔一标。

监测孔应布置在靠近被保护对象且有代表性的部位，沉降标（测点）的埋设深度和数量应考虑基坑开挖、降水对土体垂直方向位移的影响范围以及土层的分布。在竖向布置上测点宜设置在各层土的界面上，也可等间距设置。测点深度、测点数量应视具体情况确定。上海市地方标准《基坑工程施工监测规程》DG/T 08—2001— 2006规定"监测点布置深度宜大于2.5倍基坑开挖深度，且不应小于基坑围护结构以下5～10m"。

9.2.7 仪器监测方法及精度要求

仪器监测方法所使用的监测仪器、设备和元件应满足观测精度和量程的要求，且应具有良好的稳定性和可靠性。监测前，仪器、设备和元件应经过校准或标定，并应在规定的校准有效期内使用，校核记录和标定资料应保存完整；监测过程中应根据监测仪器的自身特点、使用环境和使用频率等情况，定期进行监测仪器、设备的维护保养、检测以及监测元件的检查。

为了将监测中的系统误差减到最小，达到提高监测精度的目的，监测时尽量使仪器在基本相同的环境和条件（如环境温度、湿度、光线、工作时段等）下工作，对同一监测项目，监测时宜采用相同的观测方法和观测路线，使用同一监测仪器和设备，固定观测人员，在基本相同的环境和条件下进行监测工作，在异常情况下，也可采用不同仪器监测，相互进行比对。

各监测项目均应有初始值，但实际上各监测项目都很难取得绝对稳定的初始值，可取至少连续观测 3 次的稳定值的平均值作为监测项目初始值。

基坑变形监测是基坑监测中的重要内容，为保证变形监测的质量，应设立变形监测网，网点宜分为基准点、工作基点和变形监测点。每个基坑工程至少应有 3 个稳定、可靠的点作为基准点，基准点不应受基坑开挖、降水、桩基施工以及周边环境变化的影响，应设置在位移和变形影响范围以外、位置稳定、易于保存的地方，并应定期复测，以保证基准点的可靠性。复测周期视基准点所在位置的稳定情况而定，工作基点应选在相对稳定和方便使用的位置。在通视条件良好、距离较近、观测项目较少的情况下，可直接将基准点作为工作基点。监测期间，应定期检查工作基点和基准点的稳定性，最好每期变形观测时均将工作基点与基准点进行联测。

位移监测通常以监测点坐标中误差作为衡量精度的标准。监测点坐标中误差是指监测点相对测站点（如工作基点等）的坐标中误差，为点位中误差的 1%。

各监测项目的监测方法及精度要求：

1. 水平位移监测

（1）监测方法

水平位移的监测方法较多，但各种方法的适用条件不一，在方法选择和施测时均应特别注意。测定特定方向上的水平位移时，可采用视准线法、小角度法、投点法等；测定监测点任意方向的水平位移时，可视监测点的分布情况，采用前方交会法、后方交会法、极坐标法等；当测点与基准点无法通视或距离较远时，可采用 GPS 测量法或三角、三边、边角测量与基准线法相结合的综合测量方法。

在采用小角度法时，监测前应对经纬仪的垂直轴倾斜误差进行检验，当垂直角超出 3°范围时，应进行垂直轴倾斜修正；采用视准线法时，其测点埋设偏离基准线的距离不宜大于 20mm，对活动觇牌的零位差应进行测定；采用前方交会法时，交会角应在 60°～120°之间，并宜采用三点交会法等。

水平位移监测基准点的埋设应符合国家现行标准《建筑变形测量规范》JGJ 8 的有关规定，宜设置有强制对中的观测墩，并宜采用精密的光学对中装置，对中误差不宜大于 0.5mm。

（2）精度要求

基坑围护墙（边坡）顶部、基坑周边管线、邻近建筑水平位移监测精度应根据其水平位移报警值按表 9.7 确定。当根据累计值和变化速率选择的精度要求不一致时，水平位移监测精度优先按变化速率报警值的要求确定。

水平位移监测精度要求（mm） 表 9.7

水平位移 报警值	累计值 D（mm）	$D<20$	$20{\leqslant}D<40$	$40{\leqslant}D{\leqslant}60$	$D>60$
	变化速率 v_D（mm/d）	$v_D<2$	$2{\leqslant}v_D<4$	$4{\leqslant}v_D<6$	$v_D>6$
监测点坐标中误差		${\leqslant}0.3$	${\leqslant}1.0$	${\leqslant}1.5$	${\leqslant}3.0$

2. 竖向位移监测

竖向位移监测包括围护墙（边坡）顶部、立柱、基坑周边地表、管线和邻近建筑的竖向位移监测以及坑底隆起（回弹）监测等内容。

（1）监测方法

竖向位移监测可采用几何水准测量方法进行监测，当不便使用几何水准测量或需要进行自动监测时，可采用液体静力水准测量方法。各监测点与水准基准点或工作基点应组成闭合环路或附合水准路线。

坑底隆起（回弹）宜通过设置回弹监测标，采用几何水准并配合传递高程的辅助设备进行监测，传递高程的金属杆或钢尺等应进行温度、尺长和拉力等项修正。

（2）精度要求

围护墙（边坡）顶部、立柱、基坑周边地表、管线和邻近建筑的竖向位移监测精度应根据其竖向位移报警值按表9.8确定。

竖向位移监测精度要求（mm） 表 9.8

竖向位移报警值	累计值 S（mm）	$S<20$	$20\leqslant S<40$	$40\leqslant S\leqslant 60$	$S>60$
	变化速率 v_S（mm/d）	$v_S<2$	$2\leqslant v_S<4$	$4\leqslant v_S\leqslant 6$	$v_S>6$
监测点测站高差中误差		$\leqslant 0.15$	$\leqslant 0.3$	$\leqslant 0.5$	$\leqslant 1.5$

由于坑底隆起观测过程往往需要进行高程传递，精度较难保证，因此，坑底隆起监测精度要求比竖向位移监测精度低。坑底隆起（回弹）监测的精度应符合表9.9的要求。

坑底隆起（回弹）监测的精度要求（mm） 表 9.9

坑底回弹（隆起）报警值	$\leqslant 40$	$40\sim 60$	$60\sim 80$
监测点测站高差中误差	$\leqslant 1.0$	$\leqslant 2.0$	$\leqslant 3.0$

3. 深层水平位移监测

围护墙或土体深层水平位移的监测宜采用在墙体或土体中预埋测斜管、通过测斜仪观测各深度处水平位移的方法。测斜仪的系统精度不宜低于 0.25mm/m，分辨率不宜低于 0.02mm/500mm。

测斜仪是一种可以精确测量不同深度处土层水平位移的工程测量仪器，可以用来测量单向位移，也可以测量双向位移，再由两个方向的位移求出其矢量和，得到位移的最大值和方向。基坑工程监测中常用的是活动式测斜仪，即先埋设有四条凹型导槽的测斜管，将其底部视为不动点，每隔一定的时间将探头放入管内沿导槽滑动，通过量测测斜管斜度变化推算水平位移。测斜原理见图9.1。

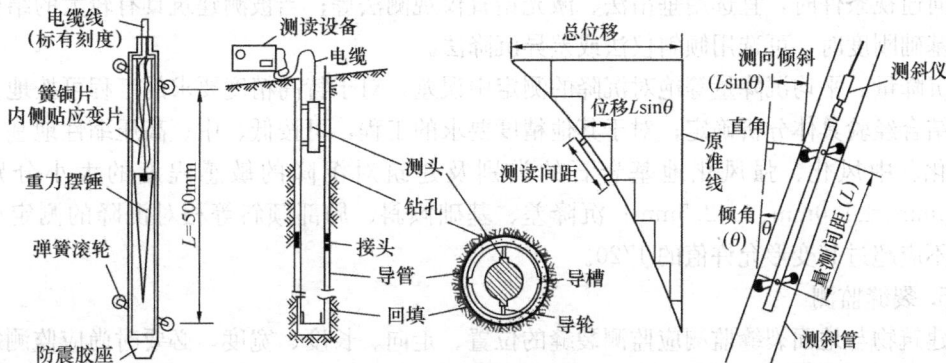

图 9.1 测斜原理图

测斜管是测斜过程中探头的上下通道，一般由 PVC 塑料或铝合金材料制成，每段管长 2～4m，管段之间由外包接头管连接。测斜管应在基坑开挖 1 周前埋设，埋设前应检查测斜管质量，测斜管连接时应保证上、下管段的导槽相互对准、顺畅，各段接头及管底应保证密封；埋设时应保持竖直，防止发生上浮、断裂、扭转，测斜管一对导槽的方向应与所需测量的位移方向保持一致；当采用钻孔法埋设时，测斜管与钻孔之间的孔隙应填充密实。

　　为了真实地反映围护墙的挠曲状况和地层位移情况，应保证测斜管的埋设深度。当测斜管埋设在围护墙体内，测斜管长度不宜小于围护墙的深度；当测斜管埋设在土体中，测斜管长度不宜小于基坑开挖深度的 1.5 倍，并应大于围护墙的深度。

　　测斜管安装完毕后，用清水将测斜管内冲洗干净，将测头模型放入测斜管内，沿导槽上下滑行一遍，以检查导槽是否畅通无阻（特别是测斜管接头处），滚轮是否有滑出导槽的现象。由于测斜仪的探头十分昂贵，在未确认测斜管导槽畅通时，不允许放入探头。最后，在测斜管管口处作好醒目标志，严密保护管口。

　　施测时，先联结探头和测读仪，检查管口密封装置和电池充电情况以及仪器是否正常读数。任何情况下，当测斜仪电池不足时必须立即充电，否则会损伤仪器。将探头插入测斜管，使滚轮卡在导槽上，缓慢下入测斜管底以上 0.5m 处（通常不许把探头降到套管的底部，这有可能会损伤探头），并稳定 5～10min，待测斜仪探头接近管内温度后再量测。测量自孔底开始，自下而上，沿导槽全长，视孔深，按每隔 0.5m 或者 1.0m 测读一次。

　　为了提高测量结果的可靠度，消除仪器误差，首先，每次读数前应将探头在该位置稳定一段时间，以使其与环境温度及其他条件平稳，稳定的特征是测读仪上读数不再变化。其次，每个监测点均应进行正、反两次量测。从底向上测至孔口为一次量测，完成后，将探头旋转 180°，插入同一对导槽，按以上方法重复测量，这是二次量测。正、反两次量测在同一测点的读数绝对值误差应小于 20%，且符号相反，否则应重测本组数据。用同样的方法和程序，可以测量另一对导槽的水平位移。

　　侧向位移的初始值应取连续三次测量且无明显差异之读数的平均值。

　　当以上部管口作为深层水平位移的起算点时，每次监测均应测定管口坐标的变化并修正。

　　4. 倾斜监测

　　建筑倾斜观测应根据现场观测条件和要求，选用不同的方法。当被测建筑具有明显的外部特征点和宽敞的观测场地时，宜选用投点法、前方交会法等；当被测建筑内部有一定的竖向通视条件时，宜选用垂吊法、激光铅直仪观测法等；当被测建筑具有较大的结构刚度和基础刚度时，可选用倾斜仪法或差异沉降法。

　　沉降量、平均沉降量等绝对沉降的测定中误差，对于特高精度要求的工程可按地基条件，结合经验具体分析确定；对于其他精度要求的工程，可按低、中、高压缩性地基土或微风化、中风化、强风化地基岩石的类别及建筑对沉降的敏感程度的大小分别选 ±0.5mm、±1.0mm、±2.5mm；沉降差、基础倾斜、局部倾斜等相对沉降的测定中误差，不应超过其变形允许值的 1/20。

　　5. 裂缝监测

　　建筑物与地面裂缝监测应监测裂缝的位置、走向、长度、宽度，必要时尚应监测裂缝深度。基坑开挖前应记录监测对象已有裂缝的分布位置和数量，测定其走向、长度、宽度和深度等情况，监测标志应具有可供量测的明晰端面或中心。

对精度要求不高的部位，裂缝宽度监测宜在裂缝两侧贴埋标志，用千分尺或游标卡尺等直接量测。贴埋标志可用石膏饼法，即在测量部位粘贴石膏饼，如开裂，石膏饼随之开裂，即可测量裂缝的宽度；或用划平行线法测量裂缝的上、下错位；或用金属片固定法把两块白铁片分别固定在裂缝两侧，并相互紧贴，再在铁片表面涂上油漆，裂缝发展时，两块铁片逐渐拉开，露出的未油漆部分铁片，即为新增的裂缝宽度和错位。对精度要求较高的部位，可用裂缝计、粘贴安装千分表量测或摄影量测等方法进行监测。

裂缝长度监测宜采用量尺直接量测法。

裂缝深度监测，深度较小时宜采用单面接触超声波法量测，深度较大时宜采用超声波法量测，或直接采用凿出法等。

裂缝宽度量测精度不宜低于0.1mm，裂缝长度和深度量测精度不宜低于1mm。

6. 结构内力监测

支护结构内力可采用安装在结构内部或表面的应变计或应力计进行量测。对于混凝土构件可采用焊接在主筋上的钢筋应力计或混凝土应变计等量测，钢构件可采用轴力计或应变计等量测。

钢筋计（图9.2）有振弦式和电阻应变式两种，接收仪分别为频率仪和电阻应变仪。

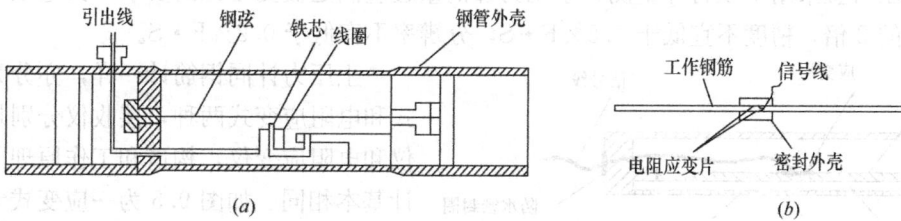

图9.2　钢筋计构造示意图
(a) 振弦式；(b) 电阻应变式

振弦式钢筋计的工作原理是：当钢筋计受轴向力时，引起弹性钢弦的张力变化，改变钢弦的振动频率，通过频率仪测得钢弦的频率变化即可测出钢筋所受作用力的大小，换算而得混凝土结构所受的力。

电阻应变式钢筋计的工作原理就是钢筋受力后变形，粘贴在钢筋上的电阻应变计产生应变，通过测出应变值得出钢筋所受作用力的大小。

在实际工程中，两种钢筋计的安装方法不同。振弦式钢筋计与结构主筋轴心对焊，由于主钢筋多沿混凝土结构截面周边分布，所以一般情况下，应上下或左右对称布置一对钢筋计，或在4个角处布置4个钢筋计（方形截面）；而应变式钢筋计不需要与主筋对焊，只要保持与主筋平行、绑扎或焊在箍筋上，但感应仪两边的钢筋长度应不小于35d（d为钢筋计钢筋直径）。钢筋计监测桩墙结构内力安装如图9.3所示，钢筋计监测支撑结构轴力与弯矩安装如图9.4所示。

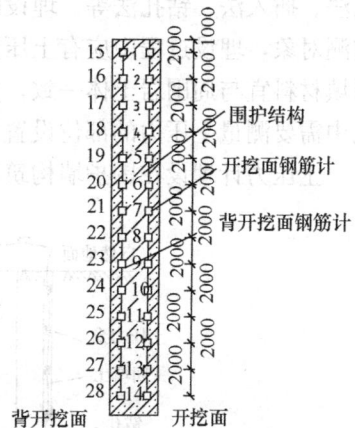

图9.3　钢筋计监测桩墙结构内力安装示意图

图 9.4　钢筋计监测支撑结构轴力与弯矩安装示意图
(a) 定位；(b) 安装

应力计或应变计的量程宜为设计值的 2 倍，精度不宜低于 0.5％F·S，分辨率不宜低于 0.2％F·S。

内力监测传感器埋设前应进行性能检验和编号，宜在基坑开挖前至少 1 周埋设，并取开挖前连续 2d 获得的稳定测试数据的平均值作为初始值。内力监测值宜考虑温度变化等因素的影响。

7. 土压力监测

土压力宜采用土压力计量测，土压力计的量程应满足被测压力的要求，其上限可取设计压力的 2 倍，精度不宜低于 0.5％F·S，分辨率不宜低于 0.2％F·S。

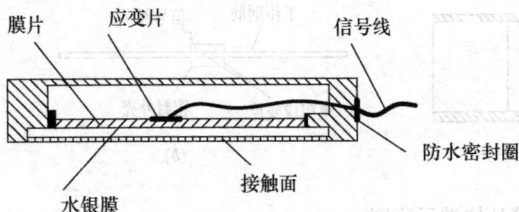

图 9.5　应变式土压力盒构造

土压力计同钢筋计一样，亦分为振弦式和电阻应变式两种，接收仪分别是频率仪和电阻应变仪，构造和工作原理同钢筋计基本相同。如图 9.5 为一应变式土压力盒示意图，与钢筋计不同的是，仪器的一侧有一个与土接触的面，接触面对变化不大的土压力较为敏感，受力时引起钢弦振动或应变片变形，由这种变化可测出土压力的大小。

由于土压力计的结构形式和埋设部位不同，埋设方法很多，例如挂布法、顶入法、弹入法、插入法、钻孔法等。埋设时，土压力计受力面与所监测的压力方向应垂直并紧贴被监测对象，埋设过程中应有土压力膜保护措施。采用钻孔法埋设时，回填应均匀密实，且回填材料宜与周围岩土体一致。如图 9.6 是采用钻孔法安装土压力计示意图，钻孔后，在孔中需要测量土压力的部位设置仪器，应注意接触面朝土体一侧。

土压力计埋设在围护墙构筑期间或完成后均可进行。若在围护墙完成后进行，由于土

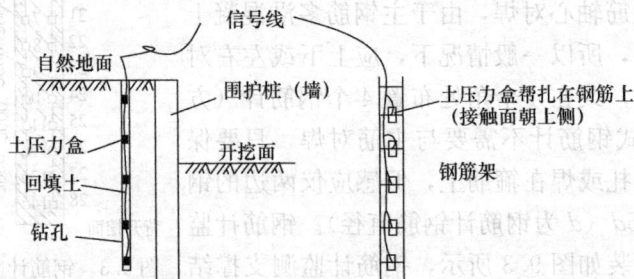

图 9.6　土压力盒安装

248

压力计无法紧贴围护墙埋设，因而所测数据与围护墙上实际作用的土压力有一定差别。若土压力计埋设与围护墙构筑同期进行，则需解决好土压力计在围护墙迎土面上的安装问题。在水下浇筑混凝土过程中，要防止混凝土将面向土层的土压力计表面钢膜包裹，使其无法感应土压力作用，造成埋设失败。另外，还要保持土压力计的承压面与土的应力方向垂直。

土压力计埋设应做好完整的埋设记录，埋设后应立即进行检查测试，基坑开挖前应至少经过 1 周时间的监测并取得稳定初始值。

8. 土体分层竖向位移监测

土体分层竖向位移可通过埋设磁环式分层沉降标，采用分层沉降仪进行量测；或通过埋设深层沉降标，采用水准测量方法进行量测。

分层沉降仪由加重钢环、分层沉降管、碳棒、应变感应仪、防水密封圈、上端固定装置等组成。一般情况下，每层土体里设置一个传感器（外套钢环及密封圈），土层和钢环同步下沉或回弹，与钢环连接的碳棒产生位移，使设在顶部感应仪产生应变，从测量应变值可以知道钢环的位移值，以此测出地层的沉降和回弹情况。采用磁环式分层沉降标监测时，每次监测均应测定沉降管口高程的变化，然后换算出沉降管内各监测点的高程。

磁环式分层沉降标或深层沉降标应在基坑开挖前至少 1 周埋设。采用磁环式分层沉降标时，沉降管埋设应先钻孔，再放入沉降管，沉降管和孔壁之间宜采用黏土水泥浆而不宜用砂进行回填，保证沉降管安置到位后与土层密贴牢固。

土体分层竖向位移的初始值应在磁环式分层沉降标或深层沉降标埋设后量测，稳定时间不应少于 1 周并获得稳定的初始值。

土体分层沉降仪的量测精度与沉降管上设置的钢环数量有关，钢环设置的密度越高，所得到的分层沉降规律就越连贯和清晰；量测精度还与沉降管同土层密贴程度以及能否自由下沉或隆起有关，所以沉降管的安装和埋设好坏对测试精度至关重要。采用分层沉降仪量测时，每次测量应重复 2 次并取其平均值作为测量结果，2 次读数较差（相同深度测点的 2 次竖向位移测量值的差值）不大于 1.5mm，沉降仪的系统精度不宜低于 1.5mm；采用深层沉降标结合水准测量时，水准监测精度宜参照表 9.9 确定。

9. 孔隙水压力监测

孔隙水压力宜通过埋设钢弦式或应变式等孔隙水压力计测试。孔隙水压力计量程应满足被测压力范围的要求，可取静水压力与超孔隙水压力之和的 2 倍；精度不宜低于 0.5% F·S，分辨率不宜低于 0.2%F·S。

孔隙水压力计埋设可采用压入法、钻孔法等，示意图见图 9.7。采用压入法时宜在无硬壳层的软土层中使用，或钻孔到软土层再采用压入的方法埋设；采用钻孔法埋设孔隙水压力计时，钻孔直径宜为 110～130mm，因泥浆护壁成孔后钻孔不容易清洗干净，会引起孔隙水压力计前端透水石的堵塞，因此不宜使用泥浆护壁成孔；钻孔应圆直、干净，封口材料宜采用直径 10～ 20mm 的干燥膨润土球。钻孔法若采用一钻孔多探头方法埋设则应保证封口质量，保证探头周围填砂渗水通畅和透水石不堵塞，同时防止上、下层水压力形成贯通。

孔隙水压力计在埋设时有可能产生超孔隙水压力，因此，孔隙水压力计一般在基坑施工前 2～3 周埋设，有利于超孔隙水压力的消散，得到的初始值更加合理。埋设前，孔隙水压

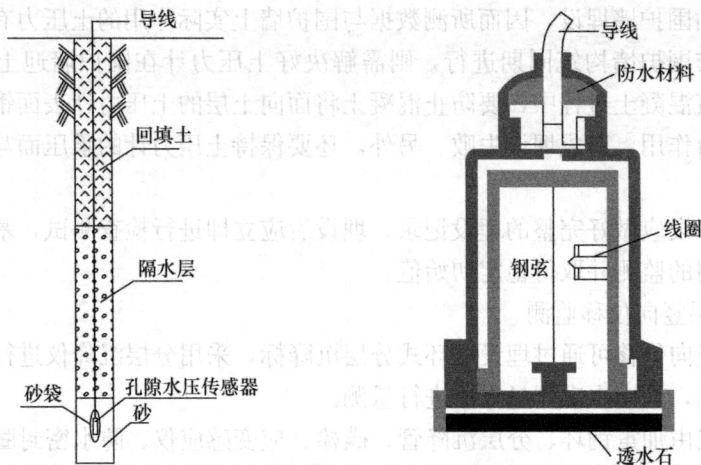

图 9.7　孔隙水压计埋设示意图

力计应浸泡饱和，排除透水石中的气泡，同时核查标定数据，记录探头编号，测读初始读数。初始值应在孔隙水压力计埋设后测量，且宜逐日量测 1 周以上并取得稳定初始值。

为了在计算中消除水位变化影响，获得真实的超孔隙水压力值，在孔隙水压力监测的同时，应测量孔隙水压力计埋设位置附近的地下水位。

10. 地下水位监测

地下水位监测宜通过孔内设置水位管，采用水位计进行量测，有条件时也可考虑利用降水井进行地下水位监测，量测精度不宜低于 10mm。

潜水水位管应在基坑施工前埋设，潜水水位管滤管以上应用膨润土球封至孔口，防止地表水进入，滤管长度应满足量测要求；承压水位监测时，承压水位管含水层以上部分应用膨润土球或注浆封孔，将被测含水层与其他含水层之间有效的隔开。水位监测埋设示意图见图 9.8。

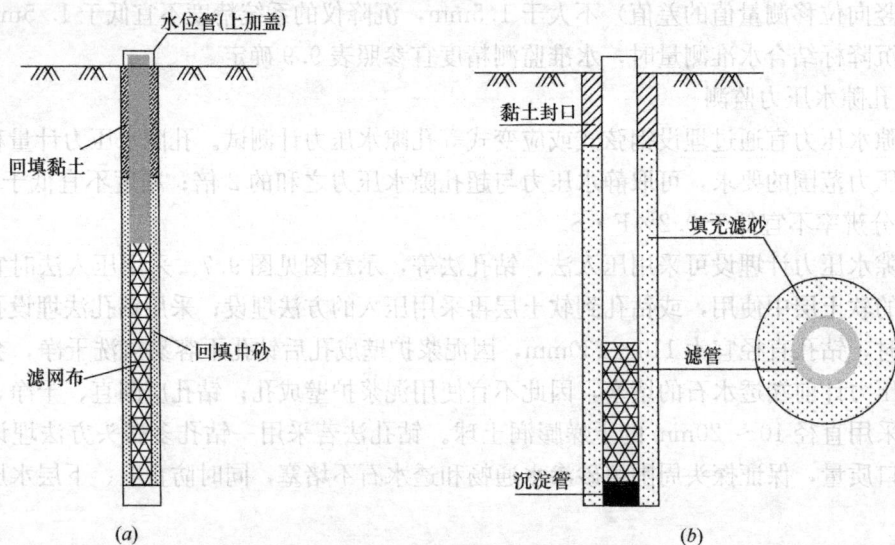

图 9.8　水位监测示意图

(a) 潜水水位监测示意；(b) 承压水水位监测示意

水位管宜在基坑开始降水前至少 1 周埋设，且宜逐日连续观测水位并取得稳定初始值。

11. 锚杆和土钉的内力监测

锚杆和土钉的内力监测宜采用专用测力计、钢筋应力计或应变计，当使用钢筋束时，由于钢筋束内每根钢筋的初始拉紧程度不一样，因此宜监测每根钢筋的受力。锚杆专用测力计安装示意见图 9.9。

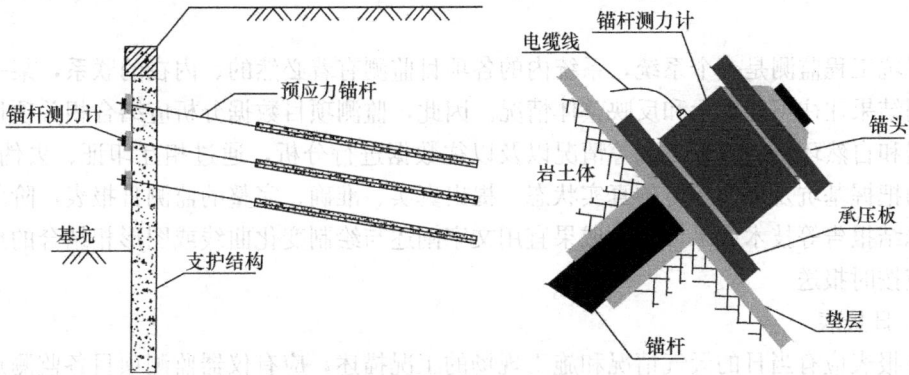

图 9.9　锚杆专用测力计安装示意图

专用测力计、应力计或应变计应在锚杆或土钉预应力施加前安装并取得初始值。根据施工要求，锚杆或土钉锚固体未达到足够强度不得进行下一层土方的开挖，为此一般应保证锚固体有 3 天的养护时间后才允许下一层土方开挖。因此，初始值可取下一层土方开挖前连续 2 天获得的稳定测试数据的平均值。

专用测力计、钢筋应力计和应变计的量程宜为对应设计值的 2 倍，量测精度不宜低于 $0.5\%F \cdot S$，分辨率不宜低于 $0.2\%F \cdot S$。

上述仪器监测方法的选择应根据基坑类别、设计要求、场地条件、当地经验和方法适用性等因素综合确定。目前基坑工程监测技术发展很快，除上述监测方法外，自动全站仪非接触监测、光纤监测、UPS 定位、摄影测量等采用高新技术的监测方法均已在基坑工程监测中得到应用。对地铁、隧道等其他基坑周边环境的监测方法和监测精度应符合相关标准的规定以及主管部门的要求。

9.2.8　数据处理与信息反馈

现场监测过程中，量测人员应保证监测数据的真实性，使用正式的监测记录表格记录外业观测值和其他记事项目，并对相应的工况进行描述，任何原始记录不得涂改、伪造和转抄。同时，对监测数据应及时整理，对监测数据的变化及发展情况应及时分析和评述，当观测数据出现异常时，应及时分析原因，必要时应进行重测。

监测数据分析工作事关基坑及周边环境的安全，是一项技术性非常强的工作。监测分析人员要熟悉基坑工程的设计和施工，能对房屋结构状态进行分析，不但应具备工程测量的知识，还要具备岩土工程、结构工程的综合知识和工程实践经验。在工程实践中，不同的土质条件、支护结构形式、施工工艺和环境条件，基坑的异常现象和事故征兆会不一样，在进行监测数据分析时，分析人员应能加以判别。同时，对于支护结构变形过大、变形不收敛、地面下沉、基坑出现失稳征兆等情况，应能及时作出反应，并通知相关单位和人员采取有效措施防止事故发生和扩大。

监测数据的分析宜采用具备数据采集、处理、分析、查询和管理一体化以及监测成果可视化的功能的专业软件进行监测数据的处理与信息反馈。目前基坑工程监测技术发展很快，主要体现在监测方法的自动化、远程化以及数据处理和信息管理的软件化。建立基坑工程监测数据处理和信息管理系统，利用专业软件帮助实现数据的实时采集、分析、处理和查询，使监测成果反馈更具有时效性，并提高成果可视化程度，更好地为设计和施工服务。

基坑工程监测是一个系统，系统内的各项目监测有着必然的、内在的联系，某一单项的监测结果往往不能揭示和反映整体情况。因此，监测项目数据分析应结合相关项目的监测数据和自然环境、施工工况等情况以及以往数据进行分析，通过相互印证、去伪存真，正确的把握基坑及周边环境的真实状态，提出真实、准确、完整的监测日报表，阶段性报告和总结报告等技术成果，技术成果宜用文字阐述与绘制变化曲线或图形相结合的形式表达并应按时报送。

1. 日报表

日报表应有当日的天气情况和施工现场的工况描述，应有仪器监测项目各监测点的本次测试值、单次变化值、变化速率以及累计值等数据，必要时应绘制有关曲线图。巡视检查发现的异常情况应在巡视检查记录中有详细描述。

当日报表是信息化施工的重要依据。每次测试完成后，监测人员应及时进行数据处理和分析，形成当日报表，提供给委托单位和有关方面。当日报表强调及时性和准确性，对监测项目应有正常、异常和危险的判断性结论，对达到或超过监测报警值的监测点应有报警标示，并有分析和建议。

各类监测项目的监测日报表可采用表 9.10～表 9.16。

水平位移和竖向位移监测日报表 （ ）　　　　　　　　表 9.10

第 页 共 页

第　　次

工程名称：　　　　　　报表编号：　　　　　　天气：

观测者：　　　　计算者：　　　　校核者：　　　　　　测试日期：　年　月　日

点号	水平位移量/mm				备注	竖向位移量/mm				备注
	本次测试值 mm	单次变化 mm	累计变化量 mm	变化速率 mm·d⁻¹		本次测试值 mm	单次变化 mm	累计变化量 mm	变化速率 mm·d⁻¹	
工况					当日监测的简要分析及判断性结论：					

项目负责人：　　　　　　　　　　监测单位：

注：应视工程及测点变形情况，定期绘制测点的数据变化曲线图。

深层水平位移监测日报表样表　　　　　　　　　　表 9.11

第　　次

工程名称：　　　　报表编号：　　　　天气：

观测者：　　　计算者：　　　校核者：　　　测试日期：　年　月　日

孔号	深度/m	本次位移/mm	单次变化/mm	累计位移/mm	变化速率/mm·d^{-1}	位移/mm 图
						60 40 20 0 −20 −40 −60
						0 5 10 15 20 25 30 35 40 深度/m

工况：

当日监测的简要分析及判断性结论：

项目负责人：　　　　　　监测单位：

围护墙内力、立柱内力及土压力、孔隙水压力检测日报表（　　）　　表 9.12

第 页 共 页

第　　次

工程名称：　　　　报表编号：　　　　天气：

观测者：　　　计算者：　　　校核者　　　测试日期：　年　月　日

组号	点号	深度/m	本次应力/kPa	上次应力/kPa	本次变化/kPa	累计变化/kPa	备注	组号	点号	深度/m	本次应力/kPa	上次应力/kPa	本次变化/kPa	累计变化/kPa	备注

工况：	当日监测的简要分析及判断性结论：

项目负责人：　　　　　　监测单位：

注：应视工程及测点变形情况，定期绘制测点的数据变化曲线图。

支撑轴力、锚杆及土钉拉力监测日报表（   ）

表 9.13
第 页 共 页

第 次

工程名称：   报表编号：   天气：

测试者：   计算者：   校核者   测试日期：年 月 日

点号	本次内力/kN	单次变化/kN	累计变化/kN	备 注	点 号	本次内力/kN	单次变化/kN	累计变化/kN	备 注
工况				当日监测的简要分析及判断性结论：					

项目负责人：   监测单位：

注：应视工程及测点变形情况，定期绘制测点的数据变化曲线图。

地下水位、周边地表沉降、坑底隆起监测日报表（   ）

表 9.14
第 页 共 页

第 次

工程名称：   报表编号：   天气：

测试者：   计算者：   校核者   测试日期：年 月 日

组号	点号	初始高程/m	本次高程/m	上次高程	本次变化量/mm	累计变化量/mm	变化速率/mm·d^{-1}	备 注
工况				当日监测的简要分析及判断性结论：				

项目负责人：   监测单位：

注：应视工程及测点变形情况，定期绘制测点的数据变化曲线图。

裂缝监测日报表

表 9.15
第 页 共 页

第 次

工程名称：   报表编号：   天气：

测试者：   计算者：   校核者：   测试日期：年 月 日

点号	长度				宽度				形态
	本次测试值（mm）	本次变化（mm）	累计变化量（mm）	变化速率（mm/d）	本次测试值（mm）	本次变化（mm）	累计变化量（mm）	变化速率（mm/d）	
工况									
当日监测的简要分析及判断性结论：									

项目负责人：   监测单位：

254

表 9.16

巡视监测日报表

第 页 共 页

第 次

工程名称：

观测者：　　　　　计算者：

报表编号：

观测日期： 年 月 日 时

分类	巡视检查内容	巡视检查结果	备 注
自然条件	气温		
	雨量		
	风级		
	水位		
支护结构	支护结构成型质量		
	冠梁、支撑、围檩裂缝		
	支撑、立柱变形		
	止水帷幕开裂、渗漏		
	墙后土体沉陷、裂缝及滑移		
	基坑涌土、流砂、管涌		
	其他		
施工工况	土质情况		
	基坑开挖分段长度及分层厚度		
	地表水、地下水状况		
	基坑降水、回灌设施运转情况		
	基坑周边地面堆载情况		
	其他		
周边环境	地下管道破损、泄漏情况		
	周边建（构）筑物裂缝		
	周边道路（地面）裂缝、沉陷		
	邻近施工情况		
	其他		
监测设施	基准点、测点完好状况		
	观测工作条件		
	监测元件完好情况		

项目负责人：　　　　　　　　　　　　监测单位：

2. 阶段性报告

阶段性报告是经过一段时间的监测后，监测单位通过对以往监测数据和相关资料、工况的综合分析，总结出的各监测项目以及整个监测系统的变化规律、发展趋势及其评价，用于总结经验、优化设计和指导下一步的施工。阶段性报告应包括下列内容：

(1) 该监测阶段相应的工程、气象及周边环境概况；

(2) 该监测阶段的监测项目及测点的布置图；

(3) 各项监测数据的整理、统计及监测成果的过程曲线；

(4) 各监测项目监测值的变化分析、评价及发展预测；

(5) 相关的设计和施工建议。

阶段性监测报告可以是周报、旬报、月报或根据工程的需要不定期地提交。报告的形式是文字叙述和图形曲线相结合，对于监测项目监测值的变化过程和发展趋势尤以过程曲线表示为好。阶段性监测报告强调分析和预测的科学性、准确性，报告的结论要有充分的依据。

3. 总结报告

总结报告是基坑工程监测工作全部完成后监测单位提交给委托单位的竣工报告。总结报告一是要提供完整的监测资料；二是要总结工程的经验与教训，为以后的基坑工程设计、施工和监测提供参考。总结报告应包括工程概况、监测依据、监测项目、监测点布置、监测设备和监测方法、监测频率等内容。

9.2.9 监测实例

某两层地下室基坑深约 11m，基坑北临一期 1 号楼，南面紧邻广场路小学教学楼，东面为广场路，西面紧靠天马山，山顶上有一栋九层建筑物。基坑支护采用人工挖孔桩＋2～3排锚索的支护方式。

该基坑主要进行了桩顶位移、桩身变形、锚索拉力以及周边建筑物沉降等项目的监测；监测自 2012 年 3 月开始，进行监测时，场地内已经开始支护施工，其中 DE 段的人工挖孔支护桩、桩顶冠梁都已全部浇筑成型，2 层锚索也施工完毕；EF 段的人工挖孔支护桩已大部分浇筑；FG 段的人工挖孔桩正处在施工阶段；G～M 段暂未施工；M～O 段的人工挖孔桩也已浇筑成型，部分锚索已施工完毕。

监测点平面布置及各监测项目报警值见图 9.10。

监测开始，各项监测数据变化平缓，至 2012 年 6 月，当基坑开挖到底时，个别监测项目数据达到报警值，山顶建筑物出现明显的墙体开裂，沉降变化较快；至 2012 年 10月，部分地下室南面外墙与支护之间回填完毕，各类变形数据变化又均趋于平稳。

在监测过程中，根据监测数据变化情况，及时向业主提供了监测日报，每月发出监测月报进行了基坑安全状况分析，及时对监测数据超过报警值的项目进行了报警，同时，根据建筑物沉降和裂缝监测数据，对山顶九层建筑物进行了安全评估。该工程监测取得较好效果，为工程顺利进行提供了数据支持。

以下是各类监测项目部分监测点的数据时程曲线，见图 9.11～9.15。

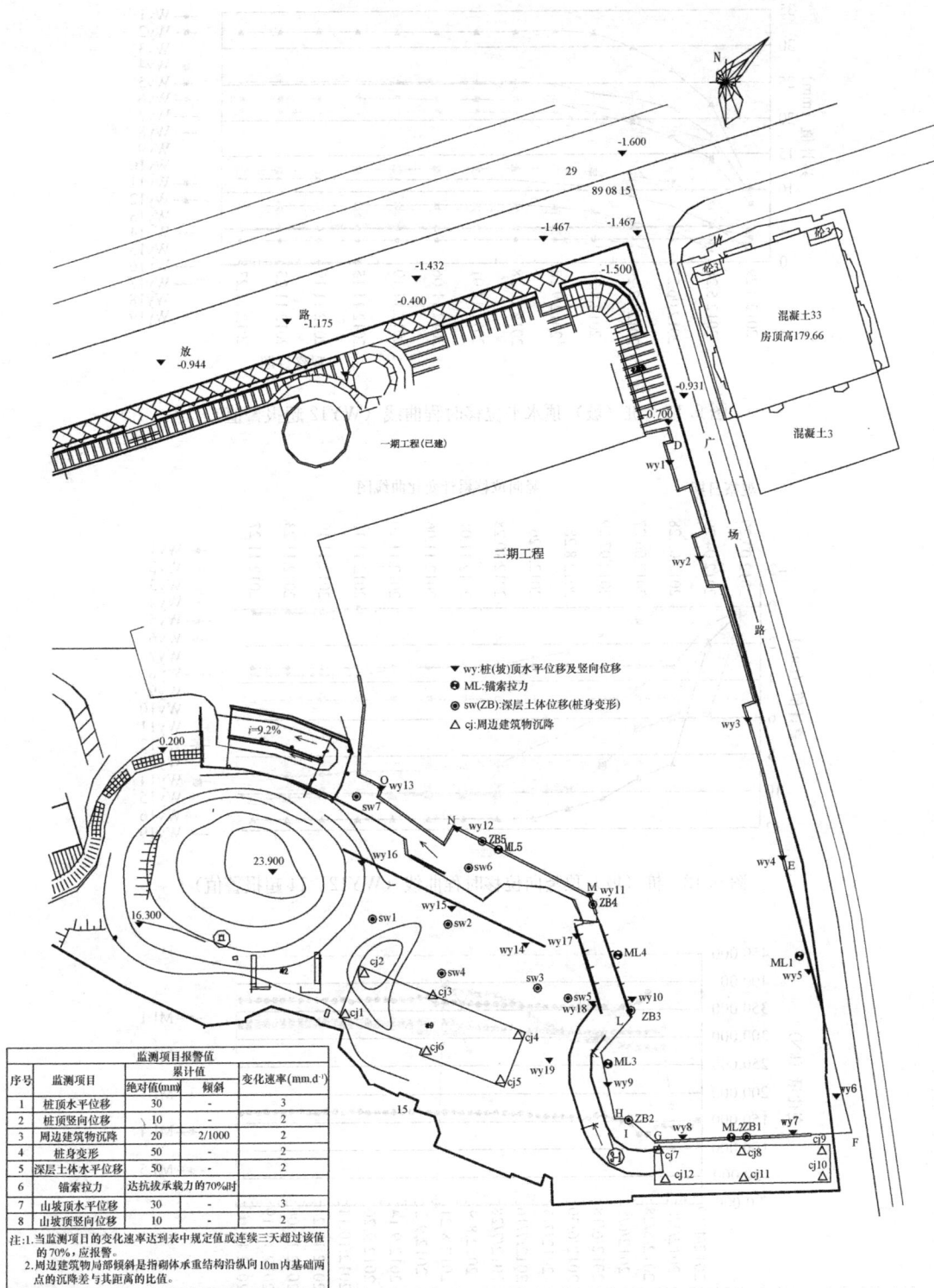

图 9.10 监测点平面布置及各监测项目报警值

监测项目报警值				
序号	监测项目	累计值		变化速率(mm·d⁻¹)
		绝对值(mm)	倾斜	
1	桩顶水平位移	30	-	3
2	桩顶竖向位移	10	-	2
3	周边建筑物沉降	20	2/1000	2
4	桩身变形	50	-	2
5	深层土体水平位移	50	-	2
6	锚索拉力	达抗拔承载力的70%时		
7	山坡顶水平位移	30	-	3
8	山坡顶竖向位移	10	-	2

注:1.当监测项目的变化速率达到表中规定值或连续三天超过该值
的70%时,应报警。
2.周边建筑物局部倾斜是指砌体承重结构沿纵向10m内基础两
点的沉降差与其距离的比值。

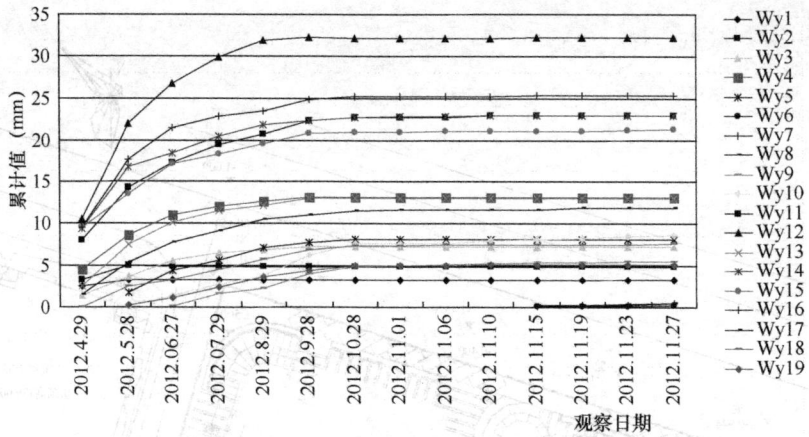

图 9.11 桩（坡）顶水平位移时程曲线（WY12 超报警值）

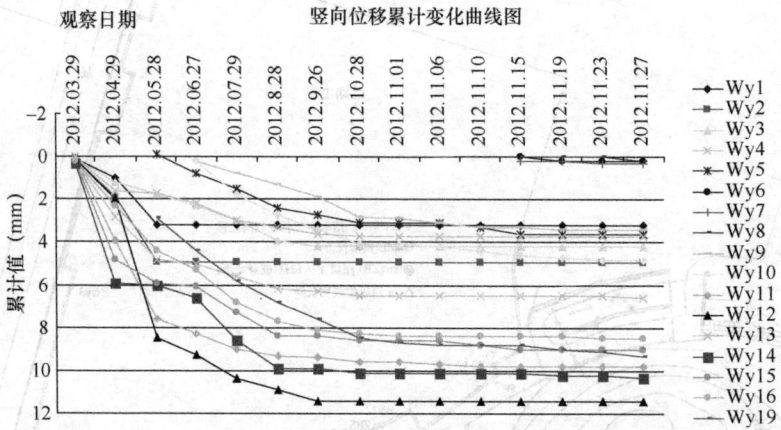

图 9.12 桩（坡）顶竖向位移时程曲线（WY12、14 超报警值）

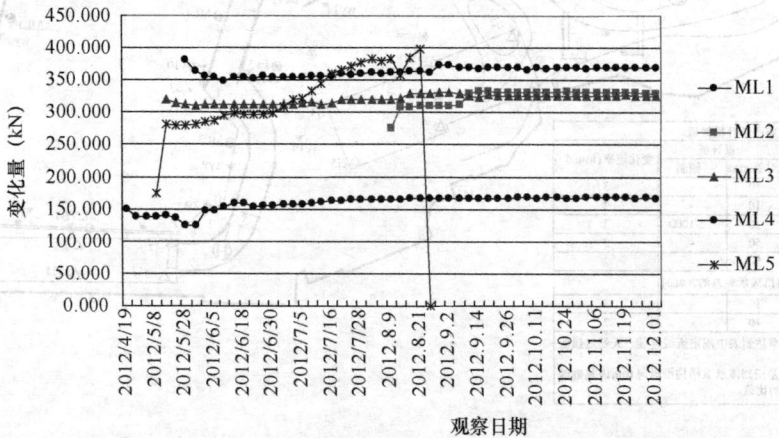

图 9.13 锚索拉力时程曲线（ML5 于 2012 年 8 月 21 日失效）

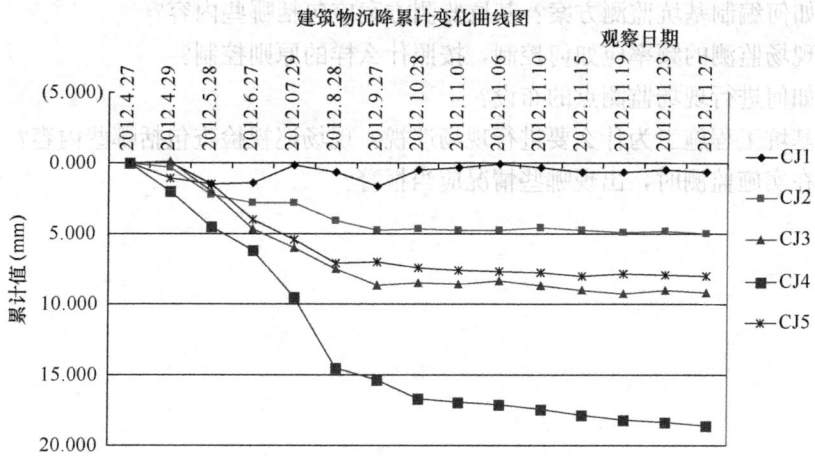

图 9.14　山顶建筑沉降时程曲线

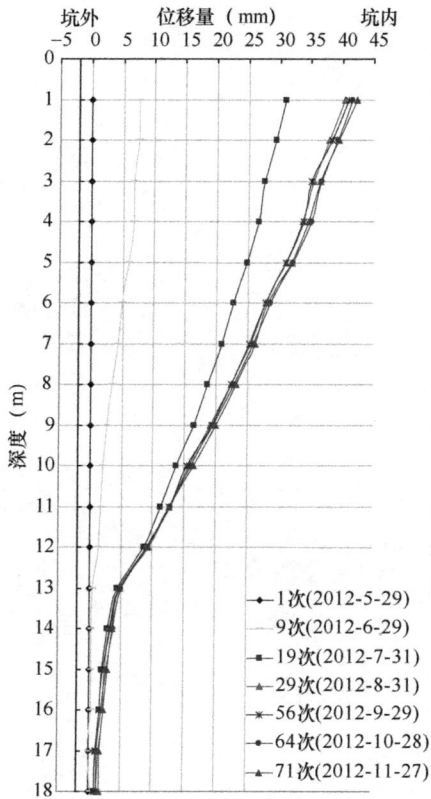

图 9.15　支护桩（ZB5）桩身变形曲线

思 考 与 练 习

9.1　基坑工程施工为什么要进行现场监测，有何意义？

9.2　在基坑工程中，实施监测的范围和对象分别有哪些？

9.3 如何编制基坑监测方案？基坑监测方案应包括哪些内容？

9.4 现场监测的频率应如何控制，按照什么样的原则控制？

9.5 如何进行现场监测点的布设？

9.6 基坑工程施工为什么要进行现场巡视？现场巡视检查包括哪些内容？

9.7 在实施监测时，出现哪些情况应当报警？

参 考 文 献

[1] 中华人民共和国国家标准. 建筑地基基础设计规范 GB 50007—2011. 北京：中国建筑工业出版社，2011

[2] 中华人民共和国行业标准. 建筑基坑支护技术规程 JGJ 120—2012. 北京：中国建筑工业出版社，2012

[3] 中华人民共和国国家标准. 建筑基坑工程监测技术规范 GB 50497—2009. 北京：中国建筑工业出版社，2009

[4] 中华人民共和国国家标准. 复合土钉墙支护技术规范 GB 50739—2011. 北京：中国建筑工业出版社，2011

[5] 中华人民共和国行业标准. 建筑桩基技术规范 JGJ 94—2008. 北京：中国建筑工业出版社，2008

[6] 中华人民共和国行业标准. 型钢水泥土搅拌墙技术规程 JGJ/T 199—2010. 北京：中国建筑工业出版社，2010

[7] 中华人民共和国军用标准. 土钉支护技术规范 GJB 5055—2006. 北京：中国建筑工业出版社，2006

[8] 中华人民共和国国家标准. 建筑边坡工程技术规范 GB 50330—2002. 北京：中国建筑工业出版社，2002

[9] 中华人民共和国国家标准. 锚杆喷射混凝土支护技术规范 GB 50086—2001. 北京：中国建筑工业出版社，2001

[10] 中国工程建设标准化协会标准. 岩土锚杆（索）技术规范 CECS 22：2005. 北京：中国计划出版社，2005

[11] 中华人民共和国国家标准. 建筑地基基础工程施工质量验收规范 GB 50202—2002. 北京：中国建筑工业出版社，2002

[12] 中华人民共和国国家标准. 岩土工程勘察规范 GB 50021—2001(2009 年版). 北京：中国建筑工业出版社，2001

[13] 中华人民共和国行业标准. 高层建筑岩土工程勘察规范 JGJ 72—2004. 北京：中国建筑工业出版社，2004

[14] 中华人民共和国国家标准. 工程结构可靠度设计统一标准 GB 50153—2008. 北京：中国建筑工业出版社，2008

[15] 中华人民共和国国家标准. 建筑结构可靠度设计统一标准 GB 50068—2001. 北京：中国建筑工业出版社，2001

[16] 中华人民共和国国家标准. 混凝土结构设计规范 GB 50010—2010. 北京：中国建筑工业出版社，2010

[17] 中华人民共和国国家标准. 钢结构设计规范 GB 50017—2011. 北京：中国建筑工业出版社，2011

[18] 中华人民共和国行业标准. 建筑地基处理技术规范 JGJ 79—2012. 北京：中国建筑工业出版社，2013

[19] 中华人民共和国行业标准. 城市地下管线探测技术规程 CJJ 61—2003. 北京：中国建筑工业出版社，2002

[20] 北京市地方标准. 建筑基坑支护技术规程 DB 11/489—2007.

[21] 深圳市地方标准. 深圳地区建筑深基坑支护技术规范 SJG 05(修订版).

[22] 湖北省地方标准. 基坑工程技术规程 DB 42/159—2004

[23] 上海市地方标准. 基坑工程技术规范 DG/TJ 08—61

[24] 刘国彬，王卫东主编. 基坑工程手册(第二版)[M]. 北京：中国建筑工业出版社，2009

[25] 王卫东，王建华. 深基坑支护结构与主体结构相结合的设计、分析与实例[M]. 北京：中国建筑工业出版社，2007

[26] 杨光华. 深基坑支护结构的实用计算分析方法及其应用[M]. 北京：地质出版社，2004.

[27] 赵锡宏，陈志明，胡中雄等. 高层建筑深基坑围护工程实践与分析[M]. 上海：同济大学出版社，1996

[28] 谢康和，周健. 岩土工程有限元分析理论与应用[M]北京：科学出版社，2002

[29] 陈惠发，萨里普 A F(余天庆，王勋文译). 土木工程材料的本构方程[M]. 武汉：华中科技大学出版社，2001

[30] 程良奎，范景伦，韩军，许建平. 岩土锚固[M]. 北京：中国建筑工业出版社，2003

[31] 徐志均，赵锡宏. 逆作法设计与施工[M]. 北京：机械工业出版社，2002

[32] 姚天强，石振华. 基坑降水手册[M]. 北京：中国建筑工业出版社，2006

[33] 赵明华主编. 土力学与基础工程(第三版)[M]. 武汉：武汉理工大学出版社，2009

[34] 殷宗泽，朱泓，许国华. 土与结构材料的接触面的变形及数学模型[J]. 岩土工程学报，1994，16(3)：14-22

[35] 俞建霖. 基坑性状的三维数值分析研究[J]. 建筑结构学报，2002，(4)：65-70

[36] 陆新征，宋二祥. 某特深基坑考虑支护结构与土体共同作用的三维有限元分析[J]. 岩土工程学报，2003，(4)：488-491

[37] 陆新征，娄鹏，宋二祥. 润扬长江大桥北锚特深基坑支护方案安全系数及破坏模式分析[J]. 岩石力学与工程学报. 2004，(11)：1906-1911

[38] 杨小平，杨位洸，邱俊琛，周剑. 基于弹性半空间理论的基坑支护结构内力与变形分析方法[J]. 岩石力学与工程学报，2004，(6)：1007-1009

[39] 杨志银，张俊，王凯旭. 复合土钉墙技术的研究及应用[J]. 岩土工程学报，2005，27(2)：153-156

[40] 熊智彪、王启云、谷淡平. 某桩锚支护结构设计及预应力锚索测试分析[J]. 建筑结构，2010，40(2)，106-108

[41] 吴文，徐松林，周劲松等. 深基坑桩锚支护结构受力与变形特性研究[J]. 岩石力学与工程学报，2001，20(3)：399-402

[42] 熊智彪、王启云、陈振富、欧阳中意、龙作颖. 深基坑桩锚支护结构土层预应力锚索工作性能测试分析[J]. 安全与环境学报，2008，8(4)：101-104

[43] 宋青军，王卫东. 天津第一高楼天津塔基坑工程的设计与实践[J]. 岩土工程学报，2008，1000-4548(2008)S0-0644-07

[44] 张明聚. 土钉支护工作性能的研究[D]. 北京：清华大学博士学位论文，2000

[45] 李厚恩，秦四清. 预应力锚索复合土钉的现场测试研究[J]. 工程地质学报，2008，16(03)：393-400

[46] 廖少明，周学领，宋博等. 咬合桩支护结构的抗弯承载特性研究[J]. 岩土工程学报，2008，30(1)：72-78

[47] 胡琦，陈彧，柯瀚等. 深基坑工程中咬合桩受力变形分析[J]. 岩土力学，2008，29(8)：2144-2148

[48] 郑刚，李欣，刘畅. 考虑桩土相互作用的双排桩分析[J]. 建筑结构学报，2004，24(1)，99-106

[49] 熊智彪、王启云. 某复杂平面基坑支护结构水平位移监测及加固[J]. 岩土力学，2009，30(2)，

572-576

[50] 褚伟洪，黄永进，张晓沪. 上海环球金融中心塔楼深基坑施工监测实录[J]. 地下空间，2005，4(1)，627-633

[51] Xiongzhibiao、Wangqiyun，The Security alarm and Application of the Horizontal Displacement Monitoring of the Retaining Structure [J]，(GEDMAR08) 955－960

[52] 王建华，范巍，王卫东，沈健. 空间 m 法在深基坑支护结构分析中的应用[J]. 岩土工程学报，2006，28(增刊)：1332-1335

[53] 廖少明，刘朝阳，王建华等. 地铁深基坑变形数据的挖掘分析与风险识别[J]. 岩土工程学报，2006，28：1897-1901

[54] 刘金龙，栾茂田，赵少飞，袁凡凡，王吉利. 关于强度折减有限元方法中边坡失稳判据的讨论[J]. 岩土力学，2005，26(8)：1345-1348

[55] 宋二祥，高翔，邱玥. 基坑土钉支护安全系数的强度参数折减有限元方法[J]. 岩土工程学报，2005，27(3)：258-263

[56] 安关峰，宋二祥. 广州地铁琶州塔站工程基坑监测分析[J]. 岩土工程学报，2005，27(3)：333-337